U0265990

轨道交通环境污染控制与管理

姚宏　宋珺　著

中国建筑工业出版社

图书在版编目(CIP)数据

轨道交通环境污染控制与管理/姚宏，宋珺著．—北京：中国建筑工业出版社，2018.11

ISBN 978-7-112-22744-0

Ⅰ．①轨…　Ⅱ．①姚…　②宋…　Ⅲ．①城市铁路-环境污染-污染控制　Ⅳ．①X731

中国版本图书馆 CIP 数据核字（2018）第 221468 号

全书围绕我国轨道交通环境问题来源、现状、技术、管理政策和发展趋势并结合实际项目案例编写。全书共分 10 章，主要内容包括轨道交通与空气污染防治、轨道交通噪声影响及控制、轨道交通生态环境影响及保护、轨道交通与水环境影响、轨道交通项目的环境影响评价、低碳交通与可持续发展。本书可作为高等院校轨道交通、环境保护专业的辅导教材，也可供相关领域的管理者、工程技术人员和科研人员学习参考。

责任编辑：石枫华　付　娇　兰丽婷
责任校对：王　瑞

轨道交通环境污染控制与管理

姚宏　宋珺　著

*

中国建筑工业出版社出版、发行（北京海淀三里河路 9 号）

各地新华书店、建筑书店经销

北京红光制版公司制版

北京富生印刷厂印刷

*

开本：787×1092 毫米　1/16　印张：21¼　字数：527 千字

2018 年 12 月第一版　2018 年 12 月第一次印刷

定价：**79.00** 元

ISBN 978-7-112-22744-0

（32849）

版权所有　翻印必究

如有印装质量问题，可寄本社退换

（邮政编码 100037）

前　言

轨道交通是指运营车辆需要在特定轨道上行驶的一类交通工具或运输系统。随着火车和铁路技术的多元化发展，轨道交通呈现出越来越多的类型，不仅遍布于长距离的陆地运输，也广泛运用于中短距离的城市公共交通中。

轨道交通的高速发展，极大地推动了社会经济的发展和城市人口的流动性。轨道交通提高出行能力和物流能力，节省时间和空间利用，改善生活方式和质量，提高经济运行效率，同时也存在着项目建设和运营的环境污染问题。这些问题主要是对生态环境的破坏、噪声振动、水污染、空气污染、固体废物、电磁辐射、能源消耗等。长期以来，我国对轨道交通的环境污染及其治理一直给予很大关注。进入新时代，我国轨道交通有新的更大的发展，解决人民日益增长的美好生活需要和不平衡不充分的发展之间的矛盾对生态环境保护提出许多新要求。2018年，中共中央、国务院发出《关于全面加强生态环境保护，坚决打好污染防治攻坚战的意见》，为推进美丽中国建设，实现人与自然和谐共生的现代化指明了方向和根本遵循。轨道交通建设和运营，都必须瞄准生态环境质量总体改善，主要污染物排放总量大幅减少，环境风险得到有效管控，生态环境保护水平同全面建成小康社会目标相适应。本书就是在这种形势下，详细阐述轨道交通建设和运营全过程的环境污染及控制，期望读者对轨道交通发展带来的环境问题及其预防和治理的技术措施、管理政策有较为全面的了解，以利于最大程度预防和减小轨道交通产生的环境影响，形成轨道交通高效率、低消耗、低污染的发展格局。全书围绕我国轨道交通环境问题来源、现状、技术、管理政策和发展趋势与实际项目案例相结合撰写。

本书可作为高等院校轨道交通、环境保护专业的教材，也是相关领域的管理人员、技术人员、科研人员的参考资料。

全书共10章：第1章是绪论；第2章是轨道交通噪声振动与污染控制；第3章是轨道交通水污染控制与管理；第4章是轨道交通电磁污染控制与管理；第5章是轨道交通固体废物污染控制与管理；第6章是轨道交通运输空气污染控制与管理；第7章是轨道交通项目环境影响评价；第8章是轨道交通项目水土保持与管理；第9章是铁路建设项目环境保护与水土保持设施验收；第10章是低碳绿色轨道交通与可持续发展。

本书由北京交通大学教授姚宏、中国铁路总公司发展和改革部高级工程师宋珺主编，北京交通大学、中国铁道科学研究院集团有限公司、中铁第一勘察设计院集团有限公司等多位教授和工程师也参与了此书的编写工作。其中，第1章由宋珺、姚宏、张士超编写；第2章由鲁琨涛、江辉、宋珺编写；第3章由姚宏、范利茹、陈作云编写；第4章由曹百川、贾方旭编写；第 5 章由于晓华、宋珺编写；第 6 章由周岩梅、张士超编写；第 7 章由邢薇、宋珺编写；第 8 章由李新洋、宋珺编写；第 9 章由宋珺、姚宏编写；第 10 章由宋珺、于海琴、任福民编写。全书由姚宏、宋珺统稿。

在本书的编写过程中，参考了国内外许多专家学者的经验和文献资料。北京交通大学博士和硕士参加书稿表格图片编辑等工作。在此一并表示衷心感谢。

由于编者水平有限，不妥和疏漏之处敬请读者批评指正。

作者

2018 年 5 月

目　　录

第1章 绪 论

1.1 全面加强生态环境保护的指导思想和建设美丽中国的总部署

习近平总书记站在坚持和发展中国特色社会主义、实现中华民族伟大复兴中国梦的战略高度，深刻回答了为什么建设生态文明、建设什么样的生态文明、怎样建设生态文明等重大理论和实践问题，系统形成了全面加强生态环境保护的指导思想——习近平生态文明思想。

习近平生态文明思想体现了深邃历史观、科学自然观、绿色发展观、基本民生观、整体系统观、严密法治观、全民行动观、全球共赢观。为新时代推进生态文明建设、加强生态环境保护、打好污染防治攻坚战提供了思想武器、方向指引、根本遵循和强大动力，具有创新的理论意义、重大的现实意义、深远的历史意义和鲜明的世界意义。

习近平生态文明思想内涵丰富，系统完整，集中体现在"八个坚持"：

1. 坚持生态兴则文明兴

建设生态文明是关系中华民族永续发展的根本大计，功在当代、利在千秋，关系人民福祉，关乎民族未来。

2. 坚持人与自然和谐共生

保护自然就是保护人类，建设生态文明就是造福人类。必须尊重自然、顺应自然、保护自然，像保护眼睛一样保护生态环境，像对待生命一样对待生态环境，推动形成人与自然和谐发展现代化建设新格局，还自然以宁静、和谐、美丽。

3. 坚持绿水青山就是金山银山

绿水青山既是自然财富、生态财富，又是社会财富、经济财富。保护生态环境就是保护生产力，改善生态环境就是发展生产力。必须坚持和贯彻绿色发展理念，平衡和处理好发展与保护的关系，推动形成绿色发展方式和生活方式，坚定不移走生产发展、生活富裕、生态良好的文明发展道路。

4. 坚持良好生态环境是最普惠的民生福祉

生态文明建设同每个人息息相关。环境就是民生，青山就是美丽，蓝天也是幸福。必须坚持以人民为中心，重点解决损害群众健康的突出环境问题，提供更多优质生态产品。

5. 坚持山水林田湖草是生命共同体

生态环境是统一的有机整体。必须按照系统工程的思路，构建生态环境治理体系，着力扩大环境容量和生态空间，全方位、全地域、全过程开展生态环境保护。

6. 坚持用最严格制度最严密法治保护生态环境

保护生态环境必须依靠制度、依靠法治。必须构建产权清晰、多元参与、激励约束并重、系统完整的生态文明制度体系，让制度成为刚性约束和不可触碰的高压线。

7. 坚持建设美丽中国全民行动

美丽中国是人民群众共同参与共同建设共同享有的事业。必须加强生态文明宣传教育，牢固树立生态文明价值观念和行为准则，把建设美丽中国化为全民自觉行动。

8. 坚持共谋全球生态文明建设

生态文明建设是构建人类命运共同体的重要内容。必须同舟共济、共同努力，构筑尊崇自然、绿色发展的生态体系，推动全球生态环境治理，建设清洁美丽世界。

《中共中央国务院关于全面加强生态环境保护坚决打好污染防治攻坚战的意见》是建设美丽中国的总部署，它的重点内容有三个方面：一是深入贯彻习近平生态文明思想，全面加强党对生态环境保护的领导；二是重点打好蓝天、碧水、净土三大保卫战；三是努力夯实污染防治攻坚战的基础支撑。

《意见》以 2020 年为时间节点，兼顾 2035 年和 21 世纪中叶，从质量、总量、风险三个层面确定攻坚战的目标。

到 2020 年，生态环境质量总体改善，主要污染物排放总量大幅减少，环境风险得到有效管控，生态环境保护水平同全面建成小康社会目标相适应。这些目标指标，是党中央、国务院在"十三五"生态环境保护规划，"大气十条"、"水十条"、"土十条"等规划计划的基础上，通盘考虑后作出的科学决策，保持了持续性，也提出了新要求。

《意见》要求坚决打赢蓝天保卫战，着力打好碧水保卫战，扎实推进净土保卫战，是针对最突出的问题和领域，抓住薄弱环节，集中攻坚，解决一批社会反映强烈的突出问题，以取得扎扎实实的成效和经验，带动污染防治攻坚战的纵深突破和生态环境保护的全面进展。

生态环境问题是长期形成的，根本上解决需要一个较长的努力过程。既集中力量打好攻坚战，又统筹兼顾谋长远，注重源头预防、扩大容量、强化保障，具体如下：

1. 推动形成绿色发展方式和生活方式

促进经济绿色低碳循环发展；推进能源资源全面节约；引导公众绿色生活。

2. 加快生态保护与修复

划定并严守生态保护红线；坚决查处生态破坏行为；建立以国家公园为主体的自然保护地体系。

3. 改革完善生态环境治理体系

完善生态环境监管体系；健全生态环境保护经济政策体系；健全生态环境保护法治体系；强化生态环境保护能力保障体系；构建生态环境保护社会行动体系。

1.2 国家环保事业及轨道交通环保发展历程

1.2.1 我国环保事业发展的历程

我国环保产业是随着环境事业的发展而逐渐发展壮大的。以 1973 年全国第一次环境保护工作会议召开为起点到 20 世纪 80 年代，是中国环保产业开始孕育发展阶段。20 世纪 90 年代，随着城市化和工业化进程不断加快和环境问题日益突出，国家出台了一系列促进环保产业发展的政策措施，环保产业进入快速发展阶段。进入 21 世纪以来，国家加快了环保产业的市场化改革进程，这一阶段环保产业作为新的经济增长点，逐渐成为革新和调整产业结构、支撑产业经济效益增长的重要力量。

1. 环保事业发展孕育阶段：20 世纪 60 年代中后期至 70 年代初

20 世纪 60 年代中后期到 70 年代初，我国环境保护工作的重点是"三废"治理和综合利用。这一阶段中国的环保事业开始起步，虽然没有正式出现环保产业的概念，但"三废"治理机构的建立、治理法规的出台、污染调查和监测工作的开展、污染控制设备的研制等，都为以后环保产业的萌芽发展奠定了基础。

2. 环保事业萌芽阶段：20 世纪 70 年代中期至 80 年代

在环境保护工作受到普遍重视的情况下，1973 年 8 月，国务院召开第一次全国环境保护会议。会议确定了环境保护工作方针，"全面规划、合理布局、综合利用、化害为利、依靠群众、大家动手、保护环境、造福人民"，制定了《关于保护和改善环境的若干规定》。这一时期环保产业开始萌芽发展，但由于处于发展初期，基础较薄弱，尚未形成一定规模，产业市场狭小、技术落后，亟须政府出台一系列政策措施进行引导和扶持。

3. 环保事业迅速发展阶段：20 世纪 90 年代至 21 世纪初

1989 年召开第三次全国环境保护工作会议，国务院发出《关于当前产业政策要点的决定》，将环保产业列入优先发展领域。1990 年，国务院环境保护委员会第 15 次会议通过《关于积极发展环境保护产业的若干意见》，这是我国第一份指导环保产业发展的政策性文件。尽管这一时期环保产业得到迅速发展，但环保产业发展存在缺乏国家宏观指导，企业分散、规模小、缺乏骨干力量，产品科技含量低等诸多问题。在社会主义市场经济体制下，亟须政府加强宏观调控，规范环保产业市场发展，建立以市场供求关系为主、以政府制度管理为支撑的市场主导型运行机制，促进环保产业有序健康发展。

4. 环保事业持续健康发展阶段：21 世纪至今

近几年环境管理体制改革通过职能部门的改革、督察组的成立及具体的政策落地逐步推进。相关部门的成立，如 2016 年生态环境部（原国家环保部）新设立水、大气、土壤污染防治三司，中央环保督察组的成立；具体政策的落地如垂直管理、排污许可、环评制度改革等一系列政策。主要包括《中共中央办公厅 国务院办公厅印发〈关于省以下环保机构监测监察执法垂直管理制度改革试点工作的指导意见〉》、《控制污染物排放许可制实施方案》（国办发〔2016〕81 号）、《排污许可证管理暂行规定》（环水体〔2016〕186 号）等。

国家"十三五"生态环境保护的整体框架，以及重点流域、污水处理设施、生活垃圾无害化等一系列规划陆续出台，明确重点建设方向，同时也释放了巨大的投资需求。2016 年 11 月 15 日，国务院常务会议通过《"十三五"生态环境保护规划》简称《规划》。《规划》是"十三五"时期我国生态环境保护的纲领性文件。《规划》提出了"环境治理保护重点工程"和"山水林田湖生态工程"两大类 25 项重点工程。同年，国家相继提出了《"十三五"重点流域水环境综合治理建设规划》、《"十三五"全国城镇污水处理设施建设规划》（发改环资〔2016〕2849 号）、《"十三五"全国城镇生活垃圾无害化处理设施建设规划》（发改环资〔2016〕2851 号）等。

党的十八大以来，以习近平同志为核心的党中央把生态文明建设作为统筹推进"五位一体"总体布局和协调推进"四个全面"战略布局的重要内容，谋划开展了一系列根本性、长远性、开创性工作，推动生态文明建设和生态环境保护从实践到认识发生了历史性、转折性、全局性变化。各地区各部门认真贯彻落实党中央、国务院决策部署，生态文明建设和生态环境保护制度体系加快形成，全面节约资源有效推进，大气、水、土壤污染防治行动计划深入实施，生态系统保护和修复重大工程进展顺利，生态文明建设成效显著，美丽中国建设迈出重要步伐，我国成为全球生态文明建设的重要参与者、贡献者、引领者。

进入新时代，解决人民日益增长的美好生活需要和不平衡不充分的发展之间的矛盾对生态环境保护提出许多新要求。当前，生态文明建设正处于压力叠加、负重前行的关键期，已进入提供更多优质生态产品以满足人民日益增长的优美生态环境需要的攻坚期，也到了有条件有能力解决突出生态环境问题的窗口期。必须加大力度、加快治理、加紧攻坚，打好标志性的重大战役，为人民创造良好生产生活环境。

1.2.2 我国轨道交通行业环境保护发展历程

（1）我国铁路交通环境保护工作的开展就是不断全面深入推进绿色铁路发展的历程：

铁路交通在环境保护方面做了大量工作，《"十五"铁路环境保护重点工作》提出全路实施建设绿色运输大通道的战略，铁路"十一五"规划中明确指出要加强资源节约和环境保护。"十一五"期间，我国铁路系统依靠技术进步和科技创新，加大环境监测和监督力度，做好生态保护与污染防治，铁路建设的环境管理工作得到显著加强，强调建设项目环境保护全过程管理，前期工作中贯彻环保选线理念，充分发挥环境影响评价对线路设计的积极作用，施工期严格落实环境保护"三同时"制度，并注重强化施工期的环境保护监督检查，为实现铁路建设工作与环境保护工作的协调发展奠定了坚实基础。

（2）铁路"十二五"环保规划强调"十二五"时期，我国铁路行业坚持环境保护基本国策，大力采用新技术、新材料，不断提高铁路环境污染防治水平，降低污染物排放，节约资源和保护生态环境，实现了生态环境保护与铁路建设的有序推进。

（3）铁路 2018 年～2020 年节约能源和环境保护发展规划提出重点任务是推动铁路绿色发展。以习近平生态文明思想为指引，牢固树立"绿水青山就是金山银山"和创新、协调、绿色、开放、共享的发展理念，统筹推进"五位一体"总体布局，将节能减排和环境保护摆在更加突出的战略地位，以提高铁路发展质量和效益为中心，以转变发展方式和节支增收为支撑，以提高能源利用效率为目的，以优化运输结构、加快技术进步、提升管理能力、创新体制机制为动力，坚持节约优先，保护优先，为降低交通运输成本、建设美丽中国、推动生态文明迈上新台阶、促进经济和社会可持续发展做出更大的贡献。提出重点任务：①强化节能和环保管理基础。健全节能和环保管理机制，提升节能和环保管理人员工作素质。完善节能和环境监测体系、技术标准体系、统计考核评价体系。②加大既有铁路环境治理力度。依据"保护优先、预防为主、综合治理、损害担责"的原则，加大对废气、废水、噪声、固废等污染治理，实现铁路运输生产、建设和环境保护同步发展，实现经济效益、社会效益、环境效益的统一。③加强铁路建设项目监管，认真落实环境保护和节约能源"三同时"制度。④积极推进全领域、全过程节能减排。推动铁路各专业领域积极采用节能环保设备，加快节能环保新技术应用。⑤积极推进资源整合和高效利用。积极推进铁路生产力布局调整，实现资源的优化配置，推进规模效益型发展，进一步发挥生产力布局调整在能源高效利用和污染物减排方面的优势。⑥积极推进体制机制和技术创新研究。加强科技攻关，针对规划、设计、建设、运营节能环保重点问题，加大科技攻关力度，加速节能环保科研成果转化。

从高速铁路设计上，从《新建铁路时速 200—250 公里客运专线设计暂行规定》到

《新建铁路时速 300—350 公里客运专线设计暂行规定》，均对绿色设计给予很大重视。尤其是《高速铁路设计规范（试行）》（TB 10621—2009）明确要求，高速铁路设计应执行国家节约能源、节约用水、节约材料、节省用地、保护环境等有关法律、法规，把"节能环保"列为高速铁路总体设计的五大目标之一，把"符合环境保护、水土保持、土地节约及文物保护的要求"列为高速铁路选线设计应遵循的原则之一。高速铁路设计重视保护先天环境、自然景观和人文景观，重视保护生态环境敏感区，重视水土保持和污染防治；《铁路旅客车站建筑设计规范》（GB 50223—2007）要求：车站广场绿化率不宜低于 10%，绿化与景观设计应按功能和环境要求布置，自然采光和自然通风应为设计候车区首选光源、风源。特别值得一提的是，最近几年在北京南站、新长沙站、太原南站等高速铁路车站建设中，融入了"低碳、绿色、科技、环保"等建设理念，以先进的理念、技术、工艺以及材料打造了一批绿色高速铁路客站。例如，京津城际铁路北京南、天津两站均设计超大面积的玻璃穹顶，在各层地面还做了透光处理，充分利用了自然光照明。北京南站采用了热电冷三联供和污水源热泵技术，可以实现能源的梯级利用，该系统产生的年度发电量，能满足该站房 49% 的用电负荷。北京南站还采用了太阳能光伏发电技术，充分利用了太阳能。

从环保技术标准上看，主要集中在噪声治理、振动控制、生态保护、站区污水处理、列车垃圾处理等方面。原铁道部于 1987 年发布《铁路工程设计环境保护技术规定》（TBJ 501—87）；1993 年，发布《铁路工程环境保护设计规范》（TB 10501—98），并于 2016 年重新修订发布实施，贯彻落实了《中华人民共和国环境保护法》和《建设项目环境保护管理条例》。特别是铁路噪声、振动的控制，1989 年 7 月 1 日国家标准《城市区域环境振动标准》（GB 10070—88）发布实施，规定城市区域"铁路干线两侧"昼、夜环境振动限值为 80dB。2008 年 10 月 1 日实施的国家标准《声环境质量标准》（GB 3093—2008）、《铁路边界噪声限值及其测量方法》（GB 12525—90）修改方案（环境保护部公告 2008 第 38号），规定"对 2011 年 1 月 1 日以后的新建铁路干线，明确铁路干线两侧区域（4b 类环境功能区）环境噪声限值，昼间环境噪声等效声级限值为 70dB，夜间环境噪声等效声级限值为 60dB。"原铁道部先后制定《铁路声屏障工程设计规范》、《高速铁路声屏障管理办法》、《铁路建设项目环境影响评价噪声振动源强取值和治理原则指导意见》等多项规范、标准、办法，在环境影响评价和噪声振动防治工程上严格落实国家有关标准。

1.3　轨道交通行业环境影响与相关法律规定

1.3.1　轨道交通的环境影响及特征

轨道是大型基础性公共设施，对区域环境的影响是多方面和深刻的，要根据情况分析拟建轨道可能对区域环境质量产生的影响、影响的程度和采取的对策。实践证明，环境问题提前防治的效果和费用要远远好于先污染后治理的效果和费用。

轨道是由起点到终点，具有一定宽度的带状构筑物，环境污染表现出线形、带状的特点。与其他建设项目相比较，其对环境的污染宽度相对较窄——一般为轨道两侧一定范围的宽度，但单向污染距离大——沿轨道延伸方向从轨道起点直至轨道终点。也就是说，轨道延伸到哪里，污染就辐射到哪里。不仅如此，污染还会以轨道为中心，向水平、垂直方向辐射，形成空间污染。

如图1-1所示，轨道交通环境影响主要表现为：生态环境影响、噪声与振动影响、水污染影响、大气污染影响、固体废物影响电磁环境影响等。

图1-1 轨道交通运输与工程建设对环境产生的主要影响示意图

1. 生态环境影响

生态环境涉及面广、内容极为丰富。生态环境是指影响人类生存与发展的水资源、土地资源、生物资源以及气候资源数量与质量的总称，是关系到社会和经济持续发展的复合生态系统。生态环境问题是指人类为其自身生存和发展，在利用和改造自然的过程中，对自然环境破坏和污染所产生的危害人类生存的各种负反馈效应。轨道交通项目建设和运营对生态环境的影响主要包括：对水土流失的影响、污染对农业土壤和农作物的影响、对野生动植物及其栖息地的影响、对生物多样性的影响等。

环境影响主要类型与程度　　　　　　　　　　　　　　　　　表 1-1

分期	工程活动	影响程度识别	水	噪声	振动	大气	电磁	水土流失	植被	动植物栖息地	排洪
施工期	征用土地	□						✓	✓	✓	
	树木砍伐	○						✓	✓	✓	
	居民动迁	○									
	修建居民便道	○						✓	✓		
	材料运输	○									
	基础、土石方工程	□		✓	✓	✓		✓	✓		
	桥涵工程	○	✓	✓				✓			✓
	固体废弃物	□						✓			
	绿化及植被恢复	□						✓	✓	✓	
运营期	列车运行	△		✓	✓	✓	✓				
	站内作业	△		✓		✓	✓				
	车辆检修	△	✓	✓							
	生活区	□	✓								
	固体废弃物	□									
相关活动	城市化	○						✓	✓	✓	
	公共设施	○	✓	✓							
	土地功能改变	○						✓	✓	✓	

影响程度识别：△——较大影响；□——一般影响；○——轻微影响。

2. 噪声、振动环境影响

环境噪声，是指在工业生产、建筑施工、交通运输和社会生活中所产生的干扰周围生活环境的声音。环境噪声污染，是指所产生的环境噪声超过国家规定的环境噪声排放标准，并干扰他人正常生活、工作和学习的现象。交通运输噪声，是指机动车辆、铁路机车、机动船舶、航空器等交通运输工具在运行时所产生的干扰周围生活环境的声音。地铁、铁路运营所产生的交通噪声和振动对沿线居民区、学校、医院等敏感保护目标声环境的影响较大，噪声防治是轨道交通环保重点关注的主要问题。

3. 大气环境影响

轨道交通向大气排放的污染物质主要是 CO_2、CO、SO_2、NO_x 及各种可吸入颗粒物等。在铁路运营期间没有淘汰的老式燃煤锅炉和内燃机车废气污染物的排放是铁路对大气环境影响较大的因素。此外，铁路施工期内燃机械废气污染物的排放以及施工扬尘对大气环境的影响也不容忽视。

4. 水环境影响

地铁、铁路在施工期建土方石工程，会改变地表径流态势，影响水的自然储存态势，开凿隧道等会改变地表水体自然埋藏和运动形态，引起地表水流失，会扰动地下水环境，污染地下水水质。此外，跨河桥梁基础施工，会造成河水水体污染。运营期，大型客站、编组站、中间站以及机车、车辆段会产生大量的污水，如果排放的污水不经处理或处理不达标，会对受纳水体造成污染。

1.3.2 轨道交通环境保护的政策及法律法规

铁路建设和运营环境保护、水土保持工作的适用规定包括：国家的法律规定、技术标准和技术规范、原环保部、原铁道部、铁路总公司的专门性文件三部分。

《中华人民共和国环境保护法》是环保领域的综合性、基础性的法律，对整个环保工作具有统领全局的作用。界定了环境概念，确定环境保护范围。2015 年新环保法的主要特点是完善了环境管理基本制度，在原"环评制度、三同时制度、监测制度、联防制度、总量控制和区域限批制度"基础上，明确和增加"排污许可管理制度、生态保护红线规定、环境公益诉讼制度"。

《中华人民共和国水土保持法》是为预防和治理水土流失，保护和合理利用水土资源，减轻水、旱、风沙灾害，改善生态环境，保障经济社会可持续发展制定。明确"预防为主、保护优先"、"全面规划、综合治理"、"因地制宜、突出重点"、"科学管理、注重效益"四个层次的水土保持工作指导方针，水土保持法明确了水土保持方案制度、水土保持设施验收制度，明确了未批先建的处罚措施。

根据国家规定及要求，原铁道部、国家铁路局、中国铁路总公司先后制定了一系列制度办法，包括《中国铁路总公司环境保护管理办法》（铁总计统〔2015〕260 号）、《铁路建设项目环境影响评价管理办法》（铁总发改〔2017〕226 号）、《铁路建设项目水土保持方案工作管理办法》（铁总计统〔2017〕227 号）、《中国铁路总公司节约能源管理办法》（铁总计统〔2015〕186 号）、《高速铁路声屏障维护管理办法》（铁总运〔2015〕129 号）等规定。国家铁路局发布了一系列设计法规及标准，主要有《铁路工程环境保护设计规范》（TB 10501—2016）、《铁路给水排水设计规范》（TB 10010—2016）《铁路声屏障声学构件技术要求及测试方法》（TB/T 3122—2010）（2008 修订）等。

1. 铁路工程环境保护设计规范（TB 10501—2016）

本规范由国家铁路局于2016年6月29日发布，自2016年10月1日起实施，该规范共计10章。

作为铁路建设项目环境保护设计的技术标准，本规范明确了铁路工程建设环境保护的总体要求，规定了铁路选线与选址、生态环境保护，以及噪声、振动、水、大气、固体废物、电磁污染防治等技术内容，主要用于指导新建、改建铁路工程的环境保护设计。

此项规范对节约资源、防治污染作出了规定。主要条款：

1.0.4 铁路工程设计严禁使用国家淘汰的技术、工艺、设备和材料。

1.0.5 铁路工程设计应贯彻国家废物再利用和资源化的相关规定。

1.0.6 铁路工程排放的污染物应符合国家或地方排放标准的规定，并应符合中重点污染物总量控制的要求。

2.《铁路给水排水设计规范》（TB 10010—2016）

本规范由国家铁路局于2016年11月30日发布，自2017年3月1日起实施，原《铁路给水排水设计规范》（TB 10010—2008）及《铁路污水处理工程设计规范》（TB 10079—2013）同时废止。该规范共计17章。

新发布的《铁路给水排水设计规范》对2008版规范做了全面修订，并纳入了《铁路污水处理工程设计规范》TB 10079－2013的主要内容，在总结吸纳近年来我国铁路特别是高速铁路给水排水工程设计、施工经验和相关科研成果的基础上，明确了铁路给水排水工程设计的技术要求，增加了旅客列车真空卸污、重要排水泵站按一级点输供电、水源井安全设置、输配水管道防冻害措施及雨水利用等规定，进一步体现了安全可靠、先进成熟、绿色环保、经济适用的特点。本规范适用于新建、改建铁路给水排水工程设计。

此项规范还提出了"1.0.3 铁路给水排水工程设计应贯彻国家节约资源、节约能源和保护环境等政策，…合理选择供水方案和污水排放方案。"以及"1.0.5 铁路给水排水工程设计采用成熟、安全、可靠的新技术、新工艺、新材料、新设备"的规定。

3.《中国铁路总公司环境保护管理办法》（铁总计统〔2015〕260号）

本办法由中国铁路总公司于2015年发布。

本办法规定了铁路运输生产污染防治、铁路建设项目环保管理等内容。要求铁路环保工作要与国家环保要求相适应，与铁路发展相适应。坚持做到铁路运输生产、建设和环境保护同步规划、同步实施、同步发展，实现经济效益、社会效益、环境效益的统一。

本办法要求铁路环保工作纳入总公司中长期发展规划和年度工作计划。坚持保护优先、预防为主、综合治理、损害担责的原则。

4.《铁路建设项目环境影响评价管理办法》（铁总计统〔2017〕226号）

本办法由中国铁路总公司2017年发布。

本办法适用于由国务院审批、国家投资主管部门审批或核准、总公司或总公司与其他出资人联合审批的建设项目。主要对环境影响评价、环境影响评价文件审查、监督管理等几大方面进行了规定。

本办法所称建设项目环境影响评价，是指根据环境保护、法律、法规、标准，对建设项目的环境影响进行分析、预测和评价，提出预防或减轻不良环境影响的对策或措施，并编制环境影响报告书、报告表、登记表的行为。

5.《铁路建设项目水土保持方案工作管理办法》（铁总计统〔2017〕227 号）

本办法由中国铁路总公司于 2017 年发布。

本办法适用于由国务院审批、国家投资主管部门审批或核准、总公司或总公司与其他出资人联合审批的建设项目。主要对水土保持方案、水土保持方案审查、监督管理等几大方面进行了规定。

本办法所称水土保持方案，是指根据水土保持法律、法规、标准，对项目可能造成的水土流失进行分析、预测，提出预防措施，并编制水土保持方案报告书、水土保持方案报告表的行为。

6.《中国铁路总公司节约能源管理办法》（铁总计统〔2015〕186 号）

本办法由中国铁路总公司于 2015 年发布。

本办法对铁路主要用能设备能效管理、能源计量、合同能源、节能技术改造和节能项目示范推广、重点用能单位节能管理、节能宣传培训等铁路节能管理内容进行了规定。

本办法所称能源，是指煤炭、电力、石油、天然气、生物质能和热力以及其他直接或者通过加工、转换而取得有用能的各种资源；所称的节约能源，是指通过加强用能管理，采取技术上可行、经济上合理的措施，从能源生产到消耗各个环节，降低消耗、减少损失和污染物排放、制止浪费，有效、合理地利用能源。

第 2 章　轨道交通噪声振动与污染控制

2.1　噪声的基本概念及度量

2.1.1　噪声的主要物理量

噪声是声的一种，因而具有声波的一切特性。声音的产生源于物体的振动，产生声波的振动源称为声源，物体振动产生的声音通过中间弹性媒质（气体、液体或固体）传入人耳，人们才能感觉到声音的存在。在气体、液体或固体中传播的声音分别称为气体声、液体声和固体声。

声音在弹性媒质中传播时，媒质本身并不被带走，媒质（分子）只在其平衡位置振动。声音传播是物体振动形式的传播，故声音被称做声波。声波是交变的压力波，属于机械波。空气中传播的声波属于纵波（质点的振动方向与波的传播方向一致），固体中传播的声波即有纵波，也有横波（质点的振动方向与波的传播方向垂直）。介质中有声波存在的空间称为声场，声波传播的方向叫做声线。某一时刻声波所到达的各点连成的曲面，称为波阵面。

噪声的主要物理量包括声波的频率、波长、声速、声压、声强和声功率（或声压级、声强级和声功率级）。

声波频率：指每一秒钟内传播声音媒质的质点振动次数，单位 Hz（赫兹）。由于振动频率在声波的传播中是不变的，所以声音频率就是声源的振动频率。

声波波长：指在两个相邻密部或疏部之间的距离，即振动经过一个周期声波传播的距离，单位为 m。

声速：声波每秒在介质中的传播距离，单位为 m/s。

声压：当有声波传播时，空气受到扰动时，媒质各处存在着疏密交替变化，压强也在大气压强 p_0 附近起伏变化，并改变为 p_1，声扰动产生的压强改变量称为声压，其单位为 Pa。

声强：通过垂直声传播方向的单位面积上的声能（或通过垂直于声传播方向的单位面积上的平均声功率），称为声强 I，单位为 W/m²。声强是矢量，其指向就是声的传播方向。

声功率：指声源在单位时间内辐射出的声能量，单位为 W（瓦），1W＝1N·m/s，是用于衡量声源声能输出大小的基本量。同一个声源在不同环境下所辐射的声功率一般是恒定的，反映了声源的声学特性。

声级：在噪声的研究、测量和控制当中，一般用声级来作计量，其可分为声压级、声强级和声功率级。采用声压的对数比表示声音的大小，用"级"来衡量声压、声强和声功率，称为声压级、声强级和声功率级。

2.1.2　噪声控制工程中的常用评价方法

研究噪声和振动对人体健康的危害和防治措施，都必须有一个反映其对人体影响程度的评价标准。噪声评价的目的就是给出适合人对噪声反映的主观评价量。人对噪声的主观感觉与其强弱、频率及随时间的变化等有关。如何将复杂噪声的客观物理量与人的复杂主观感觉结合起来，得出用以评价噪声对人干扰程度的评价方法（量），是一个复杂的问题。

目前噪声评价量很多，下列指标是已经基本公认的评价量和评价方法。

1. 等响曲线、响度级及响度

声压和声压级是评价噪声强度的物理量。声压级越高，噪声越强，反之则越弱。若某个声音听起来和某个 1000Hz 的纯音一样响，那么该 1000Hz 纯音的声压级就定义为该声音的响度级，记作 L_N，单位为方（Phon）。

响度级将声压级和频率用一个单位统一起来，是人对声音主观评价的基本量之一，既考虑了声音的物理效应，又考虑了人耳听觉的生理效应。

等响曲线可以看出各个频率声音在不同声压级时，人主观感觉出的响度级是多少。每一条等响曲线表示不同频率和不同声压级的纯音具有相同的响度级。

人耳能感受的声能量范围达 1012 倍，相当于 0～120dB 范围。最下面的曲线是听阈曲线，即 0phon 响度级曲线，该曲线上的点是人耳刚能到声音的频率和声压级，低于听阈曲线点的声音，人耳都听不到。120phon 的曲线是痛阈曲线，听阈和痛阈之间是正常人耳可以听到的全部声音。

响度级是一个相对量，只表征了某个声与什么样声音的响度相当，而不能表示一个声音比另一个声音响多少或弱多少。如 80phon 的声音并不比 40phon 的声音响 1 倍，因此有时需要绝对量来表征人耳对声音强弱的主观判断，而响度这一概念能与正常人耳对声音强弱的主观感受量成正比，响度加倍时，声音听起来也加倍。因此引出响度 N 这个绝对量，单位 sone（宋）。lsone 的定义是：1000Hz、声压级为 40dB 的纯音所产生的响度，即 40phon 响度级声音的响度为 lsone。响度级每增加 10phon，响度就加倍。响度级 L_N 与响度 N 的关系见式（2-1）或式（2-2）。

$$N = 2^{0.1(L_N-40)} \tag{2-1}$$

或

$$L_N = 40 + 10 \lg_2 N = 40 + 33.1 \lg N \tag{2-2}$$

式中　N——响度，sone；

L_N——响度级，phon。若 40phons 为 1sone，则 50phons 为 2sones，60phons 为 4sones；30phons 为 0.5sones；20phons 为 0.25sones。

式（2-1）和式（2-2）只适用于纯音或窄带噪声，宽频带的连续噪声响度计算方法见史蒂文斯响度。

2. 斯蒂文斯（Stevens）响度

等响曲线、响度级及响度都是以纯音为基础，忽视了各个频率间的掩蔽效应（见本节"5. 噪声掩蔽"）。一般大多数的噪声属于宽带噪声，噪声强度较大的频带附近，对于比其频率高的频带产生的掩蔽要比较低频带的作用大得多，为此斯蒂文斯和茨维克提出了等响度指数曲线，如图 2-1 所示。斯蒂文斯响度指数考虑了对带宽掩蔽效应计权因素，响度指数量大的频带贡献最大，而其他频带由于最大响度指数频带声音的掩蔽效应，它们对总响

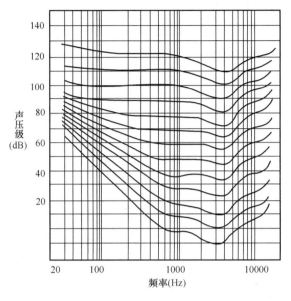

图 2-1　等响度指数曲线

度的贡献应乘上一个小于 1 修正因子，这个修正因子和频带宽度的关系见表 2-1。斯蒂文斯等响度适用于宽带噪声，考虑了掩蔽效应，用于计算复杂噪声的响度。

带宽修正因子 F		表 2-1
频带宽度	倍频带	1/3 倍频带
带宽修正因子 F	0.30	0.15

斯蒂文斯响度计算方法：

（1）测出频带声压级（倍频带或 1/3 倍频带）；（2）从图 2-5 或专业手册的斯蒂文斯响度表中查出每一个频带声压级对应的响度指数；（3）在响度指数中找出最大的响度指数 S_m，将总响度指数扣除最大值 S_m 再乘以相应计权因子 F，最后与最大的响度指数 S_m 相加即为此复合声的响度 S，见式（2-3）。

$$S_t = S_m + F(\sum_{i=1}^{n} S_i - S_m) \qquad (2-3)$$

式中　S_m——最大的响度指数；

$\sum_{i=1}^{n} S_i$——各频带响度指数之和。求出斯蒂文斯响度值可由式（2-4）或式（2-5）求得。

$$S_t = 2^{0.1(L_N - 40)} \qquad (2-4)$$

或　　　　　　　$$L = 40 + 10\log_2 S_t \qquad (2-5)$$

3. A 计权声级

等响曲线表明了人耳对低频声不敏感，对 3000～4000Hz 的声音特别敏感。为模拟人耳的听觉特性，在噪声测量仪器中，安装一套滤波系统（即计权网络），对不同频率的声压级按人耳的特性进行衰减或放大，使仪器能够直接读出反映人耳主观对噪声感觉的声压值。通常噪声测量仪器中设有 A、B、C、D 4 个计权网络（图 2-2）。由各个计权网络测得的声压级，即为相应的 A、B、C、D 声级，如 A 计权网络测得的声压级为 A 计权声级（或简称 A 声），单位为 dB（A）。

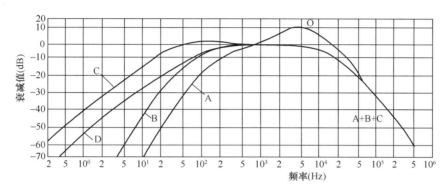

图 2-2　A、B、C、D 计权网络

A 计权网络是模拟响度级为 40phon 等响曲线的倒置曲线，它对于 500Hz 以下的低频声音有较大的衰减。A 计权声级是对频率进行计权后求得的总声压级，能很好地反映噪声影响与频率的关系，对于随时间变化不大的稳态噪声，通常采用 A 声级来评价。A 计权对宽带噪声所做的主观反应测试很好地反映了人耳的响应。因此 A 计权声级被广泛用于噪声评价，并普遍作为处理人耳对各种频率声音的灵敏度修正的方法。一般噪声测试仪器都可以直接测得声级为 A 计权，也可由测得的频谱声压级计算出 A 声级，见式（2-6）。

$$L_{PA} = 10 \lg \left[\sum_{i=1}^{n} 10^{0.1(L_{P_i} + \Delta L_{A_i})} \right] \tag{2-6}$$

式中　L_{P_i}——第 i 个频带的声压级，dB；

　　　L_{A_i}——相应频带的 A 计权修正值（见表 2-2）。

A 计权响应与频率的关系（按 1/3 倍频程中心频率）　　　　　表 2-2

f（Hz）	A 计权响应（dB）	f（Hz）	A 计权响应（dB）	f（Hz）	A 计权响应（dB）
20	−50.5	200	−10.9	2000	+1.2*
25	−44.7	250	−8.6*	2500	+1.3
31.5	−39.4	315	−6.6	3150	+1.2
40	−34.6	400	−4.8	4000	+1.0*
50	−30.2	500	−3.2*	5000	+0.5
63	−26.2*	630	−1.9	6300	−0.1
80	−22.5	800	−0.8	8000	−1.1
100	−19.1	1000	0	10000	−2.5
125	−16.1*	1250	+0.6	12500	−4.3
160	−13.4	1600	+1.0	16000	−6.6

* 倍频带修正值

B 计权网络近似于响度级为 7phon 等响曲线的倒置曲线，它对于低频的声音有一定的衰减。C 计权网络是模拟响度级为 100phon 等响曲线的倒置曲线，它对于可听声音的频率的声压级基本不衰减。D 计权网络对高频声音做了补偿，主要用于航空噪声的评价。

4. 等效连续 A 声级

用 A 声级评价随时间变化不大的稳态的噪声，能较好地反映人耳对噪声强度与频率的主观感受，但对随时间变化的间歇、脉冲等非稳态噪声 A 声级就不适用了。例如，交通噪声随车辆类型和流量而变化；一台机器的声级可能是稳定的，但由于间歇地工作，与另一台声级相同但连续工作的机器的影响就不一样。如有两台声级为 85dB 的机器，第一台连续工作 8h，第二台间歇工作，其有效工作时间之和为 4h。

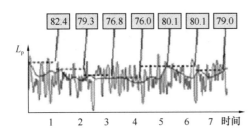

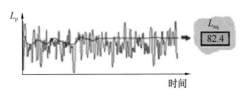

图 2-3　等效连续声级

考虑噪声对人的影响时，既要考虑噪声强度，也要考虑影响时间，因此提出了一个用噪声能量按时间平均方法来评价噪声的量，即等效连续声级，用"L_{eq}"或"L_{Aeq}"表示，如图 2-3 所示。它是用一个相同时间内声能与之相等的连续稳定的 A 声级来表示该段时间内的噪声的大小。用于评价间歇、脉冲等非稳态噪声，其核心体现了噪声的能量平均。

等效 A 声级是衡量人的噪声暴露量的一个重要参数，听力损失、神经系统与心血管系统病，都发现与等效声级有较好的相关性，许多噪声的生理效应均可以用等效声级为指标。因此，绝大多数国家听力保护标准和我国颁布的"工业噪声标准"均以等效声级作为指标。

等效声级的不足是忽略了噪声的起伏特性，由此有时会低估了噪声的效应，特别对有脉冲成分与纯音成分的噪声，仅用等效声级来衡量是不够充分的。

等效连续声级的数学表示见式（2-7）。

$$L_{Aeq} = 10 \lg \frac{1}{T} \left[\int_0^T \left(\frac{p_A(t)}{p_0} \right)^2 dt \right] \tag{2-7}$$

式中　$p_A(t)$ ——A 计权瞬时声压；

　　　p_0——参考声压（基准声压）；

　　　T——间隔时间。

若是连续声压见式（2-8）。

$$L_{Aeq} = 10 \lg \left[\frac{1}{t_2 - t_1} \int_{t_1}^{t_2} \frac{p_A(t)^2}{p_0^2} dt \right] = 10 \lg \left[\frac{1}{t_2 - t_1} \int_{t_1}^{t_2} 10^{0.1 L_A} dt \right] \tag{2-8}$$

若是离散采样声压见式（2-9）。

$$L_{Aeq} = 10 \lg \left[\frac{1}{n} \sum_{i=1}^{n} 10^{0.1 L_{A_i}} \right] \tag{2-9}$$

式中　n——采样总数；

L_{A_i}——第 i 次测量的 A 计权声级。应用"积分式声级计"可自动测量某一时间段内的等效声级。

5. 噪声掩蔽

由于噪声的存在，一般会降低人耳对另外声音的听觉灵敏度，使听闻推移，这种现象称之为噪声掩蔽。即一种声音存在使得另一种声音的可闻阈提高了。如 1000Hz 纯音的可闻阈为 3dB。如果这时，有一声压级为 70dB 的噪声，此时能听到 1000Hz 纯音的声压级为 84dB 时，这时噪声对 1000Hz 纯音的掩蔽值为 81dB。

在吵闹的噪声环境中，人们相互之间的谈话会感到吃力，常常为了克服噪声的掩蔽作用而提高讲话的声压级。200Hz 以下和 7000Hz 以上的噪声对语言的掩蔽作用减少，即使声压级高一些，响度大一些，噪声对语言交谈的干扰也不致非常明显，因为一般语言声音的频率多集中在以 500Hz、1000Hz、2000Hz 为中心的三个倍频程中，所以噪声对语言的掩蔽作用的大小和噪声的频率有关。噪声掩蔽的特点是频率相近则掩蔽作用显著，对高频掩蔽作用比对低频掩蔽作用大。人们也常利用美妙的音乐来掩蔽吵闹得噪声。

6. 噪度和感觉噪声级

噪度是人们对噪声烦扰感觉的反应的程度，是与人主观判断噪声的"吵闹"程度成比例的数值量，单位为呐（noy）。感觉噪度起源于飞机噪声的评价。噪度定义为：中心频率为 1000Hz 的倍频带在声压级为 40dB 的噪声的感觉噪度为 1noy。它与宋（sone）一样，一个 3noy 的噪声听起来比 1noy 噪声"吵闹"3 倍。图 2-4 是等感觉噪度曲线，其中同一根曲线的噪度值感觉到的吵闹程度相同，等感觉噪度曲线和等响度曲线有相似的形状。

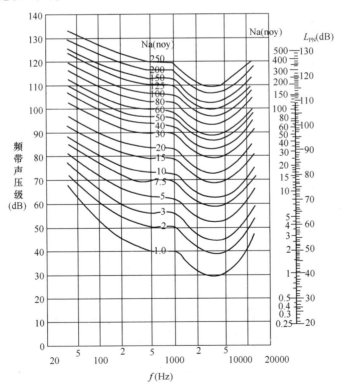

图 2-4　等感觉噪度曲线

复合声的总的感觉噪度的计算方法为：（1）根据各个频带声压级从图中查出各个频带的相应感觉噪度值。（2）由各个频带的感觉噪度值中找出最大值 N_m，将各个频带的噪度和减去 N_m，再乘上计权因子 F，并加上 N_m 值，即得该复合声的总感觉噪度，见式（2-10）。

$$N_a = N_m + F(\sum_{i=1}^{n} N_i - N_m) \tag{2-10}$$

式中　N_m——最大感觉噪度，noy；

　　　F——频带计权因子，倍频带为 1，1/3 倍频带为 0.5；

　　　N_i——第 i 个频带的噪度，noy。

7. 感觉噪声级 L_{PN}

将噪度转换为分贝的指标，称为感觉噪声级，用 L_{PN} 表示，单位是 PNdB。感觉噪声级与响度及响度级类似，若感觉噪声级增加 10PNdB，则感觉噪度呐值增加 1 倍。感觉噪声级和噪度之间的关系见式（2-11）或式（2-12）。

$$N_a = 2^{0.1(L_{PN}-40)} \tag{2-11}$$

或　　　　　　$$L_{PN} = 40 + 10 \log_2 N_a = 40 + 33.3 \lg N_a \tag{2-12}$$

式中　N_a——感觉噪度，noy；

　　　L_{PN}——感觉噪声级，PNdB。

8. 噪声评价 NC 和更佳噪声标准 PNC 曲线

（1）噪声评价 NC 曲线

在进行噪声对语言、通讯与舒适程度的影响评价时，如果当噪声在低频有较高声压级时，它向较高频部分扩展的掩蔽可能会显著地影响语言的清晰度，而在语言干扰级中只涉及到可听声部分频率范围，需要一个适当的噪声标准对各个频带规定。由于语言干扰级的大小并不是对主观反应起决定性的量，如当响度级大于语言干扰级 30dB 时，人群便会有强烈的抱怨，为此提出了一个室内可接受的噪声标准 NC 曲线，如图 2-5 所示。由图 2-5 可以看出，该曲线是一组声压级与倍频带频率的关系曲线，由低频向高频倾斜。使用时，将测得的各个频带噪声的声压级与图上的纵坐标进行比较，便可查出对应的 NC 号数，当噪声频谱曲线的最高点接触到 NC 曲线的最大号数即为此环境噪声的 NC 评价值，它的应用与 NR 曲线的应用类似。

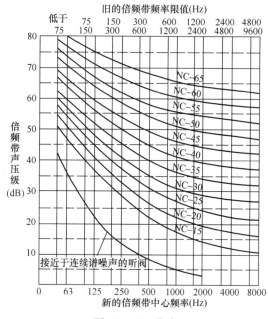

图 2-5　NC 曲线

（2）更佳噪声标准 PNC 曲线

由于 NC 曲线在有些频率上与实际情况有差距，经过修正，提出了更佳噪声评价曲线（PNC），如图 2-6 所示。这些 PNC 曲线在中心频率

125Hz、250Hz、500Hz、1000Hz 四个倍频带的声压级比 NC 曲线低 1dB，在 63Hz 及最高的 3 个倍频带，它们的声压级均低 4～5dB。

NC 和 PNC 曲线适用于室内活动场所稳态噪声的评价，以及有特别噪声环境要求的场所设计。表 2-3 给出各类不同场所推荐的噪声环境 PNC 值。如果所测噪声达到 PNC-40，则表明这一噪声环境各个频带的声压级均不大于 PNC-40 上所对应的噪声值。

如 500Hz 的中心频率的倍频程声压级所接触到 PNC 曲线最高为 PNC-60，则该噪声的评价标准值为 PNC-60；若规定某图书馆内的噪声标准为 PNC-35，则图书馆内环境噪声各个的倍频带声压级应不超过曲线 PNC-35 所对应的声压值。

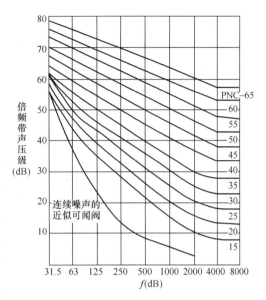

图 2-6 更佳噪声标准 PNC 曲线

各类环境的 PNC 曲线推荐值   表 2-3

空间类型（和声学上的要求）	PNC 曲线推荐值（dB）
音乐厅、歌剧院（能听到微弱的音乐声）	10～20
播音室、录音室（使用时远离传声器）	10～20
大型观众厅、大剧院（优良的听闻条件）	不超过 20
广播、电视和录音室（使用时靠近传声器）	不超过 25
小型音乐厅、剧院、音乐排练厅、大会堂和会议室（具有良好的听闻效果），或行政办公室和 50 人的会议室（不用扩声设备）	不超过 35
卧室、宿舍、医院、住宅、公寓、旅馆、公路旅馆等（适宜睡 9R、休息、休养）	25～40
单人办公室、小会议室、教室、图书馆等（具有良好听闻条件）	30～40
起居室和住宅中类似的房间（作为交谈或听收音机和电视）	30～40
大的办公室、接待区域、商店、食堂、饭店等（对于要求比较好的听闻条件）	35～45
休息（接待）室、实验室、制图室、普通秘书室（有清晰的听闻条件）	40～50
维修车间、办公室和计算机设备室、厨房和洗衣店（中等清晰的听闻条件）、车间、汽车库、发电厂控制室等（能比较满意地听语言和电话通讯）	50～60

9. NR 评价曲线 NOISE RATING（NR）

A 声级、等效连续 A 声级以及累积声级等是建立在 A 计权基础上对噪声所有频率的综合反映，国内外普遍使用 A 声级作为噪声的评价标准。但 A 声级没有考虑频率成分的影响。对于评价如办公室等场所得室内噪声，国际标准化组织（1SO）推荐使用一簇噪声评价曲线，即 NR 评价曲线（噪声评价数 NR），如图 2-7 所示。曲线 NR 数以中心频率 1000Hz 的倍频程声压级值为噪声评价数 NR 的分贝数，适用中心频率从 31.5～8000Hz 的 9 个倍频程、声压级范围为 0～130dB 的噪声评价。在制定 NR 噪声评价曲线过程中，

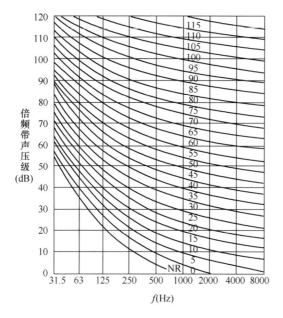

图 2-7　噪声评价 NR 曲线

考虑了人耳的损伤、人的烦恼程度以及语言干扰等因素，认为高噪声比低噪声对人的影响更为严重。因此，在 NR 噪声评价曲线上各个倍频程的噪声级对人们的影响是相同的。NR 曲线也可用于外界噪声的评价。使用 NR 曲线评价时，将测得噪声的倍频程声压级频谱图叠在 NR 曲线簇上做对比，噪声各频带声压级最大值触及到的 NR 曲线即是该噪声的评价数。

在每一条 NR 曲线上，中心频率 1000Hz 倍频带的声压级值规定为该曲线的噪声评价数 NR，其他 63～8000Hz 倍频带的声压级和 NR 的关系也可由式 (2-13) 算出。

$$L_{p_i} = a + bNR_i \qquad (2\text{-}13)$$

式中　NR_i——NR 数；

L_{P_i}——第 i 中心频率对应频带的声压级，dB；

a，b——不同中心频率倍频带的系数，见表 2-4 a，b 数值表。

a，b 数值表　　　　　　　　　　表 2-4

倍频带中心频率（Hz）	63	125	250	500	1000	2000	4000	8000
a	35.5	22	12	4.8	0	−3.5	−6.1	−8.0
b	0.790	0.870	0.930	0.974	1.000	1.015	1.025	1.030

实际求 NR 值的方法如下：（1）将测得噪声的各个倍频带的声压级与图 2-7 上的曲线进行比较，得出各个频带的 NR_i 值；（2）取其中最大的 NR_m 值（取整数）；（3）将最大值 NR_m 加 1 即为所求的噪声环境的 NR 值。

10. 累积百分声级（统计声级）

实际上许多非稳态的环境噪声可用等效连续声级 L_{eq} 表示其大小，但 L_{eq} 没有表达出噪声的随机起伏程度。由于起伏的噪声比稳态噪声更令人烦恼，因而人们用统计方法，即在一段时间内进行噪声测量，将其统计分析，以噪声级出现的时间概率或者累积概率来评价噪声，如图 2-8 所示。目前主要采用累积概率的统计方法，即用累积百分声级 L_x 评价噪声。

累积百分声级又称统计声级，它是指在所测量噪声的时间内所有超过 L_n 声级所占的

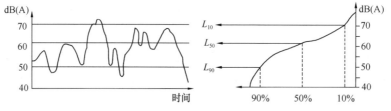

图 2-8　一段时间内的噪声级和其出现的时间概率分布

$n\%$时间，单位为 dB。例如在图 2-9 累积百分声级中一段采样时间内（60min），测得一组声压级，最低声压级为 30dB，也就是在整个测量的时间内测得的声压级都超过 30dB，即超过 30dB 的时间为 100%，则此时的累积百分声级可表示为 $L_{100} = 30$dB；如果有 10% 的时间测得的声压级超过 85dB，则 $L_{10} = 85$dB。

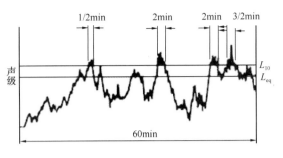

图 2-9　累积百分声级

累积百分声级中 L_{10} 相当于峰值噪声，L_{50} 相当于中值噪声级，L_{90} 相当于本底噪声。且 $L_{10} > L_{50} > L_{90}$。交通噪声常采用 L_x 来作为评价量，在所做的累计百分数声级与人的主观反应相关性调查中，发现 L_{10} 用于评价涨落较大噪声时相关性较好，被美国联邦公路局作为设计公路噪声限值的评价量。一般累计百分数声级只用于有较好正态分布的噪声评价，如果某声级的统计特性符合正态分布，那么该声级的等效声级也可用累积百分声级近似求得，见式（2-14）。

$$L_{eq} \approx L_{50} + \frac{(L_{10} - L_{90})^2}{60} \tag{2-14}$$

11. 交通噪声指数 TRAFFIC NOISE INDEX (TNI)

道路交通噪声指数 TNI 是评价城市道路交通噪声的一个重要指标，其定义见式（2-15）。

$$TNI = 4(L_{10} - L_{90}) + L_{90} - 30 \tag{2-15}$$

TNI 强调 L_{10} 和 L_{90} 之间的差值，表示"噪声气候"的范围，表明了噪声的起伏程度，式中的第一项为噪声起伏程度（$L_{10} - L_{90}$）对人的影响乘上系数 4 的加权数，这是在与人们主观反应相关性测试中获得的较好的相关系数，第二项表示本底噪声的状况，第三项是调节量。

TNI 只适用于交通车辆较多的地段，而不能用于车流量较少和附近有固定噪声源的噪声环境。若车流量较少，L_{10} 与 L_{90} 差值较大，得到的 TNI 值也很大，明显地夸大了噪声的干扰程度；如果固定噪声源噪声的相对稳定且声级较高，如上 $L_{10} = L_{50} = L_{90} = 104$dB，这时 TNI=74dB，表明对人的干扰不大，但 L_{90} 高达 104dB，必定对人产生不可容忍的干扰。

12. 噪声污染级 NOISE POLLUTION LEVEL (NPL)

噪声污染级考虑了噪声综合能量平均值和其起伏特性（用标准偏差表示）两者的影响，标准偏差越大，噪声起伏越大，可评价人对噪声的烦恼程度，其计算式见式（2-16）和式（2-17）。

$$L_{NP} = L_{eq} + k\sigma \tag{2-16}$$

$$\sigma = \sqrt{\frac{1}{n-1} \sum_{i=1}^{n} (L_i - \overline{L})^2} \tag{2-17}$$

式中　L_{NP}——噪声污染级，dB；

　　　L_{eq}——A 计权声级的等能量声级值，dB；

　　　k——常数，一般取 2.56；σ 为声级的标准偏差；

$\overline{L}$——算术平均声级，dB；

L_i——第 i 次声级，dB；

n——采样总数。对于随机分布的噪声，L_{NP} 与 L_{10}、L_{50} 和 L_{90} 的关系见式（2-18）或式（2-19）。

$$L_{NP} = L_{eq} + (L_{10} - L_{90}) \tag{2-18}$$

或
$$L_{NP} = L_{50} + (L_{10} - L_{90}) + \frac{1}{60}(L_{10} - L_{90}) \tag{2-19}$$

13. 昼夜等效声级

昼夜等效声级表示昼夜（24h）的噪声能量的等效作用，用于评价人们昼夜长时间暴露在噪声环境的影响，且考虑人们对夜间的噪声比较敏感，烦恼程度增加，因而在夜间测得的所有声级都加上 10dB（A）来作为补偿。（图 2-10），计算 24h 的等效声级，可得昼夜等效声级如式（2-20）所示。

$$L_{dn} = 10\lg\left[\frac{15}{24}10^{0.1\overline{L}_d} + \frac{9}{24}10^{0.1(\overline{L}_n+10)}\right] \tag{2-20}$$

式中　$\overline{L}_d$——昼间测得的噪声能量平均 A 声级；

$\overline{L}_n$——夜间测得的噪声能量平均 A 声级。一般规定夜间时间为（22：00－7：00），昼间时间为（7：00－22：00），或根据当地的习惯或季节规定。

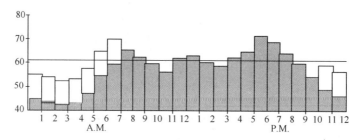

图 2-10　昼夜 24 小时噪声水平 L_{dn} 分布图

14. 噪声冲击指数 NII

噪声对某区域内人员在社会生活各个方面产生的总影响，称为噪声冲击。在评价噪声的影响时，除考虑噪声级的大小与分布外，还要考虑受噪声影响的人口密度。根据某一噪声级对人群的冲击作用，用一个计权因数乘以该声级作用下的人口数，就是该声级的冲击量，计算时将所考虑区域的声级 L_{dn} 按大小分级，求得每一声级的冲击量的和见式（2-21）。

$$TWP = \sum_i W_i(L_{dn}) P_i(L_{dn}) \tag{2-21}$$

式中　$P_i(L_{dn})$——某段时间处于 i 等级昼夜等效声级范围内影响的人口数；

$W_i(L_{dn})$——第 i 等级的声级计权因子（表 2-5），表示 i 等级声级的冲击的大小，相当于受到影响的程度指数。

平均每人受到的冲击量称为噪声冲击指数见式（2-22）。

$$NII = \frac{TWP}{\sum_i P_i} \tag{2-22}$$

式中　　$\sum\limits_i P_i$——总人数。

NII 可用于比较不同环境噪声的影响以及城市规划噪声环境对人口的影响。

不同 L_{dn} 值的计权系数 W_i（L_{dn}）　　　　　　表 2-5

L_{dn}（dB）	W（L_{dn}）	L_{dn}（dB）	W（L_{dn}）	L_{dn}（dB）	W（L_{dn}）
35	0.002	52	0.030	69	0.224
36	0.003	53	0.035	70	0.245
37	0.003	54	0.040	71	0.267
38	0.003	55	0.046	72	0.290
39	0.004	56	0.052	73	0.315
40	0.005	57	0.060	74	0.341
41	0.006	58	0.068	75	0.369
42	0.007	59	0.077	76	0.397
43	0.008	60	0.087	77	0.427
44	0.009	61	0.098	78	0.459
45	0.011	62	0.110	79	0.492
46	0.012	63	0.123	80	0.526
47	0.015	64	0.137	81	0.562
48	0.017	65	0.152	82	0.600
49	0.020	66	0.168	83	0.640
50	0.023	67	0.185	84	0.681
51	0.026	68	0.204	85	0.725

15. 噪声剂量（噪声暴露率）

噪声剂量是指人在某个声压级下的实际噪声暴露时间与该声压级的允许暴露时间之比。声级不固定时，噪声剂量见式（2-23）：

$$D = T_{实1}/T_1 + T_{实2}/T_2 + \cdots + T_{实n}/T_n = \sum\limits_i T_{实i}/T_i \qquad (2-23)$$

式中　　$T_{实i}$——暴露在 L_i 声级中的时间；

　　　　T_i——对应声级允许的暴露时间。

车间内允许噪声级（A 计权声级）　　　　　　表 2-6

每个工作日暴露时间（h）	8	4	2	1	/2	/4	1/8	1/16
内允许噪声级（dB）	90	93	96	99	102	105	108	111
最高噪声级（dB）	≤115							

表 2-6 是车间内允许噪声级。若工人每天在 90dB 的声级下暴露时间是 4h，在 99dB 的声级下暴露时间是 2h，那么根据式（2-24）和表 2-6，该工人的噪声剂量为：$D = \dfrac{4}{8} + \dfrac{2}{1} = 2.5 > 1$，表明已超过限值。

2.1.3 噪声的测量分析

噪声和振动的测量是实施噪声与振动监测、控制和研究的首要环节，只有对实际噪声和振动做科学的测量，才能准确了解各种噪声和振源的污染特性，如噪声的强度（如声压）或振动的强度（如加速度）、频率以及变化规律等，取得可靠的数据，正确制订有效的控制措施。大多数环境噪声和振动的测量是在现场进行的，条件非常复杂，声级或振动水平变化很大。在测量前，应根据测量的目的与要求，制订周密的测量方案，选取适合的仪器设备，熟悉其基本性能，掌握正确操作要点，以保证测量的数据完整和精度，以便对噪声和振动的作出可靠的评估。噪声与振动测量所使用的仪器均由专业生产厂家按照国家标准制造。使用时需要了解仪器的原理，仔细阅读说明书，掌握仪器的性能，按仪器的操作方法和步骤使用。

1. 声级计

声级计是噪声测量中常用的基本声学测量仪器。声级计是噪声测量中常用的基本声学测量仪器，声级计适用于各类环境噪声的测量。噪声的基本测量系统可以集总为一声级计，它的输出可供信号监视，记录贮存以及频率分析等。声级计按用途可分为两类，一类用于稳态噪声的测量（如精密声级计和一般声级计）；另一类用于不稳态噪声和脉冲噪声的测量（如积分声级计和脉冲声级计）。按声级计的体积大小可分为台式声级计、便携式声级计和袖珍声级计。

根据国际电工委员会 IEC615 和国家 GB 3785 的标准，声级计按精度分为四类（见表2-7），即 0 型、Ⅰ 型、Ⅱ 型、Ⅲ 型。在城市环境噪声测量中，主要使用 Ⅰ 型（精密级）和 Ⅱ 型（普通级）的声级计。0 型和 Ⅰ 型声级计，为精密型声级计，一般供研究工作用；Ⅱ 型声级计，适用于一般测量；Ⅲ 型声级计，可作环境噪声的普查和监测用；Ⅱ 和 Ⅲ 均属普通声级计。

声级计分类（按精度分） 表2-7

类型	精密级		普通级	
	0	Ⅰ	Ⅱ	Ⅲ
误差	±0.4dB	±0.7dB	±1.0dB	±1.5dB（IEC）±2.0dB（GB）
用途	实验室标准仪器	实验室精密测量	现场测量	噪声监测、普查

一般按用途可将声级计分为 4 类：

(1) 普通声级计：技术规格均符合 Ⅱ 型声级计要求，虽然精度不高，但操作简便。

(2) 精密声级计：技术规格均符合 Ⅰ 型声级计要求，精密度高。

(3) 积分声级计：除具有一般声级计功能外，还能测量某段时间内的噪声等效连续 A 声级和噪声暴露级的功能。这类声级计除普通型（属 Ⅱ 型精度）外，还有精密积分声级计（技术规格均符合 Ⅰ 型声级计要），适用于周期性噪声、随机噪声和脉冲噪声。

(4) 脉冲声级计：此类声级计除具有一般声级计功能外，还能测量脉冲噪声。有脉冲精密声级计和积分脉冲声级计。脉冲精密声级计除具有精密声级计功能外，还有测量脉冲声，以及有效值和峰值的保持功能，可用于测量冲床、锻压机等脉冲噪声。

图 2-11 为一般声级计的结构示意图，声级计一般由传声器、放大器、衰减器、计权网络、滤波器、检波器、和读数显示部分等组成。有的声级计还有信号输出功能，以便所

测噪声的记录、录音以及计算机数据处理分析等。目前声级计的发展趋向是小型化（即具有体积小和质量轻、携带方便）、动态响应范围大、适于现场噪声测量。图 2-16 为一般声级计的结构示意图，声级计一般由传声器、放大器、衰减器、计权网络、滤波器、检波器、和读数显示部分等组成。有的声级计还有信号输出功能，以便所测噪声的记录、录音以及计算机数据处理分析等。目前声级计的发展趋向是小型化（即具有体积小和质量轻、携带方便）、动态响应范围大、适于现场噪声测量。

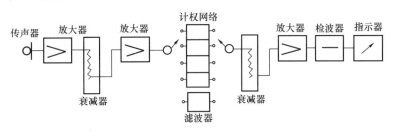

图 2-11　声级计结构示意图

声级计的主要附件有防风罩、鼻形锥和延长电缆等。

2. 频谱分析仪和滤波器

频谱分析仪也称频率分析仪，其功能是对噪声信号进行频谱分析。实际测量的多是由许多频率组合而成的复合声或宽带噪声。为了更准确地了解噪声的频率分布特性，以便采取有效的降噪措施，需要对所测噪声进行频谱分析，绘出频谱图。

滤波器是噪声振动测量的常用辅助仪器，是频谱分析仪的核心。它将声信号的能量按频率分段划分，从而进行分析测试。滤波器可分为模拟和数字两种类型。按滤波器的频带宽度的不同，可将其分为恒定百分比带宽滤波器、恒定带宽滤波器和窄带滤波器；按其通频带范围可分为低通滤波器、高通滤波器、带通滤波器、带阻滤波器等。声级计中的滤波器包括 A、B、C、D 计权网络和 1 倍频程或 1/3 倍频程滤波器。在一般噪声测量中，多用 1 倍频程或 1/3 倍频程带宽的滤波器。

噪声的频率范围常较宽，使用滤波器可以使需要测试频段的声音通过，而将不必要的频率成分滤掉。测量放大器（或声级计）与各种滤波器与配合使用来进行频率分析。

图 2-12 是一个典型的通带滤波器的频率响应，带宽 $\Delta f = f_1 - f_2$ 滤波器的作用是让频率在 f_1 和 f_2 间的所有信号通过，且不影响信号的幅值和相位，同时，阻止频率在 f_1 以下和 f_2 以上的任何信号通过。频率 f_1 和 f_2 处输出比中心频率 f_0 小 3dB，称之为下限和上限截止频率。

实时分析仪是随着现代 FPGA 技术发展起来的一种新式频谱分析仪，与传统频谱仪相比，它的最大特点在于在信号处理过程中能够完全利用所采集的时域采样点，从而实现无缝的频谱测量及触发。由于实时频谱仪具备无缝处理能力，使得它

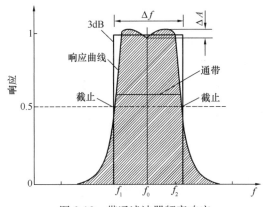

图 2-12　带通滤波器频率响应

在频谱监测，研发诊断以及雷达系统设计中有着广泛的应用。

图 2-13 是一种双通道实时分析仪的原理框图，其核心是微处理器和数字信号处理器，传声器测得噪声的信号后，经高、低通滤波器（或计权网络）后，经由 A/D 采样转换成数字信号，再根据目的和要求，对所测噪声进行数据处理和信号分析。一般可设置声级计模式、倍频程或 1/3 倍频程分析、FFT 分析、双通道相关分析和声强分析等形式，也可将分析结果进行实时显示、贮存、打印输出或与外部计算机联机处理。有些噪声实时分析仪具有电容传声器输入插口，可以直接与电容传声器的前置放大器连接。

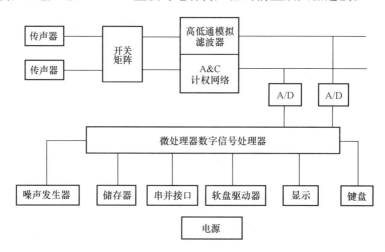

图 2-13　双通道实时分析仪原理框图

2.2　轨道交通噪声概述

2.2.1　轨道交通噪声污染现状及危害

1. 轨道交通噪声污染现状

近年来，我国不断加快工业化、城镇化建设，噪声污染不断加剧。2012 年至 2015 年环境噪声投诉均占环境投诉总量的 1/3 以上。显然，噪声污染防治工作总体上与公众对期望和诉求，与建设生态文明国家的目标还存在较大差距。

2016 年 8 月 31 日，环保部发布了《中国环境噪声污染防治报告（2016）》（以下简称《报告》）。《报告》分析了 2015 年中国环境噪声污染的种种问题，尤以城市中的噪声污染问题为重。《报告》称，2015 年全国城市昼间区域声环境质量平均值为 54.1dB，昼间道路交通噪声平均值为 67.1dB，交通干线两侧区域夜间噪声污染仍较为严重。具体来说，在监测的 31 个省会城市里，区域声环境质量昼间平均值为 54.3dB，绝大多数区域声环境质量处于二级和三级水平（二级 22 个城市，三级 8 个城市），仅有拉萨的声环境质量达到一级，与 2014 年相比，一级、四级、五级城市比例没有变化，二级和三级城市分别增加和减少了 6.5%。同时，关于环境噪声的投诉超过了环境投诉总量的 30%，其中，对建筑施工噪声的投诉占比最高。《报告》显示，2015 年，全国各地环保部门共收到环境噪声投诉案件约 35.4 万件，仅次于空气污染的投诉量，其中，建筑工地施工噪声的投诉比例占到了 50.1%；其次是社会生活噪声类，约为 21%；工业企业噪声类，占 16.9%；交通噪声类约占 12%。与投诉案件的比例相比较，在噪声类别分类中，社会生活噪声占比最大，为 62.3%；其次是交通噪声，占 23.8%；工业企业噪声，占 10.3%；建筑施工噪声，占 3.6%。由此可见，噪声污染的比例与投诉案件的比例是不相称的，根本原因就在于有些噪声是基于公共利益而产生的，比如交通干线制造的噪声，其污染源头的主体是变动的且流动的，与建筑施工噪声相比，带有更强的转瞬性。由此可见，噪声污染的危害范围及程度极为广泛，亟待引起重视。

2. 轨道交通噪声的危害

随着我国城镇化进程不断加快，交通拥堵问题越来越严重，轨道交通以其方便快捷、运量大、安全可靠、节约能源等优势成为世界各国重要的交通运输工具，因此得到快速发展。然而，在城市高架轨道交通给人们带来方便快捷、缓解城市交通拥堵的同时，严重的噪声污染也随之而来。

2014 年 9 月，世界卫生组织发布了一份针对噪声污染的研究报告——《噪声污染导致的疾病负担》，在这份报告中重新定义了此前被人们忽视的噪声带来的危害。按照世卫组织对欧洲国家的流行病学研究，噪声污染不仅会严重危害人类的心理健康，更会增加诱发心脏病、心血管病的风险。这份报告第一次指出了噪声污染的实际危害，不仅仅是影响睡眠和人的心理，还会引发各类心脏、心血管疾病、学习障碍以及耳病等，长期暴露在这样的环境中，会间接缩短人的寿命。

2.2.2　轨道交通噪声污染来源

环境噪声污染是指所产生的环境噪声超过国家规定的环境噪声排放准，并干扰他人正常生活、工作和学习的现象。

交通噪声具有流动性，随着交通网络的日益发达，交通运输带来的噪声污染对城市声环境的影响愈发突出，特别是轨道交通事业的蓬勃发展，地面、立体交通形成交互影响，使得交通噪声污染成为噪声污染的主要来源。

无论是客运列车还是货运列车，其最高声压级出现于 500～1000Hz 的频率范围。列车编组站的噪声十分强烈。例如，蒸汽机车的排汽声可达 120～130dB（距离机车 5m）。近年来，国际上出现了高速客运列车，其行车的设计速度每小时高达 210km 或更高。在路堤上于距离轨道 25m 处，其噪声级为 100dB，引起沿线居民的强烈反应。

铁路噪声是由多种噪声源合成的。一般铁路噪声的主要来源是信号噪声、牵引噪声和轮轨噪声、空气动力噪声以及车站社会生活噪声等。

1. 信号噪声

信号噪声是指机车鸣笛声。这种噪声因汽笛所用的蒸汽压力或风笛所用的压缩空气压力的不同而有很大的差别。以建设型和解放型蒸汽机车的信号为例，在距机车的侧面 10m 处，建设型机车的汽笛声 A 声级高达 132dB，解放型为 128dB。这些机车都同时安装有风笛，其声级较汽笛约低 30～40dB，声音较汽笛柔和得多。中华人民共和国铁道部规定，自 1973 年 2 月 1 日起，在城市及交会列车时一律鸣风笛。

2. 牵引噪声

牵引噪声又称牵引动力噪声，是由列车的牵引系统设备包括牵引电机及其冷却风扇、压缩机、发电机、齿轮箱等运转时产生，也包括架空接触网与集电弓之间产生的摩擦噪声。它的强弱与行车速度、车厢长度、每列车的车厢数目、每个车厢的轮轴数目、轨道的技术状态等有密切关系。实测表明，在列车运行速度为每小时 60km 时，在距离轨道 5m 处，轮轨噪声的 A 声级为 102dB，机车噪声为 106dB。车行速度加倍，轮轨噪声和机车噪声约各增加 6～10dB。目前，中国客运列车的最高速度为每小时 120km，货运列车为每小时 90～110km。

3. 轮轨噪声

轮轨噪声是由车轮与轨道之间的撞击和摩擦产生的，与车速、车厢长度、每列车的车厢数每个车厢上的轮轴数及轨道的技术状态密切相关，包括滚动噪声、冲击噪声和摩擦啸叫声 3 种类型，其主要以中低频成分为主。实测表明，车速为 100km 时，轮轨噪声在离轨道 5m 处可达 108 dB。关于频率特性，列车运行时的整机噪声在 500～1000Hz 的范围内最强。列车进入地下或隧道后，因受洞壁反射的影响，噪声级还会提高几分贝。声压级较强的频率范围更宽，主要出现在 250～2000Hz 的范围。

4. 空气动力学噪声

空气动力噪声是由车辆运行时气流黏滞在车辆表面引起附面层压力变化，激发表面振动，产生气流漩涡和摩擦冲击而形成的高频气流噪声，它主要产生于车体结构表面，与车辆的外轮廓和车速有关。空气动力学噪声的意义在于对应于高速列车的三个不同速度范围，牵引噪声、机械噪声或空气动力学噪声分别成为每一范围的主要声源。

5. 车站社会噪声

近年来，车站社会噪声主要是由车站的广播声、人群的嘈杂声等形成。

随着我国经济的高速发展，高速铁路的噪声源随之发生改变。并具有高速、电气化、高架的突出特点，噪声强度随之增大，影响范围更大，因此导致高速列车噪声问题愈发突出。除了轮轨噪声和牵引噪声两种铁路固有的噪声之外，高速运行的车辆引起的空气流动而产生的空气动力学噪声，也增加了高速铁路噪声的复杂性。因此确定噪声声源及其相应的位置，是铁路噪声预测的第一步工作。

列车噪声特性随其速度的变化也发生着巨大的变化。除信号噪声外，最大运行速度小于 200km/h 的普通列车，牵引噪声和轮轨噪声即可代表其列车噪声；而运行速度超过 250km/h 的高速列车，空气动力学噪声则是其噪声的主要组成部分。

2.2.3 轨道交通噪声传播衰减特性

声波在传播过程中，能量逐渐减少的现象称为衰减。声能衰减的原因很多，主要包括传播距离增加引起的辐射衰减，以及空气吸收引起的衰减，或地面植物、各种障碍物及气象因素引起的衰减。声波的传播首先是从声源向周围辐射传播，同时由于各种障碍物的存在，使声波同其他波一样在传播过程中产生干涉、衍射、反射、折射及透射等现象。本节定性的介绍声源到接收点之间的噪声传播特性。由于声音传播过程中的辐射、地面吸收和屏障作用，噪声级随距离增大而减小。预测距轨道不同距离处噪声级的公式通常如式（2-24）所示：

$$L_A = L_{A(ref)} + C_d + C_g + C_b \tag{2-24}$$

式中 $L_{A(ref)}$——距噪声源某一参考距离处的已知 A 计权声级值；

         C_d——辐射产生的衰减修正量；

         C_g——地面吸收产生的衰减；

         C_b——声屏障（屏障物、路肩以及建筑物）产生的衰减。

1. **噪声辐射衰减**

辐射衰减是指噪声级随距离增大而自然减小的现象，列车噪声级的辐射衰减取决于声源的类别（点声源或线声源）与声源传播时的特性。点声源和线声源的声级是如何随着距离的增大而减小的，其中辐射衰减量 C_d 是相对参考噪声级而言的。当列车在轨道上运行时，单个子声源可视为点声源，一些彼此靠得很近的离散点声源视为连续移动的线声源。点声源的辐射衰减量较大：距离增加一倍，L_{eq}、L_{dn} 和 L_{max} 减小 6dB；而对于线声源，距离增加 1 倍，L_{eq} 和 L_{dn} 减小 3dB，L_{max} 减小 3～6dB。

2. **地面吸收衰减**

除了由于声能量几何传播引起的辐射衰减外，当声波沿地面传播较长距离时，地面的声阻抗对传播将有很大影响。若传播路径接近吸收性或软质地面，如新耕田或大片的草地，噪声级进一步衰减在图 2-14 地面吸收与距离的关系曲线图中，在几十米的范围内地面吸收衰减超过 5dBA。

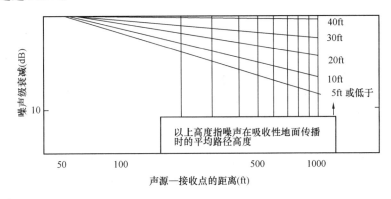

图 2-14　地面吸收 C_q—距离关系曲线

3. **声屏障衰减**

当在声源与接收点之间插入一个屏障时，一部分声波被反射，一部分声波被吸收，还有一部分声波被透射或绕射。一般透射声忽略不计，只考虑边缘的绕射作用。声屏障对直达声的衰减作用，实际取决于绕射声的强弱。当存在声屏障时，对于给定的直达声，在一定范围内绕射声级可以降至很低，即声屏障对直达声的衰减作用很明显。这种低声级的区域叫做声影区（图 2-15），它类似于光线被不透明的物体遮挡形成的阴影。在声屏障边缘之外，由声源发出来的声波可以直线到达的区域称为亮区。从声影区到亮区之间称为过渡区。对于声影区来说，衡量屏障对直达声衰减作用的是通过测量同一接收点处设置声屏障前后的声压之差，这个声压差称为声屏障衰减。

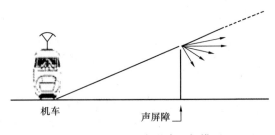

图 2-15　声屏障几何模型

对典型交通系统噪声，声屏障衰减量 C_b 取决于声源、接收点的高度、声屏障高度和长度以及声源与接收点之间的距离。声屏障衰减量与噪声频率也有关系，当其他因素都相同时，频率越高的噪声，声屏障衰减量越大。对于不同子噪声源，其峰值频率与高度各不相同，如空气动力学噪声峰值频率较轮轨噪声低，因而声屏障对空气动力学噪声产生的衰减作用较小。此外，由于空气动力学噪声源的位置高于轮轨噪声源，因此屏蔽空气动力学噪声的声屏障必须高于轨面 4.5m 以上，空气动力学噪声屏障比轮轨噪声屏障造价高。

2.3 轨道交通噪声污染防治技术概述

2.3.1 国内外噪声控制技术与发展现状

随着现代工业和科学技术的发展，人们不断研发新的技术应用于噪声治理方面，以便提高噪声的治理效果，减少治理噪声的经济投入。有源消声技术和新型声学材料的研究是当今噪声污染防治技术的两大热点研究内容。同时，噪声污染由于路线的复杂性，探讨综合治理技术和措施也是当代研究的热点问题。

1. 有源消声技术研究及应用

有源消声技术又称主动噪声控制技术，这种方法适用于消除 1500Hz 以下低频无规噪声，以弥补被动隔音的不足。该技术特别适用于抑制路面和发动机上的低频噪声，并且还适用于控制发动机排气噪声的低频部分。然而，项目中的大多数噪声信号是随机的，振幅和相位随时间随机变化，难以实时产生二次噪声以消除原始噪声。

国内已有的应用实例是对 4-85 柴油机低频窄带排气噪声消声试验，以振动信号代替了噪声信号来避免高温影响，试验结果表明，中心频率为 103Hz、207Hz、308Hz 的三个窄带波峰分别被削减了 20dB、15dB、10dB，证明了该系统的有效性。

2. 新型声学材料研究

我国在微孔板和无纤维吸声材料微穿孔板研究方面遥遥领先。目前，高架路面采用微孔板吸声结构，具有重量轻，透光性能好，与周围环境协调，抗紫外线，抗老化，抗冲击，耐腐蚀等优点。

纳米技术对当代工业发展产生巨大影响。纳米技术开发的润滑剂在物体表面形成半永久性固体薄膜，产生优异的润滑性，大大降低了机械设备运行过程中的噪音，延长了设备的使用寿命。

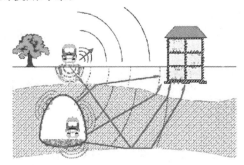

图 2-16 城市地面轨道和地下轨道的引起的噪声

3. 综合治理技术和措施

对铁路噪声污染的综合治理也是一项重大的工程。图 2-16 从总体上展示了铁路噪声产生的机理。对于不同的线路条件影响程度会不同。同时，治理由铁路和城市轨道引起的噪声是一个十分复杂的问题，涉及专业面广，包括相关的铁路轨道、机车车辆、隧道与桥梁、地基基础、房屋建筑结构、空气动力学、材料科学以及其的相关专业合理论知识。因此，要想治理轨道交通噪声污染，必须统一协调众多专业的人员，从各个专业的角度去研究问题，综合治理。

2.3.2　现行国内及行业法律、规范和标准

1. 现行法律

2014 年 4 月由第十二届全国人大会常委会第八次会议修订通过的《中华人民共和国环境保护法》中第四十二条规定：排放污染物的企业事业单位和其他生产经营者，应当采取措施，防治在生产建设或者其他活动中产生的废气、废水、废渣、医疗废物、粉尘、恶臭气体、放射性物质以及噪声、振动、光辐射、电磁辐射等对环境的污染和危害。

1996 年 10 月第八届全国人民代表大会通过的《中华人民共和国环境噪声污染防治法》中第二条规定：环境噪声是指在工业生产、建筑施工、交通运输和社会生活中所产生的、干扰周围生活环境的声音。交通运输噪声，是指机动车辆、铁路机车、机动船舶、航空器等交通运输工具在运行时所产生的干扰周围生活环境的声音。第八章六十四条中，对交通运输噪声污染防治提出了要求，并对违反其中各条规定所应受的处罚及所应承担的法律责任作出明确规定。

2. 行业规范与标准

为防治地面交通噪声污染，保证人们正常生活、工作和学习的声环境质量，促进经济、社会可持续发展，根据《中华人民共和国环境保护法》和《中华人民共和国环境噪声污染防治法》，环境保护部制定了《地面交通噪声污染防治技术政策》，本技术政策规定了合理规划布局、噪声源控制、传声途径噪声削减、敏感建筑物噪声防护、加强交通噪声管理五个方面的地面交通噪声污染防治技术原则与方法，并适用于公路、铁路、城市道路、城市轨道等地面交通设施（不含机场飞机起降及地面作业）的环境噪声污染预防与控制。表 2-8 列出了我国现行的交通噪声相关的标准体系。

我国现行的交通噪声相关的标准体系　　　　　　　表 2-8

分　类	标准编号	标准名称
声环境质量标准	GB 3093—2008	声环境质量标准
	GB 10070—1988	城市区域环境振动标准
	GB 9660—1988	机场周围飞机噪声环境标准
	GB 12522-2011	建筑施工场界环境噪声排放标准
	环境保护部公告 2008 年第 38 号	关于发布《铁路边界噪声限值及其测量方法》（GB 12525—1990）修改方案的公告
	GB 22377—2008	社会生活环境噪声排放标准
	GB 12348—2008	工业企业厂界环境噪声排放标准
环境噪声排放标准	GB 4593—2005	摩托车和轻便摩托车定置噪声排放限值及测量方法
	GB 19757—2005	三轮汽车和低速货车加速行驶车外噪声限值及测量方法（中国一，二阶段）
	GB 16169—2005	摩托车和轻便摩托车加速行驶噪声限值及测量方法
	GB 1495—2002	汽车加速行驶车外噪声限值及测量方法
	GB 16170—1996	汽车定置噪声限值

分　类	标　准　编　号	标　准　名　称
环境噪声排放标准	GB 12525—1990	铁路边界噪声限值及其测量方法
	HJ/T 90—2004	声屏障声学设计和测量规范
	GB/T 15190—1994	城市区域环境噪声适用区划技术规范
	GB/T 14365—1993	声学机动车辆定置噪声测量方法
监测规范方法标准	GB 10071—1988	城市区域环境振动测量方法
	GB 9661—1988	机场周围飞机噪声测量方法
	HJ 2.4—2009	环境影响评价技术导则声环境
		技术政策：地面交通污染防治技术政策

(1)《声环境质量标准》（GB 3093—2008）

为贯彻《中华人民共和国环境噪声污染防治法》，防治噪声污染，保障城乡居民正常生活、工作和学习的声环境质量，制定本标准。本标准规定了五类声环境功能区的环境噪声限值及测量方法。本标准适用于声环境质量评价与管理。本标准是对 GB 3093—93《城市区域环境噪声标准》和 GB/T 14623—93《城市区域环境噪声测量方法》的修订。本标准自实施之日起，GB 3093—93 和 GB/T 14623—93 废止。

其中的五类声环境功能区包括：

1）0 类：指康复疗养区等特别需要安静的区域。

2）1 类：指以居民住宅、医疗卫生、文化教育、科研设计、行政办公为主要功能，需要保持安静的区域。

3）2 类：指以商业金融、集市贸易为主要功能，或者居住、商业、工业混杂，需要维护住宅安静的区域。

4）3 类：指以工业生产、仓储物流为主要功能，需要防止工业噪声对周围环境产生严重影响的区域。

5）4 类：指交通干线两侧一定距离之内，需要防止交通噪声对周围环境产生严重影响的区域，包括 4a 类和 4b 类两种类型。4a 类为高速公路、一级公路、二级公路、城市快速路、城市主干路、城市次干路、城市轨道交通（地面段）、内河航道两侧区域；4b 类为铁路干线两侧区域。

其中五类环境功能区的噪声限值规定如表 2-9 所示。

环境功能区噪声限值　　　　　　　　　　　　　　　　　表 2-9

声环境功能区类别		时段	
		昼间	夜间
0 类		50	40
1 类		55	45
2 类		60	50
3 类		65	55
4 类	4a 类	70	55
	4b 类	70	60

4 类声环境功能区划分方法：将交通干线边界外一定距离内的区域划分为 4a 类声环境功能区，当临街建筑高于 3 层楼房以上（含 3 层）时，临街建筑面向交通干线一侧至交通干线边界线的区域定为 4a 类声环境功能区。交通干线边界外一定距离内的区域划分为 4a 类声环境功能区。距离确定方法如下：

①相邻区域为 1 类声环境功能区，距离为 50±5m；

②相邻区域为 2 类声环境功能区，距离为 35±5m；

③相邻区域为 3 类声环境功能区，距离为 20±5m。

通过《声环境质量标准》确定的功能区划分依据和噪声限值可确定主要交通区域需要控制的环境噪声等效声级限值。

（2）《铁路边界环境噪声限值及其测量方法》（GB 12525—90）

由中华人民共和国环境保护部修订的《铁路边界噪声限值及测量方法》（GB 12525—90）规定了铁路边界噪声限值的控制标准（表 2-10），并对测量方法，仪器，气象条件等作出了具体规定。适用对城市铁路边界噪声的评价。

标准规定：既有铁路，改、扩建既有铁路边界铁路噪声按表 2-10 的规定执行。既有铁路是指 2010 年 12 月 31 日前已建成运营的铁路或环境影响评价文件已通过审批的铁路建设项目。

既有铁路边界铁路噪声限值（等效声级 L_{eq}）　　　　表 2-10

时段	噪声限值（单位：dB（A））
昼间	70
夜间	70

新建铁路（含新开廊道的增建铁路）边界铁路噪声按表 2-11 的规定执行。新建铁路是指自 2011 年 1 月 1 日起环境影响评价文件通过审批的铁路建设项目（不包括改、扩建既有铁路建设项目）。

新建铁路边界铁路噪声限值（等效声级 L_{eq}）　　　　表 2-11

时段	噪声限值（dB（A））
昼间	70
夜间	60

测量方法规定：

1）测点原则上选在铁路边界高于地面 1.2m，距反射物不小于 1m 处。

2）测量仪器：应符合 GB 3785 中规定的 Ⅱ 型或 Ⅱ 型以上的积分声级计或其他相同精度的测量仪器。测量时用"快档"，采样间隔不大于 1s。

3）气象条件：应符合 GB 3222 中规定的气象条件，选在无雨雪的天气中进行测量。仪器应加风罩，四级风以上停止测量。

4）测量时间：昼夜、夜间各选在接近机车车辆运行平均密度的某一个小时，用其分别代表昼间、夜间。必要时，昼间或夜间分别进行全市段测量。

（3）《交通干线环境噪声排放标准》（征求意见稿）

近年来，包括高铁、高速公路在内的交通运输业发展迅猛，由此带来的交通噪声污染问题也日益突出。但现实中却存在着标准缺位、标准性质不明确、交通噪声管理思路不清晰等问题，为此，环保部制定了《交通干线环境噪声排放标准》（征求意见稿），现该标准正在公开征求意见，新标准提出要区别对待新建与既有交通干线，严格新项目环境准入。

本次修订将在原有铁路噪声污染控制的基础上，整合制订公路、铁路、城市道路、城市轨道交通、内河航道等交通干线的环境噪声排放控制要求，同时采取边界噪声排放控制与敏感点声环境质量控制相结合的监控方式，并在在户外达标的技术手段不可行的前提下，承认室内达标的合理性，补充规定室内噪声限值，进一步完善交通干线环境噪声监测方法。

此标准尚在征求意见阶段，自此标准实施以后，《铁路边界噪声限值及其测量方法》（GB 12525—90）和《〈铁路边界噪声限值及其测量方法〉（GB 12525—90）修改方案》（环境保护部公告 2008 年第 38 号）废止。

（4）铁路声屏障声学构件技术要求及测试方法（TB/T 3122—2010）

该标准在铁路声屏障声学构件技术的声学性能、抗风压性能、抗冲击性能、防火性能、防腐蚀性能、抗疲劳性能、外观和使用寿命等方面进行的界定，并增加了有机合成透明板技术的要求（表 2-12）。

有机合成透明板技术要求 表 2-12

序号	技术指标	技术要求	
01	透光率（%）	使用前	≥90
		使用 10 年后下降	≤10
02	断裂伸长率（%）	≥4	
03	拉伸强度（MPa）	≥70	
04	弯曲强度（MPa）	≥98	
05	弹性模量（MPa）	≥3100	
06	线性热膨胀系数（mm/（m·℃））	≤0.07	
07	软化温度（℃）	≥110	

2.3.3 轨道交通噪声污染防治基本方法及途径

1. 轨道交通噪声污染防治基本方法

（1）吸声降噪

吸声降噪是噪声控制的主要方法之一。声波通过媒质或入射到媒质分界面上时声能的减少过程称为吸声。如在房间内的各面或其他位置设置一定数量的吸声材料或吸声结构，提高房间的平均吸声系数（吸声量），通过降低反射面的反射声来降低房间内噪声强度。

任何材料或结构，由于它的多孔性、薄膜作用或共振作用，对入射声能或多或少的都有吸声能力。具有较大吸声能力（平均吸声系数超过 0.2）的材料称为吸声材料。多孔吸声材料包括纤维状（有机、无机）吸声材料、颗粒状吸声材料以及泡沫状吸声材料等。吸声结构有单个共振器、穿孔板共振吸声结构、微穿孔板吸声结构、薄板共振吸声结构以及薄膜共振吸声结构。

吸声降噪的基本原理：室内房间内任何一点的噪声能量来自两部分（图 2-17），一部分来自声源的直达声，另一部分来自反射物（包括顶棚、墙壁和房间内其他反射体）反射产生的混响声。通过在室内布置一定数量的吸声材料（或结构），减少混响声，降低室内噪声。吸声降噪的效果与室内声源的频率特性和位置、房间特征、吸声处理材料或结构的特性、数量和设置方式等因素有关。

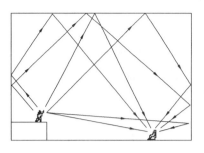

图 2-17　室内声场

（2）隔声降噪

隔声是在传播途径上进行噪声控制的措施。用隔声材料、构件或结构将噪声源和接收者分开，阻断空气声的传播，达到降噪目的的方法称作隔声。通常采用密实、重的材料制成构件对噪声加以阻挡或将噪声封闭在一个空间，使其与周围空气隔绝。具有隔声能力的屏蔽物称作隔声构件或结构，如砖砌隔墙、水泥砌块墙和隔声罩等。经常采用的隔声措施有隔声门窗、隔声墙、隔声罩、隔声间，以及户外和室内声屏障等。隔声分为空气声隔绝和固体声隔绝，空气声和固体声的阻断是两种不同性质的方法，这里提到的隔声方法是指空气声隔声，对于由于设备运转振动等原因激发的固体声，主要是采用隔振的方法进行阻断。

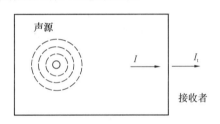

图 2-18　隔声量测量示意

（I 为有隔声构件前的声强；I_t 为经构件衰减后的声强）

隔声降噪的基本原理是：声波在空气中传播途径时，碰到一匀质屏障时，由于分界面特性阻抗的改变，使一部分声能被屏蔽物反射回去，一部分被屏蔽物吸收，只有一小部分声能可以透过屏蔽物传到另一个空间去（图 2-18）。设置适当的屏蔽物便可以使大部分声能反射回去，从而降低噪声的传播。影响隔声效果的因素有隔声材料的材质、密度、弹性和阻尼，隔声构件的几何尺寸和安装方法，以及被隔绝噪声的频率特性、声场的分布及声波的入射角度等。

（3）消声降噪

消声降噪是采用消声器降低噪声的传播，也是噪声控制的主要措施之一。消声器对于大多数以气流噪声为主的设备和以气流通道为主要噪声传播途径的场所是有效的控制措施。消声器是一种既可以使气流顺利通过又能有效地降低噪声的设备，即它是一种具有吸声内衬或特殊结构形式能有效减低噪声的气流管道。一般用于控制空气动力性噪声，安装在空气动力设备的气流进出口或气流通道上，如各种进出风口和各种发动机排气口等。消声器的降噪效果与噪声的频率特性、消声器类型及其性能等因素有关。

2. 轨道交通噪声污染防治的途径

（1）轨道交通噪声污染防治

从轨道交通噪声产生和传播的过程来看，我们可以分别从控制噪声源和控制污染传播途径两个方面来有效地减少其噪声污染。

1）控制噪声源

从源头上控制噪声源从而达到减少噪声污染是轨道交通噪声污染防治最有效的方法之一。主要是通过控制轨道的结构，对钢轨采取减振措施实现的。研究表明，影响轨道结构振动特性的主要参数是质量、阻尼和刚度等。城市轨道交通通过改变轨道结构的振动参数来控制振动，从而起到控制噪声的作用。我们可以通过控制轮轨噪声、控制列车整体噪声和控制桥梁辐射噪声和隧道反射噪声三个方面在源头上减少噪声的产生。

①控制轮轨噪声

高速铁路噪声的主要部分为轮轨噪声。这主要是由于列车运行期间，车轮与钢轨接头处的撞击以及磨损的车轮在轨道上的摩擦造成的。因此，高速铁路应采用改进的轨道结构和车轮结构以减少列车运行的噪音。目前采取的措施是：

A. 采用中型及弹性钢轨；

B. 减少钢轨的波形磨损；

C. 采用无缝钢轨，钢轨削正研磨；

D. 采用弹性轨道基础施工技术和适合高速铁路的弹性车轮；

E. 采用吸音装置。

②控制列车整体噪声

由于集电系统的噪声，主要是由电动通风机、电动压缩机、电动发电机和牵引电动机运行时所发出的。因此，相对应的措施是改进集电弓滑板的形状，减少滑板的宽度；尽量减少集电弓的数量和安装电工外罩。空气动力性噪声与列车运行速度及列车的密闭性能相关联。减少空气噪声最有效的方法是设计出流线性的车体，车体材料大部分选用隔音材料，再辅以密封措施减小车内壁板的孔隙数和尺寸。

③控制桥梁辐射噪声和隧道反射噪声

由于桥梁结构在车辆的动力作用下，产生振动并辐射低频噪声。因此，桥梁构造物的噪声控制主要从设计和安装着手。比如在桥梁的结构形式设计上采用混凝土梁、有砟桥面或板式轨道的无砟桥面和加强桥头横梁，以降低车辆对桥梁的冲击效应，有效减低桥梁低频噪声。隧道噪声在高速运行时尤为明显。当车辆以高速冲入隧道入口时，在隧道内将形成压缩波；当车辆以高速冲出隧道口时，压缩波将向外部放射而产生很大的噪声。因此，应在隧道的内壁、桥梁外表面饰以吸声材料，以改善桥梁、隧道中轨道下的减振吸声结构。表 2-13 列举了一些主要控制方法。

轨道噪声控制采取的主要措施　　　　　　　　　　　　表 2-13

序号	轨道噪声控制采取的主要措施
1	优化轨道结构，采用重型钢轨，铺设无缝线路
2	采用新型轨道结构，如浮置板式的轨道结构
3	选用合适的道床形式
4	打磨钢轨和车轮作用面，使其表面平滑、光洁，降低滚动噪声
5	在车轮上设谐振消声器，在轨道车辆转向架上采用橡胶轮胎来降低轮轨噪声
6	高架轨道结构尽量采用箱形混凝土梁，少采用钢梁，桥梁支座采用橡胶支座，桥梁两侧设置隔音板

2）控制噪声的传播途径

①设置声屏障

声屏障是一种降低噪声的有效措施。声屏障的主要功能是阻止直达噪声的传播、隔离透射声、衰减衍射声，使噪声得以衰减。所谓声屏障是用隔声结构作屏障，设置于声源和接受点之间，阻挡噪声直接传播到接受点的降噪设备。在城市轨道交通地面线路和高架线路中使用声屏障可以阻挡大部分声源的辐射传播。在轨道交通两侧设置声屏障时要尽量长些，声屏障越长，降噪效果就越好。目前国内用于城市轨道交通线路声屏障的形式，主要有普通直立式、半封闭式和全封闭。声屏障的类型见图 2-19 与图 2-20。直立式高度一般为 2～2.5m，半封闭式一般为 5.5～6.5m。一般路堤式声屏障在声影区内的降噪效果在 7.6～10.9dB（A），桥梁声屏障降噪效果在 8.3～9.6dB（A）之间；全封闭式路堤声屏障降噪效果可以高达 27.8dB（A）。

图 2-19　全封闭式声屏障类型

图 2-20　直立式声屏障类型

② 绿化降噪

在道路两侧地面进行绿化，栽植树木和草皮以降低噪声。从遮隔和减弱城市噪声的需要考虑，配植树木应选用常绿灌木与常绿乔木树种的组合，并要求有足够宽度的林带，以便形成较为浓密的"绿墙"。通过植物对声波的反射和吸收作用，减少声波的能量，能够有效减低交通噪声。

③ 吸声材料和吸声结构降噪

吸声降噪，指采用吸声的材料吸收噪声、降低噪声强度的方法。地下车站采用吸声材料和吸声结构，粘附于墙壁或悬挂空中，做吸声处理，如大面积空间吸声体和穿孔板共振吸声结构，道床侧面装置采用吸声材料，车站内采用倒 L 形声屏障站台；利用管道包扎来消除管道系统的噪声。通过设置车轮隔声罩和在车辆两侧设置下裙边并在内侧设置吸声材料，在隧道内、车内靠近声源的一侧采用吸声涂层等措施，可减少噪声反射，降低噪声。

④ 隔音结构降噪

在轨道沿线修建低隔声墙和隔音罩，都能起到切断或减弱空气声的传播途径，降低噪声的目的。安装屏蔽门是减少候车（厅）站台因列车行驶带来噪声的一个行之有效的手段。

3）控制受声物

在对噪声源及其传播途径采用控制措施的同时，还可以通过对线路两侧的建筑采取加厚墙体，提高其面密度；墙体外表面设吸声层，提高其吸收线路噪声的能力，使其隔声能力增强；在面向线路一侧的建筑物的门窗安装吸声材料，减少辐射入室内的噪声。另外还可以通过调整建筑物的功能和布局，加大噪声敏感点与轨道之间的距离，减小了线路噪声对敏感设施的干扰，达到降噪的效果。

4）合理规划城市轨道交通

在实施上述主要控制措施的同时，还应考虑城市轨道交通的合理规划。考虑轨道交通对环境的影响，轨道交通系统的运行，将带来新的环境问题，如噪声、振动等，影响周围居民的生活质量。在进行线路规划时，应尽量与城市建筑的发展相结合，在不影响线路发挥正常的交通作用和城市发展的前提下，尽量避开居民集中的地区。对那些防振要求高的建筑物，如精密仪器实验室等，轨道交通线路应尽可能避绕。由于轨道交通辐射噪声的复杂性，仅仅采取一种降噪措施往往达不到很好的效果，因此要想得到好的降噪效果，必须根据实际情况，联合采取多种措施，达到一个综合降噪的效果。

3. 降噪器材的性能及声屏障的设计

（1）降噪器材的性能及评价

1）吸声材料与结构的吸声性能与评价

①吸声系数和平均吸声系数

吸声系数 α 是评定材料或结构吸声能力的主要指标。吸声系数定义为材料吸收的声能（包括透过材料的声能）与入射到材料的全部声能（图 2-21）之比，见式（2-25）：

$$\alpha = \frac{E_a + E_t}{E_i} = \frac{E_i - E_r}{E_i} = 1 - r \qquad (2-25)$$

式中　α——材料或结构的吸声系数；

　　　r——材料或结构的声能反射系数；

　　　E_a——吸收的声能，J；

　　　E_i——入射到材料或结构表面的总能量，J；

　　　E_r——反射的声能，J；

　　　E_t——透过材料或结构的声能，J。

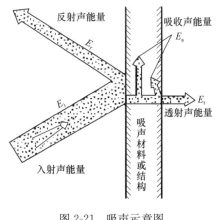

图 2-21　吸声示意图

由式（2-25）可知，α 越大，表明吸声性能越好。$\alpha=1$ 时，入射声能 E_i 被 100% 吸收而无反射；$\alpha=0$ 时，声能被全部反射，表示材料或结构无吸声作用；一般 α 的数值在 0～1，只有 $\alpha \geqslant 0.2$ 的材料或结构才可称为吸声材料或吸声结构。

α 值与声波的频率、入射角度有关，同一材料对于高、中、低不同频率的吸声系数也不同，一般随频率的增加而增大。为了全面反映材料的吸声性能，α 通常取 125Hz、250Hz、500Hz、1000Hz，2000Hz，4000Hz 这 6 个中心频率下的吸声系数来分别表示，或用平均吸声系数 $\bar{\alpha}$ 来表示，见式（2-26）：

$$\bar{\alpha} = \frac{1}{6}(\alpha_{125} + \alpha_{250} + \alpha_{500} + \alpha_{1000} + \alpha_{2000} + \alpha_{4000}) \qquad (2-26)$$

吸声材料在上述六个规定频率的平均吸声系数应不小于 0.2。影响多孔吸声材料吸声性能的还有空气流阻、材料的厚度、材料的密度（或空隙率）、材料背后空腔、材料面饰、湿度和温度等因素。一般而言，材料内部的开放连通孔越多，吸声性能越好。α 的测定要在专业的实验室，使用特定的设备测量。常用的测量方法有混响室法和驻波管法，因此 α 还有垂直入射吸声系数 α_N，无规则入射吸声系数 α_s 之分，其关系见表 2-14。

α_N 与 α_s 的换算表　　　　　　　　　　　表 2-14

垂直入射吸声系数 α_N（驻波管测得）	0.1	0.2	0.3	0.4	0.5	0.6	0.7	0.8
无规则入射吸声系数 α_s（混响室测得）	0.25	0.4	0.5	0.6	0.75	0.85	0.9	0.98

② 吸声量

吸收声能的多少不仅与吸声系数 α 有关，还与吸收面积有关，吸声量又称吸声面积，定义为吸声系数与所使用吸声材料的面积之乘积，即：

$$A = S\alpha \tag{2-27}$$

式中　A——吸声量，m^2；

　　　α_i——吸声系数；

　　　S_i——吸声面积，m^2。

室内所有壁面吸声量总和为：$A = \sum_i S_i\alpha_i$ （2-28）

室内的其他物体如家具、人等也会吸收声能，因此室内总的吸声量如式（2-29）所示：

$$A = \sum_i S_i\alpha_i + \sum_j A_j \tag{2-29}$$

式中　$\sum_i S_i\alpha_i$——所有壁面吸声量的总和；

　　　$\sum_i A_j$——室内所有物体吸声量的总和。

2）隔声的性能与评价

隔声性能的评价量包括透射系数、隔声量、平均隔声量和空气隔声指数。

①透射系数

隔声构件本身的透声能力可用透射系数（传声系数）τ 来表示，它等于透射声强与入射声强（或透射声功率与入射声功率）的比值，见式（2-30）：

$$\tau = \frac{I_t}{I_i} = \frac{W_t}{W_i} = \frac{p_t^2}{p_i^2} \tag{2-30}$$

式中　I_t，W_t，p_t——透射声强，声功率和声压；

　　　I_i，W_i，p_i——入射声强、声功率和声压；

　　　　　　τ——透射系数，一般 τ 指无规则入射时各个入射角透射系数的平均值。

　　　　　　一般 $\tau = 0 \sim 1$，τ 值越小，透声性能越差，隔声性能越好。

②隔声量

一般隔声构件的透射系数 τ 在 $10^{-5} \sim 10^{-1}$ 之间，远远小于 1，不方便使用，因此采用隔声量 R 来表示表示构件的隔声能力。隔声量 R 又称为传声损失或透射损失，定义为：

$$R = 10\lg\frac{1}{\tau} \tag{2-31}$$

或

$$R = 10\lg\frac{I_i}{I_t} = 20\lg\frac{p_i}{p_t} \tag{2-32}$$

若 $\tau=1$，$R=10\lg(1/1)=0\mathrm{dB}$；$\tau=0.1$，$R=10\lg(1/0.1)=10\mathrm{dB}$；$\tau=0.01$，$R=10\lg(1/0.01)=20\mathrm{dB}$；$\tau=0.001$，$R=10\lg(1/0.001)=30\mathrm{dB}$。用隔声量来衡量构件的隔声性能更为直观、明确，便于隔声构件的比较与选择。隔声量可由实验室和现场测量两种方法确定。

③平均隔声量

隔声量的大小与隔声构件的结构、性质以及入射声波的频率有关。因此同一隔声墙对不同频率声音的隔声性能会有很大差异。在工程应用中，通常用中心频率为 $125\sim4000\mathrm{Hz}$ 的 6 个倍频程或 $100\sim3150\mathrm{Hz}$ 16 个 1/3 倍频程中心频率的隔声量作算术平均，称作平均隔声量。但平均隔声量也有一定的局限性，因为只求算术平均，未考虑人耳听觉的频率特性以及一般结构的频率特性，为此国际标准化组织推荐用空气隔声指数来评价构件的隔声性能。

④空气隔声指数

空气隔声指数也称计权隔声量。对不同类型的隔声构件，虽然隔声量相同，但其隔声频率特性却可能有很大差异，考虑到这一因素，ISO 推荐用空气隔声指数来评价空气声隔声性能方法。即将已测得的隔声频率特性曲线与规定的参考曲线进行比较而得到的空气隔声指数，如图 2-22 所示，曲线在 $100\sim400\mathrm{Hz}$ 之间以每倍频程 9dB 的斜率上升，在 $400\sim1250\mathrm{Hz}$ 之间以每倍频程 3dB 的斜率上升，$1250\sim3150\mathrm{Hz}$ 之间是一段水平线。空气隔声指数按以下方法求得：

先测得某隔声结构的隔声量频率特性曲线，如图中的曲线 1 或 2 即分别代表两个隔声结构的隔声特性曲线。

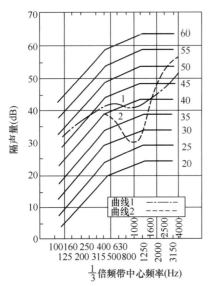

图 2-22　隔声指数参考曲线

图 2-22 中还给出了一系列参考折线，每条折线右边标注的数字相对于该折线上 500Hz 所对应的隔声量。曲线 1 或曲线 2 与某一条参考折线比较，使评价曲线满足下述两个条件：

在任何一个 1/3 倍频程上隔声量，曲线低于参考折线的最大值必须小于或等于 8dB，在采用倍频程时不大于 5dB。对全部 16 个 1/3 倍频程中心频率（$100\sim3150\mathrm{Hz}$），曲线低于折线的差值之和必须小于或等于 32dB，在倍频程时不大于 10dB。

将待评价的曲线与图中各条折线相比较。找出符合以上两个要求的最高的一条折线，则该折线右面所标注的数字（以整分贝数为准），即为待评价曲线的空气隔声指数。用平均隔声量和空气隔声指数分别对图中两条曲线的隔声性能进行评价比较。可以求出两座隔声墙的平均隔声量分别为 41.8dB 和 41.6dB，基本相同。但按上述方法求得它们的空气隔声指数分别为 44dB 和 35dB，说明隔声墙 1 的隔声性能要优于隔声墙 2。

⑤插入损失 IL

插入损失 IL 是指在声场中插入隔声构件前后，离声源一定距离某处测得的隔声结构

设置前的声功率级 L_{W_1} 和设置后的声功率级 L_{W_2} 之差，即：

$$IL = L_{W_1} - L_{W_2} \tag{2-33}$$

插入损失 IL 应用较为广泛，特别适用于现场环境中，对声场环境无特殊要求，结果又比较直观。多用于评价现场隔声罩、隔声屏障等隔声结构的隔声效果。现场测量的插入损失，不仅包括现场条件方面的影响，还包括了设置隔声结构前后声场的变化带来的影响。

3）消声器性能的评价

消声器性能的评价指标有声学性能、空气动力性能、气流再生噪声特性以及结构性能。

①消声器的声学性能

根据测试方法的不同，消声器的声学性能一般用插入损失、末端降噪量、轴向声衰减和传声损失 4 个指标来评价。消声器声学性能的优劣通常用消声量的大小及消声频谱特性来表示，其中主要包括计权声级消声量及各倍频带（1 倍频带或 1/3 倍频带）消声量。在现场的正常工作状况下，对所要求的频带范围有足够大的消声量。

A. 插入损失 L_{IL}

插入损失定义为在声源与某固定测点之间，安装消声器前后，在该测点处测得的平均声压级之差，见式（2-34）：

$$L_{IL} = L_{p_1} - L_{p_2} \tag{2-34}$$

式中　L_{p_1}——安装消声器前某测点的声压级，dB；

　　　L_{p_2}——安装消声器后该测点的声压级，dB。用插入损失作为消声器的评价量比较直观实用，测量也简单，这是现场测量消声器消声量的最常用方法。但插入损失不仅取决于消声器本身，还与声源、末端负载以及系统总体装置情况紧密相关，因此适用于现场测量、评价安装消声器前后的综合效果。

B. 末端降噪量 L_{NR}

末端降噪量也称末端声压级差，指消声器输入端（进口）与输出端（出口）测得的平均声压级差，见式（2-35）：

$$L_{NR} = L_{p1} - L_{p2} \tag{2-35}$$

式中　L_{p1}——消声器输入端平均声压级，dB；

　　　L_{p2}——消声器输出端平均声压级，dB。

这种测量方法是严格地按传递损失测量有困难时所采用的简单测量方法，易受环境噪声和反射声的影响，测量误差较大。现场较少使用，有时用于消声器试验台架上的测量分析。

C. 轴向声衰减 ΔL_A

消声器通道内沿轴向任意两点间声压（功率）级之差，反映了声音沿消声器通道内的衰减特性，以 1m 衰减量的分贝数（dB/m）来表示，以描述消声器内部的声传播特性，适用于声学材料在较长管道内连续而均匀分布的直通管道消声器。

D. 传声损失 L_{TL}

传声损失是消声器本身的传声特性，它是指消声器进口的噪声声功率级与消声器出口的噪声声功率级之差，见式（2-36）：

$$L_{TL} - 10\lg\frac{W_1}{W_2} = L_{W_1} - L_{W_2} \qquad (2\text{-}36)$$

式中　L_{TL}——消声器传声损失，dB；

　　　W_1——消声器进口的声功率，W；

　　　W_2——消声器出口的声功率，W；

　　　L_{W_1}——消声器进口的声功率级，dB；

　　　L_{W_2}——消声器出口的声功率级，dB。

②消声器的空气动力性能

在气流通道上安装消声器，会影响设备的空气动力性能。只考虑消声器的消声性能而忽视了其空气动力性能，可能会大大降低设备的效能，甚至完全不能使用。因此空气动力性能也是评价消声器性能重要指标，是消声器设计中必须予考虑的重要因素。消声器应具备良好的空气动力性能，对气流的阻力要小，不影响气动设备的正常工作。消声器的空气动力特性评价指标一般为阻损或阻力系数。消声器的阻损是以消声器入口和出口处的全压差（压力损失）来表示，阻力系数可由消声器的动压和阻损算出。

③消声器的气流再生噪声特性

当气流以一定速度通过消声器时，气流在消声器内产生以中高频为主的湍流噪声，以及气流激发消声器结构部件的振动所产生以低频为主的噪声，统称为气流再生噪声。由此影响，在消声器的研制与工程应用中，经常会遇到动态消声量低于静态消声量，同一消声器当流速提高时消声量相应减低的情况。气流再生噪声大小主要取决于消声器的结构形式和气流速度。消声器的结构形式越复杂，气流通道的弯折越多，通道内壁面的越粗糙，则气流再生噪声也愈加剧烈。

④消声器的结构性能

结构性能是指消声器的空间位置要合理、构造简单，便于制作、安装、维修，保持长期的稳定性，价格便宜，经久耐用。

（2）声屏障的设计

声屏障是目前缓解交通噪声污染的一项有效措施，由于其效果及时可见，造价相对低廉，被广泛应用于通过人口集中地区的轨道交通上。噪声在传播途径中，若遇到障碍物尺寸远大于声波时，则大部分声波能被反射，一部分被衍射，于是在障碍物或一定距离内形成"声影区"，其区域的大小与声响频率有关，声响频率越高，声影区范围越大。如果被保护点处于声影区，等效声级可以降低 8~15dB（A）；如果处于非声影区，也可降低 3dB（A）。为了增强防声屏障的效果，可在防声屏上铺设一些吸声材料，以避免和附近建筑之间形成反射。防声屏障的效果与其结构本身的隔声值有关，而所涉及的最小单位面积与屏障高度、屏障与声源的位置有关。

声屏障材料的选择及构造要考虑其本身的隔声性能，一般声屏障的隔声量要比所希望的"声影区"的声级衰减量大 10dB，只有这样，才能避免声屏障透射声所造成的影响。还要防止声屏障上的孔隙，注意结构制作的密封。如用在室外，要考虑声屏障材料的防雨、防风及气候变化对隔声性能的影响。声屏障设计要注意其构造的刚度，保证在户外大风天气下能够保持稳定。声屏障越高，噪声的衰减量越大，所以声屏障应有足够的高度，一般要求声屏障的长度为高度的 3~5 倍。声屏障主要用于阻挡直达声，根据实际需要，可制成多种形式，如图 2-23 所示。室内应用的隔声屏要考虑室内的吸声处理。隔声屏表面的吸声系数非常小时，室内易形成混响声场，因此室内隔声屏两侧应做吸声处理。

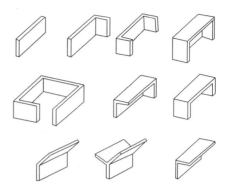

图 2-23　声屏障的基本形式

1）声屏障的设计原则

声屏障的设计原则包括以下两方面：

①当线路与受声点之间的相互位置关系确定时，声屏障越高，声程差就越大，降噪效果就越好。但是，声屏障受接触网、建筑界限、机车乘务员瞭望、自然风压、列车风压等因素制约，声屏障高度一般不超过 4m，且以 2.5～3m 为佳。故在噪声干扰较大时不一定能满足降噪所需高度，此时只能采用最大允许屏高设计。

②当降噪实际所需的声屏障高度低于 4m 时，对同一处敏感点设置的声屏障，其高度可以不完全相同，应尽可能按实际降噪需要采取变高设计，一方面节约投资，另一方面有利于景观。

2）声屏障的设计形状

声屏障按几何形状一般可分为直立型、折板型、弯曲性、半封闭性和全封闭型。

直立型声屏障指竖立在道路边缘的平面反射型障板。由于直壁型声屏障用材简易、施工方便、造价较低、与环境有较好的融合性，在国内外有广泛的应用。其特性一般可通过增加其高度进行有效的改善，尽管高度增加 1m 可带来 IL 增加 1.5dB（A）的效益。但同样带来了降低教学区采光度、干扰司机视线等负效应。

折板型和弯曲型声屏障一般用于降噪要求较高但声屏障高度又有一定限制的场合。把声屏障上部折向道路方向，面向道路的一侧做成吸声表面，可以达到很好的降噪效果。声屏障的支撑件多采用 H 形钢。折壁型声屏障可增加声程差，提高降噪效果。

半封闭型声屏障适用于城市交通干道和两侧高层建筑密集区，其降噪效果非常好。

全封闭型声屏障适用于城市的高架桥，既有效地降，又可防止高空杂物坠落。

3）声屏障设计材料

国内的声屏障如按声学性能分类可分为吸声型（金属吸隔声板）、隔声型（PC 板）、混合型（吸声与隔声的混合型），这些声屏障其实际效果一般为 2～5dB。

FC 纤维水泥加压板简称 FC 板，声屏障生产单位用 FC 穿孔板作声屏障面板，用在高速公路上，主要优点成本低、声学效果一般，最大问题由于其吸水率大于 17%，用在室外易风化，寿命短，且不美观。

PC 板又称为聚碳酸酯耐击板，PC 板具有耐冲击、阻燃的特性。6mm 厚的 PC 板平均隔声量 21.5dB，隔声指数 24dB，国内第一代声屏障用得较多，主要优点制作方便，有一定隔声效果，最大缺点成本不低，有眩光，吸声效果不佳。

彩钢复合板具有结构形式灵活，式样多，美观，自重轻，隔声性能好，安装简便、快速等优点。它是两面采用厚度 0.5～0.6 mm 的彩涂钢板，中间填入阻燃型聚苯乙烯板，测试结果进一步显示吸声彩钢复合板在 400～800Hz 频段上其吸声系数均大于 0.85，表明本材料对中频声吸收效果更佳。因公路交通噪声主要为中低频声音，其能量分布在 500Hz

附近，所以本材料良好的吸声性能对降低公路交通噪声较为有利。因此用彩钢复合板制成的声屏障吸声构件，在具体公路声屏障建设使用中能有效地降低在双侧屏障存在时，因声反射对行车道区域声环境所产生的污染。

金属隔声板的结构设计，综合了薄板共振吸声结构及穿孔板吸声结构。主要特点：吸隔声板由前板与后板组成，其厚度由 50～200mm，中间由吸声材料与空腔组成，空腔的厚薄根据噪声的声源频率来决定。

具体实施时应根据铁路声屏障声学构件技术要求及测试方法（TB/T 3123－2010）的相关要求进行优化有效选择材料。图 2-24 为铁路振动与噪声产生机理示意图，噪声产生与车轮、轨道等因素有重大关系。因此，针对这些问题，目前铁路噪声污染的综合治理的措施主要包括。

在噪声源上，采用弹性有阻尼的车轮，减小车轮的辐射噪声，在钢轨上加设阻尼吸振装置，或将钢轨埋入特制的阻尼材料里，减小钢轨辐射的高频噪声；在噪声的传播途径上，对新建铁路首先从规划远离居民区等人口密集区，采用各种形式的声屏障阻隔噪声，车体及车厢门窗作隔声设计，在车厢里采用吸声装饰，有些经过城市的铁路轨道上铺设了特制的吸声铺面或种植植被以衰减噪声；在沿线的受声者保护方面，采取了设置声屏障，沿线建筑物门窗隔声处理等多项综合的措施。由此可以看出噪声和振动确实是一项需要综合治理的工程。

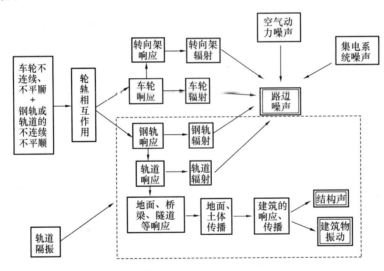

图 2-24　铁路线路振动与噪声产生的机理

实践证明，合理规划建筑群布局，是控制城市交通噪声的有效途径。城市轨道交通、快速巴士交通、高架道路交通、航空交通等现代交通的快速发展，对噪声与振动控制技术提出了更高的要求，也是推动学科发展的巨大动力，预期在噪声机理、传播途径、材料结构等方面会取得更多的技术成果。

随着生活水平的不断提高，人们对环境舒适性的要求会愈来愈高，对机动车辆、飞机、机电设备噪声等排放标准的要求会更加严格。因此，研究新理论、新技术，提出更加精确的预测模型，开发更加先进实用的产品，是噪声与振动控制科技工作者的重任。

2.4　铁路噪声污染的综合治理实例

2.4.1　上海打浦路隧道斜排风塔噪声治理设计与效果

1. 背景介绍

上海浦江桥隧运营管理有限公司所属上海打浦路隧道是上海黄浦江下面的第一条隧道，原称"651工程"，已投入运行 30 余年。为解决隧道内的通风问题，在浦西段设置了 2 组送、排风塔，在浦东段设置了两组送、排风塔及 1 个排风塔，其中浦东段 3 号排风塔位于后滩路 62 号北侧。3 号排风塔长×宽×高约为 11800mm×12400mm×33800mm，离地高约 23m，从卢浦大桥经过，一眼就看到了此风塔。图 2-25 我为圆形隧道通风装置断面的示意图。

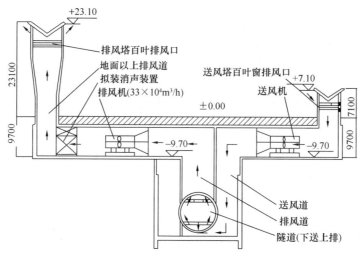

图 2-25　圆形隧道通风装置断面示意图

由于历史的原因，在建造打浦路隧道 3 样排风塔时未采取噪声治理措施，致使隧道内特大型排风机产生的噪声通过排风塔出口传出，影响周边环境。30 年来成为桥隧公司一大难题。

2. 治理方案

在地下风道内充分利用现有空间，安装活动式消声降噪装置以便更换风机时可将其移开。该装置加工制造复杂，施工安装难度高，风险大，降噪效果适中。

（1）消声装置

首先解决 3 撑排风塔排风机的气流噪声问题。利用排风机地下风道与垂直排风塔之间地下室局部空间安装阻性片式消声器。消声器长×宽×高约为 4000mm×7400mm×4000mm，消声器体积约 118.4m³，消声片厚 200mm，片间距 200mm，风机出口风速 14.9m/s，全压 750Pa，消声器通流面积约 17m²，片间流速 10.8m/s，阻力损失约 30Pa，设计计算消声量（插入损失）为 28dB（A）。

（2）吸声结构

为降低排风道内反射声，提高排风塔的消声效果，在地下风道的四壁和顶棚安装吸声结构 50mm 厚的防潮离心玻璃棉吸声材料（密度 $32kg/m^3$），用玻璃丝布和农用薄膜包覆，护面板为 1.2mm 厚镀锌金属多孔板（穿孔率 20％）。吸声结构总面积为 125.49m^2。设计计算吸声降噪约为 3dB（A）。

（3）导流装置及隔声门

在地下风道四壁转角处设置内空圆弧形导流装置，既可以减小涡流又可以提高低频吸声效果。因此选择将钢结构隔声门安装在排风塔地面以上的出入口，门宽×高×厚为 2480mm×3280mm×100mm，隔声门面积约 8.3m^2，设计隔声量为 30dB（A）。

3. 治理效果

（1）排风塔噪声

在 23m 高排风塔下部地面上距排风塔 5m 处，2 台排风机同时开动，其噪声由治理前的 77dB（A）降为治理后的 58dB（A），降噪 19dB（A）。

（2）厂界噪声

在排风塔西南侧 8m 处厂界围墙边，其噪声由治理前的 76dB（A）降为治理后的 55dB（A），降噪 2ldB（A）。

（3）居民住宅处噪声

以后滩路 62 号居民住宅处为例，夜间噪声由治理前的 65.7dB（A），降为治理后的 50.2dB（A），降噪 15.5dB（A）。排风塔内排风机不能停运的原因导致未能测得当地的背景噪声，但实际治理效果已达到了当地的背景噪声水平，基本上听不到排风塔传来的声音，居民十分满意。

2.4.2 京津城际铁路环境噪声治理

1. 背景介绍

京津城际铁路是我国第一条高速铁路，其运营速度等多项技术达到世界先进水平，于 2008 年 8 月 1 日正式运营。京津城际铁路连接北京、天津两大直辖市，由北京南站东端引出，沿已有京山线向东，过亦庄工业园区、永乐新城至天津杨村后，沿已有京山线北侧至天津，线路全长 120km。

京津城际铁路运行的动车组类型为 CRH3 型，车长 200.67m（4M4T），编组重量 380t，列车宽 2.950m，高 3.890m。京津城际铁路具有高速、高架、电气化等主要特点，其辐射噪声主要由轮轨噪声、集电系统噪声、空气动力噪声和高架桥梁结构噪声等组成。因此京津城际具有典型的客运专线的特点。

2. 治理方案

噪声的控制与许多因素有关，但是总体来说只有两种：一是控制和减小噪声源所产生的噪声；二是在噪声传递过程中对其进行控制和隔离。而要从根本上控制噪声，最主要的是要控制噪声源。要降低噪声源，必须分别降低轮轨噪声、空气动力噪声、结构建筑物噪声和集电噪声。

（1）减少轮轨噪声

减少轮轨噪声需从钢轨和车轮两方面着手。长钢轨用于磨削钢轨，以减少波形磨损和剥落、脱落、划痕和轨道表面的其他缺陷；重要的是改善车轮的踏面锥度和圆度。

（2）减少气动噪声

在车辆设计时，车头形状要尽量流线型化并提高车体表面的平滑度，减少其表面的凹凸不平；可以在车厢连接处安装风挡，在转向架外侧适当高度沿列车两侧下部设置裙部，使纵向向后流动的气流顺畅地流动，并隔离了列车下部周围气流涌向列车底部，起到减阻作用；在受电弓结构中安装受电弓罩等是减少空气动力噪声的重要手段。

（3）减少结构建筑物噪声

结构建筑物噪声以隧道噪声和桥梁噪声为主。隧道出口处是隧道噪声产生危害的主要地方，因此需在隧道出口处安装相应的噪声防护装置。例如，在桥梁设计时，尽量采用混凝土制桥梁并在桥面上安装防振材料有效地减少结构建筑物噪声，桥梁支座采用橡胶支座，降低由梁向墩台的振动传递；同时在桥梁施工时尽量采用一体化，避免桥梁下部的缝隙产生的漏声现象。

（4）减少集电系统噪声

减少集电系统噪声可以从接触线及受电弓两方面采取措施。首先，应尽量保证接触网的弹性一致，减少硬点，改进张力自动补偿设备，根据不同条件使用适宜的悬挂方式，使接触网的张力保持恒定；其次，应在保证受电弓结构强度的前提下，采用轻型化零件，同时考虑受电弓弹性机构的谐振频率与运行速度之间的关系，避免在行进过程中受电弓发生共振现象。

2.5　交通环境振动及其度量

2.5.1　交通环境振动的产生与传播

1. 振动的概述

（1）振动分类

《城市区域环境振动测量方法》（GB 10077—88）将振动分为三类：稳态振动、无规则振动和冲击振动。冲击振动指振级变化具有突发性的振动，如桩机打桩产生的振动；稳态振动指振级在一定时间段内变化较小的振动，如鼓风机所产生的振动；无规则振动指振级在未来的任何时刻都不能预先确定的振动，如车辆驶过时产生的振动。

（2）振动的描述

频率、强度、振动方向和暴露时间是常用来描述振动的四个物理参量。

1）频率

频率是表示振动快慢的物理量，单位为 Hz。一般来说，人体能够感知到的频率范围较宽，但是由于人体器官组织的频率集中在 $1\sim80$ Hz 范围内，因此人体对该频段的振动更为敏感；当环境振动频率与建筑物或者机械设备的自振频率接近时，极有可能引发共振，此时振动对建筑物或者机械设备的影响往往是比较大的。

2）振动方向

国际标准化组织以心脏为原点，将人体划分为 x 方向、y 方向和 z 方向，分别对应前后、左右和上下。一般在振动规范或者标准中以地表铅垂方向振动为研究对象，主要是因为人体对 z 方向的振动比较敏感。

3）强度

振动对人体、建筑物和设备产生影响的实质是能量转化的结果，描述振动强度的物理量有加速度、速度、位移等。一般对振动进行分析时，多采用加速度有效值对振动强度进行描述（常用单位：m/s^2），主要是因为加速度可以较好地反映能量的转化。通常采用以下几种方式对振动强度进行描述：

①振动加速度级 VAL，单位为 dB。计算公式见式（2-37）：

$$VAL = 20\lg(a_{rms}/a_0) \tag{2-37}$$

式中　a_{rms}——振动加速度的有效值，m/s^2；

　　　a_0——基准加速度，《人承受全身振动的评价指南》（ISO 2631）中规定取为 1×10^{-6} m/s^2，各国规定有所不同。

②振级 VL，由于人的身体对同一振动加速度级下不同频率成分的振动的感受是不一样的。人们提出以频率计权振动加速度级（简称振级 VL）来表示不同频率的振动对人体的影响，单位为 dB，计算公式见式（2-38）：

$$VL = 20\lg(a'_{rms}/a_0) \tag{2-38}$$

式中　a_0——基准加速度，取值与 VAL 相同；

　　　a'_{rms}——经频率计权的振动加速度均方根值，m/s^2。

a'_{rms} 计算公式见式（2-39）：

$$a'_{rms} = \sqrt{\frac{1}{T}\int_0^T a_w^2(t)\,dt} \tag{2-39}$$

式中　T——振动测量的平均时间，s；

　　　a_w——随时间变化的经频率计权的振动加速度值。

得到 a_w 方法为：对原始信号的加速度进行 1/3 倍频程谱分析，即求得与第 i 个中心频率对应的振动加速度值 a_i，将 a_i 乘以计权因子 W_i，对计权后的加速度进行 1/3 倍频程谱逆变换，即求得经频率计权的加速度值 a_w。表 2-15 列出了《人承受全身振动的评价指南》（ISO 2631）规定的几个典型的中心频率对应的计权因子 W_i。

ISO 2631 规定的标准频率计算因子 W_i（×1000）　　　　　　表 2-15

1/3 倍频带的中心频率（Hz）	1	2	4	6.3	8	16	31.5	63	80	100
z 方向	482	531	967	1054	1036	768	405	186	132	88.7
x 或 y 方向	1011	890	512	323	253	125	63.2	29.5	21.1	14.1

③Z 振级 VL_z，当人体受到不同的轴向振动时，即使振动的方向、大小均相同，其感受也是不同的。因此需要采用不同的频率计权方法，即分别对应 x 轴、y 轴和 z 轴受振的频率计权因子来反映人体对不同轴向振动的感受差异。其中人的身体对 z 向振动最为敏感，经 z 计权因子计权的振动加速度级称为 Z 振级 VL_z，单位为 dB。

④累积百分 Z 振级 VL_{zn}，在测量时间 t 内，Z 振级大于某一 VL_z 值的时间为 $n\%$，这个 VL_z 值即为累积百分 Z 振级 VL_{zn}，单位为 dB。

4）暴露时间

暴露于振动中的时间会影响人对振动的反应程度。人体在振动中的暴露时间或者振动强度发生变化时，可采用有效暴露时间来表示。如果振动强度没有改变，人体暴露在振动中的状态有间断，则可简单地将有效暴露时间计为各分段暴露时间之和。

（3）1/3 倍频程

虽然人体能够感知到连续分布的频率，但对所有频率进行分析工作量巨大。通常采用的方法是：将频率划分成有限宽度的若干个频带，若频带上下限比值为 $2^{1/3}$，则所有频带构成的连续频率区间就是 1/3 倍频程。将各频带的上下限频率乘积后再开方即为中心频率，见式（2-40）：

$$f_{\mathrm{mid}} = (f_{\mathrm{bot}} f_{\mathrm{top}})^{1/2} \tag{2-40}$$

式中　f_{mid}——中心频率；

　　　f_{bot}——频带上限频率；

　　　f_{top}——频带下限频率。

对原始振动加速度经过分频滤波处理得到各频带的加速度时程，进而计算振动评价量的方式是常用的振动加速度评价方法。另外，对频率进行分组时，频带宽度随频率增大而增大符合人体对高频成分感受不明显的特点。

2. 交通环境振动概述

交通车辆在地下、地面或高架线路上运行时产生的小幅持续性振动即为轨道交通环境振动。该振动由运行车辆产生，对暴露在此振动环境中的人、建筑物以及建筑物内的振动敏感设备或艺术品，可能会产生不利的影响。轨道交通系统对周围环境的振动影响主要来源于车辆和轨道的相互作用，其表现为：

（1）车辆运行时，轮轨相互作用产生的振动；

（2）列车荷载对轨道的动力冲击作用；

（3）当车轮通过钢轨焊缝、接头时，车轮与钢轨间相互作用产生的动力冲击；

（4）轨道不平顺和轮轨病害，也是系统振动的振源。

图 2-26 为地下、地面和高架轨道系统引发的振动传播途径示意图，可见轨道结构产生的振动通过不同的传播路径传递至受振体。地下线路产生的振动通过隧道结构传至土

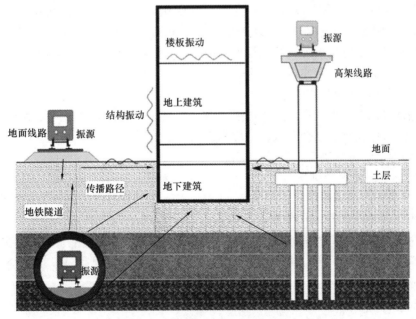

图 2-26　地下、地面和高架轨道系统引发的振动传播途径

体，继而传给受振体；路堤线路产生的振动通过路基传递至地基，再由地基传递给受振体；高架线路通过桥梁结构（桥墩、基础）传至地基，进而传给受振体。

由图 2-26 可看出，轨道交通系统的环境振动体系可分为三个部分：

（1）振源，由基础、轨道支承结构和车辆组成；

（2）传播途径，包括地下土层和地面。主要指土层和建筑物基础、建筑物基础和上部结构间的传递，以及振动在地层中的传播等；

（3）受振体，指人、仪器设备和建筑物。

影响轨道交通系统环境振动的因素有载重、车辆类型、行车速度、车轮的不平顺、轨道不平顺、轨头接缝和路桥过渡段的刚度特征、桥梁结构特性、隧道埋置深度、衬砌结构类型和隧道基础等。

3. 轨道交通系统环境振动的特点

（1）持续时间长，循环次数多

虽然车辆行驶产生的振动持续时间较短，为间歇性振动，但是其运行时间长，循环次数非常多。对于铁路系统，列车运行的间隔时间可以短至 5～10min，尤其是高速铁路，开行密度非常大，京津城际高峰时每日开行列车可达 108.5 对；城市轨道交通的运营时间较长，一般北京地铁是凌晨 5 点至晚 23 点，1 号线运营间隔最短仅为 2min。

（2）低频微振幅

轨道交通系统引起的环境振动和地震、建筑施工所产生的振动在强度上是不同的，调查显示，轨道交通系统引起的环境振动频率一般在几赫兹到 30Hz 之间，振幅非常小，通常为加速度小于几十个甚至几个 μg、速度小于 1mm/s、振幅不大于 1mm 的微振动，振动导致的地基土动应变只有 10^{-5} 甚至更小，仅发生了弹性变形。

（3）强度分布特点

1）振动强度随深度的分布

波兰学者 Ciesielski 等针对振动强度随深度变化如何分布做了大量试验：地下 2m、4m 深处的土层振动加速度值分别为地表的 20%～50%、10%～30%，这表明振动强度总的变化趋势是随地层深度增加，振动幅值逐渐减小。但频率大约在 24Hz 时，振源和某深度处的地层发生共振，振幅出现放大区。

2）振动强度随振源距离的分布

通常振动是以波的形式在地层中传播。由于地层对能量的吸收以及能量扩散的影响，导致在传播过程中振动强度会衰减。一般来说地层土密度越大，振动衰减越慢。

2.5.2 环境振动测量方法

1. 城市区域环境振动测量

《城市区域环境振动测量方法》（GB 10071—88）要求测试点应位于建筑物外 0.5m 内的振动敏感处，如有需要，可将测点置于结构物室内中央。振动传感器应当平稳固定在坚实、平整的地面上，不应置于地毯、沙地、草地或雪地等松软地面上。传感器灵敏度主轴方向应和测量方向保持一致，测量环境振动的仪器时间计权常数为 1s，测量系统每年应至少送计量部门校准一次。

环境振动测量指标为铅垂向 Z 振级。无规则振动测试方式为：等间隔读取各测点的瞬时示数，间隔时间不大于 5s，连续测试时间不低于 1000s；冲击振动测试方式为：取冲击过程中的最大示数为评价量，对于重复出现的冲击振动，取 10 次读数的算术平均值为评价量；稳态振动测试方式为：各测点观测一次，以 5s 内的平均值为评价量，最终采用测试数据的累积百分 Z 振级 $VL_{Z,10}$ 作为评价量。

2. 铁路环境振动测量

《铁路环境振动测量》（TB/T 3152—2007）规定测量过程中应在两处布设测点，一是距铁路外轨中心线 30m 处（即铁路边界处）测点，反映的是铁路两侧 30m 处的振动情况；二是敏感点，至少应在距铁轨最近的建筑物室外设 1 个敏感测点，敏感区内，应在相应的距铁轨外轨中心线 30m 测点位置设置垂直于铁路走向的测量断面，每个测量断面上应布设 2～3 个敏感测点，距离铁路最远的测点位置不宜大于 100m。对于仅用于评价敏感点或敏感区的测量，可不布设距铁路外轨中心线 30m 处的测点。如需要测量建筑物内的受振状况时，振动传感器宜置于建筑物室内中央。

在划分典型区段和典型位置时应考虑以下因素：

（1）和振源变化相关的因素，如地质条件、路堤、路堑、桥梁、道岔群、轨道类型及列车类型、机车牵引类型、列车运行速度等；

（2）敏感点或区域的分布情况；

（3）线路两侧的地面情况；

（4）结构物类型及其分布情况；

（5）其他的特殊要求。

通常可根据铁路的线路状况、地面状况、列车类型、运行速度以及周边环境等条件，将基本相同的区域划分成一个典型区段。对道岔群、线路交汇处、铁路桥梁等振源有明显变化的地点，可单独作为一个典型位置。

铁路环境振动的测量过程中，需每次在列车车头到车尾经过测点时，测量测点的等效连续振级 VLZ_{eq}、最大 Z 振级 VLZ_{max} 和累积百分 Z 振级 $VL_{Z,10}$。应连续测量经过各测点的昼、夜间 20 次列车，若测点列车运行密度较低，可测量夜间不低于 2h、昼间不低于 4h 内通过的车辆，同一测量断面内的测点应采取同步测量的方法，测量结果以夜间和昼间测得数据的算术平均值来表示。对于背景振动，各测点的测试时间不应小于 1000s，允许使用间断测量的方法避免对铁路运营造成影响，但测量时间之和不应少于 1000s。若铁路环境振动和背景振动的差值小于 10dB 时，背景振动的测试结果应当按照表 2-16 修正，如果背景振动小于 5dB，测量结果仅供参考。

背景振动修正值（单位：dB）   表 2-16

铁路环境振动与背景振动差值	试验读数的修正值
≥10	0
6～9	−1
5	−2

3. 住宅建筑室内振动测量

《住宅建筑室内振动限值及其测量方法标准》（GB/T 50355—2005）规定：测量设备具备频率在 1～80Hz 的范围内、可测量 1/3 倍频程振动加速度级的功能。仪器系统应当符合《城市区域环境振动测量方法》（GB 10071—88）中测量仪器的相关规定，1/3 倍频程的带通滤波器应满足《声和振动分析用 1/1 和 1/3 倍频程滤波器》（GB 3241）的相关规定。

测量过程中，需测量 1/3 倍频程的铅垂向振动加速度级（L_a）值。测量地点应位于住宅室内地面中央或者振动敏感的位置，传感器应固定在坚实、平整的地面上，灵敏度主轴应和地面（或楼板面）的铅垂方向一致。设备读取时间间隔不应大于 1s，平均测量时间不低于 1000s。

2.6　交通环境振动的危害

车辆运行对环境的冲击是间歇性的，并通过周围地层向交通线附近的区域传播，对沿线居民的工作和生活、建筑物的安全及设备仪器的使用产生影响。目前在国际上振动已被认定为七大环境公害之一。充分掌握轨道交通环境振动的危害有利于对其进行有效预防和控制。本节将从人体健康、建筑物和精密仪器的正常使用三个方面简单介绍振动的危害。

2.6.1　振动对人体健康的危害

振动对线路周边居民的影响主要是对人体的生理和心理造成危害。据日本统计的振动污染公众投诉率（图 2-27）可知，除了工厂和建筑施工产生的振动之外，轨道交通引起的振动也受到强烈的关注，投诉率约占 14%。另外根据日本建设省对 600 户居民的调查显示，轨道交通振动对睡眠造成影响的投诉率占 45%，精神损伤占 22%，二者居投诉率的前两位。

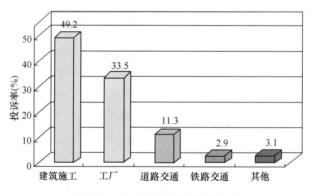

图 2-27　日本振动污染的投诉率

1. 振动对人体生理的危害

日本相关研究表明（表 2-17），振动对睡眠的影响随着振动级的增加而增大，同时随着睡眠深度的增加而降低。除较敏感人群和患者外，一般 60dB 的振动对处于轻度睡眠的人不会产生较大影响，除患者和敏感人群外；当振动达到 65dB 时，会对人的睡眠产生轻微影响；振动达到 69dB 时，处于轻度睡眠的人会被惊醒；当振动达到 74dB 时，除深度睡眠中的人，其他睡眠状态的人都会被惊醒；当振动达到 79dB 时，几乎所有人都会被惊醒。

振动对睡眠的影响　　　表 2-17

振动级 (dB)	轻度睡眠 (深度Ⅰ)	中等睡眠 (深度Ⅱ)	深度睡眠 (深度Ⅲ)	做梦的人 (REM 度)
60	几乎没有影响			
65	71%以上被惊醒	几乎没有影响（4%）		正在做梦的人受振动而惊醒的比率在深度Ⅱ和深度Ⅲ之间
69	全被惊醒	有一些影响（24%）	几乎没有影响	
74		全被惊醒	少数被惊醒	
79			有较大影响（近50%）	

振动除了会降低人们的睡眠质量，也会对人体的循环系统、泌尿系统、神经系统、消化系统、运动系统、视听觉系统等组织造成不同程度的损害。相关研究表明，接振工人肾脏活动度和位移值显著高于非接振人群；振动会使人体的肠胃蠕动增加，长期在剧烈振动的环境中会导致胃下垂、胃液分泌及消化能力下降；当振动达到一定强度之后，可能会导致人体出现头痛、头晕、疲劳、失眠、记忆力减退等症状；当振动达到 20Hz 时，就可能使人体局部毛细血管形态和张力发生改变，导致血管痉挛或变形，使血流量减小，血管硬化；当振动达到 40Hz 以上时，可能会导致人产生窦性心律不齐的症状；全身振动可使人的视野发生改变或者视力恶化。根据日本一项对 370 名司机的调查发现，发现这些人腰椎、胸部和骨关节病变的比例分别为 8%、52%和 71%和，胸部和腰椎和都发生病变的高达 40%。

2. 振动对心理的危害

环境振动造成的精神损伤主要表现为，当人体感受到环境振动时，会出现心慌难受、烦躁不安、难以忍受等各种反应。强度较大的振动对人体的损害首先表现在神经系统：脑电波异常，大脑皮层活动机能下降，条件反射受抑制；脊髓中枢受损，导致膝盖反射减弱或亢进；植物神经系统紊乱，出现组织营养障碍症状，例如皮肤感觉异常，振动感觉和痛觉的改变明显；指甲脆化易断、内脏受损；前庭器官受影响，导致前庭功能兴奋性异常。

3. 振动的影响因素

通常采用振动强度、振动频率、接触方式和暴露时间来描述振动对人体的影响。

（1）振动频率

振动频率是影响人体的主要振动因素。人体对能够引起各部分器官共振的 1~80Hz 的振动特别敏感，这是由于人体大部分器官的固有频率在此范围内。图 2-28 给出了人体各部分器官的固有振动频率。如果人体承受的振动频率在此范围内，人体组织将与其发生共振，导致组织振幅显著增加，进而对人体造成极大的危害。

（2）振动强度

在振动频率不变时，振幅越大对人体造成的影响也越大。人体对振动的感受程度表现为：振动造成的冲击力随着振动的加速度增大而增大，对人体的伤害也就相应地增大。图 2-29 给出了振动强度与人体反应之间的关系。

（3）暴露时间

人体受影响程度与处于振动环境中的时间有关，此外振动对人体的损伤与振动频率也有关，见表 2-18。

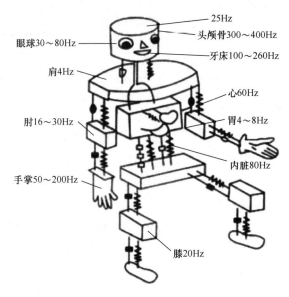

图 2-28　人体各部分的固有频率

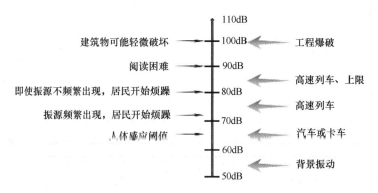

图 2-29　人体反应和振动强度关系图

暴露时间、振动频率和振动病的关系　　　　表 2-18

振动频率	振幅（mm）	暴露时间	人体损害部位
30 以下			骨、关节损害
30～300	1 左右	数年后	血管运动神经损害、发生振动性白痴
300 以上		数周后	手、上臂及肩部持续性损伤

（4）接触方式

环境振动主要通过以下 4 种途径传至人体：

1）振动同时作用在人体整个外表面或部分外表面。

2）通过人在不同体位下（行走、站立、卧）的支撑面（如站立时两足底间的面积）将振动传递并作用于整个身体，这种情况通常称为全身振动。

3）振动仅作用于身体的四肢或者头等个别部位，且只传递至人体的某个局部，通常这种情况被称为局部振动（相对于全身振动）。

4）振动没有直接施加于人体，而是通过人的视听觉等对人产生影响，一般把这种虽未直接作用在人体上却对人体产生一定影响的振动，称为间接振动。

2.6.2 振动对建筑物的危害

由于城市化进程加快，导致城市交通网更加密集，越来越多的地面交通线和高架交通线临近甚至穿过建筑物（图 2-30、图 2-31），地铁从建筑物下方穿过的现象也越来越普遍。道路及地铁、多层高架桥、地下与地面形式的铁路交通逐渐成为立体交叉空间交通系统，如图 2-32 所示，

图 2-30　日本东京的多层立体交通道路

由地面、空中及地下逐渐融入于城市的商业中心、工业区以及居民区，使得交通环境振动越来越引起人们的关注。

图 2-31　道路穿过建筑物

1. 振动对一般建筑物的影响

作用于建筑物上的交通环境振动，虽然强度远小于地震、火山爆发、工程爆破等，但仍然会对建筑物的非结构构件和结构构件造成一定程度的损伤。通常破坏表现为家具、设备移位（图 2-33）、非承力构件和结构构件产生裂缝、地基下沉变形等，甚至会导致建筑物倒塌。

2. 振动对古建筑的影响

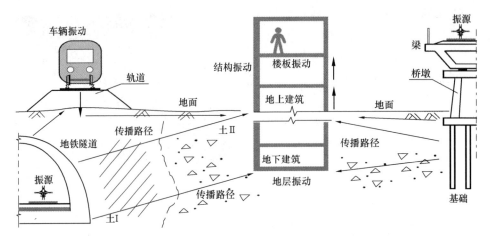

图 2-32　地下、地面、高架交通引起的环境振动

图 2-33　铁路沿线建筑物内家具因振动产生错位

同现代钢筋混凝土结构建筑物相比，古建筑由于年代较长，且大量使用了使用木、砖、石等材料，饱经风雨，有的甚至经历过数次大地震等自然灾害，本身结构已十分脆弱。近年来，城市交通的迅速发展，特别是历史名城，由于日渐增长的交通压力，使古建筑在交通环境中的保护成为刻不容缓的问题。国内外多座历史文化名城（如北京、西安、巴黎、雅典等）的轨道交通线路都穿越了旧城中心，轨道交通环境振动对古建筑的危害及防护已成为重要的研究课题。

研究显示，近些年来，敦煌石窟、洛阳龙门石窟的壁画和雕塑破损加剧，这与轨道交通环境振动的增强有直接关系。建于元代的平遥古城，近年来由于交通量的激增导致出现城墙大面积裂缝、马面不均匀开裂、城门坍塌等问题。在意大利，政府为减少列车振动对比萨斜塔和威尼斯水城的影响，最终将铁路线路改线。在捷克的布拉格甚至出现了由于振动产生的裂缝不断扩大，导致古教堂发生倒塌，如图 2-34 所示。

交通环境振动对古建筑造成的破坏是难以修复的。近年来，我国北京、南京、西安等历史名城在进行城市交通建设时，越来越多地将保护古建筑免受交通环境振动的影响作为城市交通规划、施工、运营的重要考虑内容。

　　如图 2-35 所示，西安市有四条隧道靠近钟楼，最近的一处仅距离钟楼 15m。2007 年，根据西安建筑科技大学在 2007 年对钟楼附近交通振动的实测数据，发现在地面交通振动环境下钟楼柱顶振动速度值为《古建筑防工业振动技术规范》（GB/T 50452—2008）古建筑振动容许值的 2.94 倍。为保护西安钟楼免受地铁线路运营的破坏，西安地铁采取了有效的交通环境振动控制措施，本书 2.8.3 节详细介绍了西安地铁的减振措施。

图 2-34　布拉格的圣托马斯教堂因振动产生的裂缝

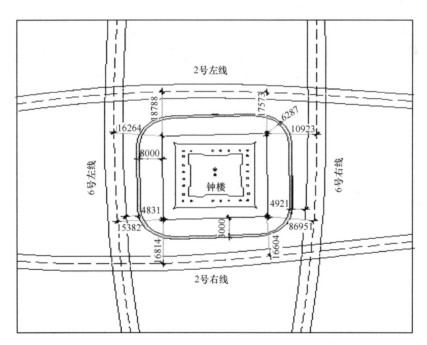

图 2-35　钟楼与西安地铁 2 号线、6 号线的平面位置关系

2.6.3　振动对精密仪器正常使用的影响

　　通常精密设备和仪器对环境振动的要求应控制在微振范围内，交通线距离精密仪器、设备过近，列车或汽车运行产生的交通环境振动可能超过其允许值，造成机械加工精度降低，产品合格率下降；试验数据异常，无法实现试验目的；检测、测量设备精度下降，测量结果无法读取，甚至造成仪器、设备损坏，产生难以预估的损失。图 2-36 为某仪器未受振动影响与受振动影响的影像对比。

　　我国有很多由于交通环境振动导致精密仪器设备难以正常工作的案例。早在 1955 年，因京张铁路列车运行产生的振动影响，清华大学实验室精密仪器设备无法正常工作，许多依赖精密仪器设备的试验难以正常进行。为了避开清华校园的精密仪器设备，协商后京张铁路向东偏移了800m。我国台湾高雄至台北的高速铁路从南部科学园区内穿过，考虑到该铁路可能会对园内精密设备仪器造成不可避免的影响，硅统、华邦等多家厂商相继撤资，对该地区的经济和科技发展造成不可挽回的损失。北京大学理科实验基地内有微观物理、人工微结构等多个国家重点实验室（图2-37），但北京地铁4号线距离该实验基地较近，列车运行产生的振动极有可能对精密仪器产生影响，为此北京地铁4号线对该路段轨道结构采取了严格的减振措施，本书2.8.3节对其进行了详细介绍。近年来我国轨道交通进入快速发展期，交通环境振动对精密设备仪器的影响已成为亟待解决的问题。

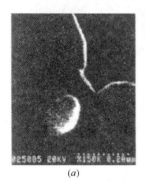

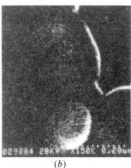

图 2-36　未受振动影响（a）与受振动影响（b）的影像对比

图 2-37　北大理科实验基地与地铁4号线平面位置图

2.7　交通环境振动控制标准

轨道交通环境振动对建筑结构、精密仪器的安全和正常使用以及人类的生产和生活都会产生不利的影响。所以，对轨道交通环境振动采用适当的标准进行准确的评估，对保护人们正常生活、建筑结构安全及精密仪器的正常使用有重要的意义。为此，国际标准化组织以及美国、德国、日本、中国等都先后提出了针对人体、建筑物、精密仪器的环境振动评价和控制标准。

2.7.1　人体健康的振动控制标准

1. ISO 标准

国际标准化组织（ISO）制定了对人体全身振动的评价标准《Guide for the Evaluation of Human Exposure to Whole-body Vibration》（ISO 2631），共分为4个部分：

第一部分 ISO 2631/1，主要从频率范围、振动强度、暴露时间和振动方向等方面规定了人体在环境振动中的舒适性界限、安全健康界限以及疲劳工效界限，适用的振动频率范围是1~80Hz。

第二部分 ISO 2631/2 为建筑物中全身振动的评价标准，适用振动频率范围为1~80Hz。

第三部分 ISO 2631/3 为评价人体 z 向全身振动的标准，适用振动频率范围

$0.1 \sim 0.63$Hz。

第四部分 ISO 2631/4 是评价船舶振动对海员的影响标准，适用振动频率范围 $1 \sim 80$Hz。

（1）ISO 2631/1 规定

《人承受全身振动的评价指南》（ISO 2631－74）把振动对人体的影响划分成 4 个等级：

1）"感觉阈"，人刚刚接收到振动的信息。对刚达到或者超过感觉阈的振动，多数人是可容忍的，一般不会产生不舒适。

2）"不舒适阈"，指振动的强度增加到一定程度时，人体会产生不舒适的感觉，或是大脑发出"讨厌"的信号。"不舒适"仅仅是一种心理反应，不会产生生理影响。

3）"疲劳阈"，振动超过疲劳限值后，会令人产生心理和生理反应。这时，振动会通过神经系统和感受器官对人体的其他功能造成影响，如工作效率降低、注意力转移等。对刚刚达到"疲劳阈"的振动来说，振动停止生理影响也会随之消失。

4）"危险阈"（或"极限阈"），振动达到极限限值后，除了对人体心理和生理的影响，振动还会对人体造成病理性的伤害，如神经系统和感受器官发生永久性病变，这种损伤即使振动停止也较难以恢复。

振动频率不同，人的疲劳感觉也不同，在同一坐标系下把相同感觉的点连接起来，就得到等感觉曲线，如图 2-38 所示。ISO 2631 标准给出了处于振动中的人体允许疲劳时间和由振动加速度与频率绘制而成的等感觉曲线。

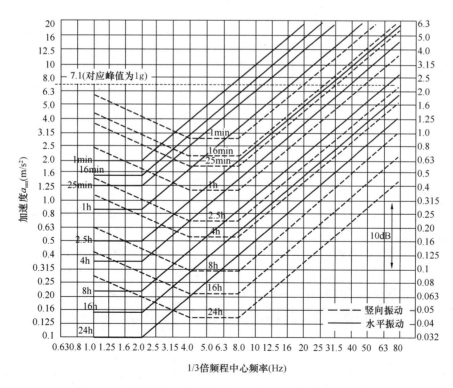

图 2-38　频率及竖向振动强度与人体疲劳时间的等感觉曲线

此规范还规定了振动对人的舒适度感觉影响的限值，见表 2-19。表中限值以加速度值范围给出。

ISO 2631/1－1997 规定的关于人全身振动舒适感觉的限值　　　　表 2-19

a'_{rms}（m/s²）	振动影响下人的感觉
＜0.315	感觉不到不舒服
0.315～0.63	有一点不舒服
0.5～1	有些不舒服
0.8～1.6	不舒服
1.25～2.5	非常不舒服
＞2.0	极度不舒服

（2）ISO 2631/2 规定

国际标准 ISO 2631/2 中以放大系数（表 2-20）和基准曲线（图 2-39）来表示在不同的建筑物内人体能够承受的振动限值。人体容许振动限值＝放大系数×基准曲线值。

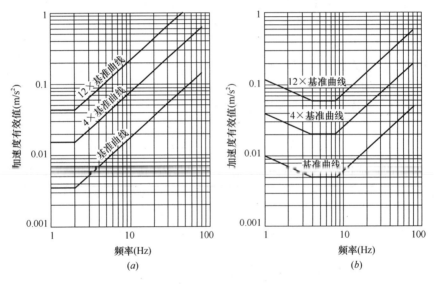

图 2-39　ISO 2631/2 建筑物内振动基准曲线
（*a*）*x* 轴或 *y* 轴；（*b*）*z* 轴

图 2-39 中，加速度有效值在 1～2Hz 内，*x* 或 *y* 轴方向的振动基准值为 3.6×10^{-3} m/s²；加速度有效值在 4～8Hz 内 *z* 轴方向的振动基准值为 5.0×10^{-3} m/s²。

此标准在上述规定的基础上，采用振级的形式规定了建筑物内的振动限值，如表 2-20 所示。

ISO26312—1999 关于建筑物内振动限值的规定　　　　表 2-20

区域	时间	连续振动、间歇振动和重复性冲击				每天只发生数次的瞬态振动			
		放大系数	振动限值（dB）			放大系数	振动限值（dB）		
			x（y）轴	z 轴	混合轴		x（y）轴	z 轴	混合轴
振动敏感类工作区	全天	1	71	74	71	1	71	74	71

续表

区域	时间	连续振动、间歇振动和重复性冲击				每天只发生数次的瞬态振动			
		放大系数	振动限值（dB）			放大系数	振动限值（dB）		
			x（y）轴	z 轴	混合轴		x（y）轴	z 轴	混合轴
住宅	白天	2～4	77～83	80～86	77～83	30～90	107～110	110～113	107～110
	夜间	1.4	74	77	74	1.4～20	74～97	77～110	74～97
办公室	全天	4	83	86	83	60～128	113	116	113
车间	全天	8	89	92	89	90～128	113	116	113

注：振动敏感工作区包括医院手术室、精密仪器实验室、剧院等。

2. 美国相关标准

美国标准《建筑物中的振动评价》（ANSI S3.29—1983）采用振级对住宅类室内限值作了相关规定，见表 2-21 和表 2-22。

ANSI S3.29 标准住宅类室内振动限值（VL）（单位：dB）　　　　表 2-21

时间	连续振动、间歇振动和重复性冲击			每天发生数次的冲击振动		
	x（y）轴	z 轴	混合轴	x（y）轴	z 轴	混合轴
白天（7:00～22:00）	74～83	77～86	74～83	110	110	110
夜间（22:00～7:00）	71～74	74～77	71～74	74	77	74

美国 ATC 设计指南的楼板振动限值（单位：g）　　　　表 2-22

人所处环境	医院手术室	住宅、办公室、教堂	商业中心	人行天桥
楼板加速度限值	0.0025	0.005	0.015	0.05

在不同的振动环境中，人体舒适度所能接受的楼板峰值加速度和频率的关系见图 2-40。

美国振动评价标准 GSA（General Services Administration Washington）给出的评价人体振动感觉的公式见式（2-41）：

$$R = 5.08(fA_0/h^{0.271})^{0.265} \qquad (2-41)$$

式中　f——振动频率，Hz；

A_0——最大振幅，in；

h——楼板的振动衰减系数，%。

R 为平均感觉表现，R：1 对应的是感觉不到振动，R：2 对应的是刚刚感觉到振动，R：3 对应明显感觉到振动，R：4 对应比较强烈地感觉到振动，R：5 表示强烈的振动。

美国 GSA 振动评价指标见图 2-41，限值为 R：2.5。

3. 德国标准

德国标准《建筑物内的振动—对人的影响评价》（DIN4150-2—1999）规定以等感知度曲

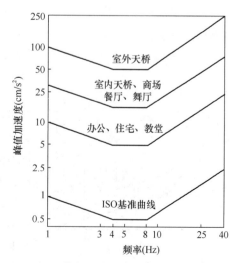

图 2-40　人体舒适度可接受的楼板峰值加速度

线来反映振动的影响。在图 2-42 所示坐标系中，每一条曲线都和一个 KB 值（Konstant Beurteilungswerte，感知度）相对应。KB 值的计算公式见式（2-42）。

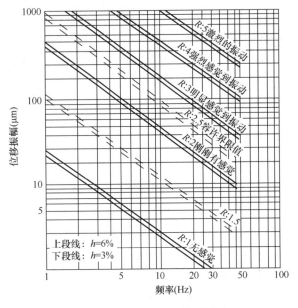

图 2-41　美国 GSA 振动评价指标　　　　图 2-42　DIN4150-2 等感知度曲线

$$KB = \frac{20.2A}{\sqrt{1+(f/f_0)^2}} = \frac{0.13Vf}{\sqrt{1+(f/f_0)^2}} = \frac{0.8Xf^2}{\sqrt{1+(f/f_0)^2}} \tag{2-42}$$

式中　A——加速度的最大振幅，m/s^2；

　　　V——速度的最大振幅，mm/s；

　　　X——位移的最大振幅，mm；

　　　f——振动频率，Hz，取值范围为 $1\sim80Hz$；

　　　f_0——$5.6Hz$。

此规范规定：（1）当 KB<0.1，人体未感受到振动；（2）当 KB=0.1，人体刚刚能够感知振动的临界点；（3）当 KB=0.63，人体对振动的感知不明显；（4）当 KB=1.6，人体对振动的感知较为明显；（5）当 KB=4，人体对振动的感知强烈；（6）当 KB=10，人体对振动的感知非常强烈。

4. 日本的相关规定

日本将正弦振动产生的最大反应值乘以一定的倍率来表示建筑物随机振动的反应，倍率值通过振动试验确定。表 2-23 给出了两个振动最大加速度感知边界 A 和 B 及设定倍率后的值，并将 A 值和 B 值之间的对数轴平均分成 3 份，得到从 H-1～H-4 的建筑物水平振动标准曲线，如表 2-24 所示。图 2-43 为建筑物水平振动的评价标准，不同建筑物用途和性能都有不同的标准。

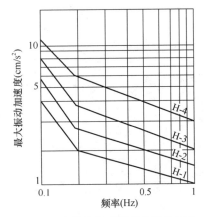

图 2-43　建筑物水平振动的评价标准

住宅性能评价指标　　　　　　　　　　　　　　　表 2-23

振动频率 （Hz）	A：感知开始 的界限	×超越倍率 $m=2.0$	B：舒适性容许界限	×超越倍率 $n=1.75$
0.2	2.0	4.0	8.0	14.00
0.2	1.0	2.0	4.0	7.00
1.0	0.5	1.0	2.0	3.50

建筑物用途性能区分标准　　　　　　　　　　　　表 2-24

建筑物用途	住宅	事务所
推荐	H-1	H-2
标准	H-2	H-3
容许	H-3	H-4

5. 我国标准

《城市轨道交通引起建筑物振动与二次辐射噪声限值及其测量方法标准》（JGJ/T 170—2009）中规定城市轨道交通沿途建筑物室内的振动限值应满足表 2-25 的规定。监测的铅垂向加速度应当按照图 2-44 中的规定进行处理，经计权因子修正后，即可得到与各中心频率对应的加速度级（振级）。

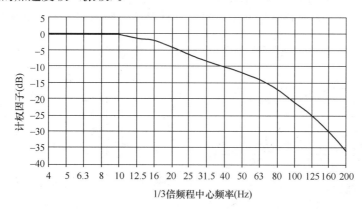

图 2-44　1/3 倍频程中心频率的加速度 Z 向计权因子

轨道交通附近建筑物室内振动限值（单位：dB）　　　　　　表 2-25

区域类别	适用范围	昼间（06：00～22：00）	夜间（22：00～06：00）
0 类	特殊住宅类	65	62
1 类	居住、文教区	65	62
2 类	混合区、商业中心	70	67
3 类	工业集中区	75	72
4 类	交通干线道路两侧	75	72

注：1. 本标准中规定的昼夜时间和地带范围在当地另有规定时，由当地政府划定。
　　2. "特殊住宅区"是指对振动要求较高的住宅区。
　　3. "文教、居住区"指纯文教或机关、居住区。
　　4. "混合区"是商业、少量交通、一般工业与居住混合区。
　　5. "商业中心区"是商业较为集中的地带。
　　6. "工业集中区"指在区域内或城市内明确划定的工业区。
　　7. "交通干线两侧"指车流量不低于每小时 100 辆的道路两侧。
　　8. "铁路干线两侧"指距每日不低于 20 列车辆通过的铁道外轨 30m 外的区域。

2.7.2 建筑物安全的振动控制标准

轨道交通振动在土层向四周建筑物传递，令结构基础、梁柱以及门窗等产生振动。若振动强度大于一定的限值，可能会导致建筑物的构件损伤，甚至是结构构件失效、地基失稳等。因此有必要制定相关标准，对建筑物承受的振动规定限值，确保建筑结构的安全以及正常使用。

各个国家在制定规范标准时，都考虑了建筑物年代及类型、建筑材料以及振动特性等因素，但不同国家的标准是在特定场地条件下，对特定结构物的实验数据进行调整得到的，因而存在一定的差异性，且标准中限值的大小与该国的社会经济发展水平也有一定关系，一般经济较为发达的国家，控制标准制定也更加严格。

建筑物的破坏与振动速度和频率密切相关，在对建筑物的评价中起决定性作用。

1. ISO 推荐标准

ISO 建议以峰值振动速度 PPV（particle peak vibration）作为建筑结构安全的控制指标，得出不同程度的建筑振动标准，如图 2-45 所示。

2. 英国标准

英国 1993 年公布了《建筑物振动评估和测量-地面振动破坏等级指南》（BS 7385-2—1993），在该标准中采用地基的峰值振动速度为控制指标，并给出了基于振动频率的上限值，如图 2-46 所示。但是该标准并未对建筑物材料发生疲劳破坏的振动速度进行折减。

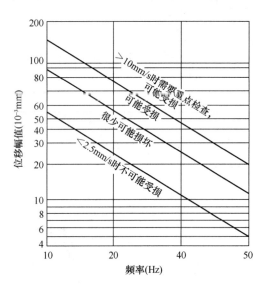

图 2-45　ISO 推荐的建筑振动标准

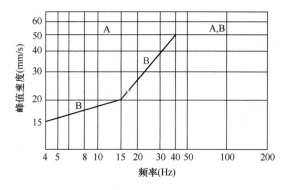

图 2-46　英国 BS7385-2 建筑物振动速度控制标准

注：1. A 类建筑：钢筋混凝土框架、工业和重型商业建筑；

2. B 类建筑：非钢筋混凝土或者轻型框架、住宅及轻型商业建筑；

3. 当振动频率小于 4Hz，最大位移不应大于 0.6mm（单峰值）。

英国学者 Ashley 基于大量试验研究的结果，制定了不同类型建筑物在爆破振动时的最大振动速度值，如表 2-26 所示。

Ashley 建筑物安全振动速度容许值　　　　　　　　　　表 2-26

建筑物类型	PPV（mm/s）	建筑物类型	PPV（mm/s）
古建筑和历史纪念物	7.5	良好的居民住宅、商业和工业建筑	25
修缮差的房屋	12	坚固的下水道和市政工程设施	50

3. 瑞士标准

瑞士标准《振动—振动对建筑物的影响》（SN640312a—1992）将建筑物分为 4 种不同类别，振动容许值采用峰值振动速度。振源划分成了两组：第 1 组振源 M 指施工设备、机械和交通等荷载；第 2 组振源 S 指冲击荷载，由于该种荷载发生机率很小，故其容许限值较高，见表 2-27。

SN640312a—1992 规定的不同类型建筑物的振动限值　　　　表 2-27

结构类别	振源 M		振源 S	
	频率 （Hz）	V_{max} （mm/s）	频率 （Hz）	V_{max} （mm/s）
钢筋混凝土结构和钢结构（无抹灰），如工业建筑、桥梁、桅杆、挡土墙、非埋设管线等；地下结构，如有衬砌和无衬砌的石窟、隧道、坑道等	10～30	12	10～60	30
	30～60	12～18①	60～90	30～40②
有混凝土楼板、混凝土地下室墙和地上墙及有砖砌体的建筑；石挡土墙、埋设管线等；地下结构，如砌体衬砌的石窟、隧道、坑道	10～30	8	10～60	18
	30～60	8～12①	60～90	18～25②
有混凝土地下室楼板和墙的建筑，地面上为砌体墙、木格栅楼板	10～30	5	10～60	12
	30～60	5～8①	60～90	12～18②
特别敏感或要求保护的古建筑	10～30	3	10～60	8
	30～60	3～5①	60～90	8～12②

① 振源 M 容许值范围，上下限值分别为频率 60Hz 、30Hz，中间采用插值；

② 振源 S 容许值范围，上下限值分别为频率 90Hz 、60Hz，中间采用插值。

标准中还规定：对于老、旧建筑物，若交通流较大且结构响应频率不大于 30Hz 时，振动速度容许值为 2mm/s；对于状态良好但没有抹灰的钢筋混凝土结构，当响应频率在 30～60Hz 时，振动速度的容许值为 60mm/s；若频率大于 60Hz，振动限值还应提高。

4. 古建筑的振动控制指标

国外标准中，德国 DIN4150-3—1992 标准对长期和短期振动分别制定了保证建筑整体不发生破坏的标准，对历史性古建筑和对振动较为敏感的建筑物在频率 1～100Hz 间的短期振动速度容许值为 3～10mm/s，顶层楼板在长期振动下的水平振速容许值为 2.5mm/s。瑞士 SN640312a—1992 标准对交通类振源下的古建筑容许速度限值为 3～5mm/s。美国公共交通管理局（FTA）规定古建筑的质点峰值速度限值为 3.05mm/s。

2008 年，我国住房城乡建设部颁布了国家标准《古建筑防工业振动技术规范》（GB/T 50452—2008），对古建筑物石窟、砖石结构和木结构分别按照其保护等级规定了相应的容许振动限值。以古建筑的水平振动速度为评价指标，根据古建筑的不同类型指定不同的控制点位，包含石窟、塔、殿、堂、楼、阁等结构类型，见表 2-28～表 2-31。

古建筑砖结构容许振动速度 $[v]$（单位：mm/s）　　　　表 2-28

保护级别	控制点位置	控制点方向	砖砌体波速 V_p（m/s）		
			＜1600	1600～2100	＞2100
全国重点文物保护单位	承重结构最高处	水平	0.15	0.15～0.2	0.2

续表

保护级别	控制点位置	控制点方向	砖砌体波速 V_p（m/s）		
			<1600	1600~2100	>2100
省级文物保护单位	承重结构最高处	水平	0.27	0.27~0.36	0.36
市、县级文物保护单位	承重结构最高处	水平	0.45	0.45~0.6	0.6

注：当 V_p 介于 1600~2100mm/s 时，$[v]$ 按照内插法取值。

古建筑石结构容许振动速度 $[v]$（单位：mm/s） 表 2-29

保护级别	控制点位置	控制点方向	砖砌体波速 V_p（m/s）		
			<2300	2300~2900	>2900
全国重点文物保护单位	承重结构最高处	水平	0.20	0.20~0.25	0.25
省级文物保护单位	承重结构最高处	水平	0.36	0.36~0.45	0.45
市、县级文物保护单位	承重结构最高处	水平	0.60	0.60~0.75	0.75

注：当 V_p 介于 2300~2900mm/s 时，$[v]$ 按照内插法取值。

古建筑木结构容许振动速度 $[v]$（单位：mm/s） 表 2-30

保护级别	控制点位置	控制点方向	砖砌体波速 V_p（m/s）		
			<4600	4600~5600	>5600
全国重点文物保护单位	柱顶	水平	0.18	0.18~0.22	0.22
省级文物保护单位	柱顶	水平	0.25	0.25~0.30	0.30
市、县级文物保护单位	柱顶	水平	0.29	0.29~0.35	0.35

注：当 V_p 介于 4600~5600mm/s 时，$[v]$ 按照内插法取值。

石窟的容许振动速度 $[v]$（单位：mm/s） 表 2-31

保护级别	控制点位置	岩石类型	岩石波速 V_p（m/s）		
全国重点文物保护单位	三向（径向、切向和竖向）	砂岩	<1500	1500~1900	>1900
			0.10	0.10~0.13	0.13
		砾岩	<1800	1800~2600	>2600
			0.12	0.12~0.17	0.17
		灰岩	<3500	3500~4900	>4900
			0.22	0.22~0.31	0.31

注：当 V_p 介于 1500~1900mm/s、1800~2600mm/s、3500~4900mm/s 时，$[v]$ 按照内插法取值。

2.7.3 精密仪器使用性能的振动控制标准

精密仪器种类较多，精密程度差异较大，对环境振动的要求也不尽相同，部分特殊精密仪器甚至要求环境振动 $<1\mu g$（10^{-7} m/s²）。另外，不同的精密仪器自振特性也不尽相同，因此即使同一频率的振动对不同种精密仪器的影响也不同。所以较难对精密仪器制定统一的控制标准。通常认为仪器精度要求越高，容许振动幅值越小。

1. 通用振动标准（VC 标准）

国际上使用最广泛的精密仪器振动标准之一是基于 1/3 倍频程频域建立的通用振动标准（也称为 VC 标准，Generic Vibration Criteria）。20 世纪 80 年代末，VC 标准由最初的四级 VC-A～D，增至 VC-A～E 五级，由此形成了较为完善的 VC 标准体系，见表 2-32。

精密仪器振动限值的一般规定及适用范围　　　　　　　　**表 2-32**

防振等级	允许振动量	适用仪器
VC-A	4～8Hz 内加速度不超过 260μg，8～80Hz 速度不超过 50μm/s	放大倍率低于 400 的光学显微镜、精密天平、光学天平等
VC-B	4～8Hz 内加速度不超过 130μg，8～80Hz 速度不超过 25μm/s	线宽 3μm 的照排设备
VC-C	1～80Hz 速度不超过 12.5μm/s	放大倍率低于 1000 的光学显微镜、1μm 线宽的照排设备、薄膜场效应晶体管扫描设备
VC-D	1～80Hz 速度不超过 6.25μm/s	包括电子显微镜（扫描电镜、透射电镜）、E 梁系统在内的众多精密仪器
VC-E	1～80Hz 速度不超过 3.1μm/s	较难达到的振动水平、可以满足对振动相当敏感的设备

2. 国内标准

我国标准《隔震设计规范》（GB 50463—2008）对不同类型的机电设备规定了不同的振动限值。一般采用位移振幅作为振动评价的依据。由于不同精密仪器设备和机床的工作要求不同，对振动的敏感程度也不同，因此振动限值也不同。一般将不同的仪器设备根据敏感程度划分为几个不同的类型，见表 2-33。

设备分类及其振动容许标准　　　　　　　　**表 2-33**

设备分类	机械设备名称	对谐波振动的敏感程度	频率 1～10Hz a_{max}（mm/s²）	频率 10～100Hz v_{max}（mm/s）
I	光学仪器，如显微镜、干涉仪等，显微机械测量仪器，精密天平标定设备，光学镜片的抛光，精密切割机，转输平衡机和其他重型精密机械，机械控制站	高敏感	6.3	0.1
II	滚珠轴承、齿轮、刀片等磨光机械，坐标磨床，精度达 1/100mm 的铣床、车床	一般敏感	63	1
III	一般精度的金属车、割、钻、铣机械，纺纱、织布、缝纫机械，印刷机械等	低敏感	250	4
IV	转动机械，如鼓风机、离心式分离器、电动机等，轻金属加工冲压机，精密钻床，振动机械，如振动器、振动板、振动筛、铺撒机械	不敏感	>250	>4

精密仪器设备制造厂没有提供容许振动限值时，可参照表 2-34 采用。表中采用的是容许振动速度 $[v]$，如需要控制容许振幅 $[A]$，可按式（2-43）换算：

$$[A] = \frac{[v]}{2\pi f} \tag{2-43}$$

式中 f—环境振动频率，Hz。

仪器和机床的等级划分及其机座的容许振动标准 $[v]$（单位：mm/s） 表 2-34

等级	容许振动速度	仪表、机床举例	备注
Ⅰ	0.01	一级光栅刻度机	水平振动要求严格
Ⅱ	0.03	精度为 $0.2\mu m$ 的干涉仪，精度为 $0.3\mu m$ 的光波干涉孔径测量仪，精度 $0.1\mu m$ 的双管鸟式光管测角仪	
Ⅲ	0.05	二级光栅刻度机，百万分之一、五十万分之一克天平，6万倍以下电子显微镜，精度 $2\mu m$ 刻线机，精度 1s 刻度机，精度 $0.025\mu m$ 测量仪，精度 $0.012\mu m$ 干涉显微镜，0级丝杆车床及磨床	水平振动要求严格
Ⅳ	0.1	十万分之一克天平*，精度 $0.2\mu m$ 的分光仪，立式全相显微镜，检流计，单晶炉基础，以及丝杆车床及磨床，螺纹磨床	水平振动要求严格
Ⅴ	0.2	三级光学读数天平*，三级一般刻线机*，$1\mu m$ 立式光学比较仪，硬质金属毛坯压划机，投影光学计，陀螺仪标准试验台，螺纹和丝杆磨床，光线、曲线磨床，二级丝杆车床，坐标镗床	水平振动要求严格
Ⅵ	0.3	四级单盘和五级空气阻尼天平，立式光学计，螺旋线自动刻划机，精度为 $1\mu m$ 的万能工具显微镜，齿轮磨床，内外圆磨床和平面磨床	
Ⅶ	0.5	六级分析天平，大型工具显微镜，双管显微镜，精度为 $1\mu m$ 的万能测量仪，硬度计，电位计，温度控制仪，精密自动绕线机，精密车床和磨床*	较高加工精度
Ⅷ	0.7	卧式光学计，扭簧比较仪，直读光谱分析仪	
Ⅸ	1	动平衡机，普通车床及磨床	一般光洁度
Ⅹ	1.5	车床、铣床、刨床和钻床	较粗光洁度

注：表中等级Ⅳ、Ⅴ、Ⅶ中的备注仅适用于同等级中打 * 的仪器。

　　安装有精密机床的车间，应与交通线路和振动较大的车间保持一定的距离，以减少振动对精密仪器的影响，其防振距离可参考表 2-35。

机床防振距离参考值（单位：m） 表 2-35

振源		精密机床	一般机床
火车	国家铁路	400~700	100~200
	厂内铁路	80~100	15~30
汽车	国家公路	50~80	30~50
	厂内公路	20~40	10~20
压缩机	功率小于 100kW	40~70	30~40
	功率 150~250kW	80~100	40~60

续表

振源		精密机床	一般机床
锻锤	<10kN	50~80	30~50
	10~20kN	80~120	40~60
	30~50kN	120~200	50~70
	≥100kN	300~500	100~200
机床	<500kN	20~30	20~30
	500~2000kN	50~70	30~50
冲压机	<10000kN	40~70	20~30
	10000~40000kN	70~120	30~60
	63000~120000kN	100~200	40~70

注：对于防振要求较高的计量室、中心实验室（安装有精密仪器设备）应选择比表中值更大的距离。

2.8　交通环境振动控制方法及工程案例

如前文所述，在交通量激增的今天，交通环境振动对人体健康、建筑物安全使用、精密仪器设备的正常使用的危害不可忽视。为此，国内外均制定了严格的交通环境振动控制标准，以确保正常的生产生活得到保障。当交通环境振动超出标准规定的限值时，需要采取有效的振动控制措施，使人、建筑物、精密仪器等受振体处的振动值低于规范限值。本节重点介绍轨道交通环境振动控制方法，并结合相应案例加深认识。

2.8.1　振动控制的常用方法及隔振元件

1. 振动控制的常用方法

轨道交通环境振动分为振源、传播路径和受振体三个部分，如图 2-47 所示。通常振源包含基础、承载结构及车辆；传播路径指地层土体和地面；受振体指人、仪器设备和建筑物。因此，可以从振源强度控制、传播路径控制和建筑物的基础隔振三个方面进行轨道交通环境振动控制。

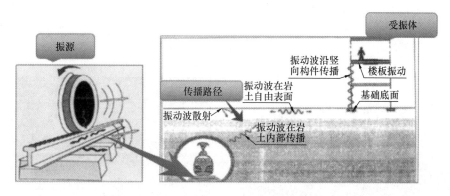

图 2-47　交通环境振动三个组成部分的示意图

从隔振目的的角度来说，通常振动控制方法有两种：第一种是消极隔振（也叫被动隔振），在人与振动的地板或器械间，精密仪器与基础间安装隔振器，阻断振动从基础或振动器械传至人或精密仪器；第二种是积极隔振（也叫主动隔振），在基础和振源之间安装隔振器，阻止振动从振源向基础的传递。简单来说，将阻碍振源振动向基础传播的隔振方法称为主动隔振或积极隔振；反之，减弱振动从基础地面向机器设备传递的隔振方法称为被动隔振或消极隔振。

2. 常见隔振元件

在进行消极隔振或者积极隔振时，应根据隔振要求、隔振器安装的环境空间允许位置等挑选隔振器。通常隔振器或隔振材料为达到隔振要求应满足以下要求：

（1）性能稳定，耐久性好，其性能不会随外界湿度、温度等条件的变化发生较大改变；

（2）强度高，承载力足够，阻尼适当；

（3）低高度，高弹性；

（4）抗酸、碱、油的腐蚀能力较强；

（5）取材方便；

（6）便于加工制作和维修更换。

表 2-36 给出了工程中广泛使用的隔振元件或材料的主要力学性能指标。图 2-48～图 2-50 是几种常见的隔振器。

各类隔振器和隔振材料的特征 表 2-36

隔振器或 隔振材料	频率范围	最佳工作频率	阻尼	缺点	备注
金属螺旋弹簧	宽频	低频	很低，阻尼比 0.01	容易传递高频振动	广泛应用
金属板 弹簧	低频	低频	很低		特殊情况使用
橡胶	取决于成分和硬度	高频	随硬度增加而增加	荷载容易受到限制	
软木	取决于密度	高频	较低，阻尼比 0.06		
毛毡	取决于密度和厚度	40Hz 以上	高		通常采用厚度 1～3cm
空气弹簧	取决于空气体积		低	结构复杂	

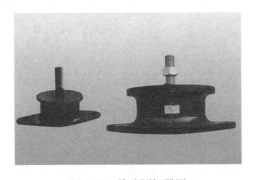

图 2-48　橡胶隔振器图

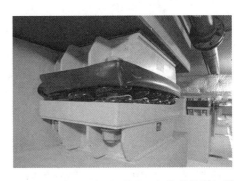

图 2-49　设置于某音乐厅下方的弹簧隔振器

2.8.2　交通环境振动控制工程案例

1. 振源强度控制及案例

本节将从车辆优化、轨道结构优化两方面具体介绍振源强度控制方法。

（1）车辆优化措施

车辆的轻型化。减轻车体的重量能够有效减小车轮对轨道的冲击。如在北京地铁机场线和广州地铁 4 号线中使用的直线电机和传统旋转电机相比，省去了传动结构，减轻了转向架重量，从而大大降低了车辆轴重，振源强度得到了有效控制。

图 2-50　空气弹簧隔振器

合理的车辆轮轴排列。车辆以速度 v 在轨道上行驶时，其对轨道结构产生的动力作用可等效为若干简谐荷载的叠加，该简谐荷载的主要振动频率和车轮轴距有关。若加载周期 dv/v（dv 是荷载间距）和结构自振周期相等，结构会产生共振。所以为避免加载频率和结构自振频率相近，应设计合理的车辆轮轴排列方式。使用弹性车轮、阻尼车轮等。如图 2-51 所示，在轮毂与轮芯之间安装一个弹性橡胶元件，可有效减轻车辆簧下质量，降低轮轨作用力，从而减小车轮上非弹性元件的振动。振动频率在 15～50Hz 时，弹性车轮减振效果显著。如图 2-52、图 2-53 所示，阻尼车轮由三部分组成：约束层、阻尼层和基层，主要通过选择合理的阻尼结构和阻尼材料达到减振降噪的目的。阻尼材料也叫粘弹阻尼材料，它兼有固体弹性材料贮存能量和在一定运动状态下某些粘性液体可以损耗能量的特性。根据结构和功能可将阻尼车轮分为三类：共振阻尼车轮、约束阻尼车轮、环状阻尼车轮等。阻尼车轮的减振原理是：当阻尼材料产生应力应变时，一部分能量变成热能消散掉，而另一部分能量则以位能的形式贮存起来，进而达到降噪减振的目的。

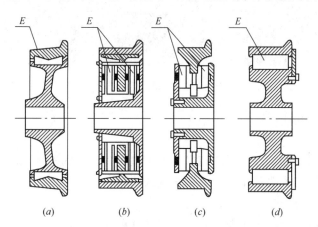

图 2-51　各种弹性车轮结构（E 为弹性材料）

（a）装有 penn 材料的弹性车轮（美国）；（b）SAB 弹性车轮（美国）

（c）剪断型弹性车轮（日本）；（d）压缩性弹性车轮

车轮保持较好的圆顺性。当车轮滚至扁疤（如图 2-54）处时，会在轨道上会产生间歇性脉冲激扰源，对轨道的冲击力会比在圆顺处大几倍甚至十几倍，使振动强度增加 10～15dB。因此，为保持车轮良好的圆顺性，需定期打磨车轮。

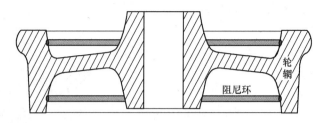

图 2-52　阻尼环车轮结构截面示意图

图 2-53　约束阻尼车轮

图 2-54　车轮扁疤缺陷

（2）轨道结构优化措施

1）优化钢轨

作为轨道交通振动的主要振源，有必要使钢轨保持良好的平顺性。常用减小钢轨振动的措施有：定期打磨、钢轨重型化、采用无缝线路等。

2）优化轨道结构形式

目前使用较多的减振轨道主要有弹性短轨枕式整体道床、弹性支承块式轨道结构、浮置板式轨道结构、Edilon 钢轨埋入式轨道结构、弹性支承的梯式轨道结构等。

①弹性支承块式轨道结构（LVT）

图 2-55 所示弹性支承块式轨道结构是无砟轨道结构型式的一种，是一种连续支承钢轨的轨道结构型式，具有良好的减振、降噪性能。而且该轨道结构形式简单、易于施工和养护维修。在我国西南铁路的东秦岭隧道、磨沟岭隧道、桃花铺Ⅰ号隧道、兰武线乌鞘岭隧道等都采用了这种轨道结构形式。这种轨道结构主要组成有：扣件、橡胶垫板与套靴、

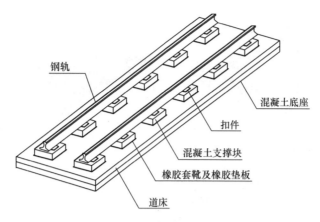

图 2-55 弹性支承块式轨道结构

混凝土支撑块、混凝土轨道板及底座板。其特点是在轨道板和钢轨之间设置离散的弹性支承块，在支撑块下部设置胶垫，并在其周围安装橡胶套靴，从而阻断振动向轨道板以下传递。

② 埋入式无砟轨道结构

目前国外常用的埋入式无砟轨道结构有：Balfour Beatty 型和 Edilon 型钢轨埋入式无砟轨道（图 2-56、图 2-57）。两种轨道结构都是用弹性复合材料将钢轨埋入混凝土槽中，从而使结构具有较好的降噪和减振效果。两种轨道形式主要区别在于埋入材料和钢轨型式不同，Edilon 型成本高于 Balfour Beatty 型。由于钢轨底部与顶部对称，即使顶部磨耗严重不能使用时，也可以将底部换过来继续使用。

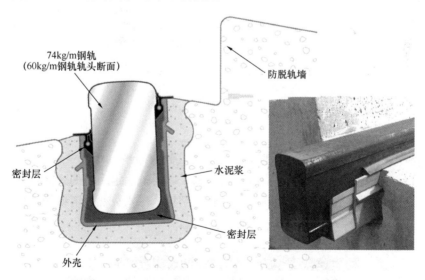

图 2-56 Balfour Beatty 型钢轨埋入式无砟轨道结构

埋入式轨道主要应用于现代城市有轨电车。近年来，我国城市交通拥堵问题、大气污染问题以及交通振动噪声问题日渐突出，为解决上述问题，我国上海、天津、北京等城市引进了现代有轨电车技术，并结合当地实际情况进行了相应的改进。

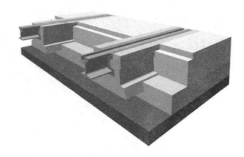

图 2-57　Edilon 型钢轨埋入式无砟轨道结构

③ 浮置板式轨道结构。各国采用的浮置板轨道结构型式一般分为两种：弹簧支承浮置板和橡胶支承浮置板。浮置板式轨道结构首次出现于德国科隆地铁中，由于其良好的减振降噪效果，广泛应用于世界各国的轨道交通中。我国最早在北京地铁、广州地铁、上海地铁中使用钢弹簧浮置板减振系统，目前已成为我国地铁轨道中不可分割的重要组成部分，广泛应用于深圳地铁、杭州地铁、南京地铁中。如图 2-58 所示，浮置板式轨道结构的基本原理是在基础和轨道上部结构之间设置一个自振频率远小于激振频率的线性谐振器，将道床浮置于弹性元件上，使其与基础分离，从而减小振动向基础的传递。这是目前降低下部结构传声和传振最有效的方法。

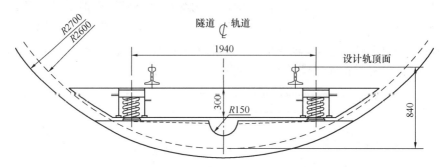

图 2-58　钢弹簧浮置板轨道结构示意图

④ 梯式轨枕轨道结构

梯式轨枕轨道是一种新型的低振动、低噪声、轨道系统。如图 2-59 所示，梯式轨枕由钢管连接件和预应力混凝土纵梁构成，状似梯子，通过一定间隔的减振垫安装在钢筋混凝土台座上，形成具有弹性支撑的梯式轨枕轨道结构。梯式轨枕轨道结构组成主要有：混凝土底座、减振垫、梯式轨枕。

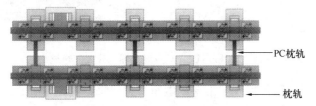

图 2-59　梯式枕轨

梯式轨枕轨道结构首次出现在日本，并在日本的羽田机场线、常磐新线和空港联络线等高架轨道和地铁交通中得到成功的应用，取得良好的降噪减振效果。我国首先在北京地铁 5 号线中试用了梯式轨枕轨道，该试验段是位于天通苑北站至天通苑至站之间一段总长为 171m 的高架线；梯式轨枕轨道在北京地铁 4 号线上铺设总长度达 7.7km；上海地铁 2 号线部分及广州地铁 2 号线、8 号线均采用了梯式轨枕轨道进行降噪减振；随后北京地铁 10 号线、6 号线也相继采用。

⑤ 弹性短轨枕式整体道床

弹性短轨枕轨道又称低振动轨道或弹性支承轨道或，如图 2-60 所示。由瑞士发明，于 1966 年首次在瑞士 Bozberg 隧道中试用，1974 年在 Heitersberg 隧道内使用了这种轨道。

弹性支承轨道由混凝土底座和道床、橡胶包套、短轨枕、枕下胶垫、扣件及钢轨等构成。短轨枕支承在橡胶垫上，并用橡胶包套将橡胶垫固定在轨枕上，然后用水泥砂浆将短轨枕及道床混凝土粘牢。

弹性短轨枕轨道已在日本、德国、法国、美国（华盛顿、费城、亚特兰大等地下城市轨道）以及我国（广州地铁、秦岭隧道）等地铁隧道和普通铁路中得到广泛应用。

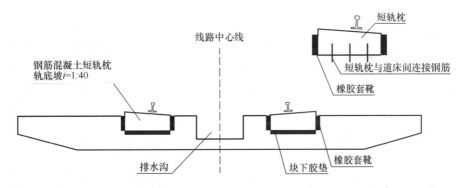

图 2-60　弹性短轨枕整体式道床

3）使用减振扣件

影响轨道结构振动特性的另一个关键因素是扣件系统。为缓解列车运行产生的噪声与振动问题，可用高弹性扣件代替普通扣件，从而提高轨道结构的减隔振效果，降低地铁列车运行对沿线人、建筑物和设备的影响。图 2-61～图 2-65 展示了几种较为常见的减振扣件，表 2-37 列出了几种减振扣件的参数。

图 2-61　Ⅳ型轨道减振扣件

图 2-62　Vanguard 先锋扣件

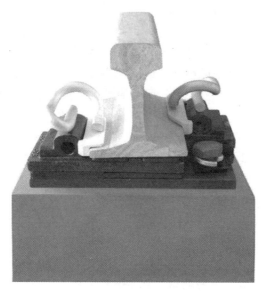

图 2-63　双层非线型减振扣件

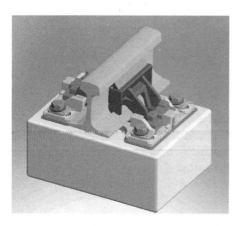

图 2-64　GJ-IV 型谐振式浮轨减振扣件图

图 2-65　LORD 减振扣件

部分减振扣件的参数

表 2-37

扣件名称	标称减振量	工作频率
Ⅰ型轨道减振器扣件	3～10dB，振动频率较高时可减振 25dB	15Hz 以上
Ⅲ型轨道减振器扣件	10～15dB，振动频率较高时可减振 25dB	10Hz 以上
Ⅳ型轨道减振器扣件	12～15dB	25Hz 以上
ALT.1 扣件	5～10dB	42Hz 以上
Vanguard 扣件	8～15dB	10Hz 以上
Lord 扣件	3～7dB	19Hz 以上

4）弹性垫层

弹性垫层（图 2-66、图 2-67）是轨道弹性的重要来源之一。弹性垫层主要应用于轨道结构轨下、枕下，减缓列车的动力作用，降低振动向附近地层和结构的传播。常用的隔离

图 2-66 天然橡胶材料的减振垫 图 2-67 减振垫层下圈台状橡胶弹簧

式减振垫主要通过垫层下的橡胶弹簧提供弹性。

（3）案例介绍

1）案例 1：深圳地铁 2 号线轨道减振

深圳地铁 2 号线全线都是地下线，长约 35.8km。2 号线穿越了若干对振动较为敏感的学校和大型居民区。根据当时的环评报告和线路设计方案，预计约有 19km 的路段振动超限，占铺轨总长的 26.5%。

为使沿线环境振动和噪声超标的路段降低到规范限值以下，2 号线采用了一系列轨道减振措施。除此之外，还结合国内已取得良好效果的城市轨道交通减振措施，展开了"轨道减振降噪技术措施"专项研究，将国内外先进的技术应用于深圳地铁的建设中。

深圳地铁 2 号线主要采用了减振型扣件、梯式轨枕浮置板、弹性短轨枕轨道和钢弹簧浮置板等常用的轨道减振措施。

① 减振型扣件

减振型扣件应用于本线在振动超标 5dB 以内地段。一期工程主要采用了减振扣件，使用长度约为 3.6km，平均减振约 8～12dB；ZE 减振扣件主要应用于东延线工程中，使用长度约 5.8km，减振水平在 5～8dB。

② 弹性短轨枕轨道

广州地铁的测试表明，弹性短轨枕的减振效果为 8～12dB，目前主要应用于我国广州、北京、上海、深圳等地的地铁上。

弹性短轨枕主要用于本线圆形和马蹄形隧道内，振动超限 5～8dB 的地段，使用长度约 3.5km。弹性短轨枕轨道具有减振效果显著、成本低，性价比较高等优势；但弹性短轨枕对施工精度和施工技术要求很高，若施工不当极易出现轨枕"空吊"现象，对减振效果和使用寿命都会造成严重影响。

③ 梯式轨枕浮置板轨道

目前，梯式轨枕浮置板轨道已大量应用于北京地铁，并获得一定的技术储备，广州、上海等地也都有所应用。从北京、广州、上海等城市的使用效果来看，梯式轨枕浮置板轨道比上文介绍的两种轨道减振方法的减振效果更好，本工程实测减振效果为 9.5dB。但由于我国尚未实现弹性支座的国产化，目前依赖于从国外高价进口；此外，此种轨道结构容易产生波磨，当列车运行速度较快时，噪声较大，严重影响沿线居民的生活，而且这种噪声也会使乘客产生不适感。深圳地铁2号线首次在上下行线重叠的湖贝站试铺了梯式轨枕浮置板轨道结构，此路段列车速度较低，减振轨道既降低了振动对乘客和工作人员的影响，也为后续深圳地铁建设提供了经验储备。

④钢弹簧浮置板轨道

与前文中介绍的几种减振方式相比，钢弹簧浮置板轨道减振效果更为显著。一般浮置板轨道可分为两类：液体和固体阻尼类。本线路实测表明：固体和液体阻尼类的减振效果分别在15dB和18dB以上，减振效果显著。目前钢弹簧浮置板在国内主要用于有特殊减振要求的区域。

由于本线路穿越学校、居民区等对振动有较高要求的区域，因此需铺设钢弹簧浮置板轨道。振动超限区域均位于圆形盾构隧道结构内，轨道高840mm，在振动超限10～15dB、15dB以上的区域分别采用了固体阻尼类和液体阻尼类，铺设长度分别为3.75km、0.52km。钢弹簧浮置板轨道可维修性强，减振效果显著；但该轨道结构施工精度要求高，施工速度慢，造价较高，因此目前该轨道结构并未得到广泛应用。

2）案例2：钢弹簧浮置板道床在西安地铁2号线中的应用

西安地铁2号线过钟楼段采用钢弹簧浮置板道床进行减振，属于振源减振。浮置板的厚度为330mm，中间凸台为200mm，左右区间长度360m。二号线与钟楼位置关系见图2-68，钢弹簧浮置板道床设置范围见表2-38。

图2-68 西安地铁2号线与钟楼位置关系

钢弹簧浮置板道床设置范围表　　　　　　　　　　　　　　　　表2-38

钢弹簧浮置板设置范围		单线长度/m	减振级别	敏感点名称
起点	终点			
DK13＋300	YDK13＋530	360	特殊	钟楼
	ZDK13＋430			

将不同类型加速度拾振器891-Ⅱ型低频拾振器、9821（9828）及INV306A型数据采集仪的实测值进行对比，分别在隧道内和轨顶地面设置相应测点，测得结果见表2-39。

浮置板道床段较普通道床段的减振效果（单位：%）　　　　　　　　表2-39

测点位置	实测次序										平均值	标准差
	1	2	3	4	5	6	7	8	9	10		
铁轨	−53.88	−21.51	−69.6	−32.24	−65.79	−61.54	−14.62	−20.03	−57.32	−64.74	−46.13	21.55

测点位置	实测次序										平均值	标准差
	1	2	3	4	5	6	7	8	9	10		
道床	−555.47	−796.27	−602.99	−651.61	−757.45	−565.38	−570.88	−787.22	−756.8	−824.62	−686.87	107.83
隧道壁水平向	81.25	75.76	77.36	79.37	76.19	75.81	69.12	64.62	79.63	82.81	76.19	5.55
隧道壁垂直向	65.22	77.7	67.8	67.2	75	68.14	78.92	69.11	83.46	76.19	72.87	6.15

与普通道床和钢轨处的振动值对比，钢弹簧浮置板在道床处和钢轨的振动值均较大，但浮置板处隧道壁竖向和水平向的振动值都比普通道床的值要小。实测数据表明减振器吸收了大部分轮轨产生的振动能量，并传递至列车与钢轨本身，因此道床基础和隧道内壁等处的能量明显减少。和普通轨道相比，隧道壁水平向和垂向加速度幅值分别降低了 76% 和 73%。说明钢弹簧浮置板轨道有效降低了振动向土体及上方建筑物的传播。

3）案例 3：北京大学东门站及前后区间地铁隧道钢弹簧浮置板减振

北京大学理科实验基地邻近北京地铁 4 号线北京大学东门站及该线区间隧道。地铁运营造成的环境振动对基地大量的仪器设备，特别是某些精密仪器的精确性造成较大干扰。为解决列车运行产生的振动问题，地铁 4 号线在该段区间铺设了总长 789m 的钢弹簧浮置板轨道。

刘卫丰等以现场振动实测值为基础，对北大理科实验基地内的精密仪器是否会受到列车运行的影响进行了研究，并对采用浮置板轨道的减振效果进行了分析。

在该实验基地物理楼内，有对振动要求最为严格的仪器（Tecnai30 电子显微镜），该仪器对安装使用场所的振动要求如图 2-69 所示（以 1/3 倍频程加速度的均方根值表示）。若加速度均方根值位于 Ⅰ 区，说明环境振动不影响此仪器的正常使用；若部分加速度均方根值位于 Ⅲ 区，表示仪器无法在此环境振动下正常工作；若有部分频率成分加速度值出现在 Ⅱ 区，需对结果进一步分析，以确定环境振动是否会影响此仪器正常使用。严格起见，只要有部分频率的加速度值进入 Ⅱ 区或 Ⅲ 区，则认为精密仪器受到环境振动的影响。

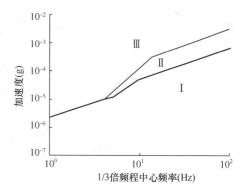

图 2-69 Tecnai30 电子显微镜对环境振动的要求

浮置板采用的混凝土板密度为 2450kg/m³，阻尼比为 0.02，大小为 31m×3.3m×0.38m。每块板下布置两排钢弹簧，每排 17 个，钢弹簧的刚度和阻尼比分别为 6.9MN/m、0.05，整个浮置板轨道的频率为 7.9Hz。为研究 4 号线在通车后对北大实验基地内精密仪器产生的影响，刘卫丰等对物理楼的现场振动进行了测试。测试分为物理楼室外测试和室内测试，室外测试点位于物理楼西边墙外，测点布置见图 2-70。室内测试点分布于楼内一层，在不同房间的地板上设置 3 个测试点，各测点有三个方向的传感器，可以测量两个水平向和竖向的振动加速度，如图 2-71 所示。

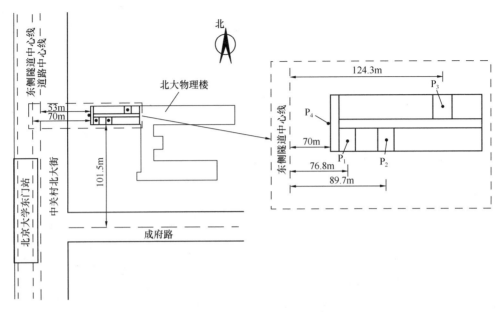

图 2-70　北大物理楼室内外测点布置图

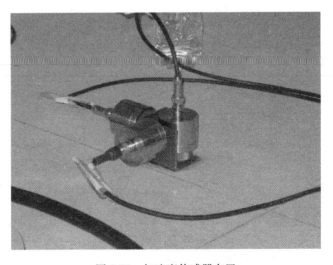

图 2-71　加速度传感器布置

图 2-72、图 2-73 分别为无任何车辆通过的背景振动、地铁车辆和公交车流同时通过这两种工况下 1/3 倍频程上各测点竖向加速度的均方根值。结果表明，无任何交通车流下的背景振动，所有测点频率的加速度值均在Ⅰ区，因此实验室在背景振动条件下满足 Tecnai30 电子显微镜的正常使用要求。但当公交车流和地铁列车同时通过时，部分测点加速度值出现在Ⅱ区甚至接近Ⅲ区，表明公交车流与地铁列车同时通过产生的振动会影响精密仪器的正常使用。

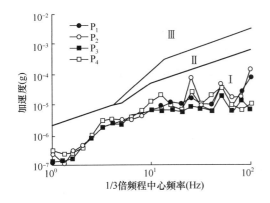
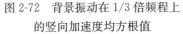

图 2-72　背景振动在 1/3 倍频程上
的竖向加速度均方根值

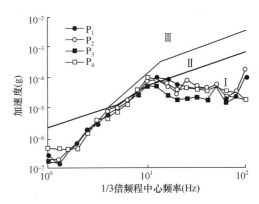

图 2-73　公交车和地铁列车共同引起的 1/3 倍频程上
竖向加速度均方根值

从图 2-74~2-76 可以看出，当不采取减振措施时，楼内测点在 4~30Hz、40~70Hz 频段内的加速度均方根值出现在 Ⅱ 区，说明列车运行产生的振动会对楼内精密仪器的正常工作在较宽的频段内造成影响。若采用浮置板轨道（主频为 7.9Hz），在大于 11Hz 的频段内减振效果显著，大大降低了列车运行产生的振动响应。

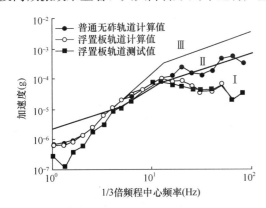

图 2-74　实验室内 P_1 点在不同轨道形式下
1/3 倍频程上的竖向加速度计算值和实测值

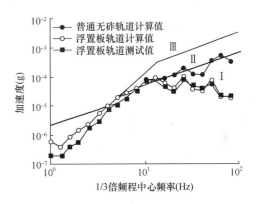

图 2-75　实验室内 P_2 点在不同轨道形式下
1/3 倍频程上的竖向加速度计算值和实测值

结果表明，浮置板轨道在其工作频段内减振效果显著，大大降低了地铁列车产生的振动对仪器的影响。但当振动频率较低时，浮置板轨道减振效果不明显。

4）案例 4：广深港高速铁路狮子洋隧道无砟轨道减振

广深港高铁东涌站至虎门站区间的狮子洋隧道是目前我国第一座建设标准最高、里程最长的高速铁路水下隧道，全长 10.8km。狮子洋隧道位于珠江三角洲平原区，穿越了淤泥质土层、粉细砂层及中砂层等复杂软土层。铁道

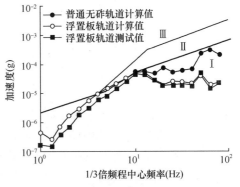

图 2-76　实验室内 P_3 点在不同轨道形式下
1/3 倍频程上的竖向加速度计算值和实测值

部科研课题《狮子洋水下隧道结构静动力学特征及关键技术参数试验研究》（2006G007-B）研究成果表明，为确保隧道的安全运营，应当在软弱地层段采取相应的减振措施，以降低列车运行时产生的振动对隧道下地层的影响。

狮子洋隧道采用减振型板式无砟轨道结构（图2-77），该轨道结构主要组成有：挡台及底座、减振垫层、CA砂浆层、轨道板、扣件、钢轨等。广深港高铁在轨道底座板和CA砂浆之间铺设减振垫层，该设计为浮置板减振结构体系。狮子洋隧道使用的减振垫层厚度为27mm，刚度为0.046N/mm³，这种减振垫层减振效果可达10dB，首次出现于德国，我国最早出现在城市轨道交通中。

图2-77　减振型板式无砟轨道

狮子洋隧道自2011年年底投入运行至今，该段地层、隧道结构及减振轨道运营状态良好，说明减振无砟轨道的使用达到了预期效果，保证了隧道结构的安全，防止了隧道段软土地层振动液化的发生。

2. 传播路径控制及案例

（1）传播路径隔振概述

随着减振轨道使用比例的日益提高，由于轨道和车辆病害引发的环境振动问题也日益显著：第一，轨道结构配置不合理导致轮轨磨耗加速，产生异常波磨；第二，波磨区段减振装置与车内振动噪声较大，降低乘客舒适度；第三，减振轨道效果不明显，列车运行产生的振动扰民问题未解决；第四，轨道结构减振装置单一，缺乏与之配套的路径隔振等治理措施，列车运行振动超标难以解决。因此，在满足行车安全性和轨道养护强度的情况下，仅仅从轨道结构设计方面无法解决减振要求，需要配套振动传播路径的控制进行综合的减隔振设计。通常通过传播路径进行隔振的方式有两种：屏障隔振和弹性基础隔振。弹性基础隔振同振源处隔振原理相似，不同点在于弹性基础隔振措施作用于轨道结构以下，本节案例1将通过橡胶减振支座在我国台湾高速铁路上的应用对其进行介绍。屏障隔振（图2-78）的原理是：利用波的散射、反射和衍射来阻碍振动波向屏蔽区（受保护区）的传播。屏障隔振会使振动波在屏障处发生反射和透射，以及在底部和两侧发生波绕。因此由振源传递到屏障后的能量主要是绕射波和透射波，通常两种波总能量小于入射波能量；但是屏障前方因反射波可能会出现地面振动增加的区域。通常屏障分为两种，分别是非连续屏障和连续屏障，混凝土单排、多排桩、孔列等属于非连续性屏障；混凝土芯墙、

图 2-78　隔振屏障示意图

混凝土连续桩、粉煤灰等属于连续屏障。

（2）案例介绍

1）案例 1：我国台湾高速铁路桥梁段橡胶减振支座的应用

我国台湾高速铁路全线总长度超过 250km，桥梁达 7900 余跨，20～35m 预制箱形简支梁是台湾高铁桥梁结构主要形式。该条线路有一段长约 5km 的桥梁段经过了一处对环境振动要求极为严格的高新技术工业园区，园内许多设备对于环境振动极其敏感。为降低列车运行对园区内设备的影响，此路段的桥梁结构采用了质量弹簧隔振系统，即柔性支承结构。其基本设计理念是将一个低频的简谐振荡器插入结构中，降低周围土体和邻近建筑传入结构的振动能量。我国台湾高铁桥梁上使用的质量弹簧系统是利用橡胶减振支座（EBP）支承桥梁上部结构所有的竖向荷载。为避免桥梁与运行列车和附加噪声产生共振，确保桥梁上部结构的竖向自振频率在 10Hz 左右，必须严格控制该减振支座的竖向刚度，从而达到减振和降噪的双重目的。

在我国台湾高速铁路的 184 跨混凝土简支箱梁上已使用了橡胶减振支座，使用总长达 5390m。上部结构荷载由梁上的减振支座承载。桥梁支座的布置、设计、安装见图 2-79～2-82。

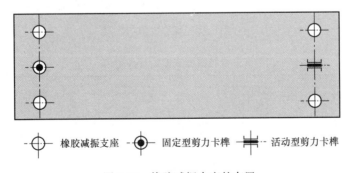

-⊕- 橡胶减振支座　-◉- 固定型剪力卡榫　⊟ -活动型剪力卡榫

图 2-79　橡胶减振支座的布置

橡胶支座的竖向刚度及竖向承载力是影响支座减振性能的主要参数。表 2-40 给出了部分应用在我国台湾高铁上的橡胶减振支座参数。

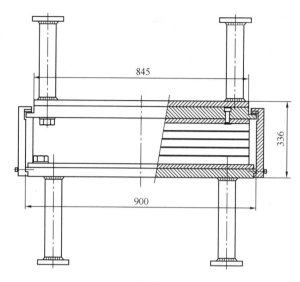

图 2-80　橡胶减振支座设计图

图 2-81　橡胶减振支座的安装

部分橡胶减振支座设计参数表　　　　　　　　　　表 2-40

支座类型	桥跨 （m）	支座直径 （mm）	刚度 （kN/mm）	竖向设计承载力 （kN）	竖向极限承载力 （kN）
A	20～30	750	1600	7100	10090
B	20～30	800	1600	8600	10190
C	20～30	850	1600	9370	12520
D	35	850	2200	9740	11880

　　我国台湾高速铁路采用的橡胶减振支座（EBP），有效降低了高速列车环境振动对精

密仪器设备正常使用造成的影响，交通环境振动控制设计取得成功。因此，当桥梁段通过对噪音及振动有严格限制的区域，如自然保护区、高新技术区、城市居民区、实验区、高校教学区等，上部桥梁的支承体系可考虑采用橡胶减振支座（EBP），以减小列车运行时产生的环境振动。

　　2）案例 2：多排桩屏障在某大型精密试验室远场隔振中的应用

　　洛阳某研究所一精密试验室，长 14.2m，宽 16.2m，对环境振动的要求如下：无外界振动干扰时，振动应小于白天时的场地地面脉动（0.30～0.35μm）；实验室正常工作时，无外界振动干扰的本底噪声应小于 15～16dB（未采取隔振措施前实测值约为 40dB）；整机测试时，在各种频率的干扰下，实验室地板振幅不应大于 20μm。本工程使用了排桩屏障隔振对振动进行控制并取得了显著效果。为利于隔振，建筑物外围桩设计为直径 $d=1.0～1.4m$、壁厚 250mm 的混凝土空心桩；为了承担建筑物重量，内侧桩（支撑建筑物的多排桩基础）设计为直径 $d=0.4m$ 的实心桩形式，外围桩和内侧桩共同构成具有一定的厚度和刚度的隔振屏障，图 2-82 为隔振桩的布置情况。

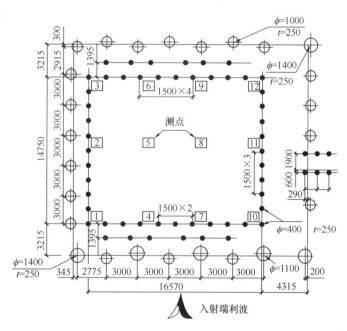

图 2-82　排桩隔振屏障平面图及测点位置（单位：mm）

　　为对多排桩隔振屏障进行振动控制评价，中国科学院声学研究所检测了不同频率下各测点的振动值，列于表 2-41。实际监测结果表明，实验室地面的振动幅值在各种背景频率下均小于限值；在波长小于 10m 的中高频段，多排桩的隔振效果达到 70%～75%。在无外界干扰源时，本底噪声值和振动加速度值为 16dB 和（1.0～1.1）×10⁻³m/s²；在 15Hz 的干扰频率下，隔振系统的振幅实测值为 0.113～0.124μm，小于无外界干扰振动时白天场地的地面脉动限值（0.30～0.35μm）；当拖拉机由屏障外侧底部附近（垂直于主入射波方向）经过时，测点与实验室底板的振动加速度峰值实测值分别为 5.25×10⁻³ m/s²、1.20×10⁻³m/s²，隔振效果达到 77%，达到设计要求。说明多排桩隔振获得成功。

各测点测试结果 A_{RF} 表 2-41

f (Hz)	1	2	3	4	5	6	7	8	9	10	11	12	平均值
10	0.54	0.27	0.42	0.5	0.5	0.94	0.31	0.57	0.64	0.11	0.7	0.8	0.524
20	0.48	0.01	0.08	0.23	0.17	0.62	0.35		0.54	0.05	0.16	0.35	0.276
30	0.53	0.16	0.22	0.09	0.11	0.06	0.22	0.41		0.10		0.80	0.270
40	0.17	0.28	0.09	0.18	0.26	0.16	0.09	0.48	0.4	0.3	0.26	0.34	0.25

3. 建筑物基础隔振及案例

当采用土壤介质中的隔振措施后仍超出建筑物或设备的环境振动要求限值时，就需要采取其他的被动隔振措施，即建筑物基础隔振。这里的建筑物基础隔振就是将建筑物或有特殊环境要求的仪器设备及房间和地基或基座用减振器分隔开，吸收传到基底的振动能量，从而达到隔振的目的。

（1）建筑物隔振的一般步骤

通常采用两种手段对建筑物进行隔振处理，其一是通过增加隔振器或者建筑物本身的阻尼消耗一部分由基础传入建筑物的振动能量，其二是通过安装隔振器，令建筑物自振频率远小于外界环境振动的频率，避免共振发生。常用隔振器有空气弹簧、金属板弹簧和金属螺旋弹簧等类型。各种隔振元件有其不同的特点，具体可参见本书 2.8.2 节对常见隔振元件的介绍，使用时应当结合需要加以选择。

下面以建筑物整体隔振为例给出隔振设计的步骤和方法：

1）资料收集，包括环境振动检测报告，隔振系统的振动控制要求以及系统自身固有的动力特性，对资料进行分析以确定系统是否需要采取隔振措施，如果需要对系统进行隔振处理，需要对系统的固有特性和环境振动频域进一步分析以选择最优的隔振器类型和隔振方案。2）初步设计，根据采取隔振措施后结构的固有目标频率预估隔振器的总刚度和阻尼值，初步确定隔振器类型和隔振方案，尽量选择阻尼大和刚度低的隔振器进行高频率隔振，并调整隔振器参数令隔振体系的重心和隔振器的刚度中心在同一垂直线上。3）设计优化。从技术、经济指标以及隔振效果对初步设计方案进行评估分析和改进，以获得最优的隔振方案。

（2）案例介绍：上海音乐厅钢弹簧隔振器基础隔振减振

上海音乐厅位于上海市延安东路 523 号，地处广场公园之中，是全国第一座音乐厅，其前身为始建于 1930 年的南京大戏院，1989 年被列为上海市建筑文物保护单位。上海音乐厅是欧洲古典主义风格的建筑，由华人设计师赵琛和范文照主持设计。由于居民区和高架桥产生的噪声严重影响演出效果，所以政府在 2002 年 8 月将音乐厅进行了整体平移，水平移动距离 66.46m，高度抬升了 3.38m，重新坐落于延安绿化广场中。目前该音乐厅已成为上海市高档的文化演艺场所，也成为延中绿地三期的景观性建筑。

由于新的位置非常靠近上海地铁 1 号线，如图 2-83 所示。上海音乐厅使用了钢弹簧隔振器来降低地铁列车运行产生的振动对音乐厅的影响。钢弹簧隔震器具有固态频率低、静态压缩量大，对某特定频段的隔振效果好等优点。观众厅的楼板是跨度 21m 单向混凝土梁，共 24 根，隔振器竖向承载力设计值 40t，利用浮置地板的方法，把隔振器安装在牛腿上来支撑楼板，每根梁端部各安装 1 台隔振器。音乐厅使用的钢弹簧隔振器的频率为

图 2-83　上海音乐厅与地铁线路的位置关系

5Hz，地铁列车振动产生的频率约为 60Hz，两者相差很大，所以该隔振器可以有效降低地铁振动的影响。

　　对装有弹簧隔振器的音乐厅进行振动监测，观众厅楼板和地下室底板的振动加速度分别为 0.2～0.3gal 和 1.0～1.5gal 之间；楼板固有频率约为 5～10Hz，音乐厅地下室的底板振动频率在 60～90Hz 之间，说明弹簧隔振器有效地降低了地铁运行产生的振动对音乐厅的影响，总隔震效果不低于 70%，尤其是频率在 60～90Hz 范围内，隔震效果可达 90%，达到预期的减振效果，获得了专家的一致认可。

第3章 轨道交通水污染控制与管理

3.1 轨道交通水污染的形势和管理状况

3.1.1 轨道交通水污染成因

当铁路工程通过饮用水源保护区时，对饮用水源保护区的影响主要体现在铁路工程施工期间水源涵养林和水源保护区植被破坏，以及地表径流的阻塞。施工过程中施工人员的活动，生产和生活，都将对饮用水源水质造成污染，危及供水安全。而在施工过程中，施工机械滴漏的油类也会污染饮用水源保护区的水质。

另外，铁路在运营期的生活污水如果不经处理或者处理不达标后直接排放，可能污染饮用水源地的水质，危及周围居民的供水。同时，铁路运营期间生产污水如果不能得到有效处理的话，也会对周边环境造成环境污染。

1. 建设期水污染

（1）铁路桥梁工程

对于穿越河流的铁路桥梁（图3-1），水下施工不可避免地会对水体造成干扰和局部水污染。

图 3-1 铁路桥梁工程

栈桥设置对河流水环境的影响主要表现在钢管桩进出阶段。由于振动锤的振动，河床沉积物漂浮，引起局部浑浊，其影响范围主要集中在钢管桩入点附近。

工程材料的栈桥运输过程中，建筑材料或杂物可能遗洒、倾覆，落入水中增大水体中悬浮物含量。

当围堰吸泥清基和沉入河床时，会引起局部水扰动并使沉积物上浮。如果在混凝土密封过程中钢围堰的密封性不好，可能会导致混凝土直接进入水体，对水体造成污染。

水上工作平台安装和钢套管埋设对水环境的影响与栈桥钢管桩相似。水下基础被打入和引出，将导致周围的河床沉积物漂浮，造成局部水浑浊。护壁泥浆经净化处理后回收利用，对水环境影响不大；但生成的钻渣含有大量的悬浮固体，如果处理不当，直接进入水体将会造成水污染。

所以，钻孔灌注桩基础施工过程对水环境影响主要体现在钢桶和围堰通过河床表面下沉导致的沉积物漂浮，围堰到位后，泥浆清洗基座密封，钻孔出渣排水和机械设备漏油等。其中，钢桶定位、下沉、钻孔、下钢笼、浇筑混凝土等环节都在钢围堰内进行，不与外部水体交换，因此对水环境的影响很小。在钻孔，清理和浇筑混凝土过程中排出的泥浆和钻渣是高度混浊的，如果处理不当，将严重污染水环境，破坏生态或堵塞河流。

（2）铁路路面工程

铁路路面工程的建设期对地表水环境的影响主要表现在路面施工对周围水环境的影响（图 3-2），含油废水的产生，混凝土搅拌，方桩预制，材料厂和铁路各种建筑机械生产的装配点及各工程营地的生活污水对水环境的影响。

图 3-2　路面铁路建设基础工程

（3）铁路隧道工程

铁路隧道施工与地下水环境密切相关（图 3-3）。一方面，由于地下水渗流的影响，

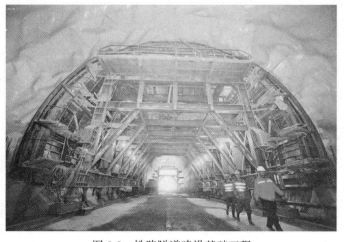

图 3-3　铁路隧道建设基础工程

地下水在隧道开挖过程中会涌入隧道。少量的水对隧道施工影响不大，但大量的隧道突水将严重影响隧道施工，甚至埋没施工人员和机械。在隧道运营阶段，地下水渗漏会产生很多不利影响，甚至威胁到隧道结构的稳定性，隧道内设施的运行以及交通安全。隧道的长期排水将导致地下水位下降，造成地面沉降，重要水源中断，造成环境灾害等。

根据调研数据显示，铁路隧道施工生产废水水质如表 3-1 所示。

隧道施工生产污水水质   表 3-1

废水类型	pH	SS（mg/L）	COD_{Cr}（mg/L）	石油类（mg/L）
隧道施工废水	7～10	20～4500	20～100	1～8
隧道场地冲洗水	6～9	150～200	50～80	1～2
设备冷却水	6～9	10～15	10～20	0.5～1.0

（4）轨道交通站段建设工程

施工期地下车站、盾构井始发场地及段隧道在施工前需进行降水。但大面积的人工降水将使大量地下水从含水层排出。一方面，如果这些地下水处理不当，将使附近的污染物带入地下水系统；另一方面，它将使地下水的水位降低到一定范围内，并局部改变地下水径流，使地下水局部形成一个下降的漏斗。这在一定程度上减少了地下水的数量，导致工程周围的表面污染进入含水层，引起潜水污染程度加剧。地下水位的下降也将改变局部地区地下水的动态和化学场，导致地下水中出现一些物理、化学和生物含量的变化导致地下水污染逐渐增加，这将对地下水水质造成一定影响。

施工期产生的污水主要包括施工作业产生的施工废水，施工人员产生的生活污水，浮土和施工垃圾产生的地表径流污水。施工废水包括挖掘和钻探产生的泥浆水，机械设备运行冷却水和洗涤水；生活污水包括施工人员的洗涤水，食堂水和厕所冲洗水，这类污水含有大量细菌和病原体，是一种有害的污染源。地表径流污水主要包括暴雨下浮土，建筑用砂，垃圾和弃土地表径流所产生的污水，该水夹带着大量沉积物，水泥，油等各种污染物。如果管理不善，将会增加施工段周围地表水体或市政管网的承受及处理容量，污染周围环境或堵塞城市排水管网系统。虽然水量不大，但冲击时间较长。

图 3-4   轨道交通站段建设工程

根据轨道交通项目施工废水排放调查，每站段（间隔）一般约有 100 名施工人员，每人的排水量为 0.04m³/d。建筑工人每路路段排放的生活污水约为 4m³/d。生活污水中的主要污染物是 COD_{Cr}，动植物油，SS 和氨氮等。施工过程还排放结构维护废水，施工现场冲洗废水和设备冷却废水。在施工排放的废水中，生活污水的 COD_{Cr} 含量较高，达 200～300mg/L；冲洗废水的 SS 含量较高，达 150～200mg/L。

轨道交通基础建设工程单个施工点废水类比调查结果如表 3-2 所示。

轨道交通单个施工点施工废水类比调查结果   表 3-2

废水类型	排水量/（m³/d）	污染物浓度/（mg/L）		
		COD_{Cr}	石油类	SS
生活污水	4	200～300	<5.0	20～80
道路养护排水	2	20～30	—	50～80
施工场地冲洗排水	5	50～80	1.0～2.0	150～200
设备冷却排水	4	10～20	0.5～1.0	10～15

2. 运营期水污染

铁路项目运营期也会影响接收水体的水质，主要是沿线值守车站、桥隧守护点的生活污水排放。一些铁路列车是封闭的环保列车带有收集系统，污水不会沿途排放，也不会影响沿线的水体。同时，运营期的生产污水也是一个不可忽视的水污染来源，必须经过处理达标后排放。

（1）生活污水

运营期车站产生的生活污水主要来源于各站段旅客候车站房、铁路职工办公房屋，其主要由日常生活、洗漱、厕所及浴室用水组成。其主要污染物为 COD、SS 和氨氮，该污水特点是污染物浓度高，可生化性强，处理难度大，排水污染物浓度范围基本为 $COD_{Cr}=$ 150～200mg/L，$BOD_5=90～550$mg/L。

同时，列车上卸下及站段上产生的高浓度粪便污水也是运营期中水污染严重的原因之一。粪便污水含有高浓度的 COD、N、P 和病原体，其中有机物和养分浓度远高于普通生活污水。化学分析表明，人体粪便中 N，P，K 含量分别为 1%，0.5% 和 0.37%，有机质含量为 2%。有机物的主要成分是纤维素，半纤维素，蛋白质及其分解产物，其中水的含量为 70%～80%；人尿中 N，P，K 含量分别为 0.5%，0.13% 和 0.19%，尿素含量为 1%～2%，含水量为 95%。

根据调研资料显示，各站段（所）的生活污水水质如下表 3-3 所示。

站段生活污水及粪便污水水质   表 3-3

污染物	浓度	
	生活污水	粪便污水
pH	6～9	7～9
SS（mg/L）	50～200	900～3000
BOD_5（mg/L）	30～140	1300～3000
COD_{Cr}（mg/L）	50～220	4500～7800
NH_4^+-N（mg/L）	10～50	1700～3300

（2）生产污水

1）车辆段检修含油废水

车辆段列检停车库、双周/季检库和定修库车辆检修等作业产生含油污水，主要污染物为石油类、SS 和 COD。车辆段负责车辆的日常清洁维护、列检、周检和季检检修作业，定修和列检作业要清洗转向架、轴测、轮对和空调等。清洗时先将残油回收，然后用水清洗，产生的污水中含油量较高，其排放为间歇排放。上海地铁莘庄车辆段、北京太平湖车辆段检修废水水质如表 3-4 所示。

车辆段检修废水水质 表 3-4

地点	pH	COD（mg/L）	SS（mg/L）	石油类（mg/L）
上海地铁 1 号线车辆段	6.8～8.8	387～500	—	38～150
上海莘庄车辆段	7.6～7.8	350～500	—	38～100
北京太平湖车辆段	7.49	326	346	63.8
GB 8978—1996 三级标准	6～9	500	400	20

由表 3-4 可见，运营期车辆段产生的含油污水不经处理不能满足《污水综合排放标准》（GB 8978—1996）的三级排放标准，主要是石油类超标、SS 和 COD 接近超标。

2）车辆段洗车废水

车辆段冲洗车辆外皮会产生洗刷污水，污水主要污染因子为 SS、COD、LAS 和少量石油类。洗车时先喷洗涤剂，然后用水冲洗，排水中含有悬浮物、油类及残余洗涤剂。上海地铁 1 号线龙阳车辆段洗车废水水质如表 3-5 所示。

上海地铁 1 号线龙阳车辆段洗车废水水质 表 3-5

地点	pH	COD（mg/L）	SS（mg/L）	石油类（mg/L）	LAS（mg/L）
上海地铁 1 号线龙阳车辆段	6.5	170	100	10	6.84
GB 8978—1996 三级标准	6～9	500	400	20	20

由表可知，运营期车辆段汽车污水不经处理能够达到《污水综合排放标准》GB 8978—1996 三级排放标准。

由此可见，轨道交通水污染成因繁多，但不容置疑的是，污染水都必须经过处理达标后排放。因此，建立严格的轨道交通水污染防治标准与管理是迫切需要的。

3.1.2 轨道交通水污染防治标准与管理

轨道交通车辆段、车站排水应实现清污分流、雨污分流。当沿轨有市政污水排放系统并且有市政污水处理厂时，车站、车辆基地和停车场的生活污水应排入市政管网。当车辆基地和停车场周围没有城市污水排放系统时，生活污水应经过预处理之后达到地方或国家标准之后排放。车辆基地及停车场的检修废水、洗刷污水和含油废水必须进行厂区内污水处理，达到地方或国家污水排放标准后排放。车辆基地洗车废水经处理后应做到循环利用，循环利用的冲洗用水水质应符合城市污水再生利用水质标准。污水排放实施《污水综合排放标准》（GB 8978—1996），具体指标详见表 3-6。

在车站生活污水处理后，按照《农田灌溉水质标准》（GB 5084—92）中的"旱作"标准进行绿化（表 3-7）。污水排放点是饮用水源的参考水质标准《生活饮用水水源水质标准》（CJ 3020—93）。

车辆清洗水应符合现行国家标准《城市污水再生利用　城市杂用水水质》（GB/T 18920—2002）的有关要求。城市杂用水是指用于冲厕，道路清洁，消防，城市绿化，洗车和施工的非饮用水。城市杂用水的水质应符合表 3-8 的要求。

污水综合排放标准　　　　　　　　　　　表 3-6

| 序号 | 基本控制项目 | 一级标准 | | 二级标准 | 三级标准 |
		A 标准	B 标准		
1	化学需氧量（COD）	50	60	100	120
2	生化需氧量（BOD_5）	10	20	30	60
3	悬浮物（SS）	10	20	30	50
4	动、植物油	1	3	5	20
5	石油类	1	3	5	15
6	阴离子表面活性剂	0.5	1	2	5
7	总氮（以 N 计）	15	20	—	—
8	氨氮（以 N 计）	5（8）	8（15）	25（30）	—
9	总磷（以 P 计）	0.5	1	5	—
10	色度（稀释倍数）	30	30	40	50
11	pH	6～9			
12	粪大肠菌群数（个/L）	10^3	10^4	10^4	

污水排放标准　　　　　　　　　　　表 3-7

标准		pH	COD_{Cr}	BOD_5	SS	氨氮	石油类	动植物油
GB 5084—92	旱作	5.5～8.5	300	150	200	—	10	—
CJ 3020—93	二级标准	pH	COD_{Mn}	色度	浑浊度	氨氮	硝酸盐氮	LAS
		6.5～8.5	6	无明显异色	—	1.0	20	0.3

城市杂用水水质标准　　　　　　　　　　　表 3-8

序号	项目		冲厕	道路清扫、消防	城市绿化	车辆冲洗	建筑施工
1	pH	—	6～9				
2	色度	≤	30				
3	嗅	—	无不快感				
4	浊度（NTU）	≤	5	10	10	5	20
5	溶解性总固体（mg/L）	≤	1500	1500	1000	1000	—
6	五日生化需氧量（BOD_5）（mg/L）	≤	10	15	20	10	15

续表

序号	项目		冲厕	道路清扫、消防	城市绿化	车辆冲洗	建筑施工
7	氨氮（mg/L）	≤	10	10	20	10	20
8	阴离子表面活性剂	≤	1.0	1.0	1.0	0.5	1.0
9	铁（mg/L）	≤	0.3	—	—	0.3	—
10	锰（mg/L）	≤	0.1	—	—	0.1	—
11	溶解氧（mg/L）	≥	1.0				
12	总余氯（mg/L）	—	接触30min后≥1.0，管网末端≥0.2				
13	总大肠杆菌数（个/L）	≤	3				

在国家出台了多项交通运输水环境污染防治法规、条例、标准中，最基本、最重要的为《中华人民共和国铁路法》，该法自 1991 年 5 月 1 日起施行。主要共六章；该法所称国家铁路运输企业是指铁路局和铁路分局。国务院根据该法制定实施条例。

为了保障铁路建设，铁路运输及保护水环境，国家同时陆续出台了相关法律法规，见表 3-9 所示。

铁路行业环境保护法律法规 表 3-9

序号	法律条例
1	《建设项目环境保护管理条例》，国令第 682 号，2017.8.1
2	《建设项目环境影响评价分类管理名录》国令第 44 号，2017.9.1
3	《建设项目环境影响评价工作管理暂行办法》，铁总计统 183 号，2013
4	《建设项目水土保持方案工作管理暂行办法》，铁总计统 184 号，2013
5	《铁路工程设计防火规范》TB 10063—2016
6	《铁路工程环境保护设计规范》TB 10501—2016
7	《铁路给水排水设计规范》TB 10010—2016
8	《铁路回用水水质标准》TB 3007—2000

注：上表仅列出部分法律法规。

3.2 轨道交通水污染防治控制技术

3.2.1 建设期水污染防治技术

建设期产生的废水主要包括施工作业开挖，钻孔等连续作业产生的泥浆水，施工机械设备的冷却水，洗涤水及冲洗水，施工人员排放的生活污水等。建设期的水污染防治技术，主要以预防为主，通过初期的选址选线以及施工时的封闭、清扫、疏通等措施以减少对水环境影响。而施工时期的生活污水及生产废水经一定处理后进入市政管网或者直接排放。

1. 轨道隧道选址

轨道施工隧道的选址应当充分考虑其对地下水的影响，尽量避开岩溶发育带和大面积的弱断裂带。隧道应避开岩溶管道、地下暗河和地下岩溶池。应结合现有的地质和水文资料，尽可能找出沿线的地下水状况，以便为可能发生的复杂岩层提供充分的准备和施工计划。

对于富水岩层的隧道设计，应该放弃"以排为主"的设计思路，而采取"预防，排水，拦截，封堵，适应当地，综合治理"的设计理念。此外，隧道的进水量应结合隧道区生态环境的承载力和施工的经济条件进行控制，以保证地下水环境的相对平衡。

2. 轨道选线

为了避免路基切割地表径流和弃土场（渣）场占用湿地而造成的湿地收缩，生态功能退化。在线路选择中，我们应尽可能避开湿地，不得已的情况下可加多涵洞设计数量，特殊路段可采取以桥代路、填埋渗水土等措施。禁止直接在湿地内设置建筑工地、营地及弃土（渣）厂。

3. 栈桥施工

为了减轻栈桥钢管桩对河底沉积物的干扰，钢管桩应当首先依靠桩的自重下沉，待稳定后，再启动振动锤使桩继续下沉到设计位置。拔出钢管桩时必须使用起重设备缓慢将其拉出；同时，应采取封闭式桥面，及时清理防止施工垃圾掉入水中，并在桥梁边缘采用防护栏杆，防止施工车辆或机械坠落。

4. 钢围堰施工

焊接围堰后，应仔细检查壁板和舱壁焊缝，以确保围堰密封。围堰表面应在进入水前进行清洁，以防止油进入水体。吸泥及清基产生的泥浆应由特殊船舶采集，经沉淀及过滤处理后，运至岸上指定地点进行妥善处理。

5. 钻孔灌注桩基础施工

对于在钻孔，清基和混凝土浇筑过程中排出的泥浆，通常采用自然沉降法和机械分离法去除泥浆中的钻渣。自然沉降法是在现场建立沉淀池，利用泥浆与钻渣之间的密度差异自然沉淀钻渣。沉淀后的泥浆再循环，钻渣堆放干燥，然后用专用泥罐车运输到当地环保部门指定的地方进行妥善处理；机械分离方法即使用振动筛等机械设备去除大颗粒钻渣，并在钻渣回收后除去泥浆。由于含水量低，钻渣可直接运输。在钻渣运输过程中，有必要加大对运输车辆的监管力度，防止中间滴漏或偷排。同时，要加强施工机械的日常维护，防止燃油、机油的滴漏。加强对水务的监督，严禁将残余燃油，机油，建筑材料废弃物和建筑垃圾倾倒入水体。

桥梁施工完毕后，应及时清除围堰等水中的碎渣，疏通原有的河流和沟渠；在洞外建造某些处理设施，排干隧道；促进清洁生产，减少含油污水产生量；减少废水产生量，严禁偷排乱排；末端处理，可采用塑料桶收集生活污水，定期外运。

6. 施工生活污水

沿线产生的生活污水经化粪池处理后可排入当地市政管网。远离市政管网的部分排水点可配备独立的污水处理设施，污水经处理设施处理后达标排放。轨道铺设生活污水由每个站段的吸污车收集和运输，铁路沿线不排放。

7. 施工生产废水

铁路建设过程中的主要污染物为 SS。一般在施工现场旁设置沉淀池，污水经沉淀后符合《污水综合排放标准》（GB 8978—1996）的要求，污水经处理后可回用。

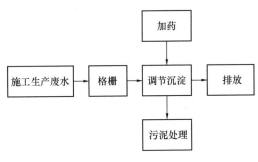

如果要求施工生产废水达到现行《综合废水排放标准》（GB 8978）规定的二级或三级排放标准，可采用图 3-5 所示的处理技术。

如果要求施工生产废水需要进一步达到现行《综合废水排放标准》（GB 8978）规定的一级排放标准或《铁路水质标准》（TB/T 3007），可采用图 3-6 所示的处理技术。

图 3-5　二级排放标准施工生产废水处理技术

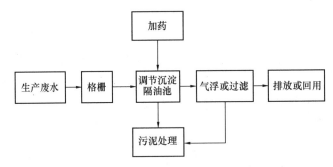

图 3-6　一级排放标准施工生产废水处理技术

3.2.2　运营期水污染防治技术

运营期的废水主要来源有停车场，车辆段及车站，其主要类型有生产废水如检修废水、洗刷废水及洗涤废水；生活污水如日常办公、冲厕、清洁用水及洗浴等；同时运营期各站段产生的列车集便器高浓度粪便污水也不容忽视。

1. 生产污水处理

（1）检修废水处理

车辆段检修车辆产生少量含油废水，可采用气浮法对其处理。气浮法又称浮选法，通过空气加压溶于污水中，产生大量细微气泡成为载体，污水中的污染物粘附在气泡上，特别是油质，随气泡升在水面形成絮状物，使污染物易与污水分离，除去浮渣，污水因此得以净化。

采用气浮法处理含油污水，是目前国内比较成熟的处理工艺，国内铁路系统多年来采用气浮处理工艺，处理机务段和车辆段产生的含油生产污水。实践表明，经气浮处理后，石油类的去除率可达到 95%，而 SS 和 COD 的去除率可达到 80%，同时 BOD_5 的去除率也可达到 40%。车辆段检修含油污水经气浮处理装置处理后，出水水质可达到《污水综合排放标准》（GB 8978—1996）三级排放标准，可直接排入市政污水管网，送入污水处理厂处理。为节省水资源，提高水资源利用率，也可对其进行进一步深度处理，采用过滤（砂滤）、消毒工艺，使出水满足《城市污水再生利用　城市杂用水水质》（GB/T 18920—

2002）的要求，回用与车辆洗刷、冲厕和绿化等。

车辆段洗刷废水经混凝沉淀、过滤和消毒后储存于中水池中，回用于洗车。也可采用全自动洗车机进行车辆外皮洗刷作业，洗车废水经自带的废水净化装置处理后继续回用，其处理工艺如图 3-7 所示。

图 3-7　自动洗车机洗车废水处理工艺

以广州芳村车辆段洗车污水处理为例，处理后污水水质满足《城市污水再生利用　城市杂用水水质》（GB/T 18920—2002）中车辆冲水水质标准和城市绿化水质标准，见表 3-10。

广州芳村车辆段洗车污水处理后污水水质　　　　表 3-10

项目	pH	COD (mg/L)	SS (mg/L)	石油类 (mg/L)	LAS (mg/L)	备注
广州车辆段洗车污水处理后污水水质	8.1	35.7	—	5	0.06	中和絮凝、沉淀、过滤整套设备处理
GB/T 18920—2002 车辆冲洗水质标准	6～9	—	—	—	0.5	
GB/T 18920—2002 城市绿化水质标准	6～9	—	—	—	1.0	

（2）洗刷废水处理

机车、客车和动车洗车所通常建在车辆段、客车整备所和动车段内，洗刷污水间歇排放，水量集中。可预处理后与站（所）内的其他污水一并处理。目前，站（所）内动车组洗刷多采用洗车机，部分客车洗车所也采用洗车机，配套污水处理设施一般采用调节、沉淀、隔油、生化过滤和机械过滤处理工艺，处理后的污水达到《铁路回用水水质标准》（TB/T 3007）的要求可以再回用洗车。

客车、机车和动车洗刷污水处理后应循环使用，可采用图 3-8 所示流程图。

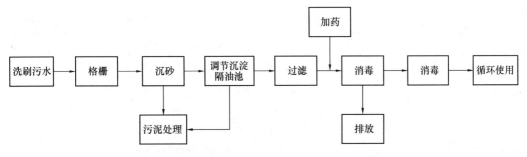

图 3-8　客车、机车、动车洗刷污水沉淀—过滤处理工艺

（3）洗涤废水处理

洗涤污水要求达到现行《城市污水再生利用　城市杂用水水质》（GB/T 18920）或《铁路回用水水质标准》（TB/T 3007）的要求，可采用图 3-9 所示流程图。

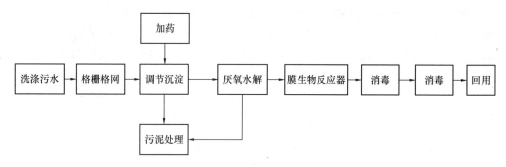

图 3-9　洗涤污水膜生物反应器处理工艺

膜生物反应器工艺能耗低，运行成本低。洗衣废水中难以降解的大分子有机物经厌氧水解酸化后降解为小分子溶解物质，为后续膜生物反应器的生化过程创造了有利条件。

膜生物反应器对 COD_{Cr} 的平均去除率为 88.53%，阴离子表面活性剂 LAS 的平均去除率约为 98.22%，总磷（TP）的平均去除率约为 92.28%，SS 去除率 95% 以上，可达到《铁路铁路水质标准》（TB/T3007）的要求。

洗衣房漂洗工序污水需要循环利用于洗涤工序时，可采用如 3-10 所示流程图。

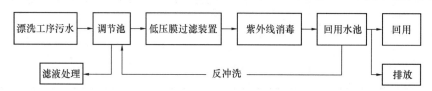

图 3-10　漂洗工序污水回用于洗涤工序处理工艺

采用聚氯化铝（PAC）混凝剂和聚丙烯腈（PAN）超滤低压过滤，污水处理效果较好。低压过滤工艺的水力停留时间很短，出水水质稳定。当原水水质发生较大变化时，出水浊度等指标接近自来水浊度。

客运洗衣房洗涤污水经处理后应作为回用水。

（4）铁路站段生产污水处理实例

根据相关资料显示，几个典型铁路站段生产污水主要处理工艺如表 3-11 所示。

铁路部分站段生产污水主要处理工艺　　　　　　　　　表 3-11

站段	污水处理工艺特点
丰台某机务段	污水→格栅→调节池→两级气浮→清水池→市政管网
石家庄某电力机务段	污水→集水井→调节池→一级气浮→接触氧化池→二级气浮→清水池→直接排放
保定某运用车间	污水→集水井→调节池→一级气浮→接触氧化池→二级气浮→清水池→部分中水回用
天津某机车检修车间	污水→集水井→调节池→两级气浮→清水池→直接排放
牡丹江某机务段	污水→集油池→格栅→沉淀池→斜板隔油池→涡流反应器→中水过滤→清水池→回用
哈尔滨七台河某车辆段	污水→集水井→调节池→一级气浮→清水池→市政管网

铁路站段生产污水处理主要以气浮工艺为主，处理出水大多直接排放到市政管网。

北京铁路局某站段生产污水处理以二级气浮加生物接触氧化为主要工艺，处理水量为200m²/d，污水水质见表 3-12。

北京铁路局某站段生产污水处理进出水水质　　　　　　　　　　　表 3-12

项目	进水	出水
石油类（mg/L）	300	<3
化学需氧量（mg/L）	300	50
生化需氧量（mg/L）	150	10
总有机碳（mg/L）	120	15
悬浮物（mg/L）	150	15
氨氮（mg/L）	15	0.5
pH	8.5	7.0
总大肠杆菌（个/L）	1.0×10^6	18
游离氯（mg/L）	0	≥3

该站段污水处理出水水质达到了《铁路回用水质标准》（TB/T 3007—2000）中铁路生活杂用水和铁路景观用水水质要求。

此外，对跨越饮用水源保护区的桥梁应设置桥面径流收集系统，大桥两端设事故水池。制定营运期环境风险事故应急预案，与地方应急体系形成联动，避免污染水源。

2. 生活污水处理

（1）铁路生活污水主要特点

由于铁路生产和运输的特殊性，铁路污水处理具有以下主要特点：污水量小（一般为100～2000m³/d）；点多线长，污染源分散。根据公路环保部门监测数据，污染物主要有COD_{Cr}：80～550mg/L，BOD_5：30～440mg/L，SS：50～200mg/L，石油类：5～20mg/L，动植物油：5～35mg/L，LAS：3～18mg/L；污水处理一般只配备非常少的管理人员，而且没有专门的实验室人员和设施，管理薄弱。

（2）铁路生活污水处理现状

目前，铁路污水处理主要用于污水生产的专项处理。生活污水的综合治理并不十分普及。例如，一些地方使用地埋污水处理设备，铁科院研发的铁路生活污水强化一级处理、一体化氧化沟等技术，处理程度要求较低，一般仅要求达到国家《污水综合排放标准》（GB 8978—1996）的三级或二级标准，很少要求处理后水质达到国家《污水综合排放标准》（GB 8978—1996）的一级标准的。

（3）主要处理工艺

生活污水要求达到现行国家标准《污水综合排放标准》（GB 8978—1996）规定的二级排放标准时，可采用厌氧处理工艺，其工艺流程如图 3-11 所示。

也可采用化学絮凝强化处理工艺，其工艺流程如图 3-12 所示。

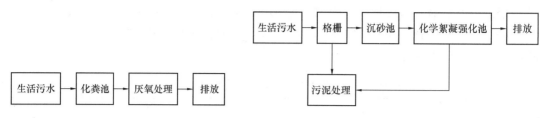

图 3-11　生活污水厌氧处理工艺　　　　图 3-12　生活污水化学絮凝强化处理工艺

化学絮凝强化处理工艺通过投加混凝剂加强污水净化效果，常用的混凝剂有铝盐和铁盐等无机混凝剂及聚丙烯酰胺（PAM）等有机高分子絮凝剂。采用该处理工艺，一般要根据污水的原水水质和排放标准选择混凝剂并进行投加量实验，以便确定混凝剂和投加量。

生活污水要求达到现行国家标准《污水排放综合标准》（GB 8978—1996）规定的一级排放标准时，可采用图 3-13、图 3-14 工艺流程处理。

图 3-13　生活污水土地处理工艺

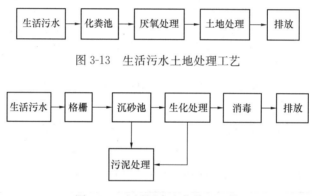

图 3-14　生活污水生化处理工艺

同时，针对中小车站的生活污水排放情况，通过调查中小车站的污水排放状态和现阶段污水处理技术，研究、开发和应用新的污水处理材料，以及发展近年来中小型污水处理模式。根据全面建设和运营状态的结构，通过综合比较和分析，全路既有中小车站产生的生活污水，如全部采用大而全的二级生物法污水处理措施，全路几千个中小车站则需要投入数百亿元的资金，数万个管理人员进行管理，运营费用每年几千万元，如果再考虑数千个分散的污水处理工区，其费用将更加昂贵。

考虑到整个道路施工成本可能较高，污水处理采用了地下过滤场系统、厌氧生物滤池、氧化池污水处理技术、膜生物反应器（MBR 工艺）、地下湿地和高负荷地下渗透技术。在整个过程中，不需要电源，或者只需要微电源，投资小，处理效果好。以下是几个可用的无动力污水处理设施的简要介绍。

① 地下过滤田技术

地下过滤田系统是利用土壤、植物根系、微生物和陆地生态系统简单地将生活污水通过化粪池预处理，通过分配到分布铺设地下的多孔滤水器管，使污水均匀从沙子和砾石组成的人工滤层中慢慢渗透，扩散到周围的土壤，在土壤的吸附、过滤和生物作用，使地下水得到补偿，结构如图 3-15 所示。地下渗流场系统适用于土壤透水性较好的砂土、亚砂土、亚黏土地区火车站的生活污水处理。要求地下水位 3.0m 以下，日污水处理量 5～20m³。水质在 COD$_{Mn}$＝30～60mg/L 范围内的污水经系统处理后，3m 深度的污水去除率可达 90％左右。

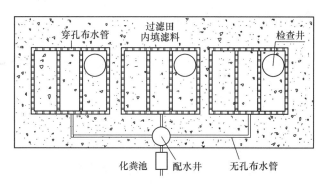

图 3-15　地下过滤田

② 氧化塘、生态塘

氧化塘利用微生物、水生植物、水生动物等，综合物理处理、化学处理和生物处理的复杂处理工艺，使污水得到净化，转化为可用的可再生水资源，工艺流程如图 3-16 所示。如果空间站位于偏远山区，有足够的地理位置可供使用，也可以设计成生态池塘。工艺流程如图 3-17 所示。这两种废水处理工艺均能达到《污水综合排放标准》（GB 8978—1996）的水质要求。

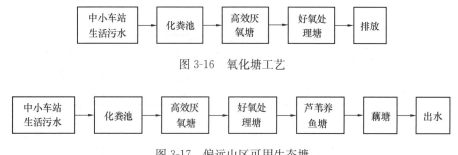

图 3-16　氧化塘工艺

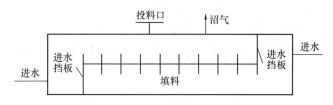

图 3-17　偏远山区可用生态塘

③ 厌氧生物滤池

厌氧生物滤池经过近年来的研究和改进，可以有效地处理生活污水，已广泛应用于中小型生活污水处理项目。如分散的别墅、小区、高速公路收费站等，如图 3-18 为厌氧生物滤池示意图。

图 3-18　厌氧生物滤池示意图

3. 列车集便器污水处理

现如今，高铁在长途运行过程中会产生清洗污水及粪尿废液等，高铁粪尿废水中普遍含有高浓度的有机物，属于高浓度有机废水。列车上的污染物一般是直排或是存储至各站段进行处理，直排会直接影响沿路的生态环境。

（1）污水特点

由于采用真空集便器，所收集的污水具有高有机物、高 SS、高氨氮、高磷、低碳氮比等"四高一低"的特点（表 3-13），大大增加了站段污水处理系统的处理负荷（表 3-14）。

列车集便器污水水质浓度范围 表 3-13

列车类型	单程运行时间/h	SS（mg/L）	COD 滤后（mg/L）	氨氮（总氮）（mg/L）	总磷（mg/L）	pH 值
普通旅客列车	<8	4000～9000	1000～3000	1000～2000	70～100	7～9
	8～24	9000～12000	2000～4000	1500～3000	70～150	
	>24	12000～16000	3000～7000	2000～4000	100～200	
动车组	<4	800～3000	1000～3000	1000～2000	60～80	7～9
	4～8	1500～5000	2000～4000	1500～2500	60～100	
	8～16	4000～10000	3000～6000	2000～3000	80～150	

典型列车站段污水水质情况统计表 表 3-14

废水来源	SS（mg/L）	COD（mg/L）	NH_4^+-N（mg/L）	TN（mg/L）	TP（mg/L）	pH
集便器污水	2000～13000	1000～6000	1000～4000	1000～4500	60～250	8.0～9.0
80%生活污水+20%集便器污水	440～2840	240～1680	213～856	213～956	14.4～48	7.0～9.0
化粪池出水	132～852	192～1344	203～804	203～898	8.3～39.6	7.0～9.0

目前，大部分集便器污水排入原站段污水处理系统与生活污水混合后，导致污染物浓度大幅升高，经化粪池或厌氧池简单处理，出水难以达到《城镇下水道水质标准》（GB/T 31962—2015）的纳管要求，因此，站段污水处理系统急需扩容改造。此外，部分新建站段的污水处理技术单一落后、运行管理不佳且投资及能耗较高，出水同样难以实现排放标准的要求。

（2）处理技术

针对高碳、氮、磷、SS 和低碳氮比的列车集便器粪尿污水国内外处理方式及较适用技术对比如表 3-15 所示。

列车集便器粪尿污水、污物的处理技术现状 表 3-15

目标	处理方式	典型技术	特点
碳	好氧	活性污泥法、深井曝气法、SBR、氧化沟	1. 较适用 COD 低于 1500mg/L 污水处理技术 2. 工艺结构简单，易于操作运行 3. 需要大量曝气，能耗较高 4. 有机负荷较低 5. 构筑物占地面积大 6. 污泥产量大，处理费用高
	厌氧	全混式厌氧、UASB 厌氧折流板式	1. 较适用 COD 高于 1500mg/L 污水处理 2. 能耗较低，能产生甲烷绿色能源 3. 污泥产量较好氧生物大大降低 4. 微生物降解有机物能力较强
	深度处理	MBR 工艺	1. 出水水质较好，可直接作为回用水 2. 容易形成膜污染，进行膜清洗导致维护、管理复杂 3. 膜制作、膜清洗及更换、能耗等导致投资及运行费用高
		活性炭吸附	1. 基建及设备投资少，不增加建筑面积 2. 对污染负荷变动适应差，吸附能力有限 3. 由于再生困难，大多采用一次使用后废弃，容易造成二次污染，且导致运行费用较高
		石英砂过滤	1. 对于悬浮物过滤效率较高，过滤效果较好 2. 对于病菌等无处理效果，需要额外投加药剂 3. 定期需要进行反冲洗，过程复杂，增加运行、管理难度
		臭氧催化	1. 较适用 COD 低于 100mg/L 污水深度处理 2. 氧化能力强，对脱色、除臭、杀菌、去除难降解有机物和无机物等处理效果好 3. 制备臭氧只用空气和电能，绿色环保，无二次污染
磷	处理	生物除磷	1. 较适合 TP 小于 20mg/L 废水 2. 运行费用低 3. 产泥量小 4. 运行稳定性较差，易受水温和酸碱度的影响 5. 出水很难满足磷的排放标准，需要进行二次除磷
		化学沉淀法	1. 较适合 TP 小于 5mg/L 以下与生化联合的深度除磷 2. 操作简单、去除率高 3. 由于连续投加药剂导致运行费用较高 4. 产生的化学污泥需进一步处理，否则可能造成二次污染
		吸附法	设备简单，但仅限实验室规模，还未大规模的应用
		离子交换法	需大量投加化学药剂，经济成本过高
		电解法	1. 去除效率高 2. 沉淀产生量及电极消耗量较大，运行费用较高
	回收	磷酸铵镁、磷酸钙结晶法	1. 较适合 TP 大于 20mg/L 废水 2. 磷回收的产物中磷含量接近高品位磷矿，且回收物中有害物质较少 3. 产物可以被有效利用，实现磷资源的循环利用 4. 大大降低磷处理设施及消耗大量药剂

目标	处理方式	典型技术	特点
氮	传统生物	A/O工艺工艺、BAF工艺、SBR工艺	1. 适于废水中碳氮比>5且氨氮浓度<200mg/L废水 2. 需要大量曝气能耗高 3. 污泥产量高 4. CO_2排放量高； 5. 碳源不足时反硝化需要额外投加碳源导致运行费用高 6. 构筑物占地面积较大 7. 氨氮去除率达95%以上，总氮去除效率70%左右；若进水氨氮超过200mg/L时，出水氨氮可达标，总氮达标困难
	新型生物处理技术	ANAMMOX工艺、CANON工艺	1. 适于废水中碳氮比<5且氨氮浓度>200mg/L废水 2. 脱氮负荷高，大大减小反应器容积 3. 曝气量较传统生物法降低60%以上 4. 产泥量较传统方法减少30% 5. 无需额外投加碳源，比传统生物脱氮减排CO_2 90%以上 6. 可回收厌氧氨氧化颗粒污泥

在现有的处理工艺基础上，实现原位资源回收和处理回用是国际发展和提倡的重大趋势，也是铁路行业急需的和可持续发展的技术之一。

综上所述，铁路交通工程在建设期及运营期会产生不同类型的污废水，将对水环境造成不同程度的影响。在建设期，水污染防治技术以预防为主，处理辅之；在运营期，针对不同类型污废水，现阶段也有相应的处理技术，污废水经处理后可满足国家水质标准达标排放。但更该值得注意的是，在发展与完善防治技术的同时，建立与加强轨道交通水健康循环与管理也同样至关重要。

3.3 轨道交通水环境健康循环与管理

3.3.1 水环境健康循环模式

铁路作为国家重要基础设施、国民经济大动脉和大众化交通工具，为我国经济发展做出了巨大贡献。目前，中国是世界上高铁规模最大、发展速度最快的国家。然而，高铁生产及运营过程中产生的环境问题也日趋严重，如不妥善解决，势必影响我国高铁快速、健康、持续发展。而最大程度地利用资源，减少环境的污染，使整个生态系统平衡和利于可持续发展，是未来高铁发展的一个趋势。因此，对高铁生产、运营系统中的污染综合防治、资源化治理及水健康循环，实现绿色环保铁路站段的建设，是实现社会-生态-经济大系统的可持续、良性循环、平衡和稳定的重要基础。

截至2017年底，我国铁路营业全年完成旅客发送量30.38亿人，铁路每天开行旅客列车总数已达3615对，参考已报道文献的保守估算方法，按照每列旅客列车平均每天产生2吨集便器污水，一天则产生14500多吨，全年将产生约530万吨集便器污水。根据原铁道部《铁路旅客列车密闭式厕所改造规划》，对普速列车逐渐加装集便器，对新生产的普快列车、动车以及高铁列车全部安装集便器系统。随着列车集便器的大量安装，厕所粪尿不再沿线直排，而是集中到各站段或动车所进行卸污。针对现阶段巨大的集便器污水产生量和禁止沿线直排问题，铁道交通亟待建立回收资源化处理新模式。

1. 集便器污水氮磷回收资源化处理模式

许多学者对集便器粪尿进行了有关技术的应用的试验研究，如表 3-16 所示。

集便器粪尿技术试验研究　　　　　　　　　　表 3-16

项目	进水水质	处理工艺	处理效果
北京西站化粪池污水中 COD、氨氮的去除	COD：1000～2000mg/L 氨氮：1500～2000mg/L	折流式厌氧反应器（ABR）+厌氧生物滤池（AF）+投加脱氮除磷药剂+SBR+MBR	出水 COD 为 100mg/L，氨氮为 15mg/L 出水达到《污水综合排放标准》（GB 8978—1996）的二级排放标准
集便器污水处理系统中 COD 的去除	COD：5000～8000mg/L	厌氧折流板（ABR）+移动生物床反应器（MBBR）+膜生物反应器（MBR）	COD：100～400mg/L 出水 COD 可达《污水综合排放标准》（GB 8978—1996）的二级标准
北京某动车段化粪池出水处理研究	COD：2500 左右	氨吹脱+ABR+AF	对 COD 和 SS 有较好地处理效果，但是对于氨氮及总磷的去除效果不到 20% 出水水质基本可达到《污水综合排放标准》（GB 8978—1996）的三级标准
某动车整备库废水的 COD、SS 降解	COD：1250～1830 氨氮：4.53～7.56	水解酸化+SBR	COD 去除率可达 90% 出水可以达到《污水综合排放标准》（GB 8978—1996）的二级排放标准
华北区某火车站的废水研究	—	氨吹脱+SBR（两段 A/O 的运行方式）	出水 COD 为 300～400mg/L，氨氮 200mg/L
成都机务段废水的 COD 和 SS 去除	—	筛网过滤+酸化除渣池+ABR	—

由上可知，大部分学者对 COD、SS 的去除进行了研究，对于氨氮、总氮、总磷的研究较为模糊，去除效果也没有明确说明。

近些年，国外学者专注于从牲畜粪尿中回收磷工艺的开发。主要以美国北卡罗来纳州猪粪尿磷回收工艺和在荷兰 Putten 牛粪尿磷回收工艺为代表，目前这两种工艺均取得了良好的磷回收效益。国内学者也先后展开了从粪便尿液中回收的研究，有关从污水中回收磷的专题国际会议以连续举办 4 次。目前，磷回收的主要产品形式为磷酸铁、磷酸铝、鸟粪石和羟基磷灰石等磷酸盐沉淀物。在各种磷酸盐回收产物中鸟粪石备受青睐，原因在于在鸟粪石中 P 含量折算成 P_2O_5 标准量后可达 51.8%（$P_2O_5 \geqslant 30\%$ 即被定义于富磷矿）。控制鸟粪石形成结晶的因素比较多，大部分学者对于反应 pH、反应时间、搅拌转速、沉降时间等进行了研究，但这些控制条件仍需要优化，其他控制条件，包括底物类型、杂质等对其结晶效果的影响还未确定。此外，对于氮磷的共结晶，实现氮磷同时去除的工程化应用的研究仍需要进一步优化。

厌氧氨氧化菌为化能自养性细菌，特别适用于低碳氮比的废水的处理，厌氧氨氧化菌作为经济性能高的新型生物脱氮技术，特别适用于处理集便器粪尿这种低碳氮比废水，减少碳源的投加量、污泥的产量及 CO_2 排放量。西南交大杨俊峰采用集便器粪尿原液＋配水作为进水考察厌氧氨氧化工艺的脱氮性能，结果表明，该工艺对氨氮及总氮均有较好的去除效率。目前，对于厌氧氨氧化处理实际工业废水的研究热点为：现场应用规模化 Anammox 反应器快速启动与影响机制；现场应用环境温度变化，特别是中低温环境对 Anammox 菌活性的影响机制；实际废水中有机碳源对 Anammox 菌的抑制效应，以及 Anammox 与反硝化协同脱氮除碳作用研究。同时，部分学者证实了在实验室的某些条件下，可实现短程反硝化菌、产甲烷菌、厌氧氨氧化菌的耦合，从而实现废水同步除碳脱氮。其在工程实际的应用时，运行条件的优化控制实现多种菌群的耦合需进行进一步确定。此外，厌氧氨氧化菌生长速率慢，世代周期约为 $11\sim19d$，如何实现快速富集是其在工程运用的关键性技术。多数试验研究是在实验室进行的小试，还未有报道处理集便器废水的厌氧氨氧化工艺的中试研究，根据实际废水的水质情况，需要进行运行条件的优化的试验研究，从而为工程实际奠定基础。

针对这些问题，并结合新型处理技术，提出一种集便器粪尿废水中碳、氮、磷处理新模式，具体如下：

针对碳的去除，列车集便器污水的 COD 为 $1000\sim6000mg/L$，厌氧发酵技术适用于 COD 高于 $1500mg/L$ 的污水，且具有能耗低、产泥量少等特点。因此选用高效厌氧发酵作为碳的去除技术。此外，列车集便器污水的 SS 高达 $2000\sim13000mg/L$，优先选用全混式厌氧发酵设备。

针对磷的处理，列车集便器污水的总磷为 $60\sim250mg/L$，高效磷回收技术适合于总磷大于 $20mg/L$ 污水，且可实现磷资源的循环利用，经过国内外磷回收技术研究与应用现状对比分析，优选用技术成熟具有示范研究推广应用价值的磷酸铵镁结晶法进行磷回收，实现磷资源回收利用。

针对氮的去除，列车集便器污水的氨氮为 $1000\sim4000mg/L$，总氮为 $1000\sim4500mg/L$，COD 为 $1000\sim6000mg/L$，厌氧氨氧化技术可处理碳氮比低于 3 且氨氮浓度高于 $200mg/L$ 的污水。因此，首选节能降耗的厌氧氨氧化生物耦合技术，在实现氨氮、总氮达标的同时，可进一步去除有机污染物。

由于生物处理工艺对难降解有机污染物及致病菌的去除能力有限，出水 COD 及大肠杆菌数难以达标等问题，选用高效复合臭氧催化处理技术开展深度处理达标优化试验，以期实现废水的达标排放/回用。

针对粪便等固态污染物，厌氧发酵后 70％含水率污泥日产量小于 1 吨时，且车站多数位于城镇地区，实施厌氧发酵堆肥技术容易对周边环境造成污染，产生的有机肥无好的销售路径，且基建占地面积较大，导致投资费用高，性价比及经济性极低，建议经过定期市政清掏或卖给就近制肥公司统一资源回收。而对于日产量大于 1t 的大型站段，根据站段经济及地方要求，建议采用好氧发酵制有机肥的处置技术。

综上所述，列车集便器污水中的碳、磷、氮宜分别采用厌氧处理技术、磷回收及经济有效的厌氧氨氧化生物耦合脱氮新技术进行处理，经处理后的水质可达到《污水排入城镇下水道水质标准》（GB/T 31962—2015）的纳管要求，且复合臭氧催化技术可以满足更严格的排放标准要求，最终实现的集便器污水氮磷回收资源化处理模式如图 3-19 所示。

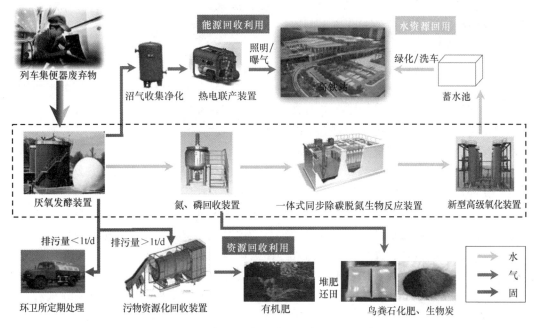

图 3-19　集便器污水氮磷回收资源化处理模式

集便器污水氮磷回收资源化处理工艺流程如下：

（1）集便器粪尿混合液首先通过全混式厌氧设备的水解酸化-产甲烷作用降解污水中的大部分有机物，产生大量的沼气，经过进一步净化后的沼气通过发电生物燃气高效制备热电联产技术实现高效发电（当 COD＜2000mg/L 时，不经过该处理工艺）。

（2）脱除有机物的废水通过调节磷酸铵镁反应（$Mg^{2+}＋NH_4^+＋PO_4^{3-}＋6H_2O \Longrightarrow MgNH_4PO_4＋6H_2O$）结晶控制条件实现鸟粪石的制备，不仅可以去除污水中的部分氮，同时还可以实现 90％以上磷的高效回收，回收的鸟粪石结晶颗粒作为有机肥料回用农田。结晶后的废水进入到厌氧氨氧化生物耦合反应单元中，该装置是在无分子氧的条件下，由不同功能微生物群落（厌氧氨氧化菌、短程硝化、产甲烷菌和反硝化细菌）调制和催化的生物化学过程，装置处理出水水质可达到《污水排入城镇下水道水质标准 GB/T31962—2015》的要求。

（3）针对部分站段附近无市政排水管网，处理后的废水需要直接排入地表水体或回用于站段，废水经过前段工艺的处理，出水无法达到《城镇污水处理厂污染物排放标准》（GB 18919—2002）一级 A 标准或是《铁路回用水水质标准》（TB 3007—2000）要求，因此，在国内外技术对比基础上，出水采用绿色无二次污染稳定高效的复合臭氧催化氧化处理技术可实现深度净化灭菌最终达到一级 A 标准或是回用标准，该技术通过特种催化剂床快速产生强氧化性的羟基自由基，将废水中的难降解有毒有机物分解，同时臭氧具有杀菌作用，可以杀灭废水中的致病菌，实现废水的深度处理，催化剂无需更换，可大大降低活性炭更换费用及废碳处理成本。

2. 绿色生态站段水健康循环发展模式

铁路运行沿程设置大小数十个甚至几十个站段，站段是铁路的基层生产单位，在整个铁路运输生产中起着极为重要的作用。随着环保法规、监督机构的健全和环保意识的加强，铁路沿线污水的治理已成为不可回避的重要问题。

根据资料数据显示，铁路各站段所产生的生产污水多以含油污水为主。而铁路站点污水由于处理工艺和管理等不够完善，处理水质难以长期稳定地用于生产或绿化。目前铁路系统对污水处理后资源化利用还存在处理技术不够成熟、控制指标不够明确、处理成本相对偏高、回用工程不完善等问题，同时也存在着认识不足、缺少合理规划等问题。同时，高铁列车运行过程中产生的粪尿废液均在站点接受进行处理，该废水主要以粪尿废液为主，含有大量的粪尿废液中普遍含有高浓度的磷、氮及新兴污染物，属于高浓度高营养物有机废水。但现在站点对此类废水只是进行简单的处理就排放到城市污水管网，并没有在站点对其进行资源的回收，无形之中增加了城市污水处理厂的处理负荷。

据文献报道可知，典型铁路站段每日消耗的自来水量主要分布在车间检修、绿化用水和办公场所，生产污水水量较小。站段污水污染物以石油类为主，粪尿废水有机物和氨氮浓度较高，污水虽得到处理，但目前污水处理仍存在一些问题：

（1）由于设备老化，处理技术较落后，污染物处理效率偏低；

（2）以气浮除油工艺为主，COD和氨氮的去除率偏低，处理出水难以达到排放和回用标准；

（3）对于列车的粪尿废液没有进行有效的处理及资源回收，直接排入市政管网，增加城市污水处理厂的处理负荷；

（4）污水处理工艺未随站段改造更新，导致处理出水不达标或直接停用；

（5）污水处理站运行管理不规范，导致设备处理效率低下，设备寿命缩短；

（6）污水回用设施不够完善，未充分实现污水资源化利用；

（7）对污水资源化利用缺乏充分的认识。

站段污水处理后实现资源化利用可以减少绿化、办公场所和车间检修对自来水用水，可明显降低生产成本。

此外，高铁站段的建设多以钢筋混凝土等灰色基础设施为主，缺少了一些"绿色"，如何将绿色生态的理念溶于其中，对于铁路事业的环保、可持续发展以及城市生态文明的建设具有重大意义。对此，提出减少对自来水的消耗、降低生产成本的污水资源化利用及雨水收集再利用的绿色生态工艺方案，对于实现高铁站段的雨水、污水资源化利用，获得较好的经济效益、社会效益和环境效益具有重要意义，实现高铁站段既有现代化的发达，又有生态化的美丽，既有"面子"，又有"里子"。

随着"海绵城市"、生态文明建设及城市"双修"（生态修复、城市修补）等理念的提出，城市及自然的生态环境质量越来越受到重视。2017年发布的《加强生态修复、城市修补工作的指导意见》中提到，要抓紧推进生态建设，着力完善城市功能，着力改善环境质量。而高铁站作为城市的基础单元，作为城市印象的第一站，更应该为城市的修补、建设做出表率和贡献。绿色生态高铁站的规划可以作为"海绵城市、城市双修"的先行者，为更好建设生态文明城市积累经验。因此，"绿色生态站段"的建立是必然且十分有意义的。

所谓"绿色生态站段"是指能充分利用自然环境资源（雨水、太阳能等），并以基本上不触动生态环境平衡为目的而建造的站段。这种海绵站段的建设不仅有利于环境的保护，而且其所形成的作用，将十分有益于人类的健康。"绿色生态站段"系统的首尾相接、无废无污、高效和谐的良性循环有助于高铁建设的持续发展（图3-20）。因此，如何利用自然能源（雨水、太阳能等）、运用绿色材料、建立污水的有效处理设施及中水回用系统等将成为"绿色生态站段"的研究重点。

图 3-20　绿色生态站段处理模式示意图

3.3.2　水环境循环管理政策

水环境循环管理，首先应当根据不同类型污染源的排放特征建立规范的污染源调查技术方法，在此基础上分别通过污染源排污总量核定、区域排污总量核定与行业排污总量核定检验污染源调查的准确性、有效性与排污总量的合理性，实现与总量分配层次结构的对应。同时，加强环境管理措施，建立污染物总量控制体系，对铁路水环境区域进行污染物分类，功能区划分，管理类分级以及控制量分期。最终，结合实际情况，综合相关部门管理，建立较为完备有效的污染物控制管理指标体系。

水环境循环管理，首先应基于不同污染源的排放特点来建立污染源调查技术方法，在此基础上，再分别通过验证污染源污染总排放量、区域排放总量和核定行业污染总量以验证污染源调查的准确性、有效性和合理性，最终实现和总量分配的层次结构对应。同时，要加强环境管理措施，建立污染物总量控制制度，对铁路水环境进行区域污染物分类、功能区划分、管理等级分级以及控制量分期。最后，因地制宜，综合管理，建立了一套全面有效的污染物控制管理指标体系。

1. 污染物总量核算

在污染源层面，主要根据不同的污染源类型和特征，通过物料平衡、污染物排放系数、特征值分析、相关数据对比和实证模型等方法计算或校核单一污染源的总排放量。

在铁路局层面，污染物排放总量主要以铁路局宏观统计数据为基础，通过典型调查监测或一般经验得到的特征参数计算或验证。

在总公司层面，通过识别区域间的差异特征，分析污染负荷构成比例及其变化趋势，研究总排放量的合理性，从而验证整个道路的污染物总排放量。

总公司和铁路局层面，总量分配和总量监控的控制对象是污染物排放总量。根据污染源调查结果，基于污染物排放总量，制定全路污染源污染物排放清单。这份清单应该列出每个污染源的来源及去向。根据全路企业数量、总换算周转量或工业用水量，依据排放清单中获得单位总换算周转量排污量、污水产生系数、单位用水排污量等行业特征值核定行业的排污总量。根据总换算周转量、用水量、排水量、排污总量分别计算排水系数、污染物平均浓度、单位总换算周转量排水量、单位总换算周转量污染物排放量等特征值。从行业内部的同类企业之间、同一企业的不同数据来源之间、同一企业不同年份之间等三个方面对比分析上述特征值的离散程度、差异性或变化规律，对有明显不符合实际或发生重大偏离的污染源，分析其原因，并根据具体情况有选择地进行重新调查或监测，以复核污染物的排放总量。

2. 建立污染物总量控制体系

（1）污染物分类

不同类型的污染应采取不同的污染控制方案。在控制 COD_{Cr}、$NH_3\text{-}N$ 等传统污染物的同时，应加大对挥发性酚类、硝基化合物、重金属等典型保守污染因子的控制。根据不同污染物的结构和毒性、降解特性、水文条件要求和不同功能水体对污染物的要求，对不同的污染因素采取不同的污染控制措施，并对行业水污染总量控制分类进行。

（2）功能区分区

体现区域和功能空间差异，并进行针对性管理。针对不同铁路区域水环境和不同的污染物排放特点，进行针对性的水环境问题处理和目标污染控制。

（3）管理类分级

根据不同水体的功能和区域特点，分级制定水质保护目标，进行有针对性的管理。根据地表水体的使用功能和保护目标，水体可被分为 7 类水功能区，即源头、自然保护区、饮用水源地、景观水、渔业、农业和工等水域，并按照高功能区高要求、低功能区低要求的原则要求，分别执行 I 到 V 类水质标准，在铁路水环境管理中，根据不同的水功能类别，针对不同层次的水质保护目标，实施多样性的污染控制策略。

（4）控制量分期

根据铁路的主要水污染纳污总量，水质目标和相应的总控制目标是在不同的阶段，制定短期和长期的实施计划，在不同阶段有针对性地进行总量控制。

1）在确保企业满足排放标准基础上，应当制定污染物排放许可制度以实现行业控制总目标的要求。

2）加强污染源监测与评价，建立河流排污口的定期监测系统。对不符合总量控制要求的污染源，应当实施必要的处罚。

3）贯彻总量控制管理理念，遵循科学执法与以铁路水污染物总量监测技术为核心，建立技术支持体系，建立污染物总量控制理念，并制定科学可行的铁路水污染物总量控制计划。

在此基础上，分阶段确定铁路污染物总量控制目标，发放排放许可证，由此依据，通过科学执法方式落实各单位实施污染物排放总量控制任务指标。对于重点站段治理，要依靠环保工程减排总量；在重点路局的管理，要优化发展减少总量；在重点企业的管理，要清洁生产缩减总量；在重点企业的建设，要依靠总量"以新带老"做好铁路水环境保护工作。

3. 污染物控制管理指标体系

（1）制定重点控制清单，对铁路主要污染物防治进行数据调查

为了方便铁路主要污染物的排放监督，首先根据已知的情况下，制作优先处理名录，指导环境管理部门进行污染物排放状况和环境质量的调查，并组织企业申报环境质量、污染源强等数据。由企业上报行业、区域、污染物排放数据，环保部门对一些重点污染源进行核查，为提出针对性的污染防治措施提供依据。

（2）逐步实施名录中污染物的申报登记制度

在现有排污申报系统的基础上，结合项目环境影响评价文件、工艺条件和污染防治措施，确定了各地区、各行业污染物的类型和排放系数。在环境保护部门和有关技术部门的监督指导下，各单位应当科学、有序地完成名录所列的排污申报工作。

（3）补充和完善环境控制标准

以控制技术和环境健康为基础，逐步完善铁路主要污染物控制标准体系。考虑到铁路主要污染物的污染特征，质量标准应注重对周边污染源的控制，排放标准应注重污染源的排放方式、强度和时间。针对现有污染物排放标准，以项目当地环境保护部门相应的控制标准作为参考，也可以结合自己的情况参考国外技术，制定相应的控制标准，在使用这些标准需要确认环保部门审批。

（4）建立健全的环境监测和污染防治技术规范

基于铁路污染物污染预防控制和环境控制标准的补充完善，及时总结污染预防和控制技术适用于不同部门和地区。环境保护部门要以环境质量监测和污染源监测为重点，有计划地在不同地区、不同层次配置相应的监测技术和设备，逐步形成完整统一的技术方法，使之普及。

（5）结合清洁生产审核，推进有毒污染物全过程监管

根据《清洁生产审核暂行办法》的要求，进一步推进对铁路企业生产、运输、储存、产品全过程污染物的监管。建议和鼓励使用无毒、低毒材料替代原材料，从原材料、生产过程和产品环节，实现高产和可回收的生产流程，提高结构和组件设计在产品的使用，减少排放，逐步提高了污染物的清洁生产指标体系控制。目前国内尚没有清洁生产指标体系的相关行业或技术，可根据实际情况，通过专家讨论制定改进方案。

3.4　轨道交通水污染防治典型案例

3.4.1　青藏铁路水污染防治

青藏铁路格尔木至拉萨段位于青藏高原腹地，线路起自青海省格尔木市，止于西藏自治区首府拉萨市，沿青藏公路南行，途径纳赤台、五道梁、沱沱河、雁石坪，翻越唐古拉山进入西藏自治区，最后抵达拉萨市。线路全长 1142km，其中格尔木（含）至南山口（含）改建线路 31.75km，南山口至拉萨段新建线路 1110.25km。沿途自然条件十分恶劣，克服了高寒缺氧、多年冻土、生态脆弱三大难题。沿途经过海拔 4000m 以上地段 960km，多年冻土区 550km 以上，最高点唐古拉山口海拔 5072m。

1. 青藏铁路水环境和水污染

青藏铁路工程建设对地表水环境的影响主要发生在施工期，表现为桥涵、隧道施工对水环境的影响、各类施工机械产生的含油废水、混凝土拌合、方桩预制及材料厂、轨节拼装点等产生的生产废水及各营地的生活污水对水环境的影响等。

运营期会对受纳水体的水质产生轻微影响，主要是沿线有人值守车站及桥隧守护点的生活污水排放。青藏线列车属于封闭式环保型列车，载有集便系统，污水在沿途不外排，不会对沿线水体产生影响。

据有关学者调研显示，青藏铁路全线排水点共有 16 个，其中格尔木站生活污水排入当地市政污水管网，列车运行中污水集中收集不排放。在格尔木站经化粪池处理后排入市政管网，在拉萨站由吸粪车收集后，经化粪池处理后最终排入拉萨站污水处理厂处理，不会对沿途水环境产生影响。其余 14 个排水点都设有污水处理设施。

沿线污水排放情况如表 3-17 所示

沿线污水排放情况 表 3-17

编号	名称	污水来源	设计排水量（m³/d）	2007 年排水量（m³/d）	2010 年排水量（m³/d）	排放去向
1	格尔木站	生活污水	7500			市政管网
2	南山口站	生活污水	2			综合利用
3	不冻泉站	生活污水	2			直接排放
4	乌丽站	生活污水	2			直接排放
5	沱沱河站	生活污水	48	10.1	9	沱沱河
6	沱沱河大桥兵营	生活污水	12	6	5	沱沱河
7	安多站	生活污水	30	80.1	10	拉日曲
8	那曲站	生活污水	120	84.7	60	那曲
9	当雄站	生活污水	12	9.1	4	那曲
10	羊八井站	生活污水	24	7.6	3	堆龙曲
11	拉萨西站	生活污水	48	11.6	48	堆龙曲
12	拉萨站	生活污水，机务车辆段含油废水	600	401.6	400	拉萨河
13	三岔河大桥兵营	生活污水	12	7.1	7.3	三岔河
14	昆仑山隧道兵营	生活污水	12	3.4	3	附近沟谷
15	羊八井隧道北口兵营	生活污水	12	9.5	4	堆龙曲
16	羊八营隧道南口兵营	生活污水	12	7.5	6.5	堆龙曲
17	拉萨河大桥北兵营	生活污水	12	11.6	6	拉萨河
18	拉萨河大桥南兵营	生活污水	12	8.6	10	拉萨河
19	旅客列车	生活污水				吸粪车收集

沿线设置的污水处理设施均能满足排水要求，而且污水产生量有下降的趋势，例如 2010 年有 7 个排水点的实际排放量都不及设计污水排放量的 50%，有 5 个排水点实际排放量不及设计排放量的 75%，只有拉萨西站与设计排水量相当。这是由于沿线长期住勤人员数量少，而且地处高原，洗浴用水较少。排水量达不到设计处理量，既造成处理设施的浪费，又不利于活性污泥的生长。

2. 青藏铁路水污染防治

工程采取的环保措施如下：

为避免因路基对地表径流的切割和工程取弃土（渣）场占用湿地，而造成湿地的生态功能退化，引起湿地萎缩。选线中尽量绕避湿地，无法绕避时设计中加大涵洞设计数量，对重要敏感湿地路段采取以桥代路、抛填片石和换填渗水土等措施，禁止在湿地内设置取弃土场，施工场地、营地等临时工程。

在施工过程中，对地表水保护采取一系列措施，桥梁施工结束后，及时清除围堰等水中的杂物，对原有河道、沟渠进行清淤；在洞外修建一定的处理设施对隧道排水进行处理后进行回用或采用堵水的控制方式；提倡清洁生产，减少含油污水的产生量；减少废水产生废水量，废水严禁乱排乱洒；末端处理，用塑料桶收集生活污水，定期外运。

沿线产生的生活污水，格尔木站和拉萨站经化粪池处理后排入当地市政管网。其他排水点都设有污水处理设施，经 MBR＋催化电氧化、SBR＋膜过滤、SBR、强化 MCR 等装置处理后排放。列车污水在格尔木站和拉萨站由吸粪车集中清运，铁路沿线不外排。

在设有污水处理设施的 14 个排污点，主要采用的措施有 MBR 工艺、MCR 工艺、SBR 工艺、催化电氧化以及膜过滤工艺，其中三岔河大桥守护点、昆仑山隧道守护点、当雄站、羊八井隧道南北守护点、羊八井站、拉萨河大桥南北守护点拉萨西站采用的是 MCR 强化工艺处理，安多站和那曲站采用的是 SBR＋膜过滤工艺，沱沱河车站和沱沱河大桥守护点采用 MBR＋电催化氧化的深度处理工艺，拉萨车站采用 SBR 工艺处理，污水处理工艺流程图（图 3-21）所示。

(1) MBR＋催化电氧化

(2) 强化MCR

(3) SBR(SBR+膜分离)

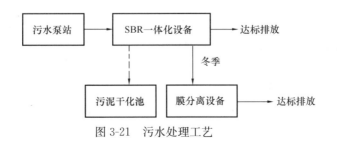

图 3-21　污水处理工艺

3.4.2 某动车段废水处理

某动车段产生的废水主要以列车清洗水及粪尿废液为主，含有 1 套污水处理系统，采用的主要工艺为厌氧—三级曝气。经过处理后的污水排入黄土岗灌渠，该灌区属于凉水河水系，汇入北运河。该动车段内污水站具体运行相关信息如表 3-18。

某动车段污水站运行相关信息表   表 3-18

污水来源	动车组消纳的粪便污水和段内所产生的综合污水	设计厂家	—
设计处理能力	1500t/d	实际处理量	500～800t/d
药剂名称	聚合氯化铝聚丙烯酰胺	药剂消耗量	50kg/d
每日运行时间	24h	投入使用日期	2010 年
排放标准	北京市水污染物综合排放标准（DB 11/307—2013）	委托运行厂家	—

1. 废水来源及水量

该动车段产生的废水主要以列车清洗水、段内生活污水及粪尿污水为主，每日排污量中，污水排放总量在 450～550t/d，集便器污水排放量在 130～150t/d，集便污水量约占总量的 26%，其余为生活污水及车辆清洗废水。

2. 废水处理工艺流程

该动车段库内、库外吸污作业所产生的动车集便污水通过专用管道流入污水站，首先污水会流经一座消能井，负责把流入污水站的高势能缓解掉。由于个别旅客在使用高铁动车组卫生间时，会将一些异物扔进卫生间。集便器污水首先经过格栅，将这些异物及较大的固体颗粒悬浮物去除，栅渣由污水站工作人员定期清运。

从格栅池出来的集便器污水流入化粪池，将污水分格沉淀，污泥定期清运，污水流至调节池内，调节水质和水流，调节池兼具厌氧功能，利用厌氧微生物，对污水进行厌氧生物处理，将污水中的氨、氮等有机物进行初步分解，提高 COD 的去除率。调节池内有 2 台水下搅拌机，使厌氧反应更充分。段内各办公楼、车间所产生的生产、生活污水经过消能井、格栅机后，去除水中杂物。

经分格沉淀后的集便污水，与生产生活污水一同汇入生活污水调节池，通过提升泵提升至曝气池内。

污水汇入曝气池后，通过三级曝气处理，利用活性污泥进行污水处理，池内提供一定污水停留时间，通过曝气风机向污水中打入空气，满足好氧微生物所需要的氧量，使污水与活性污泥充分接触。污泥通过内回流泵循环使用。

氧化池出水进入斜管沉淀池，利用层流原理，提高处理能力。通过加药装置混合入聚合氯化铝等污水处理药剂，充分反应后的污水进入污泥浓缩池沉淀污泥，污泥用污泥泵排出，最终净化后的污水经过中间池调节后达标排放。工艺流程图如图 3-22 所示。

3. 排放标准及运行情况

该动车段污水经过处理后排入附近管渠，管渠下游设有污水处理厂，具体水质要求如表 3-19 所示。

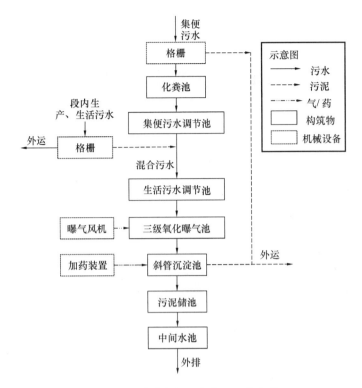

图 3-22　某动车段污水处理工艺流程

《水污染物综合排放标准》（DB 11/307—2013）排入公共污水处理系统要求　　表 3-19

指标	pH	CODcr （mg/L）	石油类 （mg/L）	SS （mg/L）	氨氮 （mg/L）
排放标准	6.5～9	500	10	400	45

该动车段污水站处理水质 2017 年到 2018 年不同季节检测结果如表 3-20 所示。

动车段污水处理站运行情况表　　表 3-20

检测时间	SS（mg/L）		CODcr（mg/L）		石油类（mg/L）		NH₃-N（mg/L）		pH	
	原水	出水口 1	原水	出水口 1	原水	出水口 1	原水	出水口 1	原水	出水口 2
2017.5.16	26	5	716	67	3.47	0.22	984	42	8.44	7.94
2017.7.10	42	4	680	98.9	6.77	0.86	197	29	8.72	8.04
2017.11.14	15	3	177	90	5.49	0.84	186	7.94	8.47	7.57
2018.1.8	76	4	152	39	6.3	1.57	127	7.69	8.35	7.53
排放标准	400		500		10		45		6.5～9	

第4章 轨道交通电磁污染控制与管理

轨道交通及其附属设备在运行的过程中会产生电磁辐射，其对环境影响虽不大，但长期处于电磁辐射环境中可能会对人体健康产生危害。在轨道交通污染控制与管理领域，电磁污染已经成为继水、气、声、固体废弃物之后又一新的环境污染源。

4.1 轨道交通电磁污染的来源及危害

4.1.1 轨道交通电磁污染的来源

轨道交通产生电磁辐射污染源的主要部位有受电器、牵引变电站及其附属设施，如主变压器、电容器组、各高压开关及高压电缆、列车金属壳体、高压导线、绝缘子、动力与照明系统、通信与控制系统等设施设备。某城市轨道交通工程建成后运行时的电磁辐射污染源及可能产生的影响范围见表 4-1。

某城市轨道交通运行时的电磁辐射污染源及影响范围　　　　表 4-1

序号	电磁辐射污染源	可能影响的范围
1	列车导电弓架和架空线路接触不良形成放电型脉冲干扰	车站候车人群、工作人员；敏感建筑、敏感人群和电磁辐射敏感建筑物集中区域
2	列车的金属壳体产生反射作用从而引起电磁辐射	车站候车人群、工作人员；轨道沿线敏感建筑、敏感人群和电磁辐射敏感建筑物集中区域
3	轨道交通输变电系统	高压电缆沿线两侧周围敏感建筑、敏感人群和电磁辐射敏感建筑物集中区域
4	牵引供电系统产生的高次谐波，会向周围及沿线辐射电磁波	牵引变电所和降压变电所工作人员；周围敏感建筑、敏感人群和电磁辐射敏感建筑物集中区域
5	动力和照明等供电系统：在专用配电房的线路进、出口处，电磁辐射会略有增加	工作人员、乘客
6	通信、信号等自动控制系统：用电量小，且为低压系统，在一般情况下，其对环境的影响可忽略不计	中央控制室工作人员

4.1.2 电磁辐射污染的特征

1. 有用信号与污染信号是共生的

水、气、渣等污染要素，与其生产的有用产品是分开的。例如，制药厂生产药物的同时，产生的废水、废渣等污染物可以单独收集，单独处理。而电磁波发出有用信号的同时，随之产生的电磁辐射污染不可分离，这对公众来讲，具有危害健康的特性。并且，与水、气、渣等污染物形态相比，电磁污染无色无味，人类很难感知到。所以在一定程度上，电磁波的有用性和辐射污染是共生的。

2. 产生的污染具有可预见性

电磁辐射设备对环境具有一定的辐射能量密度，因而可根据其设备性能和发射方式以及单位面积单位时间上环境所能接收到的辐射能量进行估算，具有可预见性。任何交流电路都会向其周围的空间放射电磁能量，形成交变电磁场。按照麦克斯韦建立的电磁场理论，对场源或与场源相连接的导体附近，存在着束缚电磁波，根据束缚电磁波的强度就能够大致推算出其所能带来的辐射能量密度。所以在设计阶段，对于不同方案，可以初步估算出其对环境污染的不同结果，由此可以进行方案的比较取舍。

3. 产生的污染具有可控制性

电磁辐射设备向环境发射的电磁能量，可以通过改变发射功率、改变增益等技术手段来控制。一旦断电，其污染立即消除，电磁辐射的能量强度与其功率有关，还与周围建筑物的布局和人群分布有关。电磁波中，长波、中波段的电磁波的传播，当遇到任何大小的物体时会发生绕射，但随着频率的增加，电磁波的性质就愈来愈和光相似，沿直线传播，有反射与折射性。所以，为了最大限度地发挥电磁辐射的经济性能，减少对环境的污染，必须对电磁辐射设施的建设项目进行环境影响评价。

4.1.3　电磁辐射污染的危害

电磁辐射就是电磁波由电磁源向空间外传播的现象，能量以电磁波形式由电磁源发射到空间，形成电磁污染。电磁辐射无色、无味、无形，可以穿透任何物质，人体如果长期暴露在超过安全范围的辐射剂量下，会导致多种疾病发生。电磁辐射的危害见图 4-1。

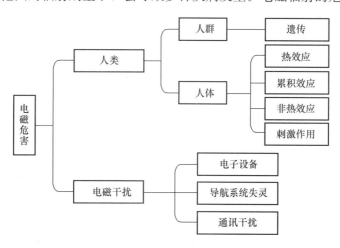

图 4-1　电磁辐射环境危害结构

1. 电磁辐射对生物体的效应

电磁辐射对于生物加热所造成的伤害作用与生理影响，通常称为热效应。除热效应之外，还能产生另一种非热效应，即特殊作用，在不引起体温变化的低强度作用条件下出现神经衰弱及心血管系统机能紊乱，这提示了射频电磁场有非致热作用存在的可能性。

2. 电磁辐射对人体的影响

电磁辐射对人体的危害主要表现在以下几个方面：

（1）电磁辐射的致癌和治癌作用：一些微波生物学家的实验表明，电磁辐射会促使人体内的遗传基因微粒细胞染色体发生突变和有丝分裂异常，而使某些组织出现病理性增生过程，使正常细胞变为癌细胞。另外，微波对人体组织的致热效应，不仅可以用来进行理疗，还可以用来治疗癌症，使癌组织中心温度上升，从而破坏了癌细胞的增生。

（2）对视觉系统的影响：眼组织含有大量的水分，易吸收电磁辐射，而且眼的血流量少，故在电磁辐射作用下，眼球的温度易升高。温度升高是产生白内障的主要条件。长期低强度电磁辐射的作用，可促进视觉疲劳，眼感到不舒适和感到干燥等现象。

（3）对生殖系统和遗传的影响：由于睾丸的血液循环不良，对电磁辐射非常敏感，精子生成受到抑制而影响生育；电磁辐射也会使卵细胞出现变性，破坏了排卵过程，而使女性失去生育能力。

（4）对血液系统的影响：在电磁辐射的作用下，周围血象可出现白细胞不稳定，主要是下降倾向，红细胞的生成受到抑制，出现网状红细胞减少。

（5）对机体免疫功能的危害：电磁辐射的作用使身体抵抗力下降。动物实验和对人群受辐射作用的研究与调查表明，人体的白细胞吞噬细菌的百分率和吞噬的细菌数均下降。

（6）引起心血管疾病：受电磁辐射作用的人常发生血流动力学失调，血管通透性和张力降低。此外，长期受电磁辐射作用的人，更早、更易促使心血管系统疾病的发生和发展。

（7）对中枢神经系统的危害：神经系统对电磁辐射的作用很敏感，受其低强度反复作用后，中枢神经机能发生改变，出现神经衰弱症候群。

（8）对胎儿的影响：如果是在胚胎形成期受到电磁辐射，有可能导致流产；如果是在胎儿的发育期受到辐射，也可能损伤中枢神经系统，导致婴儿智力低下。

3. 电磁辐射对电子设备的干扰

（1）电磁波对无线电通信的干扰：电磁波对无线电通信产生同频率干扰、邻频道干扰、带外干扰、互调干扰、阻塞干扰。

（2）降低技术性能指标：电磁辐射会对话音系统、图像显示系统、数字系统、指针式仪表系统、控制系统、自动控制系统产生干扰。

（3）电磁辐射对易爆物质和装置的危害：火药、炸药及雷管等都具有较低的燃烧能点，遇到摩擦、碰撞、冲击等情况，很容易发生爆炸，在辐射能作用下，同样可以发生意外的爆炸；电引爆装置暴露在强电滋干扰的环境中有可能发生误爆。

（4）电磁兼容性故障：电磁兼容性故障会给国防、工业、交通运输、医疗和科研等带来巨大损失并危及人身安全，如强电磁干扰使无线电接收机前端电路烧毁不能恢复正常工作，游乐场过山车因电子游戏机电磁干扰失控而造成游客受伤，核电站因移动电话电磁辐射发生错误关闭事故等，均属于电磁兼容性故障。

4.2 轨道交通电磁污染控制管理条例

4.2.1 国内主要电磁辐射防护标准

关于电磁辐射标准，我国目前的状况是多个相关的国家标准同时并存，几个部门同时又在制定或修订类似的国标。这些标准分别由原国家环保局、卫生部和原机电部在 20 世纪末和 21 世纪初制定和发布。各标准间差异较大。按其适用性，可以大致分为环保标准、卫生标准、设备电磁干扰和电磁兼容的控制标准三类。

1. 电磁辐射环境标准

《电磁辐射防护规定》GB 8702—88、《电磁辐射环境影响评价方法与标准》（HJ/T 10.4—1996）和《500kV 超高压送变电工程电磁辐射环境影响评价技术规范》（HJ/T 24—1998）均是由国家环境保护总局制订的电磁辐射环保标准。其中，环评标准中提到，对高压输电线路和电气化铁道的电磁辐射评价范围以有代表性为准，对具体线路作具体分析而定；对可移动式电磁辐射设备，一般按移动设备载体的移动范围确定评价范围；对于陆上可移动设备，如可能进入人口稠密区的，应考虑对载体外公众的影响。

2. 电磁辐射卫生标准

《作业场所高频电磁场职业接触限值》（GB 1855522001）、《作业场所超高频辐射卫生标准》（GB 10437289）、《作业场所微波辐射卫生标准》（GB 10436289）、《作业场所工频电场卫生标准》（GB1620321996）和《环境电磁波卫生标准》（GB 9175288）均由卫生部制订（以下统一简称为"卫生标准"）。"卫生标准"的特点是：

A. 以电磁辐射强度及其频段特性对人体可能引起潜在性不良影响的阈值为界，将环境电磁波容许辐射强度标准分为二级，超过二级标准地区，对人体可能带来有害影响；

B. 针对作业场所，分别制定了工频、高频、超高频等频段的辐射卫生标准；

C. 在标准中采用了最大容许暴露量的概念。

但"卫生标准"并没有包括对工频感应电磁场场强的限定。随着社会的发展，变电站和高压线等产生工频感应电磁场的辐射源，已广泛进入人群密集区，因此对工频感应电磁场的场强必须加以限定。

4.2.2 轨道交通电磁辐射测定及评估方法

1. 机车车辆对外部产生电磁辐射的测试（IEC61133）

《电力机车车辆和电传动热力机车车辆制成后投入使用前的试验方法》（IEC61133）第 6.7 节是有关机车的电磁干扰试验的，对于机车车辆对外部产生的电磁辐射测试问题，文章指出机车有可能产生传导干扰，比如功率电路的谐波电流对轨道电路信号的影响，机车还有可能产生感应干扰，比如机车车辆上的感应回路对轨道旁通信或信号控制会产生一定的影响；测试应能够确认以上干扰是否符合购车合同中的规定；测试应在不同工况下进行，比如牵引，制动或不同的速度级下都应进行测试；如果购车合同中没有有关该电磁辐射的规定，那么该测试需与用户和制造商商议进行，或与类似车型进行比较评估。1IEC61133 该项试验提供了指导性意见及理论依据。日本动车组的整车检验规范中原本不动的将这些内容列在了他们整车投入运营前的试验项目中，我国也将按照这些条款对机车车辆进行电磁辐射试验。

2. 电力机车运行产生的无线电辐射干扰的测量（GB/T 15708）

GB/T 15708《交流电气化铁道电力机车运行产生的无线电辐射干扰的测量方法》的主要内容包括：测量仪器与天线仪器和天线的技术指标符合 GB 6113 的有关规定。

测试环境：天线距离轨道 20m。双线电气化铁路，天线距临近股道 20m。测量位置选择在正常运营区间的地势平坦地段。远离建筑物 10kV 以下配电线路（接触网除外），周

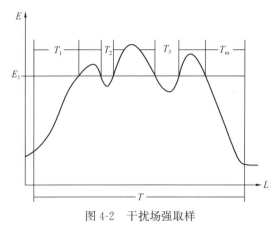

图 4-2　干扰场强取样

围环境电磁噪声至少比被测对象的辐射场强最大值低 12Db。

测试数据：包括对记录设备的要求，对记录时间的要求和测量次数的要求。

评估方法：在图 4-2（L 是干扰场强的允许值）规定的取样区间内，取 80% 时间的辐射场强作为这一次记录的样本值 Ei。

图中，T_1，T_2，……，T_m 为取样区间内干扰场强不超过样本值 E_i 的时间。E_i 的取定应使式（4-1）满足：

$$\frac{T_1 + T_2 + \cdots\cdots + T_m}{T} = 0.8 \tag{4-1}$$

式中，$T = 24s$。

3. 铁路设施电磁兼容性评估（EN 50121）

EN 50121《铁路设施——电磁兼容性》源自英国标准。其中，EN 50121-4-1 的第 6.3 条款较为详细地阐述了对机车产生的对外辐射干扰的试验与评估方法，对测试地点、环境、评估容限都有明确的规定。

测量地点附近应没有树、墙、桥、隧道或车辆等，测试仪器距铁路主干线的最小距离 30m。

由于无法避开接触网架线杆，测试点应位于两架线杆之间、轨道的对面（若为双线，则应位于止在使用的轨道侧）。在测试点两侧，不能有接触网或第三轨中断，不能有变电站、变压器、分段绝缘器等。

应避开包括地下电缆、变电站等供电线路；对于铁路主干线，在测试点 20km 范围内不应有其他车辆作业，对于城铁或地铁，在 2km 范围内不应有其他车辆作业。

4.3　轨道交通电磁污染控制及防护技术

4.3.1　电磁辐射屏蔽防护技术

屏蔽是防止电磁辐射的关键，是指采取一切可能的措施将电磁辐射的作用与影响限定在一个特定的区域内，使其辐射强度控制在允许的范围之内。

1. 屏蔽原理

电磁干扰过程必须具备三要素：电磁干扰源、电磁敏感设备、传播途径。电磁屏蔽措施主要是从电磁干扰源及传播途径两方面来防治电磁辐射：一方面抑制屏蔽室内电磁波外泄即抑制电磁干扰源；另一方面阻断电磁波的传播途径以防止外部电磁波进入室内。电磁屏蔽主要依靠屏蔽体的吸收和反射起作用。

（1）吸收：电损耗、磁损耗及介质损耗等共同组成了屏蔽体的吸收作用。通过这些损耗在屏蔽体内转化为热消耗，从而达到阻止电磁辐射和防止电磁干扰的目的。

（2）反射：主要利用介质（空气）与金属的波阻抗不一致而使一部分电磁波被反射回

空气介质中，但仍有一部分能穿透屏蔽体。穿透的电磁波由于屏蔽体在电磁场中产生的电损耗、磁损耗及介电损耗等而消耗部分能量，即部分电磁波被吸收，吸收后剩余的电磁波在到达屏蔽体另一表面时，同样由于阻抗不匹配又会有部分电磁波反射回屏蔽体内，形成在屏蔽体内的多次反射，而剩余部分则穿透屏蔽体进入空气介质。

2. 屏蔽室的分类

按统一规格制造，便于拆装运输的电磁屏蔽包围物统称电磁屏蔽室，按其结构可以分成两类。

（1）板型屏蔽室：由若干块金属薄板制成，对于毫米波段，只能采用这类屏蔽室。

（2）网型屏蔽室：由若干块金属网或板拉网等嵌在金属骨架上装配或焊接制成。

3. 电磁屏蔽室屏蔽效果的影响因素

（1）孔洞及缝隙：屏蔽壳体上出现的各种不连续孔洞的大小及其分布密度、屏蔽体上的焊接缝隙、可拆卸板或镶板缝隙及门缝等。

（2）屏蔽材料：所选屏蔽材料的种类或材质、电气性能，如电导率和磁导率等。

（3）空腔谐振：当封闭的屏蔽壳体受到大功率高频设备泄漏的相关频率电磁能量的激励时，将产生空腔谐振；甚至壳体中的一些大功率脉冲（当脉冲的前后沿非常陡峭时）也能导致这种谐振的出现，从而降低屏蔽效能。

（4）混合屏蔽及天线效应：不同种屏蔽材料在屏蔽壳体中混合使用，各种金属导线引入屏蔽体空间内，会影响屏蔽效果。

（5）辐射源的距离、辐射频率等因素也对屏蔽效果有影响。

4.3.2　电气电信设备的电磁辐射防护

电力机车在运行时，将产生一定的电磁辐射。而铁道沿路有可能布置着各种电气电信设备，例如超短波通信台、广播电视台、雷达信号台等等设施。电磁辐射不可避免会对此类设备构成干扰。为此，相关部委对不同的电气设备制定了不同的国家标准，对电力机车及其相应的铁道沿线的各类电气设备的间隔距离做了详细的规定，以避免互相干扰铁道建设是一个长期过程，部分由于历史原因，严格按照国标建设有一定的困难。这需要充分比较平衡国防、人文、自然之间的相互影响。从铁道自身建设的角度来说，要减少电力机车在急速行驶的过程中形成的电磁辐射，则应道使得铁道路径尽量平直，采用高质量的受电弓，协调弓网的联络，从而达到降低受电弓的瞬间的离线率。而从受干扰方的角度说，应当增加设备的可靠性，提高仪器的有效辐射率，纠正信号采样功率因素，对部分采样设备进行改造。以下就电力机车轨道附近容易受到干扰的设施及其抗干扰措施作概括描述：

1. 民航航站楼

民航航站楼里面的导航装置，是机场和航班进行通信的设施，向航班传递角度、航线和其他信息，以确保航班的平安运行。电力机车在行驶过程中形成的电磁辐射，将干扰到航站楼读取航班的信息，并在传输的数据的过程中造成信息的丢失，威胁航班的正常运行。目前针对航站楼的电磁辐射主要可以采取以下措施：

（1）增加电力机车的轨道与民航航站楼的相对距离，使得电力机车的产生的电磁辐射对航站楼的影响，降低到可接受水平。同时，依据先行建设单位优先的原则进行协调。

（2）由于接组网的电力分相属于强辐射源，在航站楼附近，尽量不设置分相设备。

（3）提高航站楼传输型号的能级强度，加强其抗干扰能力，增强其信噪比，以确保航班的安全稳定运行。

2. 信号雷达台

信号雷达台是国防对空作战的情报收集的基本单元，是对空防控的信息中枢。电力机车行驶过程期间附带形成的电磁干扰，容易使得雷达输出画面出现雪花，干扰情报人员对情报的准确判断。对电力机车的电磁干扰问题，一般采取以下对策：

（1）对等级较低、符合迁移标准的雷达台，可对其实施迁移。

（2）对于核心中枢的重要雷达台，可以与高铁方面进行协商，从产生电磁辐射源头降低干扰信号的强度。

（3）对雷达台进行技术改造，提高屏蔽电气辐射的技术条件，加强雷达的抗干扰能力。

3. 短波侧向站

短波侧向站一种运用信息传输与处理技术，采样与收集短波信号，通过对信号的系统分析判断信号的来源。电力机车行驶过程中形成的电磁辐射，本身就是一种无线干扰信号，尤其是其中的高频辐射，会直接被侧向站所采集，干扰测向的判断。目前可以主要采取的对策如下：

（1）对于影响严重，干扰厉害的测向站，先考虑对测向站的信号采集系统进行迁移，但应当尽可能不对测向站整体进行迁移。从国防角度出发，信号测向是个系统工程，不应当进行远迁。

（2）电力机车的轨道应当尽可能平直，降低电磁辐射的产生。

（3）提侧向站高滤波、隔离及定位的能力，改进测向站的可靠性。

4. 收信站

收信站尤其是超短波授信站，负责国防、安全、海事等关键部门的信息传递任务。电力机车在行驶过程中将形成电磁辐射，高频辐射将与短波信号进行叠加，使得信号丢失信息。对收信站可以采用以下措施：

（1）改造轨道建设，从源头减少形成电磁辐射的因素

（2）提高收信站采集信号的能力、改变收信站分析信号的方法

（3）对收信站在一定地域内进行迁移

5. 广播电视中继站

广播电视中继站，是接收广播电视信号，并通过相应的方法对信号的幅频和相频特性进行调整，增大信号的能将，并将广播电死信号发送到地方发射台，以供用户接收。电力机车产生的电磁辐射会叠加到广播信号中，使得用户的电视画面出现雪花，广播声音出现杂音。严重影响收听收视效果。对电力机车的电磁干扰，可采取以下措施：

（1）提高滤波措施，滤除相应干扰

（2）增强信号传输的特征点，使得后继信号站能够更加容易得从噪声信号中提取有用信号。

（3）另行选址建设新的广播电视中继站电力机车在行驶过程中，将不可避免的产生电磁辐射。减少电磁辐射的干扰，最直接的措施是采用屏蔽的措施。最佳的屏蔽方式是在让

电力机车在完全封闭的、有铁磁材料构成的隧道中运行。这方法成不过高，不易施行。但在对电气环境要求较高的路段，进行半封闭的屏蔽建设，也能起到很好的屏蔽效果，同时还可以抑制噪音。此外、提高受电弓的质量、增加铁道输电功率的稳定性，都可以减少电力机车的电磁辐射。

4.4　轨道交通电磁污染控制管理案例

4.4.1　北京地铁八通线电磁辐射污染控制

北京地铁八通线是北京市地铁线网规划中 1 号线的东延长线，线路全长 18.964km，其中地面线 7.911km，高架线 11.053km；全线共设 13 站，线路双向全封闭。车辆采用变频变压交流电动列车。

根据 1997 年 3 月 25 日国家环境保护局第 18 号局令《电磁辐射环境保护管理办法》的附件规定，"轻轨和干线电气化铁道"属工频强辐射系统。八通线运行电力频率为 50Hz 的工频电场，俗称市电频率。产生电磁辐射的设备主要有变电设备、通信设备，辐射范围一是沿线周围环境（居民收看电视、收听广播），二是变电所职工工作环境。

设在地铁八通线各车站内的变电所边界与最近居民区的距离一般都在 50m 以上。经调查，距离在 50～70m 的有 3 个（通州北苑站、果园站、梨园站）；距离在 70～100m 的有 3 个（四惠站、广播学院站、管庄站）；其余 7 个距离在 100m 以上。设在八通线土桥车辆段的 2 个变电所与最近居民点的距离更远，超过 700m，对周围居民环境的辐射污染更小。

地铁八通线主要采用国内外最先进的车辆，其电气牵引系统采用国外直交传动牵引系统，该系统的 VVVF 逆变器采用 IGBT 模块作为开关元件，一台逆变器驱动一个动车转向架上的两台鼠笼式三相异步牵引电动机。该型号列车的电磁辐射在地铁列车中为最小。经列车型式试验报告得知，在列车客室内测试磁场强度，符合距地面 450mm 时≤10G 和距地面 900mm 时≤5G 的列车磁场强度国标要求。

地铁八通线的列车和无线通信设备系统的电台输出功率最大为 6W。该系统的集群基站＜1000MHz，辐射等效功率（机器标称功率与对半波天线而言的天线增益的乘积）为 42W。车辆等设备上的移动电台输出功率等于或小于 15W，集群基站工作频率范围大于 3～300000MHz，辐射等效功率小于 100W，根据 GB 8702—1988《电磁辐射防护规定》规定，属于电磁辐射体可以免于管理的设备。八通线无线通信系统工作频率都在 860MHz 左右，与我国电视频道的高端尚有距离，况且地铁沿线居民多用有线电视天线，故不会对地铁八通线沿线居民收看电视有太大干扰。同时，由于车站的设备房间距离居民聚居区均较远，故不会对附近居民产生人体伤害。

4.4.2　深圳地铁一号线变电所内电磁辐射的防护

深圳地铁一号线一期工程于 2004 年正式运营，其供电系统采取 110/35/0.4kV 两级供电，共设有 2 座 110kV 主变电所、8 座 35kV 降压变电所、8 座 35kV 牵引变电所。地铁一号线供配电设备大部分都处于地下有限的封闭空间内，主要有变压器、整流器、35kVGIS、1500V 直流开关柜、交直流电源屏、OV 柜（轨电位限制装置）、排流柜等，由此带来的电磁辐射问题不容忽视。

对深圳地铁一号线变电所的电磁辐射进行检测，根据检测数据可知：

（1）不达标的检测点绝大多数在变压器附近测得。其中，整流变压器室高于网栅处的空间电场强度最高；动力变压器室低压侧中间区域和110kV主变压器低压侧出线磁场强度较高。

（2）变电所建筑物墙体、设备金属外壳、GIS密闭设计及网栅对工频电磁辐射具有较好的屏蔽作用，设备金属壳内和壳外、网栅内和网栅外的电磁辐射强度相差较大。

（3）所有变电所围墙外工频电磁辐射强度均符合现行国家标准，所以不存在变电所对其外部环境造成电磁辐射污染的情况。

（4）变电所的控制室工频电磁场强度最低，电磁辐射强度远低于国家标准，达标；巡视路线中95％的巡视区域均达标，个别站点的个别测试点不达标。

针对地铁不同的设备用房提出防护措施如下：

（1）设备屏蔽。在高压设备的周围设置金属网，金属网上产生的感应电流在其周围产生与设备电磁场方向相反的电磁场，两者叠加后可抵消部分由高压设备产生的电磁辐射。电磁吸收和电磁泄漏抑制用石墨粉、炭粉、合成树脂等材料制成吸收材料，利用吸收材料在电磁波作用下达到匹配或发生谐振把电磁波的能量消耗掉。设备外壳的屏蔽应良好接地。在变电所的设计过程中落实电磁环境的影响，并设置相应地降低电磁辐射强度的措施。

（2）电缆采用地下敷设方式。由于电缆本身结构和材料的原因，与架空输电线路相比，大大抑制了电场强度；同时由于电缆或敷设于电力隧道中，或敷设于电缆沟中，或敷设于电缆排管中，都有与地面隔离的措施，电缆隧道外壁、电缆沟盖板和电缆排管都对电磁辐射有较强的屏蔽作用。

（3）充分利用三相交流电的特性。三相交流电在负荷平衡时，其矢量和为零。尽量减少单相设备的使用，而多采用三相设备，使其各相产生的电磁场相互抵消。即便采用单相设备，在设计时亦需平衡各相负荷、尽量缩短相间距离，最大限度抵消各相设备产生的电磁场。

4.4.3 箱式变压器电磁辐射的治理

蚌埠铁路分局院内的630kV/10kV箱式变压器，长期以来该变压器产生的低频噪声与电磁辐射污染严重影响了办公室内人员的身心健康及通信信号。具体治理方案如下：

设置长8550mm，宽4700mm，高3400mm的隔声罩，用钢板把声源隔在里面，在隔声罩里作吸声处理。对隔声罩四周墙体作吸声面，吸声饰面为镀锌穿孔板，内加玻璃布包敷的超细玻璃棉。因该噪声呈低频噪声，吸声厚度为10cm，吸声框架用10号折制槽钢，在隔声罩的顶上四周加阳角300mm即可降低噪声，还可挡雨，考虑到维修，在东面做一道隔音门，尺寸宽度为0.7m×2m。

对治理前后的箱式变压器电场强度进行了监测，治理前距声源1m处，电场强度＞1000V/m；治理后距防护罩1m处，电场强度236。监测值（V/m）

依据《工业企业设计卫生标准》（GBZ1—2002）规定，产生工频超高压电场强度的设备安装位置的选择应与学校、机关、办公场所等保持一定距离，电场强度不应超过1kV/m。该测试结果显示，治理后的场强为0.236 kV/m，完全符合国家GBZ1—2002排放标准。

第5章　轨道交通固体废物污染控制与管理

5.1　固体废物环境污染控制概述

5.1.1　固体废物产生及环境污染

1. 固体废物的定义

固体废物（solid waste）通常指生产和生活活动中丢弃的固体和半固态的物质，如人们生活中丢弃的各种废旧衣物、塑料制品、餐厨垃圾等，工业生产中各个环节的下脚料、废渣、废油泥等。《中华人民共和国固体废物污染环境防治法》（以下简称《固废法》）中定义，固体废物指在生产、生活和其他活动中产生的丧失原有利用价值或者虽未丧失利用价值但被抛弃或者放弃的固态、半固态和置于容器中的气态物品、物质以及法律、行政法规规定纳入固体废物管理的物品、物质；生活垃圾（municipal solid waste）指在日常生活中或者为日常生活提供服务的活动中产生的固体废物以及法律、行政法规规定视为生活垃圾的固体废物；工业固体废物（industrial solid waste）指在工业生产活动中产生的固体废物；危险废物（hazardous waste）指列入国家危险废物名录或者根据国家规定的危险废物鉴别标准和鉴别方法认定的具有危险特性的固体废物。

固体废物中含有有机成分的废物，如生活垃圾中的瓜果皮核、污水处理厂的剩余污泥等均属于有机废物，经过一定处理可做肥料原料；有些工业固体废物经过破碎、分选等处理可以重新加工成为其他有用之物，如建筑垃圾经过破碎、分选后可以作为筑路材料等等。但无论生活垃圾还是工业固体废物，如果含有有毒有害的成分或者含有放射性物质，如废旧电池含有汞、镉、铅、铬、砷等有毒有害的重金属，作为危险废物，必须进行安全处置，才能减少对环境的污染。

2. 固体废物的来源和分类

固体废物主要产生于人类的各种生产活动和生活，并随着人类生产的逐渐发展，生活水平的表达提高，发生着种类和数量的变化。

固体废物的分类方法很多，可以按照化学性质，分为有机固体废物和无机固体废物；按照污染特性，可分为一般固体废物、危险废物以及放射性固体废物；按固体废物的来源，可分为工业固体废物、城市生活垃圾、危险废物、农业废弃物和放射性固体废物。我国 2008 年 8 月 1 日实施的《国家危险废物名录》中规定了 49 类危险废物，这些危险废物具有毒性、易燃性、易爆性、腐蚀性、反应性、传染性、浸出毒性等危险特性，对环境及人体健康会带来极大危害，必须加以特殊管理。另外，放射性固体废物的管理和处置方法与其他固体废物差别较大，在许多国家也单独立法进行管理，我国《固废法》中也没有涉及放射性固体废物污染控制的问题，而在我国《辐射防护规定法》（GB 8703—88）中，对这类放射性废物进行单独管理。

工矿业固体废物来自矿山、冶金、有色金属、能源、钢铁、煤炭、化学工业、交通运输、机械轻工、食品加工、轻工业、电力行业、石油化工、仪器仪表、军工等工业的生产加工过程；城市生活垃圾主要来自城镇居民生活、各个事业单位、市政建设、机关和商业系统等；农林渔业固体废物主要来自农业、畜牧业、渔业生产、禽畜养殖、林业生产及加工等；放射性固体废物主要来自核工业和核电的生产、核燃料循环、放射性医疗和核能应用及有关的科学研究等。

固体废物的分类、来源及主要组成如表 5-1 所示。

固体废物的分类、来源和主要组成物 表 5-1

分类	来源	主要组成物
工业固体废物	矿山、选冶	废矿石、尾矿、金属、废木砖瓦、石灰等
	冶金、交通、机械金属结构等工业	金属、矿渣、砂石、模型、陶瓷、边角料、涂料、管道、绝热和绝缘材料、粘接剂、废木、塑料、橡胶、烟尘等
	煤炭	煤矸石、木料、金属
	食品加工	肉类、谷物、果类、菜蔬、烟草
	橡胶、皮革、塑料等工业	橡胶皮革、塑料布、纤维、染料、金属等
	造纸、木材、印刷等工业	刨花、锯末、碎木、化学药剂、金属填料、塑料、木质素
	石油化工	化学药剂、金属、塑料、橡胶、陶瓷、沥青、油毡、石棉、涂料
	电器、仪器仪表等工业	金属、玻璃、木材、橡胶、塑料、化学药剂、研磨料、陶瓷、绝缘材料
	纺织服装业	布头、纤维、橡胶、塑料、金属
	建筑材料	金属、水泥、粘土、陶瓷、石膏、石棉、砂石、纸、纤维
	电力工业	炉渣、粉煤灰、烟尘
城市生活垃圾	居民生活	食物垃圾、纸屑、布料、木料、金属、玻璃、塑料陶瓷、燃料灰渣、碎砖瓦、废器具、粪便、杂品
	商业机关	废旧管道等碎物体、沥青及其他建筑材料、废汽车、废电器、废器具、含有易爆、易燃、腐蚀性、放射性的废物以及居民生活所排除的各种废物
	市政维护、管理部门	碎砖瓦、树叶、死禽畜、金属、锅炉灰渣、污泥、脏土
农林渔业固体废物	农林	稻草、秸秆、蔬菜、水果、果树枝条、糠秕、落叶、废塑料、人畜粪便、禽粪、农药
	渔业、水产	腐烂鱼、虾、贝壳、水产加工污水、污泥
放射性固体废物	核工业、核电站、放射性医疗、科研单位	金属、含放射性废渣、粉尘、污泥、器具、劳保用品、建筑材料

3. 固体废物的污染途径和危害

（1）固体废物的污染途径

固体废物具有产生源分布广泛、种类繁多、产生量大、性质复杂等特点，在一些环境条件下会产生化学、物理或生物的转化，可以通过多种不同的形式和途径造成对大气、水体、土壤环境和生态环境等直接或间接、潜伏性或长期性的污染和危害。如果固体废物处理和处置方法不当，固体废物中的有毒有害等物质将通过水体、大气、土壤等途径危害环境与人体健康，如工矿企业等固体废物所含的化学成分会形成化学物质型环境污染，人畜粪便和有机生活垃圾是各种病原微生物的孳生地和繁殖场，能形成病源体型污染。

（2）固体废物的危害

1）对水环境的影响：固体废物常被弃置于江河湖泊及海洋的岸边，不仅减少水体的面积，而且污染水体。

2）对大气环境的影响：各类工况企事业单位的锅炉烟囱排放的烟气，及各类灰渣堆场，会产生扬尘，生活垃圾填埋场逸出的沼气等，会造成大气污染。

3）对土壤环境的影响：固体废物的简易堆场，不仅占用土地还污染周边的生态环境，如经风吹雨浸，不仅造成空气污染，固体废物堆体渗沥液中含有的有害成分会污染土壤及地表和地下水。

5.1.2 固体废物处理处置技术

1. 固体废物预处理技术

固体废物要达到综合资源化利用，必须要进行适当的预处理。固体废物中含有的各种可回收的原材料，经过一定的预处理技术处理，其中有用资源才可回收利用。由于固体废物类型繁多而组成复杂，其彼此间的形状、大小、结构、特别是性质各有很大的区别，因此为了使物料性质适合于后续主要处理或最终处置的工艺要求，或者是为了提高固体废物资源回收利用的效率，往往需要对其进行预先加工处理。

固体废物的预处理目的是为资源回收创造条件，因此针对不同的固体废物，根据具体情况开发出适宜于不同类型固体废物预处理的工艺方法。主要预处理技术包括压实、破碎、分选、脱水与干燥，以及对有毒有害固体废物的化学处理与固定化技术。下面对各种处理技术分别讨论。

（1）固体废物的压实、破碎及分选技术

1）固体废物的压实（compaction）技术

通过外力加压于松散的固体物，以缩小体积，使其变得密实以提高运输与管理效率的一种技术。国外经济发达国家已普遍采用压实机械处理固体废物，一些家庭生活垃圾的收集也采用了小型家庭用压实器。压实机械分为固定型与移动型两种。如用于收集或转运站装车的压实器，大多属于固定型。带有行驶轮或可在轨道上行驶的压实器称为移动式，常用于废物处置场所。我国目前一些大中城市已经开始普及带压实机械的垃圾收集车。

2）固体废物的破碎（crushing）技术

固体废物破碎过程是通过人力、机械等外力作用以破坏物体内部的凝聚力和分子间作用力，减少颗粒尺寸，从而降低固体废物的孔隙率、增大容重的过程。固体废物的破碎处理是应用最广泛的预处理技术，通常不是最终处理，也就是说，破碎的目的主要是将垃圾等废物变成适合于进一步加工或能经济地再处理的形状与大小。它往往作为运输、贮存、焚烧、热分解、熔解、压缩、磁选等的预处理。

因为工业废物品种单一而量大，因此根据废物性质，常常选用工业生产中常用的破碎机如颚式破碎机、锤式破碎机、剪切破碎机等即可以满足要求。但城市生活垃圾因种类繁多，成分复杂，如日常生活用品的陶瓷、玻璃、旧衣物鞋帽、塑料制品、纸张等，还有旧家用电器、废旧冰箱、电视机等，首先要用手选分类后，根据废物性质和后期处理的要求，选择不同装置，进行破碎或粉碎。比如破碎较强韧性型的橡胶、塑料等废物，则用剪切破碎机；由于常温破碎装置具有噪声大、振动强、产生粉尘多、污染环境以及过量消耗动力等缺点，为解决这些问题，特别是对环境的噪声和污染影响，近年来开发了冷冻低温破碎技术。低温破碎技术对于在常温下难以破碎的固体废物如汽车轮胎、包覆电线、家用电器等，可利用其低温变脆的性能而有效地破碎。还可利用不同材质脆化温度的差别进一步进行选择性分选，这就是所谓的低温冷冻破碎技术。在低温破碎技术中，通常需要配置制冷系统，其中液态氮常被用作为制冷剂，因为液态氮无毒、无爆炸性且货源充足。但是所需的液氮量较大，因而费用昂贵。如以塑料加橡胶复合制品的这种操作为例，需要的液氮量在 300kg/t，其耗资是很可观的。处在目前情况，冷冻破碎技术只适用于特殊条件下，非常温所能破碎处理的物料，如橡胶、塑料等。

3）固体废物分选（selective classification）技术

固体废物分选的目的是将各种有用资源采用人工或机械的方法将混合废物中所包容的各种成分和性质不一的成分分离开来，尤其是可回收利用的部分以及不利于后续处理工艺要求的部分，以便于对废物进行相应的处理和处置的方法。由于固体废物（尤其是城市生活垃圾）中所包容的各种成份性质不一，其处理与回收操作方法具有多样性的特点，因而分选过程乃固体废物预处理中最为主要的操作工序。

分选对决定回收物质价值和开拓市场销路有重要意义。例如废塑料制品是各种塑料与其他物质的混合物，其中往往夹杂多种金属和有用物质，再生利用前必须要加以分选；城市垃圾等废物在堆肥化前经过分选去除非堆肥化物，对于满足堆肥化工艺和堆肥产品要求有重要作用；固体废物焚烧处理前的分选处理以回收部分有用物质和去除部分不可燃物，从而可提高物料热值，保证自燃烧过程的顺利进行；有时固体废物在送往填埋场前进一步对废物加以分选或采用其他方法去除其中的有毒有害成分，以确保其后续工作的安全性。

分选方法很多，其中人工捡选法是在各国最早采用的方法，适用于废物产源地、收集站、处理中心、转运站或处置场。人工捡选法一般城市垃圾中回收资源比较普遍，往往带有商业性质。

固体废物分选的基本原理是利用物料的某些特性，然后通过物理、机械或电磁的分选装置达到分离的目的。分选方法有筛分、重力分选、浮选、磁力分选、半湿式破碎分选以及静电、光电、熔融分选等。常用的有筛分、重力分选、磁选和浮选四类。

机械分选方式大多在废物分选前进行预处理，一般至少需经过破碎处理。机械设备的选择视被分选废物的种类与性质而定。机械分选技术与设备种类较多，应用范围较广，表5-2列出了各类分选方法、机械设备及其应用条件，以供评价与选用时参考。

固体废物分选技术与应用评价 表5-2

分选技术	分选的物料	预处理要求	应用评述
手工捡选	废纸、钢铁类、非铁金属木材等	不需要	适用于商业、工业与家庭垃圾收集站捡选纸类、金属、木材等。经济效益取决于市场价格
风力分选	废报纸、塑料	不需要	适于轻组分中的可燃性物料分选，也可用于重组分中的金属、玻璃等资源的分选

续表

分选技术	分选的物料	预处理要求	应用评述
筛选	玻璃类	可不预处理，或先破碎与风力分选	在分选碎玻璃时，一般要先经破碎处理与风选，主要适于由重组分中分选玻璃
浮选	玻璃类	破碎，浆化	该法必须注意水污染控制，费用较高
光选	玻璃类	破碎，风选	从不透明的废物中分选碎玻璃，也可用于由彩色玻璃中分选硬质玻璃
磁选	铁金属	破碎，风选	大规模用于工业固体废物与城市垃圾的分选
静电分选重介质分选	玻璃类、铝及其他非铁金属	破碎，风选，筛选破碎，风选	必须通过实验后才能选用 通过调整介质的比重，分离多种不同金属，每种物质需用一组介质分离单元

（2）固体废物的脱水与脱水设备

固体废物的脱水处理常用于城市污水与工业废水处理厂产生的污泥，以及类似于污泥含水率的其他半固态废物。一般脱水方法有浓缩脱水和机械脱水。固体废物的浓缩脱水主要方法有重力浓缩法、气浮浓缩法和离心浓缩法。固体废物机械脱水包括机械过滤脱水与离心脱水两种类型。机械过滤脱水以过滤介质两边的压力差为推动力，固体颗粒被截留成为滤饼，达到固液分离的目的。过滤机械常采用真空抽滤脱水机和板框压滤机。离心脱水是利用高速旋转作用产生的离心力，将密度大于水的固体颗粒与水分离的操作。

（3）危险固体废物的化学与固化稳定化处理

1）危险固体废物的化学稳定化处理

化学稳定化处理是针对固体废物中易于对环境造成严重后果的有毒有害化学成分，采用化学转化的方法，使之呈现化学惰性，以达到无害化的目的。化学稳定化处理对单一成分或几种化学性质相近的混合成分进行处理，效果比较好；而对于不同成分的混合物，由于化学反应工程比较复杂，处理效果不太理想。

化学稳定化处理主要包括中和法与氧化还原法。针对产生于化工、冶金、电镀行业中生产的酸、碱性泥渣，中和法的处理效果较好。氧化还原法可以将固体废物中能发生价态变化的某些有毒成分转化为无毒或低毒，且具有化学稳定性的成分，以达到稳定化的目的。

2）危险固体废物的固化稳定化处理

固化处理是利用物理或化学方法将有害固体废物固定或包容在惰性固体基质内，使之呈现化学稳定性或密封性的一种无害化处理方法。固化后的产物应具有良好的机械性、抗渗透、抗浸出、抗干、抗湿与抗冻、抗融等特性。固化过程在理论上至今尚未进行充分的研究，也未获得一种适于处理任何固体废物的最佳固化方法。当前研究的固化方法，根据基质分为以下六类：水泥固化、石灰固化、沥青固化、热塑性材料固化、自胶结固化、玻璃固化。下面分别介绍几种常用的固化方法。

水泥固化是以水泥为固化基质，利用水泥与水反应后可形成坚固块体的特征，将有害废物包容其中，从而达到减小表面积，降低渗透性，使之能在较为安全的条件下运输与处置。该法是对有害废物处理较为成熟的方法，具有工艺设备简单、操作方便、材料来源广泛、费用相对较低、产品机械强度较高等优点。

石灰固化是以石灰为固化基质，活性硅酸盐类为添加剂的一种固定废物的方法，工艺与设备大体与水泥固化相似，但比水泥法抗浸出性较差，易受酸性水溶液的侵蚀。该法的各项工艺参数应通过实验确定，适用于各种含重金属泥渣，并已应用于烟道气脱硫的废物固化中。

沥青固化属于热塑性材料固化，除沥青之外，尚有聚乙烯、石蜡、聚氯乙烯等固话材料。在常温下这些材料为较坚固的固体，在较高温度下，有可塑性与流动性。在工程上，沥青固化应用较为普遍。该法由于在较高温度下操作，因此，待处理的废物应预先脱水。此外，还要考虑废物中尽量少含氧化性与导致沥青粘度增大的物质。

塑料固化是以塑料为固化剂与有害废物按一定的配料比，并加入适量的催化剂和填料（骨料）进行搅拌混合，使其共聚合固化而将有害废物包容形成具有一定强度和稳定性的固化体，塑料固化技术按所用塑料（树脂）不同，可分为热塑性塑料固化和热固性塑料固化两类。

自胶结固化利用废物自身的胶结特性来达到固化目的。主要用来处理含有大量硫酸钙和亚硫酸钙的废物，如磷石膏、烟道气脱硫废渣等。但该技术只限于含有大量硫酸钙的废物，应用面较为狭窄。

玻璃固化法是将待处理的废物在高温下煅烧成氧化物，然后再与熔融的玻璃料混合，然后在1000℃温度下烧结，冷却后形成十分坚固而稳定的玻璃体。玻璃固化主要适用于处理含高比放射性废物，但不适宜处理大量工业有害固体废物。

2. 固体废物综合利用管理及资源化

（1）固体废物的综合利用管理

城市中各行各业及人民生活均有废物产生，必须对固体废物作全面的综合性处理规划才能经济上合理技术上可行的充分处理固体废物，并对其中的资源再循环利用。

固体废物综合处理及资源化可分为预处理及资源回收系统和资源化技术系统。如表5-3所示，按照工艺分工，预处理及资源回收系统不改变物质的性能，如回收空瓶罐、金属、纸张、废旧家用电器等。

资源回收系统

表5-3

预处理系统（分离提取型回收：用物理的、机械的方法）	1. 保持废物原形的回收：重复利用（分选、修补、清洁洗涤）
	2. 破坏废物原形回收：靠物理作用使废物原料化、再生利用（破碎、物理或机械的分离精制）
资源回收系统（转化回收：用化学的、生物学的方法）	1. 回收物质：用化学的生物学的方法使废物原料化、产品化而再生利用（转化＋分离精制：热分解、催化分解、熔融、烧结、堆肥发酵）。 2. 回收能源： （1）可贮存：迁移型能源回收（热分解、发酵、破碎、粉碎，可得燃料气体、炭黑状粒状燃料、发电等）； （2）不能贮存：随即使用能源的回收（燃烧、发电、水蒸气、热水等）

资源化技术系统是利用固体废物燃烧、热分解、生化分解的技术回收能源的系统工程，如图5-1所示。

（2）固体废物资源化技术

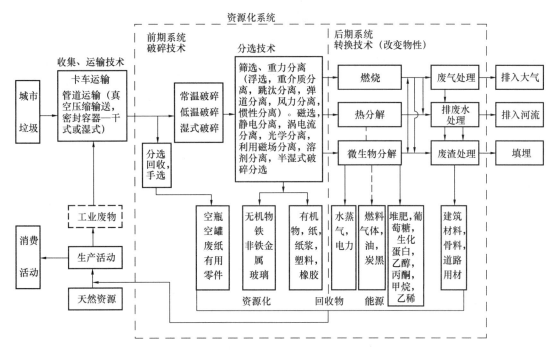

图 5-1　固体废物综合利用及资源化系统图

固体废物资源化（reclamation of solid waste）有各种各样的提法，如"资源回收"、"资源的循环"等。所谓资源化，即为了再循环利用废物而回收资源与能源。

1）固体废物生物处理技术

有机固体废物是固体废物中多种有害污染物之一，常用生物处理技术来处理处置。生物处理就是以固体废物中的可生物降解有机物为对象，通过生物的好氧或厌氧作用，使之转化为稳定产物，能源和其他有机物质的一种处理技术。

① 有机固体废物堆肥化技术

堆肥化（composting）是在控制条件下，使来源于生物的有机废物，发生生物稳定作用（Biostablization）的过程。废物经过堆肥化处理，制得的成品叫做堆肥（compost）。它是一类腐殖质含量很高的疏松物质，故也称为"腐殖土"。废物经过堆制，体积一般只有原体积的 50%～70%。按照堆制过程微生物的需氧程度可分为好氧堆肥化和厌氧堆肥化。

② 有机固体废物厌氧消化制沼气技术

沼气是一种良好的气体燃料，有机固体废物的沼气化对节约能源、增加废物的利用范围、改善环境卫生状况都有重要意义，是实现固体废物减容化和资源化的行之有效的方法之一。

2）固体废物热处理技术

① 固体废物焚烧处理技术

焚烧（incineration）适合处理含有有机物的废物，该方法的减容率很高，并可完全灭绝有害细菌和病毒，破坏有毒有害的有机化合物，且提供热源利用。城市生活垃圾的焚烧处理一般可使体积减小 80%～90%。利用城市垃圾的焚烧废热进行发电或作区域集中供暖，已在世界各国取得了广泛应用。几种常见的生活垃圾焚烧炉比较见表 5-4。

几种常用生活垃圾焚烧炉的比较　　　　　　　　　　　表 5-4

项目	机械炉排式焚烧炉	流化床焚烧炉	回转窑式焚烧炉
焚烧原理	将垃圾供应到炉排上，助燃空气从炉排下供给，垃圾在炉内分干燥、燃烧和燃烬带	垃圾从炉膛上部供给，助燃空气从下部鼓入，垃圾在炉内与流动的热砂接触进行快速燃烧	垃圾从一端进入且在炉内翻动燃烧，燃尽的炉渣从另一端排出
应用	早期应用最广的生活垃圾焚烧技术	20 年前在日本开始用于焚烧城市生活垃圾	高水分的生活垃圾和热值低的垃圾常常采用
最大能力（t/d）	1200	150	200
前处理	一般不需要	因为是瞬时燃烧，入炉前需破碎到 20cm 以下	一般不需要
烟气处理	烟气含飞灰较高，除二噁英外，其余易处理	烟气中含有大量灰尘，烟气处理较难，烟气量变化较大，所以对自动控制要求较高	烟气除二噁英外，其余易处理
二噁英控制	燃烧温度较低，易产生二噁英	较易产生二噁英	较易产生二噁英
炉渣处理设备	简单	复杂	简单
燃烧管理	缓慢燃烧，管理较容易	瞬时燃烧，管理较难	比较容易
运行费	比较便宜	比较高	较低
维修	方便	较难	较难
焚烧炉渣	需经无害化处理后才能被利用	需经无害化处理后才能被利用	需经无害化处理后才能被利用
减量比	10∶1（100t →10t）	10∶1（100t→10t）	10∶1（100t→10t）
减容比	37∶1（333m^3→8.9m^3）	33∶1（333m^3→10m^3）	40∶1（400m^3→10m^3）

垃圾焚烧烟气中主要的有害成分主要是 CO、NOx、H_2S、HCl 以及一些具有特殊气味的有机有害气体，如饱和烃和不饱和烃、烃类氧化物、卤代烃类、芳香族类物质等，固体颗粒物主要是炭黑、一些金属和盐类经蒸发凝聚而成的粉尘。颗粒状污染物去除方法主要是除尘装置，常用的有：静电除尘器、袋式除尘器、机械旋风除尘器及湿式洗涤器（包括文丘里管式、填料塔或喷淋洗涤塔）；氮氧化物的形成主要与炉内的温度的控制及废弃物化学成分有关，常采用燃烧控制法、湿式法及干式法；酸性气体在垃圾焚烧烟气中成功应用的技术有干式，半干式及湿式洗烟法等工艺；二噁英和呋喃控制技术从控制来源、减少炉内形成、避免炉外低温再合成等方面考虑，常用的是喷入活性炭粉或焦炭粉吸附技术。垃圾焚烧产生的灰渣一般含有：由炉床上炉条间的细缝落下的细渣、由炉床尾端排出的底灰、锅炉灰和由空气污染控制设备中所收集的飞灰。灰渣经鉴定为危险固废的话，一般经稳定化或固化处理后进行安全填埋：

②固体废物热解处理技术

在隔绝空气的条件下，对固体废物中有机物加热所产生的不可逆化学变化称为热分解，工程上简称作热解技术。此种方法已大量应用于木材、煤炭、重油、油母页岩等燃料的加工处理。例如，木材热解干馏可得到木炭。但是，对城市固体废物无害化和资源化的热解技术研究，直到 20 世纪 60 年代才开始引起注意和重视，至 70 年代初期起，固体废物的热解处理方得到实际应用。固体废物热解是利用有机物的热不稳定性，在无氧或缺氧条件下受热分解的过程。固体废物热解处理除可得到便于贮存和运输的燃料及化学产品外（气体部分有 H_2、CH_4、CO、CO_2 等，液体部分有甲醇、丙酮、醋酸、含其他有机物的焦油、溶剂油、水溶液等），热解得到的固体部分炭渣在高温条件下会与物料中某些无机物料与金属构成硬而脆的惰性固态废物，可以安全方便地进行填埋处置。

3）主要工业固体废物的资源化利用技术

① 煤矸石的资源化：目前，技术较为成熟及利用量较大的资源化途径有煤矸石发电、制备建筑材料、生产化工产品、煤矸石还可作为塌陷区及采空区的充填材料。

② 粉煤灰的资源化：目前，我国粉煤灰的主要利用途径有生产建筑材料、筑路回填、用于农业生产土壤改良剂及农业肥料等、回收工业原料（主要回收煤炭、回收金属物质及分选空心微珠）、用作环保材料，制絮凝剂、吸附剂等以及用于废水处理。

③ 高炉矿渣和钢渣的综合利用：高炉矿渣属硅酸盐材料的范畴，适于加工制作水泥、碎石、骨料等建筑材料。目前钢渣利用的主要途径是用作冶金原料、建筑材料以及农业应用等。

3. 固体废物最终处置

固体废物无论以何种处理方式，最终仍然会有相当数量的无任何利用价值或资源化利用非常昂贵的固体废物要产生。为防止对环境造成污染，必须采取适当的防护措施，达到被处置废物与环境生态系统最大限度地隔绝，称为"最终处置"。

目前固体废物最终处置（disposal of solid waste）有两大途径，即陆地处置与海洋处置。海洋处置是工业化国家早期曾采用的途径，目前由于海洋保护法的制订与国际影响，此类处置途径引起较大争议，其使用范围已逐步缩小。陆地处置是当前国际上多为采用的途径。

固体废物陆地填埋处置是最终处置中最经济的途径。一般处理城市生活垃圾的称之为卫生填埋，处理危险废物的称之为安全填埋：

（1）卫生填埋

是指将诸如城市生活垃圾的一般固体废物填埋于事先规划设计好的具有防渗措施的填埋场内，并在场内设有渗滤液、填埋气体收集或处理设施以及地下水监测装置的填埋方法。固体废物在填埋前可以不做稳定化的预处理，填埋后固体废物进行自然降解转化直至最终稳定，此过程需要很长时间。卫生填埋具有工艺简单、成本低，适于处理多种类型的一般固体废物，且为城市化的社会发展，提供了城市固体废物的重要处置出路，因此，卫生填埋技术成为最为普遍的填埋处置方法。

（2）安全填埋

安全填埋场的结构与安全措施比卫生填埋场更为严格。其选址要远离城市的安全地带；国家对安全填埋场有较严格的设计规范。一般危险废物在进行安全填埋处置之前，需要经过处置预稳定化处理，这样填埋后更为安全。

5.1.3　固体废物环境污染控制相关法律法规

1. 国际上固体废物污染控制与管理相关法律法规

从 20 世纪 50 年代以来，由固体废物引起的环境污染问题日益严重，人们越来越认识到对固体废物污染管理的必要性，近 30 年来，固体废物污染问题，特别是对危险废物的控制及管理，已经成为世界范围内专家及学者研究的中心问题。

1983 年 WHO（世界卫生组织）和 UNEP（联合国环境规划署）出版了政策指南和设施法则，提出了有害废物管理政策的实施原则。1985 年以来，UNEP 多次主持召开了有害废物环境管理的专家组会议，其中"开罗准则"是最有指导意义的政策和法规。1989 年 3 月，UNEP 在瑞士巴塞尔召开的"关于控制危险废物越境转移全球公约全权代表大会"上，通过了一部国际条约《控制危险废物越境转移及其处置》，即著名的《巴赛尔公约》，公约中规定控制的有害废物共 45 类。世界各国也有相关的法律法规，如：美国的《资源保护和回收法》（RCRA《Resource Conservation and Recovery Act》）（1976）和《综合环境对策保护法》（CERCLA《Comprehensive Environmental Response，Compensation，and Liability Act》）（1980）（俗称《超级基金法》）是迄今世界上比较全面的关于固体废弃物管理的法规。日本的《废弃物处理和清扫法》（1970），对一般废弃物和产业废弃物（包括有害废物）的处理和处置，都有明确的规定。英国的《污染控制法》有专门的固体废物条款。联邦德国《垃圾处理法》，要求相当严苛。法国《废弃物及资源回收法》（1975），废料残渣清除以及资源回收。欧盟《包装和包装废弃物指令》（94/62/EC）旨在协调各国有关包装物和废弃包装物管理的措施，一方面是为了防止由此对各成员国和第三国环境产生任何影响，或减小这类影响，从而提供高水平环境保护；另一方面是为了确保内部市场的正常运行并且避免在欧洲共同体内产生贸易壁垒、不正当竞争和使竞争受到限制。

2. 我国固体废物污染控制与管理相关法律法规

我国固体废物管理工作起步晚，20 世纪 80 年代开始，对钢渣、粉煤灰等工业固废进行综合利用。从 1982 年起起草制定第一个专门性固体废物管理标准《农用污泥中污染物控制标准》算起，直到 1995 年 10 月 30 日第八届全国人大常委会第十六次会议通过了《中华人民共和国固体废物污染环境防治法》，并于 1996 年 4 月 1 日起施行，这是我国防治固体废物污染环境的第一部专项法律，规定了许多新的管理原则、制度和措施，为固体废物管理体系的建立和完善奠定了法律基础；2004 年 12 月 29 日第十届全国人大常委会第十三次会议对此法进行了修订，2005 年 4 月 1 日起施行。2013 年 6 月 29 日第十二届全国人民代表大会常务委员会第三次会议，2015 年 4 月 24 日第十二届全国人民代表大会常务委员会第十四次会议，分别对《中华人民共和国固体废物污染环境防治法》的某些条款进行了修改，2016 年 11 月 7 日第十二届全国人民代表大会常务委员会第二十四次会议通过了对《中华人民共和国固体废物污染环境防治法》做出的修订。

《中华人民共和国固体废物污染环境防治法》制定了一系列行之有效的管理制度：分类管理制度、工业固体废物申报登记制度、固体废物污染环境影响评价制度及其防治设施的"三同时"制度、排污收费制度、限期治理制度、进口废物审批制度、危险废物行政代执行制度、危险废物经营单位许可证制度、危险废物转移报告单制度等等。

我国固体废物管理体系包括标准体系尚在建立和完善过程中。有关固废的标准主要分为四类：

（1）固体废物分类标准

如《国家危险废物名录》（2018）、《危险废物鉴别标准》（GB 5085.1～7—2007）《进

口废物环境保护管理暂行规定（试行）》（GB 16487.1-12—1996）等等

（2）固体废物监测标准

其作用是给出污染物统一的测定标准，达到标准化目的，为行政执行和约束提供依据，例如最新修订的国家危险废物鉴别标准由以下七个标准组成：

1）危险废物鉴别标准　通则（GB 5085.7—2007）

2）危险废物鉴别标准　腐蚀性鉴别（GB 5085.1—2007）

3）危险废物鉴别标准　急性毒性初筛（GB 5085.2—2007）

4）危险废物鉴别标准　浸出毒性鉴别（GB 5085.3—2007）

5）危险废物鉴别标准　易燃性鉴别（GB 5085.4—2007）

6）危险废物鉴别标准　反应性鉴别（GB 5085.5—2007）

7）危险废物鉴别标准　毒性物质含量鉴别（GB 5085.6—2007）

这些标准规定了危险废物的鉴别程序和鉴别规则。适用于任何生产、生活和其他活动中产生的固体废物的危险特性鉴别。也适用于液态废物的鉴别；但不适用于排入水体的废水的鉴别，也及不适用于放射性废物。

（3）固体废物污染控制标准

该标准是固体废物管理标准中最重要的标准，是环境影响评价、三同时、限期治理、排污收费等一系列管理制度的基础，也是造污者进行污染排放的依据。可分为两大类：废物处置控制标准，即对某种特定废物的处置标准和要求，包括《含多氯联苯废物污染控制标准》（GB 13015—91），此外《城市垃圾产生源分类及垃圾排放》（CJ/T 3034—1996）中有关城市垃圾排放的内容属于这一类。处置设施控制标准如《生活垃圾填埋污染控制标准》（GB 16889—2008）、《生活垃圾焚烧污染控制标准》（GB 18485—2001）、《一般工业固体废物贮存、处置场污染控制标准》（GB 18599—2001）、《危险废物填埋污染控制标准》（GB 18598—2001）、《危险废物焚烧污染控制标准》（GB 18484—2001）、《危险废物贮存污染控制标准》（GB 18594—2001）等等将成为固体废物管理的最基本的强制性标准。在此之前建成的处置设施，若不达要求将限期整改，并收取排污费；之后建成的设施，若不达要求将不准运行，或被视为非法排放。

（4）固体废物综合利用标准

该标准是我国政府对垃圾处理处置技术进行总体规划和指导的总纲，指导着处置技术的发展方向。据"三化"原则，固废的资源化将是今后固废处理的主要发展方向。为推行固废的综合利用技术，国家环保总局将制定一系列有关固废综合利用的规范、标准，如《医疗废物管理条例》、《电子废物污染环境防治办法》、《废弃化学品污染环境防治办法》等等。另外有关电镀污泥、含铬废渣、磷石膏等废物综合利用的规范和技术规定也属于此管理范畴。

5.2　铁路固体废物来源及分类管理

铁路行业的固体废物主要指运输生产活动中和为运输生产服务的各类设施中产生的固体状、半固体状和高浓度液体状废弃物。在建设阶段，铁路施工过程中的拆迁、开挖、回填等产生的工程弃土、建筑垃圾、淤泥渣土以及生活垃圾，如果处置不当将对环境造成影响。旅客列车排放的固体废物主要是旅客列车垃圾和厕所排放的污物。动车组和部分高档列车已经使用密闭式厕所，在车站、动车所与之配套设施地面接收及处置设施。机务、车辆段检修机车车辆过程中产生的含油棉丝及手套等、污水处理站的污泥、机械加工产生的金属切屑废物及废弃切屑液、化验室的废液等。含油废物、废弃切屑液、化验室的废液等属于危险废物，其处置必须遵守国家危险废物处置的有关规定。

5.2.1　铁路建设期及运营期固体废物来源

1. 铁路建设期固体废物来源

在建设阶段，铁路施工过程中的拆迁、开挖、回填等产生的工程弃土、建筑垃圾、淤泥渣土以及生活垃圾，如果处置不当都将对环境造成影响。对环境的影响主要是改变地貌、占用土地、破坏植被等。其中固体废物主要来源于铁路工程施工期间，施工单位的临时设施、临时房屋和废弃土场等对土地占用的影响；铁路工程施工中弃土弃渣的影响。施工过程中的拆迁、开挖、回填等产生的工程弃土、建筑垃圾、淤泥渣土以及生活垃圾，如果处置不当都将对环境造成影响。

铁路建设时期的征地拆迁、开辟场地、改移道路、路基填筑、轨道施工、站段修建等各种工程行为将不同程度地占用土地、破坏生态环境、造成土壤侵蚀等。工程中可能出现树木伐移、占用绿地的情况，这些主要反映在对沿线的土地资源、城市生态环境的影响。

2. 铁路运营后固体废物来源

铁路运营后固体废物主要来源于沿线各站、段、所的生产设施产生的工业固体废物以及各个站段职工和到站列车产生的生活垃圾。工业固体废物主要是生产、生活锅炉产生的炉渣；机务段、车辆段等机加工产生的废金属屑、电石渣以及货车清洗产生的货洗废渣、污水处理产生的污泥、废旧棉纱、报废的机车滤芯、滤筒等；生活垃圾主要是全线职工产生的生活垃圾及到站列车产生的生活垃圾等。

5.2.2　铁路固体废物分类及管理

目前我国铁路站段的固体废物实行分类收集、综合利用和无害化处理，随意堆放和弃置。危险废物堆存和处置，应符合国家和地方的有关规定。加强对旅客运输过程中的垃圾管理，严格旅客列车垃圾定点投放制度，禁止向车外丢弃，污染沿线环境。属于工业固体废物的各站、段、所的生产设施产生的固体废物，纳入工业固体废物的管理范畴。站、段生活垃圾归入市政垃圾管理。主要的固体废物处理方法有：

生活垃圾由市政垃圾处理系统统一处理。这种方法主要适用于铁路站段距离城市较近，城市有比较完善的生活垃圾处理设施，如垃圾焚烧厂，垃圾填埋场等等。

铁路站、段自设焚烧设施。这种方法主要适用于铁路站段距离城市较远，站段所在地的环境保护要求较高，站、段垃圾经简单焚烧后可以达到最大程度的减量化和无害化，然后就地填埋。

各个站段的生产设施产生的危险废物，如含油污泥、废蓄电池、废涂料等等，纳入危险废物管理范畴，由专门处置单位统一处置。

各个站、段的生产设施产生的普通工业固体废物按照国家规定可以就地填埋。

5.3　铁路固体废物污染控制技术

铁路建设投入运营后，除了各个站、段的生产设施产生的普通工业固体废物按照国家规定处置，影响面最广泛的就是铁路旅客列车垃圾。主要介绍铁道部的旅客列车垃圾理化污染特性及处理技术的选择。

5.3.1　铁路固体废物理化污染特性分析

为探索铁路客车垃圾的污染以及为其无害化、减量化、资源化的处理方法提供科学依据，首先就要研究旅客列车固体废弃物理化特性，通过科学的调研及采样分析，获得了大量的基础数据。

1. 旅客列车固体废物成分分析及与城市生活垃圾成分的比较

铁路客车垃圾一方面发生量大、沿铁路线分布范围广，另一方面由于列车运行跨越空间大，又弱化了其地方特性，是不同于城市生活垃圾的、又具有生活垃圾特征的具有铁路特色的生活垃圾。如图 5-2 及表 5-5 所示，充分说明了这点。

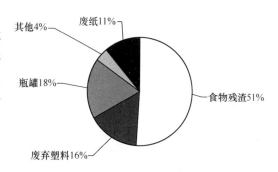

图 5-2　客车垃圾组分图

不同垃圾构成成分比较表（%）　　　　　　　　　表 5-5

	废纸类	食物残渣	废弃塑料	煤渣土沙等	破布	瓶罐类	废金属	其他	水分
客 车 垃 圾	10.7	52.1	15.9			17.8		3.5	50～69
国内生活垃圾	2.17	28.3	0.58	64.72	0.67	0.93	0.55	2.06	<20
国外生活垃圾	34.7	27.1	6.14	11.91	2.55	9.32	5.59	2.33	<15

所以铁路客车垃圾成分较城市生活垃圾简单，尤其是其中有机物的含量，特别是食物残渣的含量远高于城市生活垃圾，而且客车垃圾中的废弃塑料包装物的含量较高，含水量比城市生活垃圾也高出很多。

2. 典型车站列车固体废物成分分析

通过对典型车站北京站、郑州站不同季节的实地调研及采样分析，得到了垃圾含水率、垃圾组成成分及垃圾挥发分、垃圾元素分析等数据。如表 5-6～表 5-14。

夏季客车垃圾的含水量（%）　　　　　　　　　表 5-6

	食品残渣	废气塑料	废纸	其他	总含水量
北京	48.3	8.8	7.46	5.44	70.0%
郑州	50.57	9.6	7.50	2.43	68.0%
平均	49.43	9.2	7.48	3.94	69.0%

冬季夏季客车垃圾的含水量（%）　　　　表 5-7

	食品残渣	废气塑料	废纸	其他	总含水量
北京	40.2	5.4	3.2	0.2	49%
郑州	40.6	6.2	3.6	0.6	51%
平均	40.4	5.9	3.4	0.4	50%

夏季客车垃圾组成含量（%）　　　　表 5-8

	食品残渣	废弃塑料	废纸	其他
北京	56.7	26	15.3	2.0
郑州	58.7	23.5	11.8	6.0
平均	57.7	24.7	14.1	4.0

冬季客车垃圾组成含量（%）　　　　表 5-9

	食品残渣	废弃塑料	废纸	其他
北京	60%	18%	17%	5%
郑州	62%	20%	13%	5%
平均	61%	19%	15%	5%

客车垃圾在不同季节挥发分和灰分的含量　　　　表 5-10

	挥发分	灰分
夏季	75.03%	9.6%
冬季	77.19%	13.41%

冬季客车垃圾中各组分的挥发分、灰分含量　　　　表 5-11

	食品残渣	废弃塑料	废纸
挥发分	77.19%	93.62%	80.10%
灰分	13.41%	4.42%	11.67%

客车垃圾三组分分析　　　　表 5-12

	水分	可燃分	灰分
夏季	69%	28.12%	2.88%
冬季	50%	43.3%	6.70%

夏季、冬季客车垃圾的元素组成（%）　　　　表 5-13

	碳	氢	氮	硫	氧	氯	磷	钾
夏季	42.2	5.6	1.4	0.4	49.08	0.645	0.28	0.098
冬季	45.5	6.1	3.7	0.4	43.07	0.855	—	—

客车垃圾组成对元素组成的贡献比例（夏季）　　　　表 5-14

	碳	氢	氮	硫	氧
食品垃圾	56.93%	58.20%	97.24%	89.08%	64.71%

	碳	氢	氮	硫	氧
废塑料	30.46%	28.32%			16.80%
废纸	12.60%	13.48%	2.75%	11.36%	18.50%

分析上述数据，客车垃圾元素的组成，夏季、冬季总的方面是相似的。食品残渣是 C、H、N、S、O 元素的主要提供者。

3. 列车固体废物发热量分析

分别对冬、夏季客车垃圾样品，进行了发热量分析，结果见表 5-15～表 5-17。表明客车垃圾的主要成分热值较高。

客车垃圾的高位发热量（kJ/kg）　　　　表 5-15

	食物残渣	废弃塑料	废弃纸	其他	按垃圾组成含量合计
夏季	10793	32570	16750		16784.8
冬季	17974	32570	16750		19664.5

客车垃圾的低位发热量（kJ/kg）　　　　表 5-16

	食物残渣	废弃塑料	废弃纸	其他	按垃圾组成含量合计
夏季	7124	25240	16139		12710
冬季	14529	25240	16139		16072

客车垃圾组成对低位发热量的贡献（%）　　　　表 5-17

	食物残渣	废弃塑料	废弃纸
夏季	32.34	49.05	17.90
冬季	55.11	29.84	15.06

4. 列车固体废物有害元素的含量分析

分别对冬、夏季客车垃圾样品，进行了 Pb、Cd、Cr、As、Hg、Zn、Cu 等元素含量的测定，结果见表 5-18。

客车垃圾夏\冬季样有害元素含量比较（μg/g）　　　　表 5-18

	Pb	Cd	Cr	As	Hg	Zn	Cu
夏季样品	14.75	9.70	17.38	5.452	0.75	48.1	28.2
冬季样品	15.27	10.40	15.05	6.885	1.503	149.2	19.48

从表中可以看出，冬季客车垃圾样品有害元素含量比夏季的高些，这可能因为夏季样品中水含量大，易腐食物较多，促使包装材料中有害元素扩散转移快。

5. 客车垃圾理化特性和城市垃圾的对比

以北京市、广州市的城市生活垃圾和冬季客车垃圾的成分进行对比。

分析表 5-19 的数据，客车垃圾 pH 值比城市生活垃圾低，再次说明客车垃圾的重金属污染与此有关。

冬季客车垃圾与城市垃圾成分对比　　　　　　　　　　　表 5-19

	有机物	pH	碳	氮	磷	钾	Pb	Cr
客车垃圾	70%~80%	6.0	42%~45%	1.4%~3.7%	0.28%	977 ppm	15.27 ppm	15.05 ppm
城市垃圾（北京）	44.73%	8.4	12.1%~16%	0.4%~2%	0.14%~0.2%	0.4%~2%	14.51 ppm	52.47 ppm
城市垃圾（广州）	30%~38%	8.4	12.1%	0.53%	1.58%	1.58%	81.3 ppm	95.8 ppm

	Cd	As	Zn	Hg	Cu	Fe	Mn
客车垃圾	10.40 ppm	6.885 ppm	149.2 ppm	1.503 ppm	19.48 ppm	1167 ppm	32.5 ppm
城市垃圾（北京）	4.42×10^{-3} ppm	10.21 ppm		0.0262 ppm			
城市垃圾（广州）	0.23 ppm		253.3 ppm	0.01 ppm	76.3 ppm		

6. 客车垃圾理化特性的研究结果

通过上述客车垃圾理化特性实地调研及采样分析，获得以下主要研究结论：

（1）冬季和夏季客车垃圾的各成分含量区别不太显著，垃圾含水率有一定季节性差异，夏季客车垃圾含水量达 69.0%，而冬季客车垃圾含水量为 50%。客车垃圾废弃物中，食品残渣占比例最高，占 60%左右，其有机质含量达 75.5%~80%，其次塑料包装物，占 20%左右，废包装纸张，占 11%。

（2）客车垃圾发热量、灰分含量等性能测定表明，客车垃圾是高热值、低灰分的。

（3）元素组成分析表明，客车垃圾中碳含量夏季为 42.2%，冬季为 45.5%，硫、氮元素含量较低，如果客车垃圾采用焚烧法处理，其烟气中 SO_2、NOx 对大气环境影响较小。

5.3.2　铁路固体废物污染控制技术

目前市政生活垃圾的主要处理方法有堆肥、焚烧和填埋。鉴于客车垃圾产生的特点及成分分析，应选择如下处理技术。

1. 焚烧法

客车垃圾主要成分食物残渣，夏季样品低位发热值为 7924kJ/kg，冬季样品为 14519kJ/kg，均满足焚烧垃圾时所要求的最低热值 5000kJ/kg，废塑料等包装材料热值更高；考虑到废塑料等焚烧时所产生的大气污染比较严重，而且会腐蚀焚烧炉，堵塞炉膛，影响焚烧炉的正常运转。因此，对铁路客车垃圾进行站段集中收集并适当分选，剔除废弃塑料包装物等，可以使用焚烧法处理。从产生的低位发烧值高和灰分较少的减容作用看，焚烧法不失为一种较好的在各个站段就能实施的处理方法。

2. 填埋法

填埋法是一种适用范围较广的垃圾最终处置方法。在对客车垃圾进行分类收集的前提下，可以结合城市市政垃圾处理系统，统筹安排处置。

建议首先在旅客列车上对固体废弃物实行分类收集，这是旅客列车固体废弃物治理的第一步，可设置两个容器（袋），一个专门收集瓶、罐（易拉罐、啤酒瓶）及塑料包装物，一个专门收集食品残渣。

其次，下站时，瓶、罐及塑料包装物可以分拣，瓶、罐可以回收，塑料包装物可以运往专门以塑料废弃物降解制柴油、汽油或油漆的工厂。已开发出的废聚烯烃生产汽油、柴油技术，生产每吨汽油的利润 500 元以上，废聚苯乙烯分解回收苯乙烯技术，每吨聚苯乙烯利润高达 2000 元以上。

最后，剩余的食品残渣等垃圾，比城市生活垃圾成分简单地多，可以在到站后进行脱水等简单处理，与市政垃圾统筹安排处置。实现客车垃圾的分类回收，提高旅客环境保护意识，车上、站（场）也建立相应配套的设施和设备。这对现实的客车固体废物的处理和处置不失为一种切实可行的选择。

5.3.3　我国铁路运营中危险废物产生及管理概况

1. 我国铁路运营中危险废物产生

我国各路局集团公司危险废物产生以主营单位为主，所属企业和合资公司产生的危险废物相对较少。对于铁路部门管理辖区的基层站段，包括机务、车辆、车务、工务、电务、货运等各系统的设备检修、后勤管理等多个生产和运行环节均可能会产生危险废物。其中设备检修可能是产生危险废物的主要环节，涉及机务、车辆、工务等单位，主要包括机车、车辆、大型养路机械等设备或其他机械设备定期更换的废润滑油、滤芯、蓄电池等；各种机车、车辆或机械设备在检修过程中使用过的含油棉丝、含油手套；机车配件在煮洗过程中造成的含碱（油）废水、含油污泥；机车、车辆在喷漆过程中产生的苯系污染物（包含漆桶、漆罐），以及其他含有毒性、感染性危险废物的废弃包装、容器、过滤吸附介质。

2. 我国铁路危险废物主要类型

我国铁路运营相关部门产生的危险废物及其性质特征因区域和作业部门不同而存在较大差异，造成所产生的危险废物较分散或鉴别难度较大。铁路危险废物可归纳为以下几大类：

（1）废矿物油和含矿物油废物：该部分所占比例较大，多产生于运输和检修环节所产生的废油和油泥油渣。

（2）染料、涂料废物：使用油漆（不包括水性漆）、有机溶剂进行喷漆、上漆过程中产生的废物。

（3）有机树脂类废物：锅炉软化水处理更换废弃的树脂。

（4）废碱：使用碱清洗所产生的废碱液。

（5）石棉废物：含石棉的废绝缘材料和建筑废物。

（6）废弃铅酸蓄电池：变电所、机车、客车、电瓶车等废弃的蓄电池。

（7）电子废物：被废弃不再使用的电器或电子设备，如废电路板（及其附带的元器件）。

（8）其他危险废物：如化学试剂、含重金属沙石或矿石、含有或沾染毒性、感染性危险废物的废弃包装物、容器、过滤吸附介质等。

3. 我国铁路危险废物管理和处置现状和主要问题

目前铁路危险废物的主要处置方式为收集贮存，外委有资质的第三方公司处理，三化回收利用率极低。存在重视程度不够、鉴定水平低、收集贮存以及三化处置技术欠缺或落后等诸多问题。

我国铁路部门基层站段产生的危险废物来源丰富、种类复杂、分散、总量较大但单类别可能量小，产生危险废物的节点种类多，同类别相似途径和工艺产生危险废物尚不能归为一谈。基层站段产生的多种危险废物的识别与分类收集、转移和贮存等，缺乏针对性管理，并且部分危险废物的再利用、处置设施和场所缺乏警示标志以及部分危险废物鉴定尚无完整科学的技术和体系支撑。

现今国内铁路产生的多种危险废物的收集、贮存、转移、利用、处置设施和场所的警示标志、识别标识及包装物标签，准确填写危险用语和安全用语较为简陋，危险废物的分类和鉴定国内尚无完整的体系。对部分含油、含水率高和污染物易迁移转化的危险废物类别，其收集贮存运输和处置难度大，目前多以焚烧和转移委托至有资质的单位进行处理，虽可以实现危险的三化处理，但处理费用较为昂贵，并且焚烧控制不当会产生二噁英等二次污染物。同时也存在诸多疑问，例如尚不明确是否归为危险废物的部分，和无回收再利用及无移交处理的部分危险废物去向不明，是否加标识和安全贮存等。目前铁路危险废弃物的污染控制及管理方面正在积极开展各项研究，预计不久的将来会有切实可行的管理办法及污染控制技术的实施。

第6章 轨道交通运输空气污染控制与管理

6.1 空气污染与环境空气质量标准

大气污染对人的影响不同于土壤和水的污染，它不仅时间长且范围广（较多是地域性的，也有全球性的）。如果大气中的物质达到一定浓度，并持续足够的时间，以致对公众健康、动物、植物、材料、大气特性或环境美学产生可测量的不利影响，这就是大气污染。依据国际标准组织（ISO）的定义，大气污染指自然界中局部的职能变化和人类的生产和生活活动改变大气圈中某些原有成分和向大气中排放有毒害物质，以致使大气质量恶化，影响原来有利的生态平衡体系，严重威胁着人体健康和正常工农业生产，以及对建筑物和设备财产等的损坏。

1. 中华人民共和国大气污染防治法

中华人民共和国大气污染防治法是为保护和改善环境，防治大气污染，保障公众健康，推进生态文明建设，促进经济社会可持续发展制定。由全国人民代表大会常务委员会于 1987 年 9 月 5 日发布，自 1988 年 6 月 1 日起实施。2015 年 8 月 29 日中华人民共和国第十二届全国人民代表大会常务委员会第十六次会议对其进行修订，修订后的中华人民共和国大气污染防治法自 2016 年 1 月 1 日起施行。该法修改按照中央加快推进生态文明建设的精神，主要从以下几个方面做了修改完善：

（1）以改善大气环境质量为目标，强化地方政府责任，加强考核和监督。

（2）坚持源头治理，推动转变经济发展方式，优化产业结构和布局，调整能源结构，提高相关产品质量标准。

（3）从实际出发，根据我国经济社会发展的实际情况，制定大气污染防治标准，完善相关制度。

（4）坚持问题导向，抓住主要矛盾，着力解决燃煤、机动车船等大气污染问题。

（5）加强重点区域大气污染联合防治，完善重污染天气应对措施。

（6）加大对大气环境违法行为的处罚力度。

（7）坚持立法为民，积极回应社会关切。

2. 环境空气质量标准

环境空气质量标准（GB 3095—2012）规定了环境空气质量功能区划分、标准分级、污染物项目、取值时间及浓度限值，采样与分析方法及数据统计的有效性规定。此标准适用于全国范围的环境空气质量评价。环境空气质量标准首次发布于 1982 年，1996 年第一次修订，2000 年第二次修订，2012 年进行了第三次修订。

2012 年 2 月 29 日经修订后发布的环境空气质量标准将环境空气功能区分为两类：

一类区：自然保护区、风景名胜区和其他需要特殊保护的区域，适用一级浓度限值；

二类区：居住区、商业交通居民混合区、文化区、工业区和农村地区，适用二级浓度限值。

修订的主要内容有（如表6-1和表6-2所示）：

（1）PM_{10}：二级标准年平均浓度限值由以前的$100\mu g/m^3$调整为$70\mu g/m^3$；

（2）$PM_{2.5}$：二级标准年平均和24h平均浓度限值分别为$35\mu g/m^3$和$75\mu g/m^3$；

（3）O_3：增加二级标准8h平均浓度限值$160\mu g/m^3$；

（4）O_2：二级标准年、24h和1h平均浓度限值分别从$80\mu g/m^3$、$120\mu g/m^3$和$240\mu g/m^3$降到$40\mu g/m^3$、$80\mu g/m^3$和$200\mu g/m^3$；

（5）将以前划分的三类功能区调整并入二类；

（6）加严了苯并［a］芘的浓度限值；

（7）加严了铅的浓度限值，提出了部分重金属参考浓度限值；

（8）提高监测数据统计的有效性要求。

环境空气污染物基本项目浓度限值　　　　　　　　　　　　　表 6-1

序号	污染项目	平均时间	浓度限制		单位
			一级	二级	
1	二氧化硫（SO_2）	年平均	20	60	$\mu g/m^3$
		24h平均	50	150	
		1h平均	150	500	
2	二氧化氮（NO_2）	年平均	40	40	
		24h平均	80	80	
		1h平均	200	200	
3	一氧化碳（CO）	24h平均	4	4	mg/m^3
		1h平均	10	10	
4	臭氧（O_3）	日最大8h平均	100	160	$\mu g/m^3$
		1h平均	160	200	
5	颗粒物（粒径$\leqslant 10\mu m$）	年平均	40	70	
		24h平均	50	150	
6	颗粒物（粒径$\leqslant 2.5\mu m$）	年平均	15	35	
		24h平均	35	75	

2012年修订的环境空气质量标准是第一个经国务院常务会议审议的环境标准，标志着我国大气环境管理开始由以污染物减排为目标导向向以环境质量改善为目标导向的战略性转变。

3. 锅炉大气污染物排放标准

锅炉大气污染物排放标准是由国家环境保护部制定、与国家质量监督检验检疫总局共同颁布，控制锅炉污染物排放，防治大气污染的国家标准。本标准适用于以燃煤、燃油和燃气为燃料的单台出力65t/h及以下蒸汽锅炉、各种容量的热水锅炉及有机热载体锅炉；各种容量的层燃炉、抛煤机炉。规定新建锅炉自2014年7月1日起，10t/h以上在用蒸汽锅炉和 7MW 以上在用热水锅炉自 2015 年 10 月 1 日起，10t/h 及以下在用蒸汽锅炉和 7MW 及以下在用热水锅炉自 2016 年 7 月 1 日起执行本标准。

此标准分年限规定了锅炉烟气中烟尘、二氧化硫和氮氧化物的最高允许排放浓度和烟气黑度的排放限值，相对于 2001 年的旧标准，2014 年修订的新标准（GB 13271—2014）修订了以下主要内容：

环境空气污染物其他项目浓度限值　　　　　　　　　表 6-2

序号	污染项目	平均时间	浓度限制		单位
			一级	二级	
1	总悬浮物（TSP）	年平均	80	200	
		24h 平均	120	300	
2	氮氧化物（NOx）	年平均	50	50	
		24h 平均	100	100	
		1h 平均	250	250	$\mu g/m^3$
3	铅（Pb）	年平均	0.5	0.5	
		季平均	1	1	
4	苯并芘（BaP）	年平均	0.001	0.001	
		24h 平均	0.0025	0.0025	

（1）增加了燃煤锅炉氮氧化物和汞及其化合物的排放限值；

（2）规定了大气污染物特别排放限值；

（3）取消了按功能区和锅炉容量执行不同排放限值的规定；

（4）取消了燃煤锅炉烟尘初始排放浓度限值；

（5）提高了各项污染物排放控制要求。

本标准中的一类区和二类区是指环境空气质量标准（GB 3095—2012）中所规定的环境空气质量功能区的分类区域。

10t/h 以上在用蒸汽锅炉和 7MW 以上在用热水锅炉 2015 年 10 月 1 日起执行表 1 中规定的排放限值，10t/h 及以下在用蒸汽锅炉和 7MW 及以下在用热水锅炉 2016 年 7 月 1 日起执行表 6-3 中规定的排放限制。自 2014 年 7 月 1 日起，新建锅炉执行表 6-4 规定的大气污染物排放限值。重点地区锅炉执行表 6-5 规定的大气污染物特别排放限值。执行大气污染物特别排放限值的地域范围、时间，由国务院环境保护主管部门或省级人民政府规定。

每个新建燃煤锅炉房只能设一根烟囱，烟囱高度应根据锅炉房装机总容量，按表 6-6 规定执行，燃油、燃气锅炉烟囱不低于 8m，锅炉烟囱的具体高度按批复的环境影响评价文件确定。新建锅炉房的烟囱周围半径 200m 距离内有建筑物时，其烟囱应高出最高建筑物 3m 以上。不同时段建设的锅炉，若采用混合方式排放烟气，且选择的监控位置只能监测混合烟气中大气污染物浓度，应执行各个时段限值中最严格的排放限值。

在用锅炉大气污染物排放浓度限值（单位：mg/m³）　　　表 6-3

污染物项目	限值			污染物排放监控位置
	燃煤锅炉	燃油锅炉	燃气锅炉	
颗粒物	80	60	30	烟囱或烟道
二氧化硫	400 500¹	300	100	烟囱或烟道
氮氧化物	400	400	400	烟囱或烟道
汞及其化合物	0.05	—	—	烟囱或烟道
烟气黑度（林格曼黑度，级）	≤1			烟囱排放口

注：1 位于广西壮族自治区、重庆市、四川省和贵州省的燃煤锅炉执行该限值。

新建锅炉大气污染物排放浓度限值（单位：mg/m³）　　　表 6-4

污染物项目	限值			污染物排放监控位置
	燃煤锅炉	燃油锅炉	燃气锅炉	
颗粒物	50	30	20	烟囱或烟道
二氧化硫	300	200	50	烟囱或烟道
氮氧化物	300	250	200	烟囱或烟道
汞及其化合物	0.05	—	—	烟囱或烟道
烟气黑度（林格曼黑度，级）	≤1			烟囱排放

大气污染物特别排放限值（单位：mg/m³）　　　表 6-5

污染物项目	限值			污染物排放监控位置
	燃煤锅炉	燃油锅炉	燃气锅炉	
颗粒物	30	30	20	烟囱或烟道
二氧化硫	200	100	50	烟囱或烟道
氮氧化物	200	200	150	烟囱或烟道
汞及其化合物	0.05	—	—	烟囱或烟道
烟气黑度（林格曼黑度，级）	≤1			烟囱排放

燃煤锅炉房烟囱最低允许高度　　　表 6-6

锅炉房装机总容量	MW	<0.7	0.7~<1.4	1.4~<2.8	2.8~<7	7~<14	≥14
	t/h	<1	1~<2	2~<4	4~<10	10~<20	≥20
烟囱最低允许高度	m	20	25	30	35	40	45

6.2　轨道交通大气污染

6.2.1　铁路交通污染物排放

铁路运输对大气环境的污染，主要是通过机车牵引动力机械及设备所排放的废气，沿线各站、段厂生产、生活设施排放的废气，列车运载及储运货物时释放的有毒有害的气味和飘散的粉尘等三条渠道对大气环境造成污染。

1. 牵引机车排放的废气

牵引机车按照牵引动力分为蒸汽机车、内燃机车、电力机车。其中，蒸汽机车排放的烟尘最为严重，特别是机车点火时，浓烟滚滚、烟雾弥漫。其次是内燃机车排放的废气，主要是氮氧化物（NOx）、二氧化硫（SO_2），一氧化碳（CO）、碳氢化合物（CH）、碳烟颗粒物等，特别在隧道内尤为严重。电力机车在运行中，除噪声和振动外，没有形成污染源的排放物。但是供给电力机车的电力主要是以燃煤发电为主，燃煤电厂产生的主要污染物为氮氧化物、二氧化硫、一氧化碳、颗粒物等。

2. 铁路运营站段产生的废气

铁路沿线各站、段、厂生产、生活设施排放的废气对环境的污染是指担负运输设备的制造工厂、生产车间、维修准备车间工段所排放的废气，主要污染物为挥发性有机物（VOCs）。除此之外，各站段厂的锅炉烟尘对环境的污染也很严重，据原 20 个铁路局统计约有固定锅炉 7000 余台，其中安装有消烟除尘的约有 2000 多台，占总数的 28.6%，还有四分之三尚未进行治理。锅炉烟尘主要污染物为氮氧化物、二氧化硫、一氧化碳、颗粒物等。

3. 铁路建设期产生的大气污染物

铁路建设期内，土石方施工现场的二次扬尘也是污染大气的主要因素，机械化施工路段，燃油施工机械排放的尾气，如 CO、SO_2 等会增加该路段的大气污染。

6.2.2　高速铁路与大气污染

按照《国际铁路联盟》（UIC）的定义，高速铁路指通过对原有线路的改造和提升，使火车运营速度达到每小时 200km 以上；新建高速铁路，火车运营速度每小时达 250km 以上，轨距皆为 1.435m 的国际标准铁路系统。在我国，对高速铁路的界定亦是如此，是指通过改造原有线路，使营运速率达到每小时 200 公里以上，或者专门修建新的"高速新线"，使营运速率达到每小时 250km 以上的铁路系统。但是，高速铁路除了在营运时，需达到一定速度标准外，车辆、路轨、操作都需要配合提升。广义的高速铁路包含使用磁悬浮技术的高速轨道运输系统。

高速铁路是各国根据本国的幅员、人口分布、工商业布局、经济与科技实力等具体国情，从实际需要出发而采取的一种客运工具。它具有明显的节能环保效应，能完全实现用电力牵引作业，具有独有的"以电代油"功能。具体来说，它有以下优势：

（1）减少了土地的占用。

铁路与公路相比，运送相等数量的旅客，高速铁路所需的基础设施占地面积仅是公路所需要面积的 25%；并且高速铁路多"以桥代路"，节约土地的效果明显。据统计，铁路路基平均 1km 占用土地约 70 亩左右，而 1km 桥梁占用土地仅为 27 亩，相当于前者的 1/3。

（2）新能源利用率高。

高速铁路在车站设计上大多使用绿色环保材料。如京津城际铁路北京南、天津两站均设计超大面积的玻璃穹顶，在各层地面还做透光处理，充分利用自然光照明；北京南站采用热电冷三联供和污水源热泵技术，可以实现能源的梯级利用，该系统产生的年发电量能满足站房 49% 的用电负荷，每年可节省运营成本约 600 万元。

（3）实现了"以电代油"。

高速铁路采用电力牵引，不消耗日益价高的石油等液体燃料，减少了对不可再生能源的依赖性。它的出现快速地提升了铁路电气化水平，并且由于速度高、开车密度大，比动车组（或电力机车）使用频率高，一条等长的高速铁路机车使用量相当于普通铁路的数倍，大大提高了电能在整个铁路能源使用中的比重，优化了铁路的能耗结构。

相对其他交通工具，尽管高速铁路具有较大的环保优势，但是仍然对环境有着不可忽视的污染。高速铁路对环境的污染主要包括大气污染、水污染、噪声污染、振动和低频音，以及铁路建设过程中的各种污染。废气主要来自提供机车电力的燃煤电厂，以正在兴建的高铁为例，时速 350km 动车组功率 8800kW，而国内目前 1t 标准煤可发电 3100kW时，即动车运行 1h 消耗 2.8t 标准煤。工业锅炉每燃烧 1t 标准煤，就产生二氧化碳 2620kg、二氧化硫 8.5kg、氮氧化物 7.4kg。即是说，350km 动车组每运行 1h，就会间接排放二氧化碳 7336kg、二氧化硫 23.8kg、氮氧化物 20.72kg。

6.2.3　铁路交通主要空气污染物与碳排放计算和评价

铁路交通主要空气污染物为颗粒物、二氧化硫（SO_2）氮氧化物（NO_x）、一氧化碳（CO）、二氧化碳（CO_2）和挥发性有机物（VOC_s）

1. 碳排放量的计算方法

国际上通常使用和参考的标准为环境管理技术委员会温室气体管理标准化分技术委员会制定的系列标准（ISO、TC207、SC7）及英国制定的产品碳排放评价标准 PAS 2050。ISO/TC207 是环境管理技术委员会编制的温室气体管理方面的标准；ISO14064-1，2，3是关于组织、项目层面温室气体排放量化、监测、报告及审定与核查方面的系列标准。ISO/TC207/SC7 从组织、项目和产品的碳排放评价计量方法学以及评价机构能力要求等方面制定了温室气体排放系列标准，对于铁路建设项目，选取 IS0/TC207/SC7 制定的系列标准。

CDM 执行理事会批准的交通领域碳盘查的方法学见表 6-7。

交通领域方法学及对应项目类型

表 6-7

适用领域	CDM 方法学编号	CCER 方法学编号	方法学名称
快捷公交	ACMOO16	CM-028-V01	快捷公交项目
	AM0031	CM-032-V01	快捷公交系统
	AMS-Ⅲ. C	CMS-048-V01	通过电动和混合动力汽车实现减排
	AMS-Ⅲ. S	CMS-053-V01	商用车队中引入低排放车辆/技术
	AMS-Ⅲ. AY	CMS-034-V01	现有和新建公交线路中引入液化天然气汽车
燃料替代转换	ACM0017	CM-055-V01	生产生物柴油作为燃料使用
	AMS-Ⅲ. AQ	CMS-030-V01	在交通运输中引入生物压缩天然气
	AM0110		液体燃料运输的模式转换
有轨电车	AMS-Ⅲ. U	CMS-055-V01	大运量快速公交系统中使用缆车
货运转换运输方式	AM0090	CM-051-V01	货物运输方式从公路运输转变到水运或铁路

适用领域	CDM 方法学编号	CCER 方法学编号	方法学名称
高客铁路	AMS0101	CM-069-V01	高速客运铁路系统
节能改造、提高能效	AMSⅢ.AA	CMS-039-V01	使用改造技术提高交通能效
	AMS-Ⅲ.AP	CMS-043-V01	通过使用适配后的怠速停止装置提高交通能效
	AMS-Ⅲ.AT	CMS-047-V01	通过在商业货运车辆上安装数字式记录器
	AMS-Ⅲ.BC		通过提高车辆效率引起减排的项目

轨道交通/铁路系统温室气体排放总量＝直接排放量＋间接排放量。直接排放包括化石燃料燃烧所产生的排放，间接排放包括外购电力、热力所导致的排放。

以电力驱动的轨道交通二氧化碳的间接排放量见式（6-1）

$$E_d = D \times f_g \tag{6-1}$$

式中　E_d——CO_2排放量，t；

D——电力消耗量，$MW \cdot h$；

f_g——电力消耗间接排放因子。

直接碳排放量的计算方法与污染物排放量计算方法相似，主要有实测法、物料衡算法和经验计算法。

（1）实测法

通过现场燃烧设备进行有关参数的实际测量，并进行碳平衡计算。一般来讲，实测结果较准确，但工作量大，费用多。为弄清各类数量大、范围广的典型燃烧设备的碳氧化率及排放系数，实测数据是必要的。排放量计算公式见式（6-2）。

$$排放量 = \sum_i \left(燃料消耗量 \times 燃料低位热值 \times 燃料单位热值含碳量 \times 氧化率 \times \frac{44}{12} \right)$$

$$\tag{6-2}$$

碳排放因子的选取是计算排放量的关键，燃料二氧化碳直接排放的排放因子＝燃料单位热值含碳量×燃料碳氧化率×44/12。

各种能源的碳排放系数　　　　　　　　　　　　　　　　　表 6-8

能源种类	碳排放系数（$10^4 t/10^4 t$）	能源种类	碳排放系数（$10^4 t/10^4 t$）
原煤	0.7559	燃料油	0.6185
洗精煤	0.7559	其他石油制品	0.5857
焦炭	0.8550	液化石油气	0.5042
其他焦化产品	0.6449	天然气	0.4483
原油	0.5857	焦炉煤气	0.3548
汽油	0.5538	炼厂干气	0.4602
煤油	0.5714	其他煤气	0.3548
柴油	0.5921		

（2）物料衡算法

生产过程中所使用中，投入系统或设备的物料质量必须等于该系统产出物质的质量：$\sum G$ 投入 $=\sum G$ 产品 $+G$ 损耗

（3）经验计算法

根据生产同一生产材料的各类工艺、规模下的生产过程中的排放系数加权计算，得出一个较实际的单位材料的经验排放系数，进而得出某材料的碳排放量。

$$G_{ic} = K_{ic} \times M_i$$

式中　G_{ic}——生产某材料碳排放量；

　　　　K_{ic}——生产某单位产品的经验碳排放系数；

　　　　M_i——材料的使用量。

铁路系统碳排放主要由电力、柴油、原煤、天然气等能源的消耗产生，其中由原煤、柴油、城市煤气、汽油、液化石油气和气田天然气消耗过程产生的碳排放为直接碳排放，电力和外购热力消耗过程中产生的碳排放为间接碳排放。各种能源的碳排放系数见表 6-8

2. 轨道交通/铁路系统碳排放量及评价

年能源消耗 2000t 标准煤（含）以上的法人单位需要报送年度碳排放报告。在节能降耗技术不断发展背景下，通过碳排放量及减排量盘查、核证，绿色铁路项目实施碳交易的市场很大。

（1）轨道交通/铁路系统碳排放量

铁路系统碳排放总量除以旅客发送量、运输周转量和运输营业收入，以单位发送旅客碳排放、单位运输周转量碳排放和单位运输营业收入的结果来反映路局的各种单位碳排放情况，从而确定路局的碳排放基准线。

单位旅客发送人数碳排放：单位旅客发送人数碳排放量 E（CO_2）＝碳排放总量÷发送旅客总人数。

单位运输周转量碳排放：单位运输周转量碳排放＝年度单位运输周转量碳排放÷年度运输周转量。

单位运输营业收入碳排放：单位运输营业收入碳排放＝年度碳排放总量÷年度运输营业总收入。

（2）碳减排量

指项目实施后二氧化碳排放量与项目实施前基准线排放量的差值。轨道交通/铁路系统碳减排量是指铁路项目实施后碳排放量与项目实施前与传统交通项目碳排放量的差值。计算碳减排量必须先计算铁路项目实施后碳排放量和基准线。

铁路建设项目过程复杂，所以碳排放量的计算有其自身特点。并且铁路运输涉及客运和货运两个领域，分别对应不同的方法学。客运领域主要是与高铁项目相关，比如新建一条时速不低于 250km/h 的高铁线路，或者对既有高铁线路进行扩建，或者将传统铁路进行改建或升级成高速客用铁路，涉及的方法学主要是 AM0101，对应"中国核证减排量方法学"为 CM-069-V01。货运领域主要是运用方法学为 AM0090 和 CN-051-V01，该方法学适用条件比较苛刻，需要满足一系列条件，比较关键的包括：货物所有者是项目参与方之一，如果项目投资者不是货物的所有者，那至少是项目参与方之一；项目参与者至少对如下某一领域进行了投资：直接投资在新的基础设施（装卸区、铁轨）或列车（集装箱不在此列）；新投资的设施或设备涉及货物运量中的一半来自该项目；货运模式、货运的起

点到终点以及货物的种类（大类）在审定时确定后不能做任何更改。

与传统的环境影响评价相比，基于生命周期的高速铁路的节能和碳减排效果主要体现在以下方面：

（1）高速铁路的生命周期包括设计、建设、运营、维护和拆解 5 个阶段。建设期内由于建设高速铁路大规模基础设施造成了巨大的能源消耗和碳排放，并且在维护阶段，伴随着设备设施的更新改造，仍然有相当可观的能源消耗和碳排放。

（2）运营期内高速铁路典型活动所用能源主要为电力，特别是高速列车的牵引，虽不直接造成碳排放，但由于电力生产及配送，依然造成了额外的能源消耗以及非直接的碳排放。同样，在生产及配送航空煤油、柴油、汽油等其他客运方式的传统燃料时也是如此。上述两点主要体现了基于生命周期评估的特点。另外，运营阶段高速铁路的客流和座位利用率以及既有客运方式的能源消耗和碳排放强度也是影响高速铁路节能和碳减排效果的主要因素。

（3）轨道交通/铁路碳排放基准线

基准线排放量是项目实施前乘客出行导致的排放量。基准线排放计算没有本项目时，乘客使用国内城市间交通方式的排放。基准线排放量等于事前计算的每种出行模式下每人每公里的排放因子乘以乘客在基准模式下的旅行距离。

（4）轨道交通/铁路系统碳排放评价

碳排放评价是指对组织、项目或产品在给定周期和范围内碳排放总量的计算与评估活动。碳排放评价既包括由第二方或第三方进行的审查和认证活动，也包括由第一方进行的自我评估和声明活动。

针对组织的碳排放评价：指对该组织的活动所产生或引发的温室气体排放量的"核查"。

针对项目的碳排放评价：包括对该项目设计减"审定"和项目实施后实际减排量的"核查"。目前国际上基于项目的自愿减排机制主要有清洁发展机制（CDM），黄金标准、自愿碳减排标准（VCS）等自愿性减排标准的交易机制。

针对产品的碳排放评价：即产品"碳足迹"评价，是计算单位产品从生产、销售、使用到报废和处置的整个生命周期中所产生或引发的温室气体排放量，是针对组织的碳排放评价的延伸，是环境管理中的生命周期评价技术在碳排放评价中的应用。在产品"碳足迹"评价基础上还可进行产品"碳足迹"认证。

在项目评价过程中为了确保对碳排放量相关信息进行真实和公正的说明，碳排放计算和评价必须遵守一定的原则。这些原则满足评价和计算标准所规定的基本要求。

相关性原则：选择适应目标用户需求的碳源、碳汇、碳库、数据和方法。

完整性原则：包括所有相关的碳排放和清除。

一致性原则：能够对有关碳信息进行有意义的比较。

准确性原则：尽可能减少偏见和不确定性。

透明性原则：发布充分适用的碳信息，使目标用户能够在合理的置信度内做出决策。

碳排放的标准和环境质量中的其他污染物质的排放量的标准不一样，需要结合被评价组织的自身进行清算。对于碳排放的来源，目前为止，各国开展的碳足迹评估工作中碳排放来源评估依据的标准主要是 ISO 制定的 ISO14060 系列、世界资源研究所（WRI）和世界可持续发展工商理事会（WBCSD）联合制定的《温室气体协定》系列，法国 ADEME 以及英国标准协会制定的 PAS 2050 及其导则等。

铁路建设碳排放评价指标是根据铁路建设的过程和铁路建设的特点确定的，建设过程碳排放指标主要包括线路（路基和桥梁）建设过程、隧道建设过程、客运站建设工程、建设总体人员基本生存、施工材料（制造过程消耗能源）、设备机器（燃料消耗）、建设的异地生产和物资的运输方面的碳排放。按照铁路建筑领域运行区域划分的碳排放指标主要包括建材生产过程的碳排放、建材及物资的交通运输过程的碳排放，建材生产过程的碳排放主要包括铁路线路过程中的混凝土、路碴、钢材等生产材料和设备机器的燃料消耗的碳排放，这部分和建筑过程碳排放相同，主要是水泥钢生等生产材料以及机械挖土和照明产生能源消耗带来的碳排放。

根据铁路建设碳排放评价过程的定性评价和定量评价两个部分的均值，基本可以判定建设项目整体所达到的碳排放程度，各项分指标的数值也能反映出该项目所需改进的地方。

3. 高铁二氧化碳排放盘查及评价

高铁（HSR）是包括铁路基础设施、全部车辆及运营的一个系统。HSR 基础设施包括专门修建的时速 250km 及以上的高铁铁轨，专门升级的时速至少 200km 的高铁铁轨。HSR 车辆包括固定形式的多个车厢组成的火车组，或者单独的最大时速至少 250km 的车辆。

然而在高速铁路快速发展过程中，在讨论电力牵引时经常会忽视发电时二氧化碳的释放，速度越高能耗越高的事实限制了高速铁路的发展，美国研究资料表明，影响高速铁路转变模型的一个重要参数是高速铁路的碳排放强度。高速铁路在能源消耗、环境保护方面优势突出。考虑到高速铁路由于具有节能、节地和货运增量替代效应等优势，因此与公路运输比较时高速铁路对环境具有正效益，能够抵扣高速铁路基础设施建造过程中引发大量的碳排放。

高铁二氧化碳排放采用的方法是 CM-069-V01 高速客运铁路系统，方法学编制参考 UNFCCC EB 的 CDM 项目方法学 AM0101：High speed passenger rail systems（第 1.0 版），同时参考"额外性论证与评价工具"、"电力消耗导致的基准线、项目和/或泄漏排放计算工具"。

铁路项目全生命周期碳排放清单是指在高速铁路生命周期内由于高速铁路消耗能源和资源而向外界环境排放二氧化碳的总数量。为了计算高速铁路生命周期碳排放，首先需要确定高速铁路生命周期碳排放计算边界。高速铁路生命周期碳排放计算边界之内应包含形成高速铁路实体和功能的一系列中间产品和单元过程组成的集合，这其中包括高速铁路基础设施建设所需材料的生产、运输和高速铁路的建设施工、运营与维护、拆除等。碳排放清单分析就是列出有关高速铁路生命周期碳排放的过程和影响因素，根据高速铁路在整个生命周期内资源、能源的消耗，量化分析其向外部环境排放的二氧化碳气体等。主要包括建设阶段碳排放、运营阶段碳排放和回收阶段碳排放。

建设阶段碳排放包括建设所需材料生产、运输排碳量和施工机具使用过程中能耗的间接排碳量，建材生产包括整个铁路建设过程中使用的水泥，钢材等等其他的建材的生产过程的碳排放，运输包括不同运输类型、不同燃料类型交通工具的总换算周转排碳量；施工场地能源消耗包括线路（路基和桥梁）建设，隧道建设，客运站建设工程中的能源消耗。线路（路基和桥梁）建设过程的碳排放：主要包括的是铁路线路过程中的混凝土、路碴、钢材等生产材料和设备机器的燃料消耗的碳排放。隧道建设过程的碳排放：主要包括的是隧道线路过程中的混凝土、钢材生等生产材料以及机械挖土和照明产生能源消耗带来的碳排放。

运营阶段排碳量主要包括运营的能耗、占用土地、货运增量替代几个方面的排碳量。

回收阶段排碳量主要包括材料回收利用和施工机具使用的排碳量。

客运站建设工程碳排放和建筑过程碳排放相同，主要是水泥钢材等建材的碳排放。

建设总体人员：参与建设项目的总体人员基本生存排放量，主要指用于满足基本的生活和生理需求的碳排放量。

6.3　铁路交通大气污染控制与管理

中国铁路总公司环境保护管理办法明确规定，铁总公司所属各单位应加强对铁路运输生产过程中产生的废气的治理。对烟尘、粉尘、有毒有害气体的排放应采取消烟除尘或净化措施，满足达标排放要求。积极推广利用清洁能源和可再生能源，大力开展集中供热和余热利用，减少大气污染物排放。煤炭、矿粉等散装货物堆存、装运应有防尘抑尘措施，减少粉尘对铁路沿线和周围环境的污染。燃煤电厂是提供电力的主要企业，其大气污染物排放是铁路交通大气污染控制的主要对象。

6.3.1　燃煤电厂大气污染控制

1. 除尘技术

（1）重力沉降室

重力沉降室是通过重力从气流中分离尘粒的。其结构如图 6-1 所示。沉降室可能是所有空气污染控制装置中最简单和最粗糙的装置。就其本身的特点而论，有广泛的用途。能用于分离颗粒分布中的大颗粒，在某些情况下，其本身就是能进行适当的污染控制，它的主要用途是对更有效的控制装置作为一种初筛选装置。在大颗粒特别多的地方，沉降室能除掉颗粒分布中的大量大颗粒，这些颗粒如不除掉，就要堵塞其他控制装置。

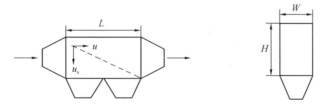

图 6-1　重力沉降室示意图

（2）旋风除尘器

普通旋风器由筒体、锥体、排出管等部分组成，如图 6-2 所示。含尘气流由进口沿切线方向进入除尘器后，沿器壁由上而下作旋转运动，这股旋转向下的气流称为外涡旋（外涡流），外涡旋到达锥体底部转而沿轴心向上旋转，最后经排出管排出。这股向上旋转的气流称为内涡旋（内涡流）。外涡旋和内涡旋的旋转方向相同，含尘气流作旋转运动时，尘粒在惯性离心力推动下移向外壁，到达外壁的尘粒在气流和重力共同作用下沿壁面落入灰斗。

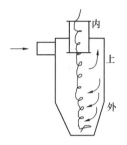

气流从除尘器顶部向下高速旋转时，顶部压力下降，一部分气流会带着细尘粒沿外壁面旋转向上，到达顶部后，在沿排出管旋转向下，从排出管排出。这股旋转向上的气流称为上涡旋。旋风分离器内气流运动是很复杂的，除切向和轴向运动外，还有径向运动。在这里，上涡旋不利于除尘。如何减少上涡旋，降低底部的二次夹带及出口室气流旋转所消耗的动力，成为当前改进旋风器的主要问题。

图 6-2 旋风除尘器示意图

（3）袋式除尘器

袋式除尘器是利用棉毛、人造纤维等织物进行过滤的一种除尘装置，滤布的除尘过程：含尘气体通过滤袋，过一段时间后，表面积聚了一层粉尘层（称为粉尘初层），在以后的运行中，粉尘初层成了主要过滤层，滤布只起着形成粉尘初层和支撑它的骨架作用，由于粉尘初层的影响，网孔较大的滤料也能获得较高的除尘效率，随着滤料上粉尘的积聚，除尘效率和压力损失都相应增加，当滤料两侧压差很大时会把已附着在滤料上的细尘挤压过去，使效率降低。另外，阻力过高，处理风量显著下降，影响排放效果，故除尘器应控制一定的阻力，及时清灰，但不能破坏粉尘初层。滤料过滤过程见图 6-3。

布袋除尘器所用的滤布多为圆柱形（$d=125\sim500\text{mm}$），也有扁形的，滤袋长一般为几米，现在此法已在冶金、水泥、化工、陶瓷、食品等不同的部门得到广泛的应用。

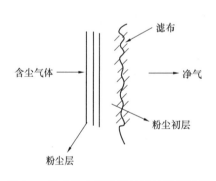

图 6-3 袋式除尘器滤料过滤过程示意图

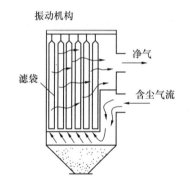

图 6-4 袋式除尘器除尘过程示意图

滤料性能对袋式除尘器的工作影响很大。性能良好的滤布应具备耐温、耐腐蚀、耐磨、效率高、阻力低、使用寿命长、成本低等优点，另外与表面结构有关。近年来出现了许多耐高温的新型滤料，如聚四氟乙烯、芳香族聚酰胺等。

袋式除尘器清灰方式有两种：机械清灰和气流清灰。机械清灰利用机械传动使滤袋振动，迫使沉积在滤袋上的粉尘层落入灰斗。清灰风速一般在 $1\sim2\text{m/s}$，压力损失在 $800\sim1200\text{Pa}$。气流清灰利用反吹空气从反方向通过滤袋和粉尘层，借气流力使滤袋上的粉尘脱落。采用气流清灰，滤袋必须有支撑结构，如撑架或网架等以免压扁滤袋。气流清灰有两种：逆气流清灰（$V_\mathrm{f}=2\sim3\text{m/s}$）和脉冲喷吹清灰（$V_\mathrm{f}=2\sim4\text{m/s}$）。除尘过程见图 6-4。

（4）电除尘器

电除尘是利用强电场使气体发生电离，气体中的粉尘荷电在电场力的作用下，使气体中的悬浮粒子分离出来的装置。图 6-5 为电除尘器结构图。

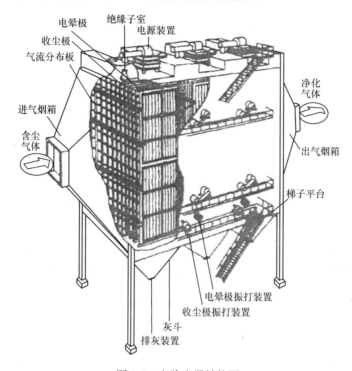

图 6-5　电除尘器结构图

用电除尘的方法分离气体中的悬浮颗粒物需 4 个步骤：气体电离；粉尘荷电；粉尘沉积；清灰。按结构不同可作不同的分类，按集尘电极型式可分为管式和板式电除尘器：管式电除尘器的极线沿着垂直的管状集尘电极的中心线悬挂，适用于气体量较小的情况，一般采用湿式清灰方式。板式电除尘器在互相平行的板式收尘电极的中间悬挂垂直的极线，可采用湿式清灰方式，但绝大多数采用干式清灰方式。按气流流动方式分为立式和卧式电除尘器：在工业废气除尘中，卧式板式电除尘器是应用最广泛的一种，我国 1972 年提出的系列化设计 SHWB 型就属此类。按粉尘荷电区和分离区的空间布置不同分为单区和双区电除尘：单区电除尘器粉尘荷电和分离沉降都在同一空间区域内进行，双区电除尘器一组电极使粉尘荷电，然后另一组电极供给静电力，使带电粒子沉降。典型的双区除尘器多用于空调方面。国外有将它应用于工业废气净化方面的。按沉集粉尘的清灰方式还可分为湿式和干式电除尘器。

2. 脱硫技术

国外防治 SO_2 污染的方法主要有：清洁生产工艺、采用低硫燃料、燃料脱硫、燃料固硫及烟气脱硫等。其中，烟气脱硫居主要地位。含硫的矿物燃料（主要是煤），燃烧后产生的 SO_2 烟气排出，其中 SO_2 含量达到 3.5％以上，便可以采用一般接触法，制 H_2SO_4 的流程进行反应，既可控制 SO_2 对大气的污染，又可回收硫磺，这里着重讨论的是低浓度（含量在 3.5％以下）SO_2 的控制和回收技术，即所谓烟道脱硫 HGP（hue gas desulfurization）流程，亦有书将排烟中去除 SO_2 的技术简称"排烟脱硫"（flue gas desulfurization）。目前烟气脱硫方法有 100 多种，可用于工业上的仅有十几种。

烟气脱硫按应用脱硫剂的形态分：（1）干法脱硫。采用粉状或粒状吸收剂、吸附剂或催化剂。（2）湿法脱硫。采用液体吸收剂洗涤烟气，以除去 SO_2。

燃煤锅炉烟气的主要特点：含尘量大，温度较高，SO_2 浓度低，气量大；因而锅炉烟气脱 S 工艺中加有除尘，调温等于处理过程。目前应用较多的方法有：石灰/石灰石法、氧化镁法、钠碱法、氨吸收法、亚硫酸钠法、柠檬酸钠法等。下面主要介绍石灰/石灰法。石灰石是最早作为废气脱 S 的吸收剂之一，目前应用较普遍的是湿式石灰/石灰石－石膏法，改进的石灰/石灰石法和喷雾干燥法，最初采用的是干式抛弃法；投资和运行费用低，但存在脱 S 率低，增加除尘设备的负荷等缺点，近年来重点转向湿式洗涤法和喷雾干燥法。

（1）湿式石灰/石灰石－石膏法

利用石灰或石灰石浆液作为洗涤液吸收净化烟道气中的 SO_2 并副产石膏。其优点：吸收剂价廉易得；副产物石膏可回收用作建筑材料；缺点：易发生设备结垢堵塞或磨损设备。解决这个问题最有效的办法是在吸收液中加入添加剂，目前工业上采用添加剂有：$CaCl_2$、Mg^{2+}、己二酸、氨等。加入添加剂后，不仅能抑制结垢和堵塞现象，而且还能提高吸收效率。

工艺过程如图 6-6 所示，主要由三部分组成：SO_2 的吸收，固液分离，固体处理。主要设备有：洗涤吸收塔（常见的有填料塔、道尔型洗涤器、盘式洗涤器和流动床洗涤器等）和氧化塔。

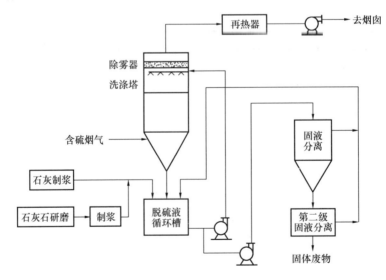

图 6-6　湿式石灰/石灰石-石膏脱硫法工艺流程

（2）改进的石灰石/石灰湿法脱硫

目的是为了克服石灰/石灰石法的结垢和堵塞，以提高二氧化硫的脱除率，开发了加入缓冲剂（如己二酸、硫酸镁等）的石灰/石灰石法。其原理此处不详讲。

（3）喷雾干燥法

由美国 JOY 公司和丹麦的 Niro Atomizer 共同开发，国外多称为 Joy/Niro 法，是 20 世纪 80 年代发展起来的新脱硫方法。其原理是采用石灰乳吸收剂雾化分散于烟气中，烟气中二氧化硫即与石灰乳雾滴发生反应生成 $CaSO_3 \cdot 1/2H_2O$。在雾滴与二氧化硫反应的同时，雾滴中的水分被高温烟气干燥，因此生成物是粉状干料，全游离水分一般在 2% 以下，然后用除尘器进行气固分离，即达到烟气脱硫的目的。脱硫率达 70%～90%。喷雾干燥法界于湿法和干法之间，和湿式石灰石/石灰相比具有流程简单，设备少，运行可靠，生产过程中不发生结垢和堵塞现象，能量消耗低，投资及运行费用小，对烟气量和烟气中二氧化硫浓度的适应性大等优点。

3. 脱硝技术

针对燃煤电厂中氮氧化物排放的控制方法主要有燃烧中控制和燃烧后控制。燃烧中控制是指通过调整燃烧方式、生产工况来降低氮氧化物的生成量，主要方法为低氮燃烧技术；燃烧后控制主要指的是烟气脱硝技术。

（1）低氮燃烧技术。

低氮燃烧技术主要包括：分级燃烧技术、浓淡型低 NO 燃烧器、烟气再循环 NO 燃烧器以及其他类型的低 NO 燃烧器。低氮燃烧技术具有技术成熟、应用广泛、结构简单、经济有效、适合已有机组改造等特点。但一般情况下，低氮燃烧技术氮氧化物去除效率不超过 50%。

（2）烟气脱硝技术。

由于低氮燃烧技术对燃煤锅炉产生氮氧化物的去除效率有限，已经不能够达到国家相关排放标准。进一步提升氮氧化物的去除效果需要对排放的烟气进行脱硝处理。烟气脱硝工艺主要包括湿法和干法两大类。湿法有气相氧化液相吸收法（电子束照射法，选择性催化还原，选择性非催化还原和炽热碳还原法及低温常压等离子体分解法）和液相氧化吸收法。干法包括选择性催化还原法（SCR）（图 6-7）、选择性非催化还原法（SNCR）（图 6-8）。

选择性催化还原法（SCR）是利用 NH_3，在适当的温度及相应的催化剂条件下，将烟气中的氮氧化物转化为 N_2 和 H_2O 的一种脱硝技术。该方法于 20 世纪 70 年代由日本首先投入实际应用，具有技术成熟、脱硝效率高、运行可靠及便于维护和操作等优点，是目前应用最为广泛的一种烟气脱硝方法。选择性催化还原法是一种复杂的化学反应，主要反应过程是氮氧化物在一定温度及催化剂存在的条件下，作为还原剂的碳氢化合物、氨、尿素等将其还原为 H_2O 和 N_2。最终达到污染减排的目的。燃煤锅炉使用的还原剂主要为液氨、氨水及尿素。液氨法和尿素法在技术上都是成熟、稳定的，液氨法系统在运行、投资费用较低，但液氨存在一定的安全风险，需要严格的安全保障措施。尿素法较为安全，但投资、运行成本较高，且设备较为复杂。在实际应用中电厂选用液氨法较多，有更多安全考虑会选择尿素法。催化剂主要有：贵金属催化剂；金属氧化物催化剂；沸石分子筛催化剂；活性炭催化剂。工业用较多的为金属氧化物催化剂，常见的是氧化钛基 $V_2O_5-WO_3/TiO_2$ 催化剂。其中 V_2O_5 是起主要活化作用的主催化剂；WO_3 是能够改善催化剂效能的助催化剂；TiO_2 是催化剂的载体。

SNCR/SCR 联合工艺是把 SNCR 工艺的还原剂喷入炉膛技术同 SCR 工艺催化反应结合起来，从而进一步脱出 NO_X，是 SNCR 工艺的低费用同 SCR 工艺的高效脱硝率及低氨逸出率的成功结合。在 SNCR/SCR 联合工艺中的前半段为 SNCR 脱硝喷氨过程，即以

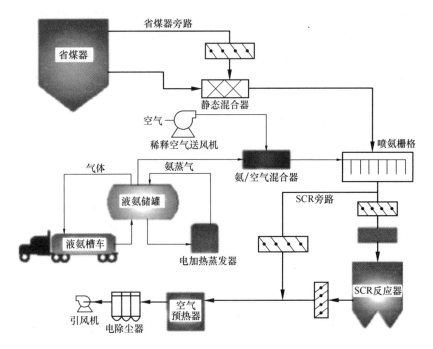

图 6-7   意大利 TKC 的火电厂烟气脱硝 SCR 工艺流程图

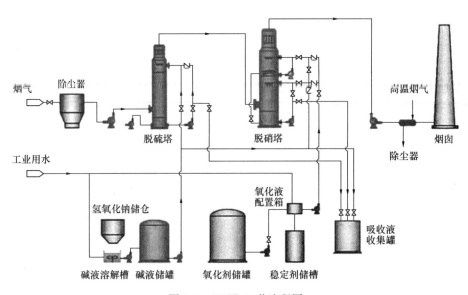

图 6-8   SNCR 工艺流程图

炉膛为反应器，在 850～1250℃ 的区域内喷入还原剂（尿素），该还原剂（尿素）迅速热解成 NH_3 并与烟气中的 NO_X 进行选择性非催化还原反应生成 N_2、NH_3 或尿素还原 NO_X。图 6-9 是具体工艺流程。

随着脱硫和脱硝技术的迅猛发展及各国环保标准的不断提高，各国积极开发脱硫脱硝一体化工艺技术，目的是研发具有低于常规 FGD 和 SCR 组合工艺费用的一体化工艺技术，并能稳定连续安全的运行，具体的技术工艺流程图如图 6-10 所示。

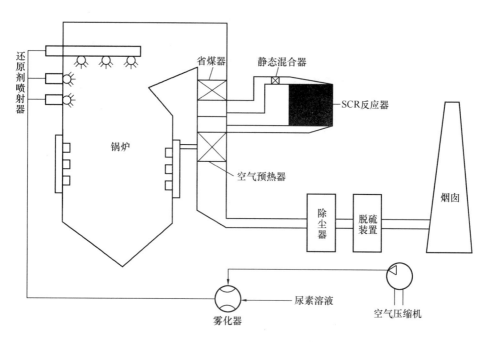

图 6-9　SNCR 与 SCR 混合工艺系统图

活性炭法是利用活性炭吸收二氧化硫、氧和水产生硫酸，并加入氨以达到同时脱硫脱硝的目的。

CuO 同时脱硫脱硝技术将 CuO 作为活性组分，而其中主要以 CuO/Al_2O_3 和 CuO/Si

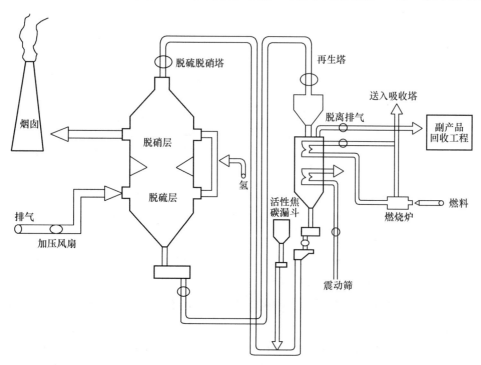

图 6-10　活性炭吸收脱硫脱硝工艺（日本 Mitsui-BF 工艺）

O_2 为主，CuO 含量通常占 4%～6%，在 300～450℃ 的温度范围内与烟气中的 SO_2 发生反应形成的 $CuSO_4$，同时 CuO 对 SCR 法还原 NO_x 有很高的催化活性，吸收饱和的 $CuSO_4$ 被送去再生，再生过程一般用 CH_4 气体对 $CuSO_4$ 进行还原，释放的 SO_2 可制酸，还原得到的金属铜或 Cu_2S 再用烟气或空气氧化，生成的 CuO 又重新用于吸收还原过程。采用此工艺一般能达到 90% 的 SO_2 脱出率和 75%～80% 的 NO_x 脱除率。在美国伊利诺伊燃煤电厂 70MW 机组进行了应用，取得了预期的效果，具体工艺如图 6-11 所示。国内的刘守军等人研究了用 CuO/AC 低温（120～250℃）脱除烟气中的 SO_x 和 NO_x。

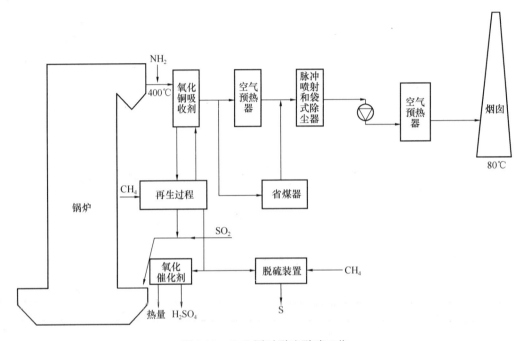

图 6-11　CuO 同时脱硫脱硝工艺

$NO_x SO$ 是一种干式、可再生系统，它是类似的干法可再生工艺，其吸附剂为钠浸渍型 Al_2O_3，SO_2 和 NO_x 在 120℃ 的流化床中与吸附剂反应生成复杂的 S—N 化合物，反应产物在 620℃ 下加热释放 NO_x，又用甲烷和蒸汽处理使释放出 SO_2 和 H_2S 而得以再生。其工艺流程如图 6-12 所示。

SNRB（SO_x-NO_x-$RO_x BO_x$）技术是在省煤器后喷入钙基吸收剂脱除 SO_2，在布袋除尘器的滤袋中悬浮有 SCR 催化剂并在气体进布袋前喷入 NH_3 以去除 NO_x，要求控制温度在 300～500℃。具体工艺如图 6-13 所示：

WSA-SNO_x 技术采用两种催化剂。用 SCR 脱除 NO_x，然后将 SO_2 催化为 SO_3，冷凝 SO_3 作为硫酸出售，其 NH_3/NO_x 比一般为 1.0 左右，该工艺技术不仅没有废水和废渣产生，并且烟气中约 95% 的 SO_2 和 NO_x 被脱除，不消耗任何化学药剂。WSA-SNOX 技术工艺是丹麦 Halder Topsoe A/S 研究开发的，并于 1991 年首次应用在丹麦的 NEFO（EL-SAM）300MW 的燃煤电厂。在该技术工艺中可以从 SO_2 转换、SO_3 水解、H_2SO_4 冷凝、脱除 NO_x 的反应中回收热能，在 300MW 的电厂其能耗仅为发电量的 0.2%（煤中含硫量为 1.6% 时）。丹麦 NEFO 电厂的 WSA-SNOX 工艺的工艺如图 6-14 所示：

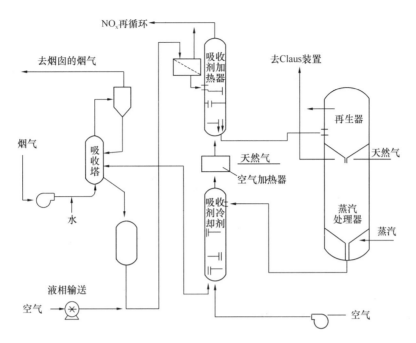

图 6-12　NO$_X$SO 同时脱硫脱硝系统工艺

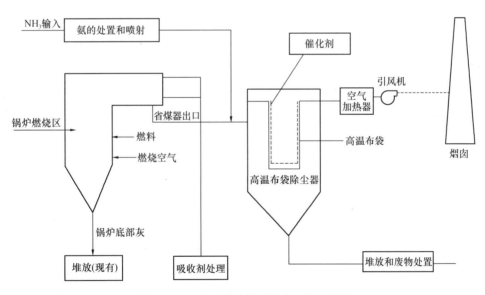

图 6-13　SNRB 脱硫脱硝技术工艺流程图

整体干式 SO$_2$/NO$_X$ 排放控制采用低 NOXDRB－XCL 下置燃烧器。在缺氧环境下喷入部分煤和部分燃烧空气来抑制 NO$_X$ 生成，其余的燃料和空气在第二级送入，以完成燃烧。干式吸收剂则注入烟道中脱除二氧化硫。此技术在美国的 Colorado Arapahoe 电站 100MW 机组得以应用，达到 70％左右的氮氧化物的脱除率和 55％～75％的二氧化硫的脱除率。整体干式 SO$_2$/NO$_X$ 排放控制工艺的工艺流程如图 6-15 所示。

鲁奇公司 CFB 脱硫脱硝将消石灰用作脱硫的吸收剂脱除二氧化硫，产物主要是

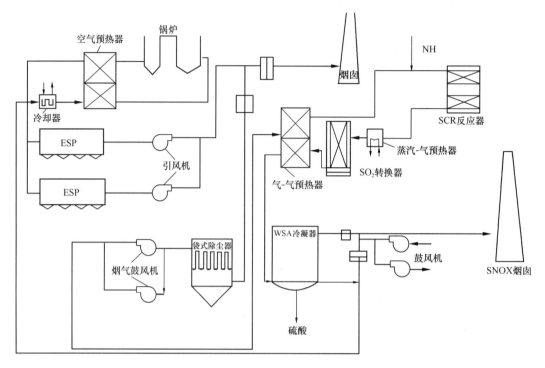

图 6-14 丹麦 NEFO 电厂的 WSA-SNOₓ 工艺流程图

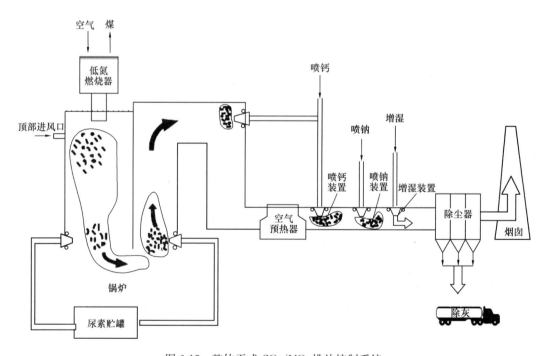

图 6-15 整体干式 SO₂/NOX 排放控制系统

CaSO₄ 和 10％的 NH₃SO₄。该工艺流程如图 6-16 所示。脱硝反应使用氨作为还原剂进行选择催化还原反应，催化剂是具有活性的细粉末化合物 FeSO₄·7H₂O，不需要支撑载体，运行温度在 385℃。

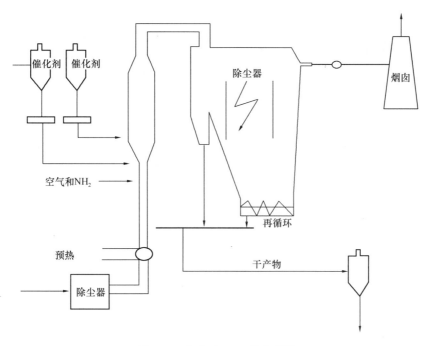

图 6-16　鲁奇 CFB 工艺流程图

Parsons 烟气脱硫脱硝技术是在还原氛围下将 SO_2 催化还原为 H_2S，NO_X 还原为 N_2，剩余的氧还原为水，回 H_2S 并将最终转化为单质 S。目前，在国外已在 500MW 燃高硫煤机组上安装运行。该工艺在单独的还原步骤中同时将 SO_2 催化还原为 H_2S，NO_X 还原为 N_2，其余的氧还原为水；从氢化反应器中回收 H_2S，并从 H_2S 富集气体中生产元素硫。该工艺的流程如图 6-17 所示。

电子束氨肥法烟气脱硫脱硝技术（EBA），利用高能电子束辐照烟气，将烟气中的二

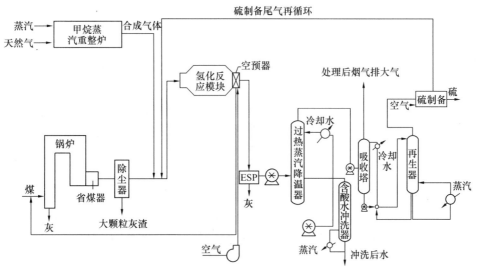

图 6-17　Parsons 烟气脱硫脱硝技术工艺

氧化硫和氮氧化物转化成硫酸铵和硝酸铵的一种烟气脱硫脱硝技术。该工艺流程如图6-18所示。

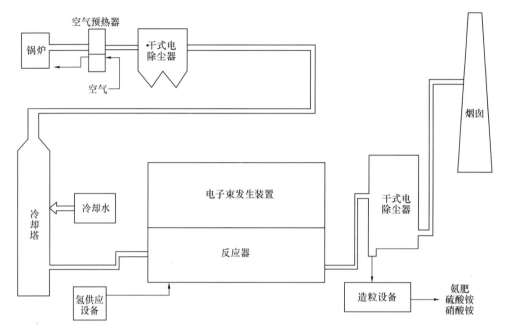

图6-18　电子束同时脱硫脱硝工艺流程图

6.3.2　内燃机车废气净化技术

我国铁路主要牵引动力的内燃机车是铁路运输业废气污染的主要产生源。尤其在机务段内，由于检修和整备机车，启动频繁，污染尤为严重，CO及NO等有害气体的产生是自然源的10倍。多年实践证明，各种机内净化措施无法满足日趋严格的排放法规要求，废气催化净化方法属于机外净化，其作用是将汽油机废气中有害的HC、CO和NOx转化为无害的 H_2O、CO_2 和 N_2。废气催化净化方法主要是采用催化反应器，常见的有氧化催化反应器、三元催化反应器、双机系统等。

1. 氧化催化反应器

采用氧化催化反应器目的是使废气中的CO和HC与剩余空气在较低的温度下以较高的速度进行氧化反应。催化活性物质为填充在氧化铝等颗粒状或蜂窝状载体中的铂—钯等金属或铜、锰等金属氧化物。催化作用是靠废气本身的热量激发的。它的工作温度范围以催化作用开始温度为下限，以因过热引起催化剂烧结、老化的极限温度为上限。经分析，HC和CO可在很大程度上被转化为无害的 H_2O、CO_2。缺点是该系统不能消除氮氧化物。

2. 三元催化反应器

三元催化反应器是一种理想的废气净化装置，它不但具有氧化作用，还具有还原作用，其催化活性物质为在氧化铝等颗粒状或蜂窝状载体中填充的铂—铑贵金属。三元催化反应器的优越性在于它可通过使用氧传感器的电喷装置来严格控制空燃比，使混合气体比例处于最佳理论空燃比附近，从而达到高度净化的目的。

3. 双机架催化反应器

双机架催化反应器建立在两个催化反应器串联的基础上，第一个反应器中装有一个还原催化反应器，第二个反应器中装有一个氧化催化反应器。在两个反应器之间供以二次空气，为废气中 HC 和 CO 的氧化提供条件。与发动机连接较近的第一个反应器在空气量不足的情况下通过还原可减少 NOx 的排放量；第二个附加连接的反应器作为氧化催化反应器能最大限度消除 HC 和 CO。其缺点是油耗量大，且在缺氧条件下 NOx 还原后生成氨（NH₃），氨遇氧又部分被氧化成 NOx。该方法只在美国曾投入使用。

6.3.3　喷涂车间空气净化技术

油漆喷涂过程中主要产生漆雾、有机废气污染。油漆在高压作用下雾化成微粒，在喷涂时，部分油漆未到达喷漆物表而，随气流弥散形成漆雾。稀释剂（有机溶剂）是用来稀释油漆，达到漆物表而光滑关观的口的。有机溶剂易挥发，在喷漆、晾干过程将逐渐挥发出来形成有机废气。其净化方法主要有燃烧法、吸附法、吸收法和冷凝法。

某环保技术咨询有限公司根据现场调查和研究分析，就涂层废气中的甲苯治理和回收工艺制定可行性方案，具体工艺流程如图 6-19 所示。

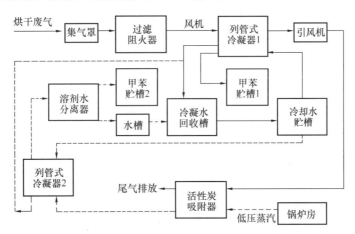

图 6-19　某喷涂车间废气处理工艺流程

本工艺系统分为如下 3 个系统：废气收集系统，废弃净化处理系统，排风系统。废气收集系统包括局部排风罩，风量调节阀，管道。废弃净化处理系统主要包括除尘器，冷凝器，活性炭吸附装置。排风系统主要包括排风机，风量调节阀和烟囱。

第7章 轨道交通项目环境影响评价

7.1 环境影响评价内容

7.1.1 环境影响评价概述

1. 环境影响评价的概念与分类

（1）概念

环境影响评价是指对拟议中的重要决策和开发建设项目，可能对环境产生的生物性、物理性或化学性的作用和其造成的环境变化以及对人类健康和福利的可能影响，进行系统的分析、评估，且提出对策措施来减少、降低这些影响。

《中华人民共和国环境影响评价法》中的环境影响评价是指对规划和建设项目实施后可能造成的环境影响进行分析、预测和评估，提出减轻或预防不良环境影响的对策措施进行跟踪监测的方法与制度。

（2）分类

1）按评价对象分为

① 规划环境影响评价；

② 建设项目环境影响评价。

2）按环境要素分为

① 大气环境影响评价；

② 地表水环境影响评价；

③ 声环境影响评价；

④ 生态环境影响评价；

⑤ 固体废物环境影响评价。

3）按时间顺序分为

① 环境质量现状评价；

② 环境影响预测评价；

③ 规划环境影响跟踪评价；

④ 建设项目环境影响后评价。

2. 环境影响评价的目的

环境影响评价的目的，是在开发活动或决策之前，全面地评估人类活动给环境造成的显著变化以及提出减免措施，从而起到"防患于未然"的作用。

3. 环境影响评价工作流程

（1）评价工作流程

开展城市轨道交通工程环境影响评价就是对设计、施工以及运营后对周围环境造成的影响进行环境影响预测以及评价，选取技术可行，经济、布局合理的环保措施，并对拟采取的环保措施及其效果进行评估。

根据《环境影响评价技术导则　城市轨道交通》（HJ 453—2018），城市轨道交通建设项目环境影响评价工作程序见图 7-1。评价主要环节的工作内容列举如表 7-1。

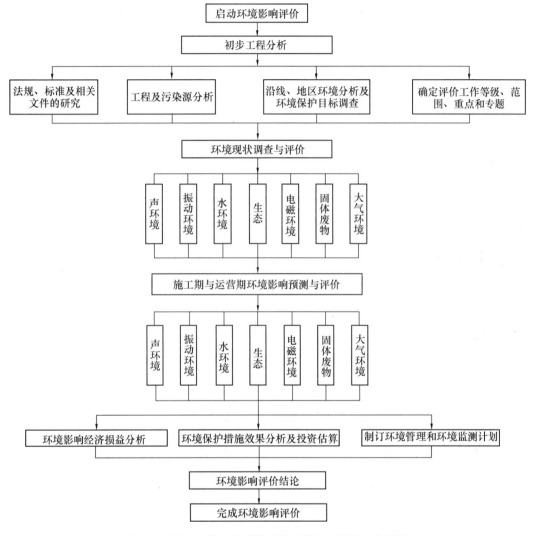

图 7-1　城市轨道交通建设项目环境影响评价工作程序

城市轨道交通环境影响评价工作内容　　表 7-1

评价步骤	工作内容	具体内容
工程分析	工程构成及工程量分析	参见表 7-7（工程与系统构成） 至表 7-12（施工方法分类）
	工程污染源分析及源强确定	噪声、振动、废水等源强的 特征分析见表 7-13

评价步骤	工作内容	具体内容
环境分析	社会经济状况调查	见表 7-30
	城市规划情况调查	
	自然环境状况调查	
	环境质量现状调查	
	环境功能区划调查	
	环境保护目标调查	
	环境影响识别分析	见表 7-30
环境质量现状监测	环境现状调查	声环境、环境振动、电磁环境、地表水及地下水水质、空气质量调查、监测与现状评价
	环境现状监测	
	环境现状评价	
环境影响预测与评价	预测模式的确定和预测参数的选取	声环境、振动环境、电磁环境、地表水、地下水等预测与影响评价
	环境影响预测	
	环境影响评价	
环境保护措施提出与优选	效果分析	
	投资估算	
	经济技术论证	

第一，根据工程实际以及线路特征，进行工程分析、污染源分析、环境保护目标调查和沿线环境分析，以国家和地方环境法律法规、环境标准为依据，进行环境因素识别和评价因子筛选，确定评价工作等级、评价范围与评价专题，明确评价重点。

第二，进行环境现状监测与评价，并进行施工期与运营期的环境影响类比监测与评价，根据现状监测与类比监测的结果，对不同类型的环境敏感目标进行影响预测。

第三，根据环境影响预测结果及超标程度提出环保措施，并且对拟采取的措施及效果进行评价，完成报告书的编制。

环境现状调查、测量与评价施工期与运营期类比调查、测量与评价、施工期与运营期环境影响预测与评价环境保护措施效果分析及投资估算制订环境管理和环境监测计划。

（2）评价技术原则

环境影响评价工作应遵循以下基本原则：

1）拟规划或拟建项目的特点相结合；

2）与拟规划或拟建项目可能影响的区域环境相结合；

3）遵守国家和地方政府颁布的相关的法律法规、技术政策、标准以及经过审批的各类型规划；

4）正确认识拟规划或者拟建项目可能产生的环境影响；

5）采用适当的预测评估方法；

6）环境敏感目标的有效保护对环境影响最小化不利；

7）减缓措施和替代方案的环境技术性及经济性可行。

如表 7-2～表 7-4 所示，城市轨道交通工程环境影响评价应覆盖建设期与运营期全部过程、范围和活动，进行工程分析和环境分析；根据工程项目特点和沿线环境特征，针对环境敏感目标拦行环境影响预测与评价；根据噪声、振动及生态等环境影响，提出以减振降噪为主的环境保护措施，优选最佳工程方案。工程分析与环境分析是评价基础，现状调查与监测是评价手段，环境保护目标是评价核心，环境影响预测是评价关键，环境保护措施是评价目的。

城市轨道交通工程环境影响评价概要　　表 7-2

时段	评价专题	主要评价内容	评价对象	评价目的
施工期	声环境	施工机械与运输车辆噪声	施工场界噪声	符合施工场界噪声标准
	振动环境	钻孔、打桩及施工机械振动		
	地表水环境	施工废水等	污水排放口	符合水污染物排放标准
	地下水环境	施工降水	施工降水区间	符合水污染物排放标准
	大气环境	施工粉尘、二次扬尘、尾气排放等		符合相关标准
	生态环境	土地规划利用、城市敏感区域等		符合相关规划
运营期	声环境	列车运行噪声	声环境保护目标	符合声环境功能区及环境噪声标准
		风亭、冷却塔运行噪声		
		车辆段、停车场厂界噪声	车辆段、停车场厂界噪声	符合工业企业厂界噪声标准
	振动环境	列车运行振动	振动环境保护目标室外振动	符合城市区域环境标准
		室内二次辐射噪声	振动环境保护目标室内噪声	符合相关标准
		古建筑振动速度	文物保护建筑	符合古建筑相关标准
	电磁环境	列车运行电磁干扰	电磁环境保护目标	符合相关标准
		110kV（含）以上主变电站电磁环境	电磁环境保护目标	符合相关标准
	地表水环境	车站生活污水	污水排放口	符合水污染物排放标准
		车辆段、停车场生活污水/生产废水		
	大气环境	车辆段、停车场锅炉污染物/食堂油烟	大气排放点	符合大气污染物排放标准

城市轨道交通工程环境影响评价要求　　表 7-3

评价专题	评价等级	评价范围
声环境	按照 HJ 2.4 的评价等级	地面线和高架线的声环境评价范围：地铁、轻轨（含试车线、出入段线、出入库线）一般为距线路中心线两侧 150m；跨座式单轨交通、现代有轨电车交通以及中低速磁浮交通一般为距线路中心线两侧 50m；车辆段、停车场、车辆基地一般为厂界外 50m
		地下线：冷却塔评价范围为冷却塔声源周围 50m；风亭评价范围为风亭声源周围 30m
		主变电站评价范围为厂界外 30m
		评价范围可根据建设项目工程和环境影响的实际情况适当缩小或扩大
振动环境	不划分评价等级	地铁、轻轨的振动环境评价范围：地下线和地面线一般为距线路中心线两侧 50m；高架线一般为距线路中心线两侧 10m。地铁、轻轨的室内二次结构噪声影响评价范围：地下线一般为距线路中心线两侧 50m。必要时，振动环境评价范围、室内二次结构噪声影响评价范围可根据建设项目工程和环境影响的实际情况适当缩小或扩大（例如：地铁地下线平面圆曲线半径≤500m 或岩石和坚硬土地质条件下的室内二次结构噪声评价范围扩大到线路中心线两侧 60m）
		文物保护单位内不可移动文物的振动影响评价范围：一般为距地下线和地面线线路中心线两侧 60m。评价范围可根据建设项目工程特点、文物保护单位内不可移动文物的特点、环境影响的实际情况适当缩小或扩大
		跨座式单轨交通、现代有轨电车交通、中低速磁浮交通可不进行振动和室内二次结构噪声评价

续表

评价专题	评价等级	评价范围
大气环境	按照 HJ 2.2 的评价等级（对于不涉及锅炉的城市轨道交通项目，其大气环境影响评价可不进行评价工作等级的判定，仅进行大气环境影响分析）	车辆基地、车辆段、停车场等新建锅炉房周围200m以内的区域。
		地下车站排风亭周围30m以内的区域。
电磁环境	按照 HJ24 的评价等级	按照 HJ 24 中的相关规定确定
地表水环境	按照 HJ/T 2.3 中三级执行	按照 HJ/T 2.3 中的相关规定确定
地下水环境	按照 HJ 610 的评价等级	按照 HJ 610 中的相关规定确定
生态环境	按照 HJ 19 的评价等级	按照 HJ 19 中的相关规定确定

各环境因素的测量量与评价量　　　　　　　　　　表 7-4

评价阶段	评价专题	重点评价内容	现状监测与评价		类比测量与评价		预测评价	
			测量量	评价量	测量量	评价量	预测量	评价量
运营期	声环境	列车运行噪声	昼、夜间等效声级	同测量量	列车通过时段等效声级	同测量量	昼间、夜间运营时段等效声级	昼间、夜间运营时段等效声级
		风亭、冷却塔运行噪声			A声级	同测量量		
		场、段边界噪声			昼、夜间等效声级	同测量量	昼、夜间等效声级	同预测量
	振动环境	列车运行振动	昼、夜间振动等级	同测量量	列车通过时段振动等级	同测量量	列车通过时段振动等级	同预测量
		室内二次辐射噪声	A声级（16~200Hz）	同测量量	列车通过时段A声级（16~200Hz）	同测量量	列车通过时段A声级（16~200Hz）	同预测量
		振动速度	结构振动速度	同测量量	结构振动速度	同测量量	结构振动速度	同预测量
	电磁	列车运行电磁干扰	电视信号场强	电视信号场强	无线电干扰场强	电视接收信噪比	无线电干扰场强	电视接收信噪比
		主变电站电磁环境	工频电场、工频磁感应强度	同测量量	工频电场、工频磁感应强度	同测量量	工频电场、工频磁感应强度	同预测量
	水环境	车站生活污水场、段生活、生产废水	污染物排放浓度	同测量量	污染物排放浓度	同测量量	污染物排放浓度	同预测量
	大气环境	场、段锅炉污染物	污染物排放浓度	同测量量	污染物排放浓度	同测量量	污染物排放浓度	同预测量

续表

评价阶段	评价专题	重点评价内容	现状监测与评价		类比测量与评价		预测评价	
			测量量	评价量	测量量	评价量	预测量	评价量
施工期	声环境	施工噪声	昼、夜间等效声级	同测量量	昼、夜间等效声级	同测量量	昼、夜间等效声级	同预测量
	振动环境	施工振动	昼、夜间振动等级	同测量量	昼、夜间振动等级	同测量量	昼、夜间振动等级	同预测量
	水环境	施工废水、生活污水	污染物排放浓度	同测量量	污染物排放浓度	同测量量	污染物排放浓度	同预测量
	大气环境	施工粉尘、汽车尾气等	污染物排放浓度	同测量量	污染物排放浓度	同测量量	污染物排放浓度	同预测量

7.1.2　环评相关法律法规

1. 环评主要法律法规以及文件体系

在我国环境影响评价中的最高标准是《中华人民共和国环境影响评价法》，其具有不可替代的地位。该法自 2003 年 9 月 1 日起施行，2016 年 7 月 2 日第十二届全国人民代表大会常务委员会第二十一次会议修订，并经第十三届全国人大常委会第七次会议再次修改，最新版已于 2018 年 12 月 29 日公布施行。最新修订取消了建设项目环境影响评价资质行政许可事项，不再强制要求由具有资质的环评机构编制建设项目环境影响报告书（表），主要对第十九条、第二十条、第二十八条和第三十二条进行了修改。《中华人民共和国环境影响评价法》主要由总则、规划的环境影响评价、建设项目的环境影响评价、法律责任以及附则五部分组成，具体内容可查阅其详细内容。

此外，环境保护总局于 2004 年 7 月 3 日以《关于印发〈编制环境影响报告书的规划的具体范围（试行）〉》和《编制环境影响评价篇章或说明的规划的具体范围（试行）》（环发〔2004〕98 号）文件对编制环境影响报告书的规划以及编制环境影响篇章或说明的规划的具体的范围予以规定。《规划影响评价条例》对规划评价的内容、形式及公众参与进行一系列规范。铁路相关的文件包括《铁路环境保护规定》、《铁路建设项目环境影响评价管理办法》等。

主要环评工作相关法律法规、标准以及文件体系列举如下：

《中华人民共和国环境影响评价法》

《建设项目环境保护管理条例》

《建设项目环境影响评价技术导则》

《环境保护部审批环境影响评价文件的建设项目目录》

《建设项目环境影响评价分类管理名录》

《环境影响评价公众参与暂行办法》

《关于印发环评管理中部分行业建设项目重大变动清单的通知》

《关于印发〈建设项目环境影响评价政府信息公开指南（试行）〉的通知》

《关于进一步加强环境影响评价管理防范环境风险的通知》

《关于加强规划环境影响评价与建设项目环境影响评价联动工作的意见》

《铁路建设项目环境影响评价工作管理办法》

《关于公路、铁路（含轻轨）等建设项目环境影响评价中环境噪声有关问题的通知》

2. 环境相关标准

环境质量现状评价和编制环境质量报告书和环境影响评价和编制环境影响报告书的进行都需要根据环境标准做出定量化的比较和评价，正确的判断环境质量状况以及环境影响的大小，为进行环境污染综合整治以及采取切实可行的环保措施提供科学的理论依据。具体相关标准在以下章节中进行具体阐述。

7.1.3 轨道交通项目管理及审批

1. 轨道交通项目分类管理

根据建设项目的特点和其所在区域的环境敏感程度，考虑建设项目可能会对环境造成的影响，对建设项目的环境影响评价实行分类管理。建设单位应当按《建设项目环境影响评价分类管理名录》的规定，分别编制建设项目环境影响报告书、环境影响报告表或者填报环境影响登记表。《建设项目环境影响评价分类管理名录》对环境敏感区进行了详细的规定。表 7-5 为轨道交通项目分类管理表。

轨道交通项目分类管理表　　　　　　　　　　表 7-5

项目类别	环评类别	报告书	报告表	登记表	本栏目环境敏感区含义
1	新建、增建铁路	新建、增建铁路（30km 及以下铁路联络线和 30km 及以下铁路专用线除外）；涉及环境敏感区的	30km 及以下铁路联络线和 30km 及以下铁路专用线	—	第三条（一）中的全部区域；第三条（二）中的全部区域；第三条（三）中的全部区域
2	改建铁路	200km 及以上的电气化改造（线路和站场不发生调整的除外）	其他	—	
3	铁路枢纽	大型枢纽	其他		
4	城市轨道交通	全部	—	—	

说明：1. 名录中涉及规模的均指新增规模。

2. 单纯分装是指不发生化学反应的物理混合过程；分装指由大包装变为小包装。

2. 轨道交通审批原则

（1）铁路建设项目审批原则

环境保护部发布了《铁路建设项目环境影响评价文件审批原则（试行）》（环办环评〔2016〕114 号）以规范建设项目环境影响评价文件审批。

1）本原则适用于标准轨距的Ⅱ级及以上新建、改建铁路建设项目环境影响评价文件的审批。其他类型铁路建设项目可参照执行。

2）项目符合环境保护相关法律法规和政策要求，符合国家和地方铁路发展规划、铁路网规划、相关规划环评及其审查意见要求。

3）坚持"保护优先"原则，选址选线符合国家和地方环境保护规划、环境功能区划、生态保护红线、生物多样性保护优先区域规划等的相关要求，与沿线城镇总体规划等相协调。

4）坚持预防为主原则，优先考虑对噪声源、振动源和传播途径采取工程技术措施，有效降低噪声和振动对环境的不利影响。应结合项目沿线受影响情况采取优化线位和工程形式、设置声屏障、搬迁或功能置换等措施，有效防治噪声污染。建筑隔声措施可作为辅助手段保障敏感目标满足室内声环境质量要求。

运营期铁路边界噪声排放限值需满足标准要求。现状声环境质量达标的，在项目实施后沿线声环境敏感目标仍要达标。现状声环境质量不达标的，须强化噪声防治措施，项目实施后敏感目标满足声环境质量标准要求或不恶化。运营期铁路沿线振动环境敏感目标满足相应环境振动标准要求。

5）项目涉及自然保护区、世界文化和自然遗产地等特殊和重要生态敏感区的，应专题论证对敏感区的环境影响。结合涉及保护目标的类型、保护对象及保护要求，从优化设计线位、工程形式和施工方案等方面采取有针对性的保护措施，减轻不利生态影响。

6）项目涉及饮用水水源保护区或Ⅰ类、Ⅱ类敏感水体时，在满足水污染防治相关法律法规要求前提下，应优化工程设计和施工方案，废水、污水尽量回收利用，废渣妥善处置，不得向上述敏感水体排污。落实《水污染防治行动计划》等国家和地方水环境管理及污染防治相关要求。

7）根据项目特点提出针对性的施工期大气污染防范措施。沿线供暖设备的建设应满足《大气污染防治行动计划》等国家和地方大气环境管理及污染防治相关要求，排放大气污染物的，应采取污染防治措施，确保各项污染物达标排放。

运煤铁路沿线涉及有煤炭集运站或煤堆场的，应强化防风抑尘等大气污染防治措施。隧道进出口临近居民区或其他环境空气敏感区，应优化布局或采取大气污染治理措施，减轻不利环境影响。

8）牵引变电所、基站合理选址，确保周围环境敏感目标满足有关电磁环境标准要求。采取有效措施并加强监测，妥善解决列车运行电磁干扰影响沿线无线电视用户接收信号的问题。

9）对固体废弃物遵循"减量化、资源化、无害化"的原则进行分类收集和处理处置。

10）对可能存在环境风险的项目，应强化风险污染路段和站场的环境风险防范措施，提出了突发环境事件应急预案编制要求，建立与当地人民政府相关部门和受影响单位的应急联动机制。

11）改、扩建项目应全面梳理现有环保问题并提出整改方案。

12）按环境影响评价技术导则及相关规定制定了环境监测计划，明确监测的网点布设、监测因子、监测频次和信息公开等有关要求。提出了项目施工期和运营期的环境管理要求。

13）对环境保护措施技术、经济、环境可行性等进行深入论证，合理估算环保投资并纳入投资概算，明确措施实施的责任主体、实施时间、实施效果等，确保其科学有效、安全可行、绿色协调。

14）按相关规定进行信息公开并且开展公众参与。

15）环境影响评价文件编制应符合资质管理规定以及环评技术标准。

（2）违法项目责任追究

为有效遏制新出现的"未批先建""擅自实施重大变动"等环境影响评价违法行为，进一步加强环境影响评价违法项目责任追究，环保部办公厅 2015 年 3 月发布《关于进一步加强环境影响评价违法项目责任追究的通知》（环办函［2015］389 号），严格依法对存在"未批先建""擅自实施重大变动"等环评违法行为的建设项目实施行政处罚。对于建设单位性质为国家机关、国有企事业单位,且有下列情形之一的,应当按照《环境保护违法违纪行为处分暂行规定》要求,移送同级纪检监察机关追究建设单位相关人员责任。在责任追究完成前,各级环境保护部门不得通过其环评审批或竣工环境保护验收。

各级环境保护部门收到建设项目环评审批、竣工环境保护验收申请时,应当首先对建设项目是否存在环评违法行为及其行政处罚、整改、责任追究等情况进行审查。对存在环评违法行为的建设项目,应当要求建设单位主动、如实在申请文件中说明相关情况。

对于未依法实施行政处罚、未按处罚要求整改到位的环评违法项目,一律不予受理其环评文件、竣工环境保护验收申请。对于通过隐瞒环评违法行为进入环评审批或竣工环境保护验收流程的,一经发现,立即终止审批或验收程序,退回环评文件或验收申请,在环境保护部门网站对建设单位予以曝光。对于通过欺骗、贿赂等不正当手段取得环评批复或通过竣工环境保护验收的,应当依法予以撤销。

7.1.4 环境影响评价变更管理

1. 变更环境影响评价重点内容

对变更前后的方案及其环境影响进行定量和定性的对比分析是变更环境影响报告书重点,其难度往往较新建项目更大。根据环保部对城轨交通变更环评的评估及审批情况得出评价重点主要有以下 7 个方面:

(1) 变更段的规划环评符合性分析。

(2) 变更报告应专章进行施工期环境影响回顾。

(3) 评价原环评及批复的落实情况,这是审批部门的重点关注内容。

(4) 分析论证工程变更的环境合理性。

(5) 重点分析工程变更引起敏感点的变化及其环境影响的变化。

(6) 公众参与,重点关注变更段的居民意见。

(7) 简化未变更路段的环境影响评价。

2. 铁路重大变更清单

根据《环境影响评价法》和《建设项目环境保护管理条例》有关规定,建设项目的性质、规模、地点、生产工艺和环境保护措施五个因素中的一项或一项以上发生重大变动,且可能导致环境影响显著变化(特别是不利环境影响加重)的,界定为重大变动。属于重大变动的应当重新报批环境影响评价文件,不属于重大变动的纳入竣工环境保护验收管理。

根据上述原则,结合不同行业的环境影响特点,环境保护部制定了铁路等部分行业建设项目重大变动清单(试行)。各省级环保部门可结合本地区实际,制定本行政区特殊行业重大变动清单,报至环保部备案。

3. 城市轨道交通变更环评

以我国 2011—2014 年城市轨道交通变更为例。2011—2014 年,环保部审批的城市轨道交通变更环评共 31 个,变更环评数量占其项目环评总数比重较大。4 年中城市轨道交通变更环评的主要变更原因包括:线路发生较大的横向位移,以及车辆段、停车场、车站或变电站位置调整,再次是线路长度增加。

在实际中,城市轨道交通建设项目重大变动可以按以下几个方向把握,向相关部门报批。主要有车型变化、线路长度增加、敷设方式调整、相关场站数量增加、线路发生较大的横向位移、相关场站位置调整、地上线路的列车对数增加或者车辆编组增加、减震或降噪等主要环保措施弱化或降低。

7.2 工程分析

7.2.1 工程类型与环境影响特点

1. 工程类型

城市轨道交通是指采用专用导向装置运行的城市公共客运交通系统。城市轨道交通包括轮轨导向系统的地铁、轻轨、有轨电车等传统型的城市轨道交通，还包括单轨、自动导轨、直线电机等新型的城市轨道交通。城市轨道交通的系统模式按运量规模选择。

轨道交通项目涉及地铁、轻轨、单轨、直线电机轨道等交通形式，采用车辆类型包括 A 型、B 型、C 型、直线电机车辆、跨座式单轨车辆等。典型城市轨道交通主要参数见表 7-3-1。

（1）地铁交通

地铁是指采用专用轨道、专用信号，在全封闭线路上独立运营的大运量城市轨道交通系统，线路通常设在地下隧道内，也有部分延伸到地面或高架桥上。其高峰小时单向客运能力一般在 30000～70000 人次。例如北京地铁 1 号线、2 号线、5 号线、13 号线、八通线；上海地铁 1 号线、2 号线、3 号线（明珠线）；广州地铁 1 号线、深圳地铁 1 号线等。

（2）轻轨交通

轻轨是指采用专用的轨道，在全封闭或半封闭的线路上，以独立运营为主的中运量城市轨道交通系统，线路一般设在地面、高架桥上，也有部分延伸地下隧道内。其高峰小时单向客运能力一般在 10000～30000 人次。例如长春轻轨 1 号线、武汉轻轨 1 号线、大连轻轨 3 号线等。

（3）有轨电车交通

有轨电车是指独立运营或与其他交通方式混合运行的低运量城道交通系统，线路通常设在地面上。其高峰小时单向客运能力一般在 15000 人次以下。例如鞍山市有轨电车改建工程，如表 7-6 所示。

典型城市轨道交通主要参数对照表　　　　　　　　　　表 7-6

类别	项目	单位	地铁	轻轨	单轨交通
线路	线路形式	—	地下/地面/高架	地面/高架	高架
	曲线半径	m	70	＞25	＞25
运营	客运量（高峰小时单向运力）	人次/h	＞30000	10000～30000	5000～20000
	额定载客量	人	238（1428）	1000～1200	696～1044
	列车编组	节	6	4	4
	行车间隔	min	≥2（3）	≥2.5	3～6
	平均运行速度	km/h	35～40	25～35	24～34
	最高运行速度	km/h	80	80	70～80
	出行距离	km	5～50	3～30	

类别	项目	单位	地铁	轻轨	单轨交通
车辆	列车长度	m	20	20	15
	列车宽度	m	2.8～3.2	2.4～2.65	2.1～3.0
	一般轴重	t	12	10	7
供电	方式	—	接触轨或架空网	接触轨或架空网	接触轨
	电压	V	DC750 或 DC1500	DC750	
建设周期		年	3～5 年	3 年左右	3～4 年
投资		iLjt/km	4～6	2.5～3	2～3

（4）单轨交通

单轨交通是一种轨道为带形的梁体，车辆跨坐在轨道梁的上方或悬挂在下方的交通工具。单轨交通属中运量城市轨道交通系统，按其走形模式和构造不同，分为跨座式单轨和悬挂式单轨，具有爬坡能力强、转弯半径小、噪声小的特点。重庆市轨道交通 2 号线，由于城市地形复杂，道路坡陡弯急而选用单轨交通系统，车体跨坐三轨道梁的上方，除车辆底部的走行轮外，在车体两侧下垂部分还有导向轮和稳定杆平行于轨道梁的两侧，保证车辆沿轨道稳定运行。重庆轨道交通 2 号线是国内第一条有示范意义的跨座式单轨交通系统。

（5）自动导轨交通

自动导轨交通是指采用橡胶车轮，依靠导向轨引导方向，在两条平行的平板轨道上自动控制运行的新型快速客运交通系统。

（6）直线电机轨道交通

直线电机轨道交通是指采用直线感应电机牵引车辆的中运量城市轨道交通系统。直线电机车辆在导向方面与传统轮轨系统相似，利用牛轮起支撑导向作用；而在牵引方面则是采用车载短定子直线异步电机驱动，当初级线圈通过三相交流电时，由于感应而产生电磁力，直接驱动车辆运行。北京机场线、广州地铁 4 号线、5 号线就是采用了直线电机车辆的轨道交通系统。

2. 环境影响特点

城市轨道交通存在的环境问题主要是噪声、震动以及生态影响。项目规划实施期间主要为施工作业对噪声、生态影响，而营运期主要是振动与噪声影响。对于噪声与振动来说，其特点为敏感点集中。

7.2.2 工程分析内容

1. 线网及建设规划分析

城市轨道交通工程项目的构成应满足城市轨道交通系统运营模式和客运需求，以轨道交通线网规划为依据，按全线范围进行工程项目可行性研究及工程设计。

工程分析的重要内容之一是轨道交通规划概况分析。其重点应说明轨道交通线网规划及近期建设规划的情况，拟建工程与线网规划的关系。线网规划重点包括线网的总规模、结构形态、覆盖范围、分布密度、换乘节点、车辆基地及其联络线分布等。近期建设规划主要为线网的近期建设规模、建设时序、运行组织、工程实施、换乘站等建设用地控制规划。工程分析中应说明轨道交通线网规划及建设规划环境影响报告的评审意见及其落实情况，并根据规划环评的评审意见进行工程方案的符合性分析。

对于扩建、改建工程还应说明后续工程的建设规模、工程组成、实施方案及其与厂期工程的依衬关系。若前期工程已通过建设项目竣工环境保护验收，还应包括环境保护验收的主要结论。

2. 轨道交通工程内容及运营指标

（1）工程组成

工程分析应覆盖建设期与运营期的全部过程、范围和活动。轨道交通从范围分为线路、车站、车辆段、停车场、控制中心、变电站等；从空间上分布有地下线、地面线、高架线及过渡线等；从时序上分为施工期和运营期。工程分析包括工程与系统构成分析及工程量分析、施工方法及施工量分析以及工程污染源分析。

轨道交通工程主要由土建工程与设备系统组成。土建工程主要为线路工程、隧道工程、桥梁工程、轨道工程、车站建筑、车辆段及停车场等；设备系统主要为车辆、供电、通风空调与采暖、给排水、环境保护设施设备等。工程与系统构成及工程量、设备量统计分析见表 7-7 和表 7-8。

工程与系统构成 表 7-7

类别	专业工程	工程内容、工程指标及技术参数	要求
土建工程	线路工程	正线、辅助线、车场线、折返线、过渡线、出入线等。说明线路走向、线路形式、空间位置、水平布置、起止位置、里程长度、曲线半径、线路坡度等	附线路地理位置附线路走向、敷设方式示意图
	隧道工程	隧道结构（单洞、双洞）、隧道形状（圆形、矩形、马蹄形）、隧道尺寸、隧道质量、隧道材料、隧道埋深、基底深度等	附隧道典型断面图、纵断面图
	桥梁工程	桥梁结构、桥梁材料、桥面宽度、净空高度等	附桥梁典型断面图、纵断面图
	轨道工程	采用的钢轨、扣件、轨枕、道床等轨道结构	
	车站及附属建筑	车站名称、数量、站间距、站中心里程、车站形式（地下、地面、高架、岛式、侧式、换乘站及换乘方式），以及风亭等车站附属建筑	附风亭、冷却塔地面位置图
	车辆段及停车场	车辆段及停车场的地理位置、占地面积、功能、运用车辆及配属车辆、车间分布、设备类型以及出入线的情况	附车辆段及停车场平面位置图
设备系统	车辆系统	车辆类型及主要技术条件，包括受电方式、运行速度（最高运行速度、平均旅行速度）、车体尺寸、车辆自重、轴重等	
	供电系统	供电方式、电压等级、110kV（含）以上变电站的形式、分布、位置、数量等	
	通风空调系统	车站系统和区间系统的设备选型、地面设备的数量、布置方式、设置位置、运行时间等	
	采暖系统	车站和车辆检修地的采暖方式、采暖设备等	
	给排水与消防统	给排水与消防系统的水源、给排水及消防用水的用水量标准、用水量、废水种类、排放去向、排水量等	
	行车组织	列车编组、行车间隔、开行对数、营运时间等	
	环境保护	工程设计提出的环境保护措施	

（2）运营指标

工程分析中还应给出各运营时段轨道交通运营组织与行车计划，包括运营初期、近期和远期列车编组、全天运营时间、列车开行对数（全日、高峰小时）、列车最小行车间隔等，运营组织与行车计划见表7-9。

工程分析是工程环境影响评价的基础，工程条件与工程环境影响及程度大小关系密切。工程内容与工程指标直接关系到轨道交通噪声、振动预测参数的确定与取值，碍为轨道交通噪声、振动影响预测提供参考依据。具体内容详见工程分析表7-7和表7-8。

施工期工程分析主要是施工准备阶段、施工阶段的施工方法及施工量分析，施工期工程组成和施工期主要施工量统计见表7-10和表7-11。

工程量及设备量统计　　　　　　　　　　　　　　　　表7-8

工程分类	工程（设备）名称	单位	分布
线路工程	正线、辅助线、联络线、过渡线、试车线等	km	
轨道工程	钢轨、扣件、轨枕、道床		
桥梁工程	高架桥梁	km	
隧道工程	地下隧道	km	
车站工程	地下/地面/高架车站	座	
供电系统	接触轨（网）	km	
	主变电所	座	
	牵引降压混合变电所	座	
	降压变电所	座	
通风空调系统	风机	台	
	风亭（进风/排风/隧道）	座	车站出入口周围
	冷却塔	台	
采暖系统	锅炉	台	车辆段、停车场
给排水系统	排放口		
车辆段、停车场	地面建筑、设备、出入线等		

运营组织与行车计划　　　　　　　　　　　　　　　　表7-9

	初期	近期	远期
最高运行速度（km）			
列车编组（辆）			
全程运行时间（min）			
列车最小行车间隔（min）			
高峰小时列车开行对数（对）			
全日列车开行对数（对）			
全天运营时间			

施工期工程组成　　　　　　　　　　　　　　　　表7-10

施工期	施工作业	工程内容	要求
施工准备阶段	征地拆迁	征用土地的范围、性质、类型、面积、期限以及房屋拆迁的范围、类型、面积、户数和人口数量等	
	树木伐移	树木伐移的种类、数量、能否恢复等	
	绿地占用及恢复	占用及恢复绿地的范围、类型、性质、数量、期限等	

续表

施工期	施工作业	工程内容	要求
施工阶段	工程规模	施工周期、工程筹划、工程总投资、环保工程投资等	
	施工方法与施工范围	列表给出车站及区间的施工方法、结构形式以及施工场地、作业时间等	
	施工机械与运输设备	主要施工机械与运输设备的名称、规格、数量	
	土方工程	挖方量、填方量、弃（取）土量，土方运输方式、运输路线，弃（取）土场的地点、位置、面积等	弃土场位置示意图

施工期主要施工量统计　　　　　　　　表 7-11

工程类别	工程内容	单位	数量
车站、区间及附属建筑、车辆段、停车场施工	土地征用	hm^2	
	房屋拆迁	m^2	
	树木伐移	棵	
	占用绿地	m^2	
	临时用地	m^2	
	临时占道	—	
	挖方量	m^2	
	填方量	m^2	
	取（弃）土量	m^2	

3．施工期工程分析

（1）施工内容

城市轨道交通施工作业分为地面线路、地下隧道及高架线路的车站及区间施工：

1）地面敞开段的施工作业有：基础开挖、连续墙维护、混凝土浇筑、运输；

2）地下区间施工采用方法分别为明挖法、暗挖法（浅埋暗挖法或矿山法）、盾构法等；

3）高架区间施工作业包括钻孔、打桩、混凝土浇筑、运输等；

4）车站施工作业有基础开挖、连续墙维护、混凝土浇筑、运输，分为明挖法、盖挖法、浅埋暗挖法和盾构法；

5）车辆段、停车场施工包括基础开挖、混凝土浇筑、运输等；

6）施工准备阶段包括征地拆迁、管线改移、树木伐移、绿地占用、临时用地以及临时占道等。

（2）施工方法

地铁区间隧道与车站施工方案的选择，应综合考虑工程性质、工程规模、工程地质及水文地质条件、地面及地下障碍物、环境保护以及工程特点、工期要求等因素，经过全面的技术经济比较和充分的方案论证来确定。

地铁施工方法一般分为明挖法和暗挖法两大类。在地面交通复杂，地下管线密集的地区，为减少对地面交通的干扰和环境的影响，地下区间隧道的修建，宜采用以暗挖法为主的施工方法，即盾构法或浅埋暗挖法。地下车站的修建，宜采用浅埋暗挖法或盖挖法，在条件许可的情况下，可采用明挖法施工。施工方法分类见表 7-12。

1）地下区间施工方法

区间隧道结构的施工方法可以归纳为明挖法、暗挖法以及沉管法等其他特殊方法。

① 明挖法

明挖法或称基坑法，是指从地面向下开挖，在设计位置进行结构构建后在结构物上部回填并且恢复路面原来的模样。明挖法施工一般是整体浇筑或装配式结构。明挖法的优点主要是内轮廓与地下铁道建筑限界接近，下部净空能够得到充分利用，顶板上便于敷设城市地下管线和设施。明挖法施工工艺简单、技术成熟、施工速度快、造价较低，适用于各种地质条件，地下区间和地下车站都可以采用。

明挖法适用于在场地开阔、建筑物稀少的地区，当线路位于城市主干道或居民中地区，明挖施工干扰地面交通，影响居民出行。北京地铁1号、2号线都是采用明挖法修建，适合当时的历史条件和城市环境。随着城市人口、车辆、建筑及地下管道的增加，新建地铁线路，尤其在城市范围，不宜采用明挖法进行施工。

施工方法分类   表 7-12

序号	施工方法	主要工序	适用范围
1	明挖法	（1）敞口明挖：现场灌注混凝土，回填	地面开阔，建筑物稀少，土质稳定
		（2）带 I 字钢桩或灌注桩支护侧壁开挖：现场灌注混凝土，回填	施工场地较窄，土质自立性较差
		（3）地下连续墙：修筑导槽，分段挖槽，连续成墙，开挖土体，灌注结构，回填	地层松软，地下水丰富，建筑物密集，修建深度较大
		（4）盖挖法：打桩或连续墙支护侧壁，加顶盖恢复交通后在顶盖下开挖，灌注混凝土	街道狭窄、地面交通繁忙地区
2	浅埋暗挖法	（1）对岩石地层采用分布或全断面开挖，锚喷支护或锚喷支护复合衬砌，必要时做二次衬砌	岩石地层
		（2）对地层加固后再开挖支护、衬砌	松软地层，无地下水地区，有地下水时要降水
3	盾构法	采用盾构机开挖地层，并在其内装配管片衬砌或浇注挤压混凝土衬砌	松软地层，在岩石中可采用岩石掘进机
4	顶进法	预制钢筋混凝土结构，边开挖、边顶进	穿越交通繁忙道路、地面铁路、地下管网和建筑物等障碍物的地
5	预制节段沉埋法	利用船台或干船坞把预制结构段浮运至设计位置的沟槽内，处理好接缝，回填土后贯通	穿越江河和海底
6	沉箱法（沉井法）	分段预制隧道结构，用压缩空气排除涌水，开挖土体下沉到设计位置	地下水位高，涌水量较大的或地下承压水、流沙、软土等地质条件
7	辅助施工方法（配合上述施工方法使用）	（1）注浆固结法：向地层注入凝结剂，增加地层强度后进行土体开挖、灌注混凝土结构	砂土、粉土、黏性土和人工填土等地基、路基加固，一般用于防渗堵漏、提高地基土的强度和变形模量以及控制地层沉降
		（2）管棚法：顶部打入钢管，压注水泥沙浆，在管棚保护下开挖、立钢拱架、喷锟凝土、灌注混凝土	松散地层
		（3）降低地下水位法：采用水泵将地下水位降低，以疏干工作面	渗透系数较大的地层
		（4）冻结法：对松软含水土壤打入冷冻管将地层冻结形成冻土壁再开挖土层及灌注混凝土结构	松软含水地层

② 暗挖法

在城区修建地下隧道大多采用暗挖法。暗挖法即不开挖地面，采用在地下挖掘的方式施工。暗挖法主要包括盾构法、浅埋暗挖法（矿山法、新奥法）等。

A. 盾构法。盾构法采用盾构机施工。其结构断面一般为单线双洞圆形隧道。采用盾构法修建区间隧道的优点是劳动强度低，掘进速度较快，不妨碍地面交通，安全可靠，对地下、地面建筑物及沿线居民噪声振动等环境影响较小，在城市管线密集、施工条件困难的地段，采用盾构法更能显示其优越性。但盾构法施工其工程造价高于明挖法或浅埋暗挖法施工。北京地铁 4 号线、5 号线、10 号线的大部分地下隧道都是采用盾构法施工。

B. 浅埋暗挖法

浅埋暗挖法对地面交通无干扰，地下管网不改线，对环境无影响，经济效益与社会效益十分显著。北京地铁 1 号线复兴门折返线工程，隧道埋深为 16～18m，属浅埋。该工程位于复兴门内大街下方，地面交通繁忙，地下管线密集，为减少对地上交通的干扰和避免对地下管线的影响，经过充分论证，决定采用浅埋暗挖法修建。

C. 沉管法

沉管法主要应用于水下隧道施工。沉管法是先在隧址以外的预制场制作隧道管段，管段两端用临时墙密封后运至施工现场。同时，在施工现场进行沟槽竣挖，设置临时支座，然后沉放管段，进行管段水下连接，处理管段接头及基础，而后覆土回填，再进行内部装修与设备安装，以完成隧道。例如上海地铁 2 号线跨黄浦江隧道、广州地铁 1 号线跨珠江隧道。

2）地下车站施工方法

地下车站施工分为明挖法、浅埋暗挖法、盖挖法和盾构法。根据车站所处的地理位置、地质情况等进行施工方法的比选。

① 明挖法

明挖车站的优点是使用功能好，并且施工简单、进度快，可以根据需要分段同时作业，工程造价和运营费用较低，能耗少。但是，由于明挖车站建筑物及地下管线拆除范围较大，施工中产生噪声、振动、粉尘及泥浆等，对城市环境产生影响较大，会干扰地面交通和居民正常生活，而且明挖施工受气象条件的影响较大。在交通繁忙的地段修建地铁车站，尤其是修建具有综合功能要求的车站或需要严格控制基坑开挖引起的地面沉降时，则可采用盖挖法施工。当不允许施工干扰地面交通或由于地面拆迁量过大等造成投资加大时，可采用暗挖法（盾构法）施工，且一般应用于规模较小的中间站。

② 浅埋暗挖法

当前在大城市中心区修建地铁站，国际上多采用暗挖法施工。北京地铁复八线（原北京地铁 1 号线东段）在建设过程中，为保证长安街交通不受干扰，地下管线不进行大的改建，地面建筑物少拆迁，以及综合考虑社会效益和经济效益，不仅区间隧道采用暗挖法，而且车站也采用暗挖法修建，例如西单地铁站为三拱立柱式双层结构，即采用浅埋暗挖法修建。

③ 盖挖法

盖挖车站是基坑开挖与结构浇注顺序的不同，有 3 种基本的施工方法：盖挖顺作法、盖挖逆作法和盖挖半逆作法。盖挖顺作法与明挖法相同，逆作法和半逆作法相近。北京地铁复八线国贸站、永安里站、天安门东站均采用盖挖逆作法施工。

④ 盾构法

盾构车站的结构型式与所采用的盾构类型、施工方法和站台形式密切相关。传统的盾构车站是采用单圆盾构，或单圆盾构与半盾构结合，或单圆盾构与浅埋暗挖法结合修建的。单圆盾构可以是两台盾构机平行作业，也可以利用一台在端头井内折返。盾构车站的站台有侧式、岛式及混合式（侧式与岛式混合）3 种基本类型。

7.2.3 工程污染源分析

1. 主要污染源特征分析

工程污染源分析应按施工期和运营期分别进行，说明主要污染源及污染物排放的情况，城市轨道交通主要污染源特征分析见表 7-13。

城市轨道交通主要工程污染源特征分析 表 7-13

时段	环境因素	污染源	污染源分布	污染物及排放
运营期	噪声	列车运行	地面、高架线及车辆段、停车场出入线沿线	轮轨噪声、空气噪声，通过空气传播、载体传导等方式传播
		通风空调系统运行	地下车站风亭、冷却塔周围	
		风机、压缩空气站、风动机具及试车作业等噪声设备	车辆段、停车场厂界	
	振动	列车运行	地下线路沿线	沿钢轨、扣件、道床并通过隧道及传质结构传递，再通过上层土壤向建筑物传递
	电磁	列车运行	地上线路沿线	电磁感应与无线干扰
		交、直流输、变电设备	110 kV 主变电站	
	污、废水	生活污水	沿线车站	SS、COD、BOD；排入城市排水系统
		生产废水		
		生活污水	车辆段、停车场	SS、COD、BOD_5；排入城市排水系统
		车辆清洗、检修产生含油废水、含 Pb 酸液		SS、COD、BOD、油类；经处理后排入城市排水系统
	废气	车站排风	地下线路车站风亭	粉尘、异味；空间排放
		锅炉运行	车辆段	烟尘、SOr、NOr；空间排放
		食堂作业		油烟、空间排放
	固体废物	乘客生活垃圾	沿线车站	集中收集、定时排放
		职工生活垃圾和生产废物	车辆段	
施工期	噪声	施工机械与运输车辆	施工现场与通场道路	空间辐射
	振动	施工机械与运输车辆	施工现场与通场道路	地面传播
	污、废水	作业泥浆水、车辆冲洗废水、地表径流污水、生活污水	施工现场及驻地	SS、COD、BOD_5 入城市排水系统
	废气	施工粉尘、二次扬尘、施工机械尾气排放，有害物质挥发	施工现场及通场道路	粉尘，空间排放
	固体废物	建筑垃圾和生活垃圾	施工场地及驻地	集中收集、定时清集中处理

2. 运营期污染源分析

轨道交通运营期污染源主要包括噪声、振动、电磁、水污染物、大气污染物、固体废物等。

（1）噪声源

轨道交通运营期噪声源包括列车运行噪声、风亭、冷却塔等环控设备噪声、车辆段及停车场作业噪声。城市轨道交通噪声源分析见表 7-14。

城市轨道交通噪声源分析　　　　　　　表 7-14

区段	主要噪声源		相关工程技术参数
	类别	噪声辐射表现或构成	
高架区间	轮轨噪声	列车行驶时钢轨和车轮表面粗糙不平产生滚动噪声，主要受列车运行速度和轮轨表面粗糙度影响	正线最小平面曲线半径，正线最大纵坡，正线、辅助线及车场线采用钢轨及线路
		车轮经过钢轨接缝处或钢轨其他不连续部位及表面呈波纹状钢轨时产生的"撞击声"，车轮通过钢轨接头和道岔产生典型冲击噪声	
		轮轨轴向相互作用产生高频的"尖啸声"，通常是列车在小半径上运行或车轮过道岔时产生的	
	桥梁结构噪声	因车轮和轨道表面不规则，产生振动，并向桥梁各构件传递振动能，激发梁部、墩台等振动，形成二次辐射噪声。桥梁结构噪声主要与桥梁结构型式、道床结构类型、线路曲线半径等诸多因素有关	高架区间采用桥梁结构形式、墩台、支座、基础等。相应的减振措施
地下车站环控系统	风亭噪声	空气动力性噪声为其最重要的组成部分 — 旋转噪声是叶轮转动时形成的周向不均匀气流与蜗壳、特别是与风舌的相互作用所致，其噪声频谱呈中低频特性	地下车站采用的通风空调系统、消声器；车站风机运行时间
		空气动力性噪声为其最重要的组成部分 — 涡流噪声是叶轮在高速旋转时使周围气体产生涡流，在空气黏滞力的作用下引发为一系列小涡流，从而使空气发生扰动，并产生噪声；其噪声频谱为连续谱、呈中高频特性	
		机械噪声	
		配用电机噪声	
	冷却塔噪声	轴流风机噪声	冷却塔设置位置，型号，运行时间
		淋水噪声是冷却水从淋水装置下落时与下塔体底盘以及底盘中积水发生撞击而产生的；其噪声级与落水高度、单位时间内的水流量有关，一般仅次于风机噪声；其频谱本身呈高频特性	
		水泵、减速机和电机噪声、配套设备噪声等	
停车场及车辆综合基地	列车运行噪声	列车进出段时运行噪声及试车线试车时列车运行噪声	列车运行及设备运行时间
	强噪声设备噪声	空压机、锻造设备、风机等强噪声设备噪声	

1）地面或高架线路

高架线路的噪声影响是城市轨道交通的主要环境问题之一。地面或高架线路的主要声源是列车运行噪声，列车运行噪声由列车运行过程中所产生的轮轨噪声、车辆设备噪声、车体辐射及桥梁结构辐射噪声构成，其中以轮轨噪声为主，其噪声级高、辐射面大、影响范围广。列车在高架桥轨道上行驶时，还将产生二次辐射噪声，即低频结构噪声。这种低频结构噪声是由于轮轨相互作用激发钢轨、A枕、道床等轨道结构产生振动，该振动不仅通过车轮和轨道直接向外辐射噪声，还通过桥梁的各种构件传递振动能量，激发桥梁、墩台、桥墩等结构也产生振动，还通过桥梁的各种构件传到地面，进而通过地面向邻近的建筑物传递，从而引起建筑的墙壁、地板以及天花板的振动，从而产生一种低频隆隆声，也称为二次辐射噪声。

160km/h及以下速度旅客列车噪声源强见表7-15。

160km/h及以下速度旅客列车噪声源强　　　　　表 7-15

速度（km/h）	50	60	70	80	90	100
源强（dBA）	72.0	73.5	75.0	76.5	78.0	79.5
速度（km/h）	110	120	130	140	150	160
源强（dBA）	81.0	82.0	83.0	84.0	85.0	86.0

动车组噪声源强见表7-16。

动车组噪声源强（单位：dBA）　　　　　表 7-16

车速（km/h）	路堤线路		桥梁线路	
	无砟轨道	有砟轨道	无砟轨道	有砟轨道
160	82.5	79.5	76.5	73.5
170	83.0	80.0	77.0	74.0
180	84.0	81.0	78.0	75.0
190	84.5	81.5	78.5	75.5
200	85.5	82.5	79.5	76.5
210	86.5	83.5	80.5	77.5
220	87.5	84.5	81.5	78.5
230	88.5	85.5	82.5	79.5
240	89.0	86.0	83.0	80.0
250	89.5	86.5	83.5	80.5
260	90.5	87.5	84.5	81.0
270	91.0	88.0	85.0	81.5
280	91.5		85.5	
290	92.0		86.0	
300	92.5		86.5	
310	93.5		87.5	
320	94.0		88.0	
330	94.5		88.5	
340	95.0		89.0	
350	95.5		89.5	

注：随着我国高速铁路系统工程技术条件的不断改进，今后应根据实际实验数据适时调整。

普通货物列车噪声源强见表 7-17。

普通货物列车噪声源强　　　　　　表 7-17

速度（km/h）	30	40	50	60	70	80
源强（dBA）	75.0	76.7	78.2	79.5	80.8	81.9

新型货物列车噪声源强见表 7-18。

新型货物列车噪声源强　　　　　　表 7-18

速度（km/h）	50	60	70	80	90	100	110	120
源强（dBA）	74.5	76.5	78.5	80.0	81.5	82.5	83.5	84.5

双层集装箱列车噪声源强见表 7-19。

双层集装箱列车噪声源强　　　　　　表 7-19

速度（km/h）	50	60	70	80	90	100	110	120
源强（dBA）	73.5	75.5	77.5	79.0	80.5	81.5	82.5	83.5

国内部分城市轨道交通车辆噪声源强调查与测量结果见表 7-20。

国内部分城市轨道交通车辆噪声源强调查与测量结果　　　　表 7-20

运营线路	列车编组（辆）	参考速度 V（km/h）	声级（dB）（A）	测量地点
北京地铁 1、2 号线	6	60	87	北京地铁车辆厂地面试车线
北京地铁 13 号线	3	60～70	87	北京地铁 13 号线 3m 地面（西三旗段）
	3	60～65	89	北京地铁 13 号线 5m 高路堤（上地段）
	3	60～65	92	北京地铁 13 号线 8m 高架桥（五道口段）
天津地铁	6	70	90.8	北京地铁车辆厂地面试车线
上海地铁	6	70	90	上海地铁地面试车线
上海地铁明珠线一期	6	50～60	86.1～89.8	明珠线高架段
广州地铁 1 号线	6	60	84	广州地铁 1 号线芳村车辆段地面试车线
广州地铁 3 号线	3	120	93	广州地铁 2 号线赤沙车辆段地面试车线
长春轻轨 3 号线	3	50	75	资料提供
广州地铁 4 号线	6	90	80	
重庆轻轨 2 号线	4	60	<75	

注：实测值的测点距轨道中心线 7.5m，距轨面高度 1.5m。

2）地下线路

对于地下线路，车站环控设备配属的风亭、冷却塔以及车辆段维修、试车作业等也在一定范围内对周围环境造成一定程度的影响。风亭及冷却塔噪声源强调查与测量结果见表7-21。

风亭及冷却塔噪声源强调查与检测结果 表 7-21

噪声源类别	测点位置	A声级(dB)	测点相关条件	类比地点(资料来源)	运行时间
排风亭	百叶窗外2m	68.0	DTFN016型风机，设有2m	上海地铁二号线世纪公园站和静安寺站	正常运营时段前30min至停运后30min结束
	百叶窗外4m	64.3			
	百叶窗外8m	61.2			
	百叶窗外2m	67.0~69.0	1~2台TEF、RAF型机，安装2m长消声器（有屏蔽门）	广州地铁二号线	
新风亭	百叶窗外1m	52~54	设有2m长消声器（有屏蔽门）	上海地铁徐家汇站、世纪公园站	
活塞/机械风亭	百叶窗外1m	63.8~66.0	两台TVF风机同时运行，每台风机前后各设2m长消声器（有屏蔽门）	广州地铁二号线中大站、鹭江站	机械风机为地铁运营时段前后各运行30min
冷却塔	距塔体1m	75.1	2台同时工作，置于房顶；澳申圆塔，直径2.5m	上海地铁二号线世纪公园站	正常运营时段前30min至停运后30min结束
	距塔体4.4m	69.8			
	距塔体1m	81.7	3台同时工作，置于地面，四周有2~4层车站用房围护	上海地铁二号线石门一路站	
	距塔体2m	78.5			
	距塔体8m	72.5			
	正向距外轮廓2m	63.4	1台马利塔，型号：SC-125LX2 电机功率：4kW 流量：125m³/h（低噪声型）	上海轨道交通6号线成山路站	
	正向距外轮廓4m	58.6			
	距塔体2.3m	70.4	2台马利牌冷却塔，置于房顶	广州地铁二号线鹭江站（集中冷站）	
	距离心通风机1m	75.4			
	距塔体1m	60.5	2台HBLCDr250A冷却塔，冷却水量为250m³。1台DB-HZ2-80A小冷却塔，冷却水量为80m³	北京地铁5号线张自忠路站	
	距塔体4.2m	61.8			

（2）振动源

地下线路的振动也是影响城市轨道交通的主要环境问题之一。国内部分城市轨道交通车辆振动源强调查与测量结果见表7-22。

尤其当地铁隧道下穿地面建筑物或距离较近时，由于列车行驶中的轮轨作用而产生的振动响应，激发轨道结构振动并向隧道结构传递，再通过地表土壤向邻近建筑物传递，其结果引起建筑物墙壁、地板和天花板的结构振动也将导致二次辐射噪i产生，其调查与测量结果见表7-23。

车辆振动源强调查与测量结果　　　　　　　　　表 7-22

线路形式	测点位置	振级 （Kizmax 值，dB）	测量相关条件	类比地点（数据来源）
高架	距线路中心线 12m	68.7	F＝40～50km/h，B 型车， 桥高 1.2m	北京地铁 13 号线
	距线路中心线 7.55m	70	F＝55km/h，B 型车，桥高 7m	武汉轨道交通 1 号线
地面	距线路中心线 5m	79.5	V＝20km/h，B 型车， 路基高 0.5m，碎石道床	北京地铁太平淳段出入线
	距线路中心线 7.5m	79.1	K＝60～65km/h，A 型车， 国铁弹条 Ⅱ 型扣件，碎石道床	上海轨道交通 1 号线
地下	距线路中心线 0.5m	87.4	r＝60km/h，A 型车	上海轨道交通 1 号线
	距线路中心线 0.5m	87.2	K＝60km/h，B 型车	北京地铁 1 号线

注：表中测量结果为 20－20000Hz 范围内的 A 声级。

二次辐射噪声调查与测量结果　　　　　　　　　表 7-23

类别	测点位置	A 声级/dB	测点相关条件	类比地点（资料来源）
结构振动二次 辐射噪声	地面上建筑物室内	40～45	地铁通过时的瞬时结构 振动二次辐射噪声	北京地铁 1 号线苹果园站区段
	徐家汇天主教堂内	42～43		上海地铁 1 号线徐家汇站区段
	福竹街坊地下室	39		上海地铁 6 号线源深体 育场世纪大道站区间， 设置钢弹簧板道床

　　需要注意的是，当进行噪声、振动类比测量或引用表 7-20～表 7-23 中源强数值时，应与拟建项目具有相同的类比条件，并根据类比条件的差异进行必要且一定的修正。表 7-24 和表 7-25 分别为国内城市轨道交通主要运营线路的车辆和轨道技术条件。

国内城市轨道交通主要运营线路车辆技术条件　　　　　表 7-24

车辆 类型	运营线路	外形尺寸 （mm）	白重 （轴重/t）	设计速度 （km/h）	最佳运行 速度 （km/h）	牵引供 电方式	工作电压
A 型车	广州地铁 3 号线	22000×3000×3800	—/16	140	120	接触网	DC1500V
	广州地铁 1、2 号线、 上海、深圳、南京	24400×3100×3800 （带司机室拖车）	36/16	80	70	接触网	DC1500V
		22800×3100×3800 （不带司机室）	38/16				
B 型车	北足、天津	19490×2800×3800 （带司机室）	27/14	80	70	接触轨	DC750V
		19440×2800×3800 （不带司机室）	37/14				
C 型车	长春轻轨 3 号线	31380×2650×3420	45/12	80	60	接触网	DC750V

续表

车辆类型	运营线路	外形尺寸 （mm）	白重 （轴重/t）	设计速度 （km/h）	最佳运行速度 （km/h）	牵引供电方式	工作电压
直线电机车辆	北京机场线	17602×3048×3940	24/—	110	100	接触轨	DC750V
	广州地铁4号线	17300×2900×3710 （带司机室） 17000×2900×3710 （不带司机室）	30/13	100	90	接触轨	DC1500V
跨座式单轨车辆	重庆轻轨2号线	14800×200×550 （带司机室） 13900×2900×5350 （不带司机室）	28/11	80	75	接触轨	DC1500V

国内城市轨道交通主要运营线路轨道设计条件　　表 7-25

城市	运营线路	线路形式	一般地段轨道条件		
			地下正线区间	高架正线区间	车辆段
北京	地铁1、2号线	全地下	60kg/m 长钢轨弹性分开式 DTV 型扣件、木枕、碎石道床	—	43kg/m 接缝钢轨、DT I 型扣件、木枕、碎石道床
	地铁13号线	高架为主	—	60kg/m 长钢轨、DTI 型扣件、混凝土短枕、整体道床	—
上海	地铁2号线	地下为主、部分高架	60kg/m 长钢轨、DTI 型扣件、混凝土枕、整体道床	60kg/m 长钢轨、WJ-2 型扣件、混凝土短枕、整体道床	
	地铁3号线（明珠线一期）	高架	—	60kg/m 长钢轨、WJ-2 型扣件、混凝土短枕、整体道床	
广州	地铁1号线	地下	60kg/m 长钢轨、单址弹簧扣件、混凝土短枕、整体道床		50kg/m 长钢轨、JII 型扣件、混凝长枕、碎石道床
	地铁3号线	地下＋高架	60kg/m 长钢轨、单耻弹簧扣件、混凝土短枕、整体道床	60kg/m 长钢轨、单耻弹簧扣件、混凝土短枕、整体道床	
	地铁4号线	地下＋高架	60kg/m 长钢轨、单耻弹簧扣件、混凝土长枕、整体道床	60kg/m 长钢轨、单耻弹簧扣件、混凝土短轨枕、整体道床	
武汉	轻轨1号线一期	全高架	—	60kg/m 长钢轨、弹性扣件、支承块整体道床	

续表

城市	运营线路	线路形式	一般地段轨道条件		
			地下正线区间	高架正线区间	车辆段
长春	轻轨 3 号线	地下＋地面＋高架	50kg/m 钢轨，弹条 I 型扣件，混凝土枕，碎石道床	50kg/m 钢轨，弹条 I 型扣件，混凝土枕，碎石道床	
重庆	轻轨 2 号线	全高架	—	预制轨道梁（PC 轨道梁）	预制轨道梁（PC 轨道梁）

（3）电磁

城市轨道交通所产生的电磁干扰分为固定源和移动源两大类。

固定源主要指供、配电系统中对环境产生持续电磁干扰的部分固定设备，包括 110 kV 接引、降压设备，地铁专用 33kV 高压系统及 10kV 高压系统的线路和公备，如主变压器、开关及母线等。

移动源分为两类。对于接触网授电方式，列车运行时受电弓与接触导线滑行接触及瞬时离线所产生的火花放电而形成电磁辐射；对于接触轨授电方式，列车运行时由于授流器与接触轨之间的不均匀摩擦和短暂分离所产生的火花放电而形成电运辐射，特别是列车通过断电区时有时会产生很强烈的电火花。这类无线电辐射具有宽带脉冲干扰的特征，所产生的电磁影响与列车运行状态、沿线环境状况有关，可对电视信号接收产生影响。

通过对轨道交通运营线路电磁影响实测及大量研究分析，当沿线居民建筑为有线电视系统时，列车运行电磁干扰对居民收看电视基本不存在影响。但对于开放式天线系统，列车通过时产生的电火花对居民收看电视将会有一定的影响。

（4）水污染源

水污染源包括生活污水和生产废水两类，主要来自车站和车辆段。车站一般产生生活污水和清洁用水；车辆段一般产生生活污水和生产废水，其生产废水包含车清洗和检修产生的含油废水，车辆段蓄电池间产生的少量含铅酸性废水。主要污染物为 SS、COD、BOD_5、石油类等，其产生量、排水量以及主要污染物排放量的统计见表 7-26。

废水主要污染物排放量的统计　　　　　　　　　表 7-26

污染源	来源	用水量		排放量		主要污染	排放量（t/a）			
		定额	最大日用水量（t/a）	排放率（%）	最大日污水量（t/a）	SS	COD	BOD_5	石油类
生活污水	车站	30～60 L/(人·班)		95						
生产废水		2～4 L/(m²·次)								
生活污水	车辆段/停车场	40～60 L/(人·班)		90～95						
生产废水										

（5）大气污染源

大气污染源主要包括地下线路车站风亭排放的粉尘和异味，车辆段锅炉排放的烟尘、SO_2、NO_2、CO 等污染物，食堂操作间排放的油烟。由于城市轨道交通采用电动机车牵引，因此沿线不存在机车废气污染。废气来源主要是采暖地区车辆段的锅炉产生的，锅炉污染物排放量的统计见表 7-27。

锅炉污染物排放量统计   表 7-27

污染源	来源	高峰小时		主要污染物排放量/（t/a）			
		排放量/（kg/h）	等标排放量/（×10⁶ m³/h）	烟尘	SO_2	NOx	CO
锅炉废气	车辆段/停车场						

（6）固体废弃物

营运期的固体废物主要是车辆段废变压器油、废机油及其他含油废物属危险废物，电动客车定期更换的蓄电池，以及生产废水处理后产生的污泥等。

3. 施工期污染源分析

施工期主要污染源为噪声、振动、废水、扬尘、固体废物等。

（1）噪声源与振动源

轨道交通噪声源与振动源产生于隧道工程或桥梁工程的土石方、基础、结构施工，还有装卸、运输以及爆破作业等各种施工活动，来源于挖掘机、钻孔机、风镐、搅拌机、打桩机、打夯机、空压机、重型起重机、重型装载机等施工机械和运输车辆，而且施工噪声大、振动强、影响范围广，对施工现场周围环境造成较大影响。施工机械及车辆噪声源强和振动源强可分别参考表 7-28 和表 7-29。

施工机械及车辆噪声源强   表 7-28

施工阶段	施工设备	测点距施工设备距离（m）	噪声源强（dB）
土方阶段	轮胎式液压挖掘机	5	84
	推土机	5	84
	轮胎式装载机	5	90
	各类钻井机	5	87
	各类压路机	5	76～86
	卡车	5	94
基础阶段	各类打桩机	10	93～112
	平地机	5	90
	空压机	5	92
	风锤	5	98

续表

施工阶段	施工设备	测点距施工设备距离 （m）	噪声源强 （dB）
结构阶段	振捣机	5	84
	混凝土泵	5	85
	气动扳手	5	95
	移动式吊车	5	96
	摊铺机	5	87
各阶段	发电机	5	97

施工机械及车辆振动源强　　　　　　　　　　　表 7-29

施工阶段	施工设备	测点距施工设备距离（m）	$LzmsjJ$（dB）
土方阶段	挖掘机	5	82～84
	推土机	5	83
	压路机	5	86
	盾构机	10	80～85
	重型运输车	5	80～82
基础阶段	打桩机	10	93～112
	振动夯锤	5	90
	空压机	5	84～85
	风锤	5	88～92
结构阶段	钻孔机	5	63
	混凝土搅拌机	5	80～82

（2）水污染源

轨道交通隧道施工作业产生的泥浆水，施工机械冲洗水，建筑泥沙等产生的地表污水，以及施工人员产生的生活污水等，将对沿线地表水体造成一定的影响。

（3）大气污染源

施工过程中的拆迁、开挖、回填及沙石灰料装卸过程中产生的粉尘，车辆运输过程中引起的二次扬尘，施工机械和运输车辆的尾气排放，施工过程中使用挥发性有害物质的建筑材料，将对沿线大气环境造成一定程度的空气污染。

（4）固体废物

施工过程中的拆迁、开挖、回填等产生的工程弃土、建筑垃圾、淤泥渣土以及生活垃圾，如果处置不当都将对环境造成影响。

7.3　环境影响因子调研与识别

7.3.1　环境现状调查

城市轨道交通工程对环境的影响不仅取决于建设项目的工程特征，而且还取决于工程沿线的环境特征。建设项目的环境特征不同，环境敏感程度及其环境影响则不同，对环境的要求程度也不同。环境敏感程度越高，环境影响则越大，对环境的要求程度也越高。必须充分调查了解工程沿线的环境特征及其敏感程度，对可能产生的环境影响进行全面的、详细的分析，才能为建设项目环境影响评价工作的开展奠定基础。因此，工程沿线环境现状调查与分析十分重要。

工程沿线环境分析应根据相关法律、法规与环境标准并结合工程实际进行。工程沿线环境调查与分析主要包括内容为：社会经济状况、城市规划状况、自然环境状况、环境功能区划、环境质量现状以及环境保护目标调查与分析。同时，从环境保护的角度进行工程选线选址的规划相容性、环境合理性以及工程可行性分析，提出环境可行的工程推荐方案。

工程沿线环境状况重点调查与分析内容包括社会环境状况、自然环境概况以及各环境要素的环境质量状况。工程沿线环境状况调查与分析见表7-30。在进行工程沿线环境调查与分析的基础上，明确工程沿线涉及的环境敏感区即环境敏感目标，尤其需要说明拟建工程与环境敏感目标的位置关系。

工程沿线环境状况调查与分析　　　　　　　　　　表7-30

环境概况		重点调查与分析内容	重点说明内容	要　求
社会环境状况	社会经济	城市经济概况、交通运输、城市基础设施、旅游资源、城市生态、城市人口、国内生产总值、工、农、林、牧、副、渔等情况		
	文物保护建筑	工程沿线文物保护单位的名称、数量、分布、位置、建设年代、保护等级、保护范围及其保护现状等工程沿线地下文物埋藏区的分布、类型、保护范围等	说明拟建工程与沿线文物保护单位及地下文物埋藏区的位置关系	附工程沿线文物保护目标分布及保护控制范围图
	城市规划情况	城市发展总体规划、城市综合交通规划、城市轨道交通线网规划、城市轨道交通建设规划、城市土地利用规划、城市生态建设规划城市环境保护规划、历史文化名城保护规划	说明拟建工程与轨道交通规划、土地利用规划以及沿线道路交通的关系，分段说明工程沿线用地现状和用地规划情况	附城市总体规划图 附城市轨道交通建设规划图 附城市轨道交通网线规划图 附沿线土地利用现状及规划图 附城市环境保护规划图
自然环境状况	地表水调查	工程沿线地表水地理分布；工程涉及地表水水源地的保护范围、分布及水质状况；工程涉及地表水水源地的保护范围、水位、水深、流速、流量等水文特征及其水质状况，以及地表水资源开发利用情况	说明拟建工程与沿线地表水水源地及保护区的位置关系	附工程沿线地表水保护区分布图

续表

环境概况		重点调查与分析内容	重点说明内容	要　求
自然环境状况	地下水调查	工程沿线地下水的埋藏分布、含水层（组）分布，地下水补给、径流和排泄条件，地下水埋深（或水位）、水质特征；工程涉及地下水水源地的保护范围、分布、含水层位置、水质状况以及地下水资源开采利用等。工程涉及地下饮用水水源井的分部、保护控制范围、井位、井深、取水含水层层位、水质及开采利用情况	说明拟建工程与沿线地下水水源地、水源井以及保护区的位置关系	附工程沿线水文地质图（含典型水文地质图）附地下水水源保护范围、水源井及保护控制范围分布图
	生态调查	工程沿线自然保护区、风景名胜区、基本农田保护区、森林公园的名称、规模、分布、保护范围等	说明拟建工程与沿线生态保护区的位置关系	工程沿线自然保护生态功能保护区、风景名胜区、基本农田保护区保护范围分布图
	动植物调查	工程沿线的绿地空间布局、植被类型与分布、野生动物及珍稀濒危动植物种类及分布等		
	土壤调查	工程沿线的土壤类型、土质特点、土壤环境质量现状，水土流失现状、类型及成因等		
	地质调查	工程沿线的地形特征、地貌类型、地层岩性、地质构造等地质和工程地质条件		
	气象调查	工程所在通区的温度、湿度、降水量、蒸发量、日照、风向、风速等，以及主要灾害性天气特征		
工程沿线声环境、大气环境、水环境，以及生态功能区划及其环境标准		说明拟建工程沿线所属环境功能区的情况		附城市声环境、大气环境、地表水环境及生态功能区划分图，以及地下水水质分区图
环境功能区划		工程沿线的噪声、振动、电磁、地表水、地下水、大气，以及生态环境质量现状等	说明环境现状监测点与拟建工程的位置关系	附工程沿线声、振动环境现状监测点分布图
环境质量状况		工程沿线环境保护目标的名称、类型、功能、数量、分布、年代、功能区划及环境标准等	说明拟建工程与沿线既有环境保护目标的位置关系，与规划环境保护目标的位置关系和时承关系必要时说明环境保护目标与现状道路的关系	附工程沿线环境保护分布图

7.3.2 环境影响因子识别筛选

轨道交通环境影响评价的一项重要任务是环境影响识别。环境影响识别是在环境概况分析和环境状况分析的基础上，将轨道交通建设活动与环境特征相结合，从而进行环境敏感目标的环境影响分析，其作用是进行主要环境影响因素的明确、评价因子的筛选来确定重点评价内容。

1. 环境影响因素识别

环境影响识别是对环境影响的宏观认识和定性分析，包括影响因素识别（识别作用主体）、影响对象识别（识别作用受体），影响效应识别（识别影响作用的性质、程度等）以及作用主体与受体之间的关联性分析。环境影响识别工作思路：第一，明确工程与环境的关系；第二，明确工程评价范围内环境敏感目标；第三，确定评价重点；第四，筛选评价因子。

工程概况分析是对影响作用主体的识别，环境状况分析是对影响作用受体的识别。作用主体与受体之间的关联及其影响效应将在本节作重点介绍。

2. 环境影响效应的识别

环境影响效应识别主要是对影响作用产生的效应进行识别，重点在以下方面：

（1）影响的性质，即正负影响、可逆与不可逆影响、可补偿或不可补偿影响、可替代方案或无替代方案、短期与长期影响、易过性与累积性影响等。

（2）影响的程度。

（3）影响的可能性，判别直接影响和间接影响，发生的可能性大或小。

城市轨道交通施工期与运营期的环境影响效应包括噪声、振动、电磁辐射、废气、固体废物以及生态环境影响，工程环境影响分析见表7-31。

国内外城市轨道交通运营的经验表明城市轨道交通环境影响的集中表现是噪声和振动两大环境影响。大量研究成果及环境影响评价结论说明高架线对沿线环境的干扰是噪声影响，地下线的干扰是振动影响。因此，城市轨道交通噪声和振动影响是重要的环境影响因素。城市轨道交通还会产生以下3种环境影响：

（1）生态环境影响

征地拆迁、开辟场地、改移道路、土石方、基础施工、路基填筑、轨道施工、站段修建、房屋建筑以及材料设备和土石方运输等工程行为都在不同程度地占用土地、产生地表扰动、植被破坏、土壤侵蚀，将不可避免地造成工程范围内的水土流失。工程开挖回填后还会产生弃土，并需要弃土存放场地。工程中可能出现树木伐移、占用绿地的情况，这些主要反映在对沿线的土地资源、城市生态环境的影响。

（2）社会环境影响

施工准备过程中的征用土地、拆迁房屋，对居民生活将造成一定影响。施工作业占用和破坏城市道路，极易造成道路堵塞，给市民的出行将带来较大影响。同时增加城市道路的负荷，使城市交通受到较大干扰。

（3）施工降水的环境影响

地铁施工降水产生的环境影响主要是地下水质污染和地面沉降。地铁施工期间施工废水或含油废水等污染物渗入地下，可能导致地下水质受到污染。在车站（明挖或暗挖）及隧道（盾构法或矿山法）施工过程中，在车站、区间及盾构井始发场施工前均需进行施工降水，抽取出来的大量地下水如果处置不当，将会伴随施工作带地表污染物沿包气带竖向入渗进入地下水系统，并随地下水流扩散和输移造成二次水体污染。

地面沉降主要是地铁施工降水而引起的。地面沉降的发生机理是由于地铁隧道地下及地面车站施工过程中抽取地下水，导致土层失水，空隙水压力降低，造成压密和固结。地面沉降与地铁车站和隧道的施工方法、地铁结构埋深以及水文地构有关，尤其对于暗挖车站（明挖车站不存在地面沉降）和矿山法施工的区间隧道施工，若埋深在含水地层或透水地层中（即结构基底位于地下水位线以下），车站及隧道暗挖和施工降、排水将可能引起几十毫米的地面沉降，若地面沉降量达到一定程度，危及周围的地面建筑和使地下管线发生变形，还将引起地下水资源系统发生变化，影响生态平衡。

工程环境影响分析

表 7-31

阶段	工程内容	施工与设备	可能产生的主要环境影响	环境影响因素
施工期	施工准备阶段	征地	生态环境影响	生态
		拆迁	固废和大气环境影响	固废、大气
		树木伐移、绿地占用	生态环境影响	生态
		道路破碎	噪声、振动影响	噪声、振动
		运输	噪声、大气环境影响	噪声、大气
	车站施工	基础开挖	噪声、振动和生态环境影响	噪声、振动和生态
		连续墙维护、混凝土浇筑	水环境影响	水环境
		运输	噪声、大气环境影响	噪声、大气
	地面敞开段施工	基础开挖	噪声、振动和生态环境影响	噪声、振动和生态
		连续墙维护、混凝土浇筑	水环境影响	水环境
		运输	噪声、大气环境影响	噪声、大气
	地下区间施工	地下施工法施工	工程弃土、水环境影响	生态、水环境
	高架区间施工	钻孔、打桩	噪声、振动影响	噪声、振动
		混凝土浇筑	水环境影响	水环境
		运输	噪声、大气环境影响	噪声、大气
运营期	列车运行	地下线路	振动环境影响	振动
		地面线路	声环境影响	噪声
		高架线路	声环境影响	噪声
	车站运营	乘客与职工活动	固废和水环境影响	固废、水环境
	变电站（所）	变压器	电磁环境影响	电磁
	地面设施、设备	风亭、冷却塔（空调期）	声环境影响	噪声
	车辆段、停车场	列车出入、检修	声环境影响	噪声
		采暖设备	大气环境影响	大气
		生产与生活	固废和水环境影响	固废、水环境

3. 环境影响相关性识别

城市轨道交通建设项目实施的全过程包括规划、设计、建设、施工均与其周围环境联系紧密。轨道交通工程选线选址、线路走向、敷设方式、系统制式选择、车辆设备选型、运营方案以及施工方案的选择等都将对环境产生影响，而环境影响程度量化则需要根据各专业系统工程指标与技术参数，进行环境影响预测来确定。环境影响的相关因素见表7-32。

环境影响的相关因素 表 7-32

环境影响作用主体	环境影响的相关因素	工程措施
线路选线（走向与布局）	线型及轨道（路堤、路堑、直线、弯道、道床、轨枕、扣件等）	工程线路优化、调整线路走向、避绕敏感点，提出防护因素距离
线路敷设方式（地下、地面及高架）	隧道埋深、隧道形状、桥梁形式、桥梁高度等	工程线路优化、调整敷设方式，避绕敏感点
车辆段、停车场选址	车辆段、停车场规模及位置	采取控制措施
主变电站形式及选址	主变电站位置（地下式、地面式）	提出防护距离
系统制式选择	A、B、C型、单轨、直线电机等	采取控制措施及提出防护距离
车辆选型	最高设计运行速度等	采取控制措施及提出防护距离
设备选型	风机、冷却塔选型与风亭、冷却塔布置等	采取控制措施及提出防护距离
运营组织方案	行车组织与开行计划（运营时间、列车编组、开行对数等）	采取控制措施及提出防护距离
施工方案	工程筹划及施工方法	采取控制措施

4. 环境影响识别的原则与方法

（1）环境影响识别的原则

环境因素识别基于工程分析与环境分析，环境因素识别应遵循以下原则：

1）根据城市轨道交通的工程性质、线路特点、建设规模、工程构成以及工程沿线和所在区域的环境特征与敏感程度，根据工程污染源及其环境影响，确定环境因素。

环境影响识别 表 7-33

评价时段	工程内容	施工与设备	评价项目								单一
			噪声	振动	废水	大气	电磁	弃土固废	生态环境	社会环境	
施工期	施工准备阶段	征地								−2	
		拆迁				−2		−2	−2		
		树木伐移、绿地占用								−2	
		道路破碎	−2	−2							
		运输	−2			−2					
	车站、地面、地下、高架区间施工	基础开挖	−2	−2					−2		
		连续墙维护、混凝土		−2	−2						
		地下施工法施工		−2	−2			−2			1
		钻孔、打桩	−2	−2							
		运输	−2			−2					

评价时段	工程内容	施工与设备	评价项目								单一
			噪声	振动	废水	大气	电磁	弃土固废	生态环境	社会环境	
综合影响程度判定			较大	较大	较大	较大		较大	较大	较大	
运营期	列车运行	地下线路		-3							较大
		地面线路	-3								
		高架线路	-3								
	车站运营	乘客与职工活动			-2				-2		
	变电站	变压器					-2				
	地面设施、设备	风亭、冷却塔（空调期）	-2								
	车辆段、停车场	列车出入、检修、调车	-2								
		采暖设备				-2					
		生产与生活			-2				-2		
综合影响程度判定			较大	较大	一般	一般	一般	一般	一般	一般	

注："＋"代表正面影响；"－"代表负面影响；"－1"代表较小影响；"－2"代表一般影响；"－3"代表较大影响。

2）环境因素识别应覆盖城市轨道交通建设、运营的全范围和全过程，应对建设期与运营期的过程、范围和活动进行分析与分解。对于运营期，应全面分析土建工程、设备系统、工程范围（站、场、段）以及车辆运行计划与设备运行方案；对于施工期，应充分考虑每个施工阶段的施工组织计划。

3）根据工程项目对环境造成的影响程度及其与国家、地方政府环境法律法规及环境标准的符合程度，确定重要环境因素以及评价重点，从而进一步确定重点评价专题。

（2）环境影响识别方法

环境影响识别通常采用矩阵法表达，从单一影响程度和综合影响程度两种程度进行判定。

1）单一影响程度：反映工程活动对单个环境因素的影响，其影响程度可以分为正面影响、负面影响、较小影响、一般影响、较大影响。

2）综合影响程度：反映工程活动对各个环境因素的综合影响或者是某个环境因素受所有工程活动的影响。综合影响程度可以分为影响较小、影响一般、影响较大。

城市轨道交通环境影响识别可参考表7-33，其结果表明噪声和振动影响是轨道交通的重要环境影响因素。

5. 环境因子筛选

在施工期和运营期环境影响识别的基础上确定污染因子，从中筛选评价因子。环境影响评价因子汇总见表7-34。

环境影响评价因子汇总　　　　　　　　　　　　表 7-34

评价阶段	评价项目	现状评价	单位	预测评价	单位
施工期	声环境	昼、夜间等效声级	dB (A)	昼间、夜间等效声级	dB (A)
	振动环境	昼、夜间 Z 振级	dB	昼、夜间 Z 振级	dB
	地表水环境	pH、SS、COD、BOD、石油类	mg/m³ (pH 除外)	pH、SS、COD、BOD$_5$、石油类	mg/m³ (pH 除外)
	地下水环境	TDS、总硬度、硫酸盐、氯化物、COD、BOD$_5$、硝酸盐氮、亚硝酸盐氮、氨氮	mg/L	TDS、总硬度、硫酸盐、氯化物、COD、BOD$_5$、硝酸盐氮、亚硝酸盐氮、氨氮	mg/L
	大气环境	PM	mg/m³	PM	mg/m³
	社会环境	城市景观、拆迁安置等		城市景观、拆迁安置等	
	生态环境	城市绿地、土地利用等		城市绿地、土地利用等	
运营期	声环境 振动环境	昼、夜间等效声级	dB (A)	昼、夜间及夜间运营时段等效声级	dB (A)
		昼、夜间 Z 振级	dB	列车通过时段 Z 振级	dB
		室内二次辐射噪声，A 声级 (16～200Hz)	dB (A)	室内二次辐射噪声，列车通过时段 A 声级 (16～200 Hz)	dB (A)
		结构振动速度	mm/s	结构振动速度	mm/s
	电磁环境	工频电场、工频磁感应强度	V/m、mT	工频电场，工频磁感应强度	V/m、mT
		电视信号场强	dB (aV/m)	电视接收信噪比	dB
	水环境	pH、SS、COD、BOD$_5$、石油类	mg/m³	pH、SS、COD、BOD$_5$、石油类	mg/m³
	大气环境	烟尘、SO$_2$、NOx、PM$_{10}$	mg/m³	烟尘、SO$_2$、NOx、PM$_{10}$	mg/m³

7.4　环境影响评价工作重点

7.4.1　生态环境影响评价

城市轨道交通工程生态影响评价主要以生态环境功能保护为出发点，围绕达到城市规划和生态区划的生态功能进行评价。依据《环境影响评价技术导则—城市轨道交通》（HJ453）的相关规定确定生态环境影响评价基本要求、评价范围。

1. 评价内容

城市轨道交通工程对城市生态的影响主要体现在施工期。施工期的城市生态环境影响主要表现为工程占地对绿地植被的破坏、工程取弃土对环境的影响、居民动迁对生活质量的影响等。主要评价内容如下：

1）进行城市土地规划及其综合开发利用的影响分析；

2）进行城市生态敏感区域的影响分析；

3）进行城市绿地的影响分析；

4）进行城市景观的影响分析；

5）进行珍稀濒危动、植物种的影响分析；

6) 进行工程水土流失的环境影响分析；

7) 对工程设计中拟采取的生态保护措施效果进行分析以及为缓解不利影响、改善生态而提出的补充措施。

2. 生态环境现状调查与评价重点

（1）调查内容

首先应对评价范围内的生态敏感目标及其与工程的位置关系，以及生态功能区划分进行调查，参见表 7-31 所示。

《环境影响评价技术导则—生态影响》（HJ19—2011）对各类生态敏感区的划分及定义进行了详细的规定，具体可对其进行参考。

重点调查内容包括：

1) 相关规划调查：主要调查城市总体规划、城市生态保护规划或城市生态建设规划等、城市土地利用规划、环境保护规划、历史文化名城保护规划或历史街区保护规划等，同时调查城市有关规划的环境影响报告书。对这些规划规定的城市性质、相关规划目标与指标、功能分区及相应的保护要求等进行整合和分析，明确和建立评价范围的生态保护目标、指标。调查中应重视原始资料和图件的收集。

2) 工程沿线地区土地利用现状及功能分区调查：调查最新的城市土地利用规划，明确其法律地位。调查站、场占地的土地功能属性，特别重视基本农田的占用和补偿措施问题。

3) 城市自然环境状况调查：重点调查城市绿地和绿化体系的现状和绿化规划建设目标，如绿化率或绿地率；轨道交通工程与城市绿地的关系；调查评价范围野生动物及珍稀濒危动植物的种类及主要栖息地。

4) 城市重要自然资源调查：主要调查城市水资源、水源保护区（地表水、地下水）及其与拟建项目的关系；调查城市景观资源和旅游资源，如山体、水面、植物、古树名木、文物古迹等，明确其种类、分布、与拟建工程的关系等。

5) 工程影响较大地区的环境调查：受工程影响较大的地区，应作为重点调查区，明确其环境特点、保护目标与保护要求等。

6) 其他重要问题调查：特殊地质区（带）可能有风险问题，需要重点识别与调查；有可能规划为敏感保护目标的地区，也应作重点调查；可能发生自然灾害的地区，笠作为调查重点，并应调查其极端自然状态如极端水情等。

（2）调查方法

生态现状调查方法包括：资料收集法、现场勘察法、专家和公众咨询法、生态监测法以及遥感调查法。城市轨道交通建设项目环评中通常资料收集法、现场勘察、专家和公众咨询法采用较多。

（3）生态环境现状评价

在城市区域生态基本特征调查的基础上，采用定性与定量相结合的方法对范围内的生态环境状况进行评价。生态环境现状评价应说明如下问题：

1) 阐明城市生态总体状况，城市生态环境建设目标与指标，或评价范围的生态建设目标与指标等。

2) 阐明城市主要的生态环境问题（应参考轨道交通线网规划环境影响报告书）。

（4）生态环境影响评价要点

1）明确评价目的

评价的目的是使城市的生态环境状况或生态环境功能得到有效保护，不因轨道交通建设而遭受损失，而且还应使之得到一定程度的改善。为此，评价的目的首先应阐明生态环境总体的状态和功能状态；其次应针对重点问题（生态敏感保护目标与制约性生态问题）进行。由于敏感目标各具特点，功能也各不相同，评价时应针对具体评价对象采取相应的指标与方法。但在技术有一点要求是共同的：一个目标至少应有一个评价指标来表征。

2）评价指标的确定

评价指标是表征评价对象的生态状况和生态环境功能的。一般而言，轨道交通建设项目的城市区域生态整体状况可用植被状况表征，具体指标可取覆盖率、生物量，还可考虑物种多样性和绿化结构；敏感保护目标则需要寻求针对性的指标，例如风景名胜区可取森林覆盖率、生物量、生物多样性等一般生态状况指标，还有保护级别、面积、特殊生境、生态景观结构等指标，并应有景观美学方面的指标（可能与级别有关）和知名度等。因为风景名胜区的功能较多，其评价也应选择较多的指标表征。针对特殊问题的评价一般应选择相应学科的表征指标，但应与环境挂钩或者能应用于环评的指标。

3）评价标准的确定

按照先定评价对象的环境功能，进而寻求表征该评价对象的状态和功能的指标，再对指标进行分级的思路，评价标准就是希望达到的指标级别或指标值。因此，评价指标首先应考虑有关规划的指标和要求，进而根据调查得到的生态认识，按照有效保护和可能达到的水平科学地确定指标值。此外，响应政策发展也会产生一些标准值，如响应"节能减排"会产生能源利用率、土地利用效率、污染排放率等标准。

城市生态是维护城市环境稳定、优美、宜人和城市可持续发展的关键因素之一，城市生态保护和评价标准应取可能达到的最高水平。

4）规划的符合性分析

进行城市总体规划、城市生态建设规划、环境保护规划以及其他与生态相关规划的符合性分析。规划符合性分析应列出各规划的目标、指标和主要规定，逐一进行符合性比对、分析，尤其有定量指标要求的应作定量的符合与否的评价。对于不符合规划的工程设计内容，首先应从改善项目工程设计入手使之符合有关规划或者针对具上问题采取补偿措施使之达到规划的要求。

3. 生态敏感区影响分析

（1）自然保护区影响分析

第一，从法规角度作影响分析，分析项目影响保护区功能区的类别（实验区或缓冲区），与法规规定的矛盾之点；

第二，具体或真实的影响，主要针对自然保护区的保护对象（或保护区主要保护功能）进行；

第三，从保护对象的生态特点、生态习性（食性、迁移或洄游、群居或独处、昼伏夜出等）对栖息地条件的要求、主要生境（繁殖地、产卵场、索饵场、越冬场等）分布等出发，研究其受项目影响的程度，对影响的方式和程度作出评价。对于非生物保护对象的自然保护区，如地质类保护区，从保护区主要功能的保护出发评价有关影响。

（2）风景名胜区影响分析

首先评价直接影响，即是否进入风景名胜区，占地造成植被破坏，是否影响某种保护生物和重要生境，项目建构筑物是否造成"三化"（城市化、人工化、商业化）影响，影响面积和受影响地段的重要性（是否为主要景点等），影响可否消除或减轻；然后评价间接影响，包括因植被破坏或地形地貌改变造成的景观影响，因轨道交通诱导的"三化"影响，这些影响的发生地点、影响累积、影响程度等。项目未进入风景名胜区而是紧邻风景名胜区，或者进入风景名胜区的外围保护地带，也会造成对风景名胜区景观的影响和诱导其他影响，如诱导高层建筑"围困"风景名胜区等，也应进行影响评价并寻求提出有效的保护措施。

（3）基本农田影响分析

说明城市规划和规划环评对基本农田保护的对策措施。分析项目影响的面积，分析有无替代方案（不占或少占基本农田的方案），必须占用农田的则寻求补偿措施。对涉及城市菜篮子工程的占地，应深入分析影响和寻求替代措施，基本农田影响还涉及节约用地等政策措施问题。

无论基本农田或是城市建设用地，都应评价是否做到土地资源的节约和集约利用（同行业比较），是否符合行业规范的土地利用指标要求等。如轨道交通规划的车场占地面积指标、线路用地指标、车站用地指标等，一般与国内外已有工程比较而评价其先进性。

（4）森林公园影响分析

森林公园是城市的肺腑，保护其森林覆盖面积和物种多样性是主要的着眼点和评价指标。不少森林公园还是城市野生动植物的主要栖息地或避难所，评价时应根据园内的动植物及其主要栖息地分布作影响分析。

（5）珍稀濒危动、植物种影响分析

珍稀濒危动物、植物是高度脆弱的保护对象，本质上是任何形式和任何程度的影响都是不可承受的。特别是对于那些因生态习性特殊（如对生境有特殊要求者、食物比较单一的）而导致稀少或濒危的生物，只要影响到他的"敏感点"，该种生物种的灭绝就是指日可待的。此类保护目标因其稀少而研究不足，一般人对其生态习性的认识十分有限，对工程产生的影响分析也很难做到科学合理，因而可采取的评价态度应是将可能的影响作最大最严重影响看待和评价，或将影响作为最大最严重生态风险看待和作结论，据此决定行止。

（6）城市植被与绿地影响分析

根据拟建工程的分布和征地统计，评价土地利用状况的变化情况，可能产生的绿地、植被的损失，必要时可结合设计资料绘制工程实施后的土地利用和植被分布的预测图件。遇有古树名木，则应作专门的评价和采取专门的措施。

（7）水土流失环境影响分析

预测取、弃土场和"大临工程"用地可能产生的水土流失，进行取（弃）土场选址的合理性分析；水土流失影响与施工技术、组织相关，即采取的环保措施密切相关，影响评价应结合施工方案进行。

4. 施工期生态环境影响评价要点

施工期一般是生态影响的主要发生期，直接影响主要发生在这个时期。施工活动的主要影响包括：

（1）对沿线土地资源的影响：工程取（弃）土场选址和作业方式应进行环境合理性分析，减少占地尤其是减少对林地、湿地的占用是评价的主要关注点，选择占用取（弃）的土地并在施工过程中恢复其使用功能或恢复其生态功能则更好。评价应提出取（弃）土场的复垦建议和土地恢复利用建议。

（2）施工对城市绿地与植被影响：施工应针对具体环境作施工设计，尽可能减少对城市绿地植被的影响，尤其应保护高大的树木。遇到古树名木则应作为敏感保护目标对待，按有关法规规定处理。对施工期破坏的植被绿地应进行恢复和补偿，工程建设原则上不减少城市的绿地和绿化植物，有条件时还应使之增加。环评应提出植被和绿地的恢复原则、补偿面积、补偿措施及投资估算，使该项措施定量化和可操作。生态恢复的具体措施包括绿化物种的选择、绿化用地的基质改良等。高架桥下、地面线路基边坡、车辆段及综合维修基地、地面线路两侧都应做好工程绿化措施等。

（3）施工活动对水土流失的影响：根据水土流失的成因，估算水土流失面积与流失量，提出水土保持的具体措施及其投资估算。城市轨道交通项目的水土流失不仅应注意直接的施工场地，而且应注意临时占地的问题。城市水土流失会对城市雨水管道会造成堵塞，并且还是城市扬尘的污染源。

（4）施工对敏感保护目标的影响：工程建设对文物的影响很大，除了在工程选线选址时应尽可能避绕文物保护目标外，当不可避免在文物保护目标附近施工时，应进行单独的设计。对大多数文物来说，下穿施工可能产生巨大的破坏风险。应当考虑施工时有异常事故发生，运营时有事故发生和事故施救等特殊问题。此外，轨道交通工程均有一定的寿命，在工程报废后也会产生非常规问题，而文物保护的企求寿命却是无限定的。必须优化施工方案，强化施工期文物保护措施。

（5）桥涵工程涉及河流、沟渠、航运、行洪、农灌等，均须分析施工期影响，提出合理安排施工期及其减轻施工影响的建议。

（6）施工影响绿地、植被、古树名木、珍稀物种等，都应逐一分析影响和人工设计，必要时提出专门的施工期保护对策措施。

5. 生态影响评价的相关问题

（1）生态适宜性分析

生态适宜性分析是规划环评经常采用的方法，尤其用作选址和选线论证。建设项目也在必要时可进行生态适宜性分析，以此明确项目沿线的生态环境敏感程度，针对主要生态敏感区进行深入的调查评价工作。

生态适宜性分析一般应设置指标组，进行定量和半定量的评价。

（2）项目环评与规划环评相呼应

城市轨道交通线网规划和建设规划的规划环评已对线路和主要站、场布局的环境合理性进行了论证，项目环评须遵循规划环评的成果，一般不需再将此类问题作重复论述。项目环评应着眼于布局中存在具体问题的解决措施，应特别重点论证规划环评指出的涉及本项目的环境问题。

项目环评应对规划环评列出的重要问题进行深化、细化，并研究针对性的对策措施。尤其针对敏感保护目标，需要逐一调查和评价，寻求有效的环保措施。

轨道交通项目环评中需要深化细化的主要生态影响问题是：风景名胜区影响、文物保护单位影响、重要生态功能区影响、城市重要资源影响、与水资源和集中饮用水水源地有关的影响等。

（3）重大环境制约因素

是否存在重大环境制约因素是判定项目选址选线环境合理性和项目环境可行性的重要依据。所谓"重大"是指能够影响决策行为和方向的因素。这类影响包括：

（1）轨道交通工程布局与城市规划的功能区相冲突或与土地利用规划中的土地我用性质相矛盾。

（2）轨道交通工程建设与敏感保护目标保护规划相冲突或可能对敏感保护目标构成比较严重的影响。敏感保护目标是指建设项目分类管理名录中所列的"环境敏感区"和评价中调查发现的具有重要功能的环境保护对象，包括当地居民特别关注的地区等。

（3）轨道交通工程布局或建设方案存在重大环境风险，如采空区、地质灾害区、蓄泄洪区或受洪水严重威胁的区域等。这些问题需要重新布局或采取特殊的工程设计才能解决。

（4）项目建设可能破坏或严重影响对当地经济社会有重要意义的资源。如温泉、名泉等。

（5）轨道交通工程对城市标志性建筑物或城市名牌目标有较大景观影响，如著名大学的门前等。

7.4.2 声环境影响评价

声环境影响评价是城市轨道交通工程环境影响评价的重点评价专题，其评价应根据工程及线路的具体情况以及沿线和地区环境的特点，确定评价工作等级并按照相应评价等级所规定的要求开展工作。声环境影响评价工作等级、评价范围需按照《声环境影响评价技术导则—城市轨道交通》（HJ453—2018）的相关规定确定。

声环境影响评价是以声环境敏感目标为出发点，以达到城市规划和声环境功能区划及其环境噪声标准为目的进行评价。根据工程及环境特点，对涉及人口密集区、科研区、党政机关集中的办公地点、疗养地、医院、养老院、幼儿园等敏感保护目标，进行重点预测评价，并针对性地提出有效的声环境保护措施。

国内噪声影响评价的基本内容有以下 6 个方面：

（1）根据拟建项目多个方案的噪声预测结果和环境噪声评价标准，评述拟建项目各个方案在施工、运行阶段噪声的影响程度、影响范围和超标状况（以敏感区域或敏感点为主）。

（2）分析受噪声影响的人口分布（也包括受超标和不超标噪声影响的人口分布）。

（3）分析拟建项目的噪声源和引起超标的主要噪声源及其主要原因。

（4）分析拟建项目的选址。

（5）为了使拟建项目的噪声达标，评价必须提出需要增加的、适用于该项目的噪声防治对策，并分析其经济、技术的可行性。

（6）提出针对该拟建项的有关噪声污染管理、噪声监测和相关规划方面的建议。

噪声环境影响评价的技术工作程序见图 7-2。

7.4.3 振动环境影响评价

振动环境影响评价是城市轨道交通工程环境影响评价的重点评价专题，其评价深度应

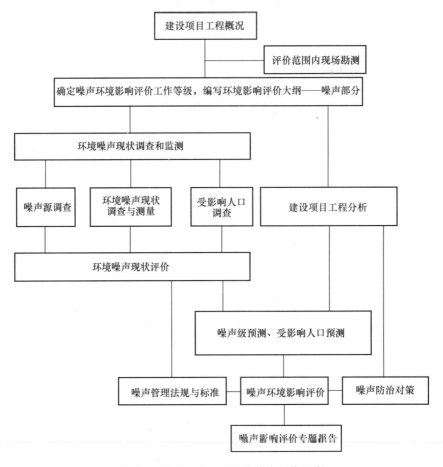

图 7-2　噪声环境影响评价技术工作程序

根据工程及线路的具体情况，以及沿线和地区环境的特点，确定评价工作等级并按照其评价等级所规定的相应要求开展工作。振动环境影响评价工作等级、评价范围需按照《环境影响评价技术导则—城市轨道交通》（HJ453）的相关规定确定。

1. 评价内容

振动环境影响评价重点针对地下线路列车运行振动影响进行预测与评价，以提出环境保护措施及效果评价为目的。评价内容及对象为地下线路沿线环境保护目标环境振动、二次辐射噪声以及沿线文物保护目标的结构振动速度响应的预测与评价。振动环境影响评价内容见表 7-35。

振动环境影响评价内容　　　　　　　　　　　　　　表 7-35

评价专题	工程特点	评价内容	评价对象
振动环境	地下线路列车运行	环境振动	地下线沿线振动保护目标
		二次辐射噪声	隧道正上方至外轨中心线两侧10m以内的振动保护目标
		振动速度	地下线沿线文物保护目标

2. 振动环境现状监测与评价要点

环境振动现状监测与评价的目的是通过现状调查资料和监测数据反映评价监测范围内的振动现状情况，为运营期振动影响预测与评价提供对比数据，从而了解线路运营后环境振动的变化情况。

（1）现状调查

1）对评价范围内的振源进行调查，包括轨道交通、铁路、公路、工业等，以及振动源的种类、数量、车辆类型、交通流量及昼夜分布情况。

2）评价范围内振动敏感目标及文物保护目标及其与拟建工程的相对位置关系以及振动适用地带范围及其振动标准进行调查，参见表 3-3-7。

（2）现状监测

1）测量内容

① 评价范围内振动环境保护目标各敏感点的环境振动现状测量。

② 评价范围内振动环境保护目标必要的敏感点室内二次辐射噪声测量。

③ 评价范围内文物保护目标的承重结构最高处的水平向振动速度响应测量。

2）测点布置

① 现状监测点需根据对应评价范围内的振动敏感点进行设置。

② 对于振动影响范围较大的地段应适当增加监测点。

③ 相同条件下的敏感点的监测数据可以类比采用，但是重要的敏感点必须进行监控。

3）测量方法

① 进行环境振动测量时，具体方法按照《城市区域环境振动测量方法》（GB 10071）的相关规定。

② 对隧道垂直上方至外轨中心线两侧 10m 以内的振动敏感建筑进行二次辐射噪声测量时，测点应布置在室内，并要求门窗密闭。测点距墙面和反射面至少 1m，距地面 1.2m，测量 16～200 Hz 内的 A 声级。

③ 对文物保护单位和古建筑进行振动速度测量时，具体方法按照《古建筑防工业振动技术规范》（GB/T 50452）的相关规定。

4）测量量与评价量。

① 环境振动测量量为昼、夜间铅垂向累计百分 Z 振级评价量同测量量；

② 室内二次辐射噪声测量量为 16～200 Hz 内的 A 声级；评价量同测量量。

③ 结构振动速度响应的测量量与评价量相同。

（3）现状评价

根据现状监测结果，按照《城市区域环境振动标准》（GB 10070）、《民用建筑隔声设计规范》（GBJ118）（暂按）、《古建筑防工业振动技术规范》（GB/T 50452）的相关规定对各敏感点进行达标评价，并对超标点的超标程度及原因进行分析。

3. 振动环境影响预测与评价要点

运营期振动环境影响预测与评价其重点内容为评价范围内振动环境保护目标的环境振动影响预测，包括地下隧道两侧各敏感点的振动预测，对于隧道下穿或距外轨道中心线两侧 10m 以内的敏感建筑，还要进行室内二次辐射噪声预测以及文物保护目标的结构振动速度响应预测。振动预测结果将为振动防治措施的设计与实施提供依据，也将为城市建设规划与环境规划提供依据。

7.4.4 水环境影响评价

水环境影响评价是在工程分析和影响预测基础上，以法规、标准为依据，解释拟建项目引起水环境变化的重大性、同时辨识敏感对象对污染物排放的反应；对拟建项目的生产工艺、水污染防治与废水排放方案等提出避免、消除和减少水体影响的措施、对策建议，最后做出评价结论。

1. 评价工程程序

水环境影响评价的工作程序见图7-3。

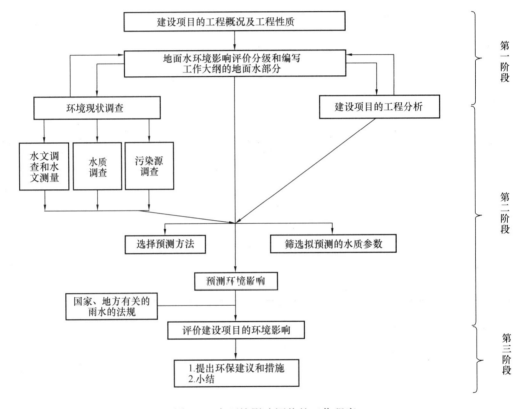

图7-3　水环境影响评价的工作程序

2. 水环境影响评价要求

（1）评价重点和依据的资料

1）所有预测点和所有预测的水质参数均应进行各建设阶段和运行生产阶段不同情况的环境影响重大性的评价，但应抓住重点。

2）进行评价的水质参数浓度应该是其预测的浓度与基线浓度之和。

3）了解水域的功能。

4）评价建设项目的地面水环境影响所采用的水质标准应与环境现状评价相同。

5）向已超标的水体排污时，应结合环境规划酌情处理或由环保部门事先规定排污要求。

（2）自净利用系数法

规划中的几个拟建项目在一定时期（如 5 年）内兴建并且向同一地面水环境排污的情况可以用自净利用指数法进行单项评价。其公式见式（7-1）

$$P_{ij} = \frac{c_{i,j} - c_{hi,j}}{\alpha(c_{i,ij} - c_{hi,j})} \qquad (7\text{-}1)$$

式中　$P_{i,j}$——i 污染物在 j 点的自净利用指数；

　　　$C_{i,j}$——i 污染物在 j 预测点的浓度，mg/L；

　　　$C_{hi,j}$——河流上游 i 污染物的浓度，mg/L；

　　　α——自净能力允许利用率；

　　　$C_{i,ij}$——i 污染物的水质标准，mg/L。

对位于地表水环境中 j 点的污染物 i 来说，自净能力允许利用率 λ 应根据当地水环境自净能力的大小、现在和将来的排污状况以及建设项目的重要性等因素决定，并应征得主管部门和有关单位同意。

DO 的自净利用指数见式（7-2）

$$P_{\text{DO},j} = \frac{\text{DO}_{hj} - \text{DO}_j}{\alpha(\text{DO}_{hj} - \text{DO}_s)} \qquad (7\text{-}2)$$

式中　$P_{\text{DO},j}$——DO 在 j 预测点的自净利用指数；

　　　DO_{hj}——河流在 j 点的 DO 现状值，mg/L；

　　　DO_j——j 点的 DO 预测浓度，mg/L；

　　　DO_s——DO 的标准，mg/L。

当 $P_{\text{DO},j} \leqslant 1$ 时，说明污染物 i 在 j 点利用的自净能力没有超过允许的比例；否则说明超过允许利用的比例。这时 $P_{i,j}$ 的值即为允许利用的倍数，表明影响是重大的。

7.4.5　大气环境影响评价

大气环境影响评价可概括为：定量地评价拟建设项目建设前大气环境质量的现状，识别大气环境的哪些质量参数产生影响和预测建设项目投产后大气污染指数的变化，解释污染物质在大气中的输送、扩散和变化的规律，提出建设项目污染源的控制治理对策。

1. 技术工作程序

大气环境影响评价的技术工作程序见图 7-4。由图可见，这个程序可分四个阶段：第一是准备工作；第二阶段是整个评价工作的基础；第三阶段是评价工作的重要阶段；第四阶段是总结工作成果，提出大气环境影响专题报告。这四个阶段密切联系，目的是提供一份满足预防性环境保护要求的报告书。

2. 大气环境影响的评价

大气环境影响评价是在工程分析和影响预测的基础上，以法规、标准为依据，解释拟建设项目引起的预期变化所造成影响的重大性，同时辨识敏感对象对污染物排放的反应；对于拟建设项目的生产工艺、总图布置和选址方案（通常是在可行性研究报告中提出的）等提出避免、消除和减少大气环境影响的措施或对策的建议；通过影响程度的分析做出评价结论。

3. 大气环境影响的评价方法

大气环境目标值判断法；

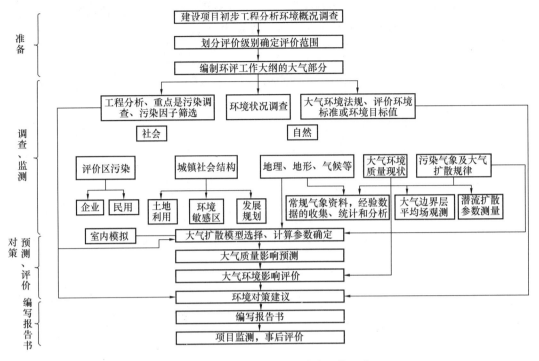

图 7-4 大气环境影响评价技术工作程序

容许排放量判断法；

指数法；

污染分担率（Kij）判别法。

7.4.6 其他因素环境评价

1. 固体废物环境评价

固体废物环境影响评价时确定拟开发行动或建设项目建设和运行阶段、生产经营和日常生活中固体废弃物的种类、产生量和形态，对人群和生态环境影响的范围和程度，提出处理处置方法，避免、消除和减少其影响的措施。

固体废弃物环境影响评价主要可分为两大类：

（1）对工程项目产生的固体废物，由产生、收集、运输、处理到最终处置的环境影响评价；

（2）对处理、处置固体废物设施建设项目的环境影响评价。

固体废物环境评价的内容为污染源调查、污染防治措施的论证以及提出最终处置措施方案。

2. 电磁环境影响评价

电磁环境影响评价是城市轨道交通建设项目环境影响评价的重要内容，应根据工程及线路的具体情况以及沿线和地区环境特点确定其评价深度。电磁环境影响评价基本要求、评价范围需按照《环境影响评价技术导则—城市轨道交通》（HJ 453）的相关规定确定。

轨道交通产生的电磁辐射主要来自于主变电站、地铁列车产生的电磁场和无线电干扰，由于受隧道屏蔽，地铁列车在地下运行时，对外界电磁环境影响作用微弱，因此轨道交通的电磁环境影响主要来自高架及地面段线路和主变电所。

电磁环境影响评价的重点内容是列车运行产生的无线电干扰对居民收看电视的影响，以及 110kV（含）以上主变电站及其周围环境保护目标的工频电磁环境进行二测与评价。评价对象为线路两侧评价范围内使用开放式电视天线的用户，以及主变电站边界及其评价范围内的环境保护目标，电磁环境影响评价内容见表 7-36。

电磁环境影响评价内容 表 7-36

评价专题	工程类型	评价内容	评价对象
电磁环境	地上线路	列车运行产生的无线电干扰	沿线采用开放式天线收看电视的用户
	主变电站	主变电站产生的工频电磁场	主变电站评价范围内环境保护目标

7.5 环境保护措施

本章将根据前面章节的内容，在轨道交通污染源分析及主要环境影响预测分析的基础上，分别就施工期和运营期各污染要素的环境保护措施提出原则与建议。

7.5.1 规划阶段的环境保护措施

1. 轨道交通规划原则与要求

城市轨道交通线路规划应符合城市总体规划、沿线土地利用规划、城市综合交通规划及城市轨道交通线网规划，还应符合城市环境保护规划、城市环境功能区划，从环境保护的角度对工程选线选址、设备选型布局以及建设方案进行环境可行性论证，合理规划线路走向、线位布局、敷设方式及线路埋深。

轨道交通线路、车站、车辆基地及停车场的选线选址应避开自然保护区、饮用水水源保护区、生态功能保护区、风景名胜区、基本农田保护区以及文物保护建筑等需要特殊保护的地区；结构主体应避绕人口密集区（居民区、文教区、医院及敬老院等）特别敏感的社会关注区域。为减轻轨道交通噪声和振动对人口密集区的影响，从轨道交通规划方面提出原则与建议如下：

（1）规划线路穿越中心城区（已建或拟建居住、医疗、文教区）时，原则上应采用地下敷设方式，中心城区以外在道路条件及沿线条件允许的地段宜采用高架或地面敷设的方式，外围组团中心地区也应采用地下敷设方式。高架或地面线路应沿城市既有道路或规划道路布置。例如：北京轨道交通敷设方式的确定原则以五环路为界、上海以外环路为界、成都以四环路为界，以内地区采用地下线的形式，以外地区采用高架线或地下线和高架线相结合的形式。当工程采用高架方案穿越建成区或规划的主体区、高教区时，应进行线路方案比选及替代方案论证。

（2）在建成区进行轨道交通规划时，线位应尽量避绕既有集中环境敏感建筑，按照相关设计规定预留相应的控制距离，使之符合现行国家标准《声环境质量标准》、《城市区域环境振动标准》的要求。

（3）在已建成的轨道交通线路两侧规划敏感建筑时，应根据轨道交通噪声和振动的影响，按照噪声和振动防护距离的要求，做好沿线用地规划控制。在环境防护范围内，不宜规划建设居住、文教、科研等环境敏感区。否则，应根据轨道交通对环境功能区的不同影响，进行用地规划调整。结合城市用地规划，对建筑物的功能、楼层、朝向等提出要求，以达到环境保护的目的。

（4）在规划区进行轨道交通规划时，应按照噪声和振动防护距离的要求，不仅要做好沿线用地规划的预留，也要做好轨道交通走廊的预留，进行规划道路协调，尤其为高架线路预留实施的条件。

（5）轨道交通线路穿越已规划的区域，对于轨道交通项目环评批复前已获得规划部门审批的未来保护目标，应预留声屏障等环保措施的实施条件。

（6）在进行线路规划设计时，轨道交通线路与敏感建筑之间的噪声和振动防护距离应符合《地铁设计规范》（GB 50157—2003）规定的外轨中心线距各类环境功能敏感点的噪声和振动控制距离，见本章第四节、第五节相关内容。目前国内投入运营的轨道交通车辆主要为 A 型车或 B 型车，该控制距离主要依据国内 A 型车和 B 型车的噪声源强和振动源强以及功能区噪声和振动限值计算得出。

2. 城市建筑规划与要求

由于城市用地日益紧张，所以噪声和振动防护距离设定范围是有限的，而且对于空气传声的距离衰减作用也很有限。一般城市道路两侧以高层建筑居多，声屏障等降噪措施仅对声影区范围内的敏感建筑有效，但对声影区外的高层建筑效果甚微，因此为保护这些敏感建筑的声环境质量，使其室内达到允许标准，建议对敏感建筑物自身考虑防护措施，如从建筑物布局合理规划、内部布局合理布设、设置隔声墙等措施。为减轻轨道交通噪声对人口密集区的影响，从城市建设规划方面提出原则与建议如下：

（1）建筑群的合理规划布局

从声学角度考虑设计合理的建筑物布局，是预防轨道交通噪声对环境影响的最经济有效的措施之一。国内外对此已开展过大量研究，苏联在城市规划设计中要求生活居住区、市中心区域不允许设置在轨道交通周围，在轨道交通两侧只可布置服务于交通运输业的工厂、车间、工务、保卫等用房，以及绿化带、仓库等。英国在建筑法规设计规范中，就总平面防噪设计规定了两个原则：第一，在平面设计中将噪声源置于一定距离外，采取缓冲带将交通噪声与居民住宅建筑隔开，用绿化地带、公园、高尔夫球场等保护学校、医院等敏感建筑免受噪声干扰。第二，充分利用建筑物的遮挡与屏蔽作用，将非敏感噪声建筑物用来屏蔽噪声敏感建筑物。

我国在民用建筑隔声设计规范中，也就有关防噪布局做了规定：第一，在城市规划中，从功能区的划分、交通道路网的分布、绿化与隔离带的设置、有利地形和建筑物屏障的利用等均应体现防噪原则。居民、文教区应远离机场、铁路线、编组站、车站、港口码头等建筑设施。第二，新建小区应尽可能将对噪声不敏感的建筑物排列在小区外围邻近交通干线上，以形成周边式的声屏障，交通干线不应穿越居住小区。

我国综合医院设计规范中规定，医院的病房楼、门诊楼、医技楼、科研楼应与城市交通干道中心保持60m以上距离，与铁路干线保持400m以上距离。在改扩建工程中，对应上述距离可缩短75%，即分别为45m和300m。

此外对建筑物的合理布局方面，我国的研究结果如下，对交通噪声而言，从声环境影响角度建筑物配置形式的优劣顺序：周边多层配置—高层临街"板楼"—楼面与"丁头"

朝主干道组合—楼面朝主干道多层配置—高层临街"塔楼"—楼面与主干道成 45°多层配置—"丁头"朝主干道多层配置。据此，新建小区面临轨道交通一侧的建筑物宜配置为非敏感的（如商业区、服务区、娱乐活动场所等）周边多层建筑。

（2）建筑物受声点的隔声措施

建筑物在区域内的布局确定后，还应考虑建筑物内部的防噪布局。在建筑声学中，内部防噪布局包括两方面，一是防止外部噪声影响，二是防止室内噪声影响。对于那些敏感点室外声级高于对应环境限值标准要求的建筑物，也可通过加强建筑物隔声设计来达到室内声环境质量要求。

我国在民用建筑隔声设计规范中，对住宅、学校、医院和旅馆等一般民用建筑在内部防噪布局规定的原则：第一，当住宅沿城市干道布置时，卧室、起居室不应设在临街一侧，否则宜在临街一侧设置封闭的公共走廊，或封闭阳台。第二，当学校位于交通干道旁时，宜将运动场沿干道布置，作为噪声隔离带。第三，综合医院平面布置应考虑建筑物的隔声作用，门诊楼可沿交通干道布置，但与交通干道的距离应考虑防噪要求。病房楼应设在内院。病房不应设在临街一侧，否则应在临街病房外设置大面积玻璃窗的封闭函台，以防止交通噪声对病房的干扰。第四，旅馆客房沿交通干道或停车场布置时应有可靠的防噪措施，如封闭阳台、封闭外廊或封闭窗（用于有空调的旅馆）。

建筑内部防噪布局的原则是将非噪声敏感的房间靠近轨道交通一侧，而将噪声敏感的房间处于另一侧，实测表明：利用前后房间的部局，噪声可衰减 16 dB。若上要求难以达到时，可将楼内公共交通用的走廊设在临街一侧，临街玻璃走廊的隔声效果见表 7-37。

临街玻璃走廊隔声效果示例（单位：dB）　表 7-37

	窗全开			窗全关		
	室外	室内	衰减量	室外	室内	衰减量
无走廊	67	61.5	5.5	68	49	19
有走廊	70.5	58.5	12	68	38	30

注：引自"铁路环境噪声控制"，中国铁道出版社，1990。

表中结果表明，对于外设走廊的临街建筑，在夏天窗户全开的情况下，其室内声级较无外廊的建筑物室内声级低约 3dB，在窗户全关情况下，其室内声级较无外走廊的建筑物室内声级低约 11dB。因此，对于面临轨道交通一侧的敏感建筑，朝向轨道交通一侧可设计为带外廊结构的住宅，则其室内声级可满足室内声质量要求。

对于远离轨道交通的敏感建筑，可通过加强隔声设计来保证其室内的声质量；如设置双层窗即可使室内声级达到住宅内的标准要求，一般双层窗可使室内声级降低 10～20dB（A）；密封性能良好的双层窗可使室内声级降低 30dB(A) 以上；采用隔声窗时要注意玻璃和窗框、整窗和墙壁的密封，以免通过孔、缝漏声。

3. 轨道交通与沿线建筑的间距要求

轨道交通与城市建筑之间应满足一定的间距要求。在满足防护距离的条件下，轨道交通的振动影响基本可以得到控制，噪声影响可以得到一定的衰减。另外，对于城轨交通如重庆轨道交通 2 号线，由于特殊的轨道梁设计，难以采取常规的声屏障措施，只有通过距离衰减降噪，因此保证一定的防护距离更为重要。

（1）噪声控制距离要求

1）地面及高架线路的防护距离。根据《地铁设计规范》的要求，地面及高架线路轨道中心线距各类功能区敏感建筑的噪声控制距离应不低于表 7-38 的距离要求：根据国内轨道交通运营车辆 A 型车和 B 型车噪声源强，计算得到地面和高架线路噪声影响范围见表 7-39。

2）风亭、冷却塔的防护距离。轨道交通拟设置的地面风亭、冷却塔的位置宜选择在非环境敏感区域。根据《地铁设计规范》的规定，风亭、冷却塔距各类功能区敏感建筑的噪声控制距离应不低于表 7-40 的距离要求。具体控制距离应根据风亭、冷却塔的选型、设备源强、设备数量、运行方式等实际情况确定。

（2）振动控制距离要求

根据《地铁设计规范》的要求，地下线路轨道中心线距各类功能区敏感建筑的振动控制距离应不低于表 7-41 的距离要求。根据目前国内轨道交通运营车辆 A 型车和 B 型车振动源强，计算得到地下线路振动影响范围见表 7-42。

（3）车辆段和停车场

轨道交通车辆段和停车场的位置应选在非环境敏感区域。车辆段和停车场的厂界噪声应符合现行国家标准《工业企业厂界噪声标准》（GB/T 12348）中相应区域噪声限值的规定。

地上线距敏感建筑物的噪声防护距离 表 7-38

声环境功能区类别	各环境功能区敏感点	外轨中心线与敏感建筑物的水平间距（m）	噪声限值（dB（A））	
			昼间	夜间
0 类	康复疗养区等特别需要安静的区域的敏感点	≥60	50	40
1 类	居住、医疗、文教、科研区的敏感点	≥50	55	45
2 类	居住、商业、工业混合区的敏感点	40	60	50
3 类	工业区的敏感点	30	65	55
4a 类	城市轨道交通两侧区域（地上线）的敏感点	≥30	70	55

地面、高架线路两侧噪声影响范围 表 7-39

达到对应功能区要求	实际影响范围（m）	
	高架线	地面线
居住、商业、工业混合区（2 类区）	100～200	50～100
轨道交通两侧区域（地上线）（4 类区）	50～90	30～50

风亭、冷却塔距敏感建筑物的噪声防护距离 表 7-40

声环境功能区类别	各环境功能区敏感点	风亭、冷却塔边界与敏感建筑物的水平间距/m	噪声限值/dB（A）	
			昼间	夜间
1 类	居住、医疗、文教、科研区的敏感点	≥30	55	45
2 类	居住、商业、工业混合区的敏感点	≥20	60	50
3 类	工业区的敏感点	10	65	55
4a 类	城市轨道交通两侧区域（地下线）的敏感点	10	70	55

<table>
<tr><td colspan="5" align="center">地下线距敏感建筑物的振动防护距离</td><td align="right">表 7-41</td></tr>
</table>

各环境功能区敏感点	建筑物类型	外轨中心线与敏感建筑物的水平间距/m	振动限值/dB	
			昼间	夜间
居民、文教区、机关的敏感点	Ⅰ、Ⅱ、Ⅲ类	≥30	70	67
商业与居民混合区、商业集中区的敏感点	Ⅰ、Ⅱ、Ⅲ类	≥25	75	72

<table>
<tr><td colspan="6" align="center">列车运行的环境振动影响范围（地下线）</td><td align="right">表 7-42</td></tr>
</table>

区域划分	标准限值 FIz/dB		建筑物类型		
	昼间	夜间	Ⅰ类	Ⅱ类	Ⅲ类
交通干线两侧	75	72	15～20	20～25	25～30
混合居住商业区	75	72	15～20	20～25	25～30
居民、文教区	70	67	20～25	25～30	30～40

4. 变电站

110kV 及以上电压等级的变电站宜采用户内或地下建筑形式。地面设置的 110kV 变电站宜远离居民区等敏感建筑，其边界与敏感建筑物的水平间距宜大于 30m，至少不应小于 15m。必要时对变电站的噪声源采取减振降噪措施。

7.5.2　施工期及运营期环境保护措施

1. 施工期环境保护措施

根据前面所述施工期环境影响分析，评价中应结合工程具体特点及环境状况提出针对性措施。施工期主要环保措施见表 7-43。

（1）施工准备阶段的环境保护措施

建设单位应严格执行当地环保法规的相关要求，在工程招标时应将有关环境保护、文明施工与评价中提出的环保措施列入标书，明确施工单位在施工期间的环保责任与义务，同时加强施工期环境保护的监督与约束。

（2）施工期噪声振动控制措施

施工期应按《建筑施工场界噪声限值》（GB 12525—90）及当地人民政府关于防治建筑施工环境噪声污染的有关规定，合理安排施工方式、时间，防止施工噪声对沿线环境造成严重影响。施工期场界噪声影响应满足《建筑施工场界噪声标准》（GB 12523），其相关规定见表 7-38。敏感点处的噪声应满足《声环境质量标准》（GB 3096—2008）中相应功能区标准要求，敏感点处的振动应满足《城市区域环境振动标准》（GB 10070—88）中相应功能区标准要求。

<table>
<tr><td colspan="2" align="center">施工期主要环保措施一览表</td><td align="right">表 7-43</td></tr>
</table>

环境因素	污染源	环保工程措施
声环境、环境振动	施工机械与运输车辆	避开敏感设施，避免夜间施工，确实需要夜间施工则必须经过批准
污、废水	施工污、废水	化粪池、沉砂池处理，严禁无组织排放
废气扬尘	施工机械废气和扬尘	散装物料采用罐车或遮盖车辆运输；防止汽车夹带泥土；施工场地设围挡和洒水降尘设备
固体废物	建筑垃圾和生活垃圾	生活垃圾妥善收集，集中后定期交环卫部门处理

施工中的挖掘机、空压机、装载机械及重型运输车辆等机械设备产生的噪声将会对周围居民区、学校和医院等敏感点产生影响。可采取合理布局施工现场，将施工中的固定噪声源相对集中；施工机械作业时间合理安排，在环境噪声、振动背景值较高的时段内进行高噪声、高振动作业，限制夜间进行高噪声、振动施工作业，因工艺要求必须连续施工作业的须办理夜间施工许可证；尽量选用低噪声的机械设备和工法，在满足土层施工要求的条件下，选择低噪声的成孔机具，避免使用高噪声的冲击沉桩、成槽方法，避免采用高噪声爆破施工作业，必须使用爆破作业时，尽量采用小药量微振爆破施工。在市区范围内使用锤击桩机须经过有关部门批准；施工单位在进行工程承包时，将噪声、振动控制列入承包内容，并加强施工期的环境管理等噪声、振动控制措施，施工场界噪声限值见表7-44。

加强施工期的环境噪声、振动监测与环境监理（特殊时间、特殊对象保护措施），适时改进噪声、振动防护及管理措施，以保证沿线居民的生活质量。在建筑结构较差、等级较低的陈旧性房屋附近施工，尽量使用低振动设备，降低工程施工对地表构筑物的影响。特别在桩基施工中，尽量选用低噪声、振动的施工方法，必要时设置隔振沟。

（3）施工期污水排放控制措施

应严格执行当地城市建设工程文明施工管理的要求，建设单位和施工单位应根据地形，对地面水的排放进行组织设计，严禁施工污水乱排、乱流污染道路、周围环境或淹没市政设施。施工场地设置集水沉砂池，将高浊度泥浆水和含油废水，经过沉砂、除渣和隔油等处理后排入市政管网。施工人员临时驻地厕所设临时化粪池，或可采用移动式厕所，生活污水经化粪池预处理后排入城市污水管道中。

施工场界噪声限值（单位：dB（A））　表7-44

施工阶段	主要噪声源	昼间	夜间
土石方	推土机、挖掘机、装载机	70	55
打桩	打桩机	85	禁止施工
结构	混凝土搅拌机、振捣棒、电锯	70	55
装修	吊车、升降机	65	55

（4）施工期大气污染控制措施

施工中主要道路应及时洒水清扫，减少扬尘；在拆迁和开挖干燥土面时，适当喷水使作业面保持一定的湿度；车辆运输装载不宜过满，保证运输过程中不撒落；不得在施工现场设置混凝土搅拌场。根据《中华人民共和国大气污染防治法》第三十二条、第三十三条、第三十四条，施工单位必须采取措施防止周围居民区受到恶臭气体及粉尘的影响；并禁止在人口集中地区焚烧沥青、油毡、橡胶等物质，特殊情况下确需焚烧的，应报当地环保部门批准。

（5）施工期生态环境保护措施

轨道交通对周边生态敏感区的影响主要集中在施工期，而且施工期持续时间较长，通过选择合理的施工方式、加强施工监理等措施可以降低轨道交通建设对生态敏感目标的影响。施工期结束后，应尽快采取合理的恢复措施，尽快消除不利影响。同时，针对工程沿线地区的生态环境敏感目标及其生态环境影响，采取针对性的保护措施。预防生态环境影响及其保护措施主要有：

1）施工活动对沿线生态环境的影响：对工程选线、场段选址进行环境合理性论证，优化工程选线选址方案。为减少对沿线自然生境的分割与冲击，轨道交通线路应尽可能沿既有道路或规划道路铺设。

2）施工活动对沿线土地资源的影响：对工程取（弃）土场选址进行环境合理性论证。根据国家对土地资源集约和节约利用的原则，在轨道交通设计方案上要尽可能减少土地资源的占用，至少满足相关标准规范中站场站地规模要求。涉及占用基本农田，应按照土地管理部门的要求，实施相应措施。在线路设计阶段应做好对工程永久占地和施工临时占地的合理规划，尽量少占用耕地和绿化用地。

3）施工活动对城市绿地植被的影响：尽可能减少由于轨道工程建设对沿线城市绿地系统的影响，加强轨道工程的绿化工作，建设绿化带。尽量保护征地范围内及沿线植被，尽量减少对临时用地、作业区周围的林木、草地、灌丛等植被的损坏。对施工期破坏的绿地植被进行恢复和补偿，提出取（弃）土场的复垦建议和土地恢复利用建议。提出绿地植被的恢复原则、补偿面积、补偿措施及投资估算。生态恢复的具体措施包括树种选择、桥下绿化、地面线路基边坡绿化、车辆段及综合维修基地、地面线路两侧工程绿化措施等。轨道交通车站周围及轨道沿线的绿化应以本地乡土植物为主，与周围植被形成稳定的群落结构，避免出现生物入侵，影响地区生态系统的稳定性及生物多样性。

4）工程建设对文物的影响：工程选线选址应当尽可能避绕文物，规避施工与运营对文物可能产生的风险。优化施工方案，强化施工期文物保护措施。轨道交通沿线遇有文物古迹时，在工程可研及初步设计阶段应加强对相关线路沿线地下文物的勘探。同时，在施工过程中，如发现文物、遗迹，应立即停止施工并采取保护措施如封锁现场、报告相关文物主管部门，按文物主管部门的意见进行处置。轨道交通线路沿线遇有古树名木时，采取就地保护、异地移栽等方法加强保护措施，并遵照园林管理部门的有关规定处理。

5）施工征地对拆迁居民的影响：征地拆迁应严格执行当地房屋拆迁管理要求，做好拆迁安置工作，避免造成被拆迁户生活质量的下降，在工程用地需求满足的条件下，尽量控制征地拆迁规模。

6）隧道工程对沿线环境的影响：根据隧道里程、长度、数量等情况，以及隧道穿越房屋、水源、植被的情况，提出防水堵漏和疏导管流等施工措施。

7）工程建筑对城市景观的影响：提出高架桥及站场选址的景观设计方案、风亭选址及景观设计等景观保护措施。车站及各类地面构筑物的设计应与周边景观相协调。从长远利益考虑，应充分考虑高架线对周边的景观影响，合理设计高架线路结构，增加沿线的绿化美化。

8）施工活动对水土流失的影响：根据水土流失的现状及成因，工程建设对原貌、土地扰动和水土保持设施的损坏，水土流失估算时段的划分，进行水土流失预测及分析，提出水土保持的具体措施及其投资估算，以降低和控制施工期水土流失程度并为工程投入运营后水土保持设施的管理提供科学的依据。

9）桥涵工程对沿线河流及沟渠航运、行洪、农灌等方面的影响：根据桥梁的工程、类型、长度、数量等情况，工程沿线跨越河流以及河流的情况，提出合理安排工期及其减轻施工对河流行洪影响的建议。

（6）文明施工

文明施工并切实美化、亮化工地。特别是位于居民点密集的路段，施工景点围墙应墙面有画、制作方便、可重复使用，以减少施工期对城市景观的影响。

2. 运营期环境保护措施

根据前面章节对轨道交通工程运营期污染源分析和评价重点分析，运营期的主要环境影响为地面、高架线路及场段出入线列车运行产生的噪声影响；地下车站风亭、冷却塔产生的噪声影响；地下线路列车运行产生的振动影响；沿线车站和产生的生活污水、车辆清洗、维修生产废水影响；地下线路车站风亭和车辆段产生的废气影响；沿线车站和车上乘客与职工产生的生活垃圾等固体废物影响。运营期的主要防治措施见表7-45。

轨道交通规划阶段应优先考虑线路的合理布局及其与沿线建筑的间距。若规划中不能满足噪声、振动防护距离的要求，则应根据相应功能区的环境噪声和振动标准，在工程中采取相应的减振降噪设计，以满足环境噪声和振动标准的要求。基于不同的介质其声波和振动波具有不同的传播衰减特性，在满足振动防护距离的条件下，轨道交通的振动影响基本可以得到控制。但是在一定的防护距离范围内，声波的衰减作用是有限的。在满足噪声防护距离的条件下，若不能达到环境噪声标准要求时，需要采取相应的降噪措施，以满足环境噪声标准的要求。实施轨道交通减振降噪措施的原则与要求如下。

运营期主要环保措施一览表　　　　表7-45

环境因素	污染源	环保措施
声环境	列车运行	敏感点拆迁；声屏障降噪；对特殊敏感点隔声
	环控设备运行	设备降噪
振动环境	列车运行	铺设无缝线路，采取轨道减振措施
电磁环境	列车运行，变电设备运行	沿线采用有线电视收看；设备减振降噪
污、废水	生活污水	经化粪池处理后就近排入城市下水道
	车辆清洗、维修生产废水	含油污水经隔油、气浮、过滤处理后达标，废水采用中和沉淀法处理
废气	车站排风	空气过滤
	锅炉运行/食堂	脱硫、除尘装置/油烟净化装置
固体废物	乘客和职工生活垃圾	集中后交环卫部门处理

（1）指导原则

对于既有的声环境保护目标，一般采取设置声屏障、房屋功能置换、房屋拆迁或其他控制措施。声源控制主要包括低噪声车辆的选型（如流线型动车等）、低噪声轨道设计（如焊接长钢轨、弹性扣件、减振道床等）。传播途径的声保护措施主要包括设置声屏障、绿化林带等。受声点的声环境保护措施主要对临线两侧敏感建筑物的功能置换，安装隔声窗等。对已获规划部门审批的未来环境保护目标，应预留降噪措施的实施条件。

轨道交通振动防治措施主要包括钢轨、扣件、轨枕、道床等轨道减振措施。对于既有保护目标，振动环境影响按运营初期的预测结果采取措施；对于规划已确定的未来保护目标，也应同时采取措施，不宜预留，即使预留措施但实施难度非常大。

（2）判定原则

1）当轨道交通噪声、振动值超标，环境背景值不超标时，则必须考虑对轨道采取减振降噪措施，其削减量为轨道交通噪声、振动的超标量。

2）当轨道交通噪声、振动值超标，环境背景值也超标时，而轨道交通噪声、振动叠加背景值后使增量增加，则必须考虑对轨道交通噪声、振动采取措施，其削减量为轨道交通噪声、振动的超标量，以达到环境现状不恶化为目标。

（3）应用原则

1）根据《声环境质量标准》（GB 3096—2008）的规定，监测结果评价以昼、夜环境噪声源正常工作时段的 Leq 作为评价噪声敏感建筑物户外（或）室内环境噪声水平是否符合所处声环境功能区的环境质量要求，《城市轨道交通环境影响评价技术导则》（HJ 453—2008）规定轨道交通噪声评价量为昼间等效声级和夜间运营时段等效声级。声屏障降噪目标值（即声屏障插入损失）由噪声敏感目标处列车运行噪声昼间等效声级和夜间运营时段等效声级预测值（不含背景噪声）与所在环境功能区昼、夜间环境噪声限值的差值（即昼、夜间超标量）来确定。对于夜间无住宿的敏感点（如中、小学校等）其降噪量按昼间超标量确定；对于夜间有住宿的敏感点其降噪量按夜间运营时段的超标量来确定。目前国内轨道交通已通车运营的城市其轨道交通线路夜间运营时间一般为 1～3h，则夜间运营时段比夜间时段等效声级高 4.5～9（A）。因此，按照《声环境质量标准》的相关规定，对于相应敏感点的夜间降噪量需要提高 4.5～9dB（A）。

2）按照《城市轨道交通环境影响评价技术导则》（HJ 453）的规定，车通过时段振动级的评价量为实际值。考虑列车通过时段最大振动级的实际影响。列车最大振动级 FIz_{max} 可作为轨道减振目标值的参考量。轨道减振措施的设计目标值由振动敏感目标处列车运行振动级与所在区域昼、夜间环境振动限值的差值（即昼、夜间超标量）来确定。对于夜间无住宿的敏感点（如中、小学校等）其减振量按昼间超标量确定；对于夜间有住宿的敏感点其减振量按夜间超标量来确定。

3）代表性敏感点（受声点）通常是指受轨道交通噪声影响最严重的点位：代表性敏感点（受声点）处的声屏障插入损失能满足要求，则该区域的声屏障插入损失能满足要求。

4）轨道交通噪声影响按初期、近期、远期分别进行预测，根据近期预测采取措施，按远期预测结果进行预留。

7.6 典型铁路环评案例分析

以国家铁路"四纵四横"客运专线网中某段重要线路为例进行案例分析。该线建成后，可进一步优化和完善我国快速铁路网络，实现区域内客货分线运输，对促进社会经济可持续发展起到十分重要的作用。

7.6.1 生态环境影响评价

1. 生态环境现状评价

（1）新建铁路自东向西经过渭河谷地、秦岭山地、黄土高原，就铁路线路两侧评价范围内而言，主要是渭河谷地多级黄土台塬及山前丘陵、秦岭山地和甘肃黄土高原景观生态系统。

（2）评价区域野生植物以温带、暖温带植物为主，分布有温带、暖温带、亚寒带的草原、灌丛、针叶林、阔叶林等，植被的水平地带性分布和垂直地带性分布明显，自然植被受人类活动的影响较大，多为次生状态。

（3）沿线生物多样性主要集中在北秦岭山地，尤其是小陇山地区。由于自然环境的变化和人类活动的不断加剧，沿线黄土高原生物多样性损失和水土流失程度比较严重。

2. 生态环境影响

（1）对工程永久和临时占地、损失生物量进行评价，项目施工和运行后，评价区内自然系统平均生产能力略有降低，从变化幅度和变化后的情况判断，工程建设对生产力和生物量的影响程度处于评价区生态系统能够接受的范围之内。

（2）本段工程占用部分耕地，对区域农业生产影响轻微，施工期临时用地造成短期粮食损失，对铁路两侧的失地农户会造成一定影响。在工程结束后，上述占地中的临时用地将进行复耕，逐步恢复原来的生产能力。这部分占地产生的不利影响也会逐步消失。

（3）施工过程中出现的措施不当会对环境产生不好的影响，因切割、扰动等使其破碎化，进而降低环境的美学价值。

（4）本项目永久占地占工程总占地的39.9%，临时占地占工程占地的60.1%。工程用地类型主要以旱地、果园住宅用地及其他用地为主。工程占地类型主要以耕地为主，占用耕地类型以旱地为最多，其次为水浇地。本工程建设将会对沿线地区的土地利用格局和农业生产产生不利影响，但工程占用耕地的比例仅为沿线市（区）耕地面积较小，影响面积小；并且占地呈线状分布，相对沿线各市区占地数量较小，通过经济补偿用于造田、恢复及复垦等措施，可以将其影响降至最低程度。

（5）工程永久占用部分林地、果园和草地，从而降低了沿线局部地带植被覆盖率。由于工程砍伐的树木均属当地人工种植的经济林、农村四旁林及果树等，不会对区域植被造成大的影响。为了弥补生物量损失的影响，恢复工程破坏的植被，在工程设计中按照相关规定进行了占地及砍伐树木损失补偿，并采取植物防护及绿化措施，全线植物措施面积为929.5hm²，通过采取植物措施，可有效恢复因工程造成的植被损失面积，在铁路运营3～5年后，生物量可基本恢复到工程前的水平，将有效改善本项目对生态环境的影响。

（6）本项目土石方工程主要为路基、站场、桥涵填挖方及隧道出碴。本项目的总体挖方大于填方。由于大量土石方工程对生态环境产生较大影响，故在本次评价中对路基边坡、桥涵、隧道、站场和取弃土场等工程都采取了一定的工程及复垦措施。另外为减轻工程对生态环境的影响，对跨越河流的特大桥、施工场地及施工便道等工程新增了防护措施，对路基两侧及站场采取了植物防护和绿化措施。

（7）本项目工程的水土流失主要发生在项目建设期的施工期和自然恢复期，以水力侵蚀为主。为减少工程建设新增的水土流失量以及原地貌的部分水土流失量，采取了一定的工程、植物及临时防治措施。

（8）跨河桥梁施工将对其跨越的河流产生一定影响，但通过采取相应防护措施后，桥梁施工对河流水质的影响很小。另外，本线桥涵工程按1/100洪水频率设计，桥涵设置充分考虑了各方面的因素且采取了相应的措施，则桥梁工程对生态环境的影响减到最小。

（9）全段隧道工程比例巨大。隧道工程因为大量的隧道弃碴，对水土流失、植被及景观产生不好的影响。另外党隧道涌水量较大时对隧道顶部植被及居民生活用水也会产生一定的影响。

（10）全线共建临时施工便道 556.9km，全线共设置取、弃土场 19 处，隧道设置弃渣场 104 处。临时设施将会占用土地资源，损坏地表植被，通过采取工程和植物防护、复垦、清理、平整等恢复措施后，可缓解大临工程对生态环境的影响。

总之，铁路对生态环境的影响主要表现在取弃土作业、施工期的征地、隧道弃渣、路基填筑等土石方工程、大型临时工程活动等。但是通过落实各项防治和保护措施，项目工程不会对周围的生态环境产生较大的危害。施工结束后，铁路沿线的生态环境将随着防护、绿化措施的到位慢慢得到恢复和改善。

3. 生态保护措施与预期效果

铁路工程建设的性质决定了要完全避免对生态环境的影响是不可能的，但只要在设计阶段重视生态保护的设计，施工期强化生态保护管理与措施落实，运营期重视生态恢复与保护，铁路工程对生态环境的影响可以控制在生态平衡允许的范围之内，并很快得到恢复。

7.6.2　声环境影响评价

1. 声环境现状评价

（1）既有铁路两侧敏感点

1）既有铁路边界处

既有铁路边界处测点应该满足 GB 12525—90《铁路边界噪声限值及其测量方法》修改方案的标准要求。

2）居民住宅

（2）4 类区测点

受既有铁路影响，各测点昼间噪声等效声级均满足过 GB 3093—2008《声环境质量标准》4a 类区 70dB 标准要求，3 处测点夜间噪声等效声级略微超过 GB 3093—2008 中 4a 类区 55dB 标准。

（3）功能区内的测点

受既有铁路影响，沿线 2 类区内各测点中有 2 处测点昼间等效声级超过相应标准要求，有 8 处测点夜间噪声等效声级超过相应标准要求。

（4）学校、医院等特殊敏感点

受既有线影响，沿线两侧学校、医院的昼、夜间噪声等效声级分别为 54.5～61.8dB、50.8～53.4dB，2 所学校噪声等效声级超过 GB 3093—2008 昼间 60dB、夜间 50dB 要求，其他各测点均满足相应标准要求。

2. 新建路段两侧敏感点

（1）居民住宅

新建路段测点噪声源主要是社会生活噪声，各测点昼间、夜间噪声等效声级为 39.3～64.5dB、33.6～62.3dB，其中有 6 处测点昼间超过相应标准要求，59 处测点夜间超过相应标准要求。其他敏感点昼、夜间均满足相应标准要求。

（2）学校、医院等特殊敏感点

全线新建地段 6 处学校、1 处医院和 1 处干休所，昼、夜间噪声等效声级分别为 53.8～60.0dB、52.1～55.8dB，某中学昼间超过 60dB 标准，主要超标原因是公路噪声引起的超标；某干休所、某医院和某中学夜间超标，超标原因主要是公路噪声引起的超标。其他各敏感点昼、夜间均满足相应标准要求。

3. 评价推荐方案

(1) 学校

2 处学校的昼、夜间噪声等效声级分别为 52.9～59.6dB、48.5～55.3dB，某小学昼、夜间效声级均满足 GB 3093—2008 昼间 60dB、夜间 50dB 标准要求，某中学昼间等效声级均满足昼间 60dB 标准要求，夜间噪声等效声级过 50dB 标准 5.3dB，超标原因主要是因为公路交通噪声引起的。

(2) 居民住宅区

新建路段测点噪声源主要是社会生活噪声，各测点昼间、夜间噪声等效声级为 52.3～62.1dB、48.5～58.6dB，3 处敏感点昼间超过 60dB 标准要求，4 处敏感点夜间超过相应标准要求，超标主要是因为交通噪声引起的。其他敏感点昼、夜间均满足相应标准要求。

7.6.3 预测评价

1. 铁路边界处

全线铁路边界处各测点的昼、夜间噪声等效声级均满足 GB 12525—90《铁路边界噪声限值及其测量方法》修改方案的标准要求。

2. 居民住宅区

(1) 4 类区测点

正线路段 4 类区内各个测点近期的昼间噪声等效声级较现状增加 0.6～28.9dB、夜间噪声等效声级较现状增加 0.7～30.7dB。昼间噪声等效声级均满足 GB 3093—2008《声环境质量标准》4a 类区昼间标准要求，但是有 66 处敏感点夜间等效声级超过 GB 3093—2008《声环境质量标准》4a 类区夜间标准要求。

(2) 功能区内的测点

正线路段 2 类区内各个测点近期昼间噪声等效声级较现状增加 0.6～27.3dB、夜间噪声等效声级较现状增加 0.5～28.2dB。其中 25 处敏感点昼间超过 GB 3093—2008《声环境质量标准》的相应标准要求，98 处敏感点夜间超过 GB 3093—2008《声环境质量标准》相应标准要求。

3. 学校、医院等特殊敏感点

线路两侧学校和医院昼间噪声等效声级为 54.7～61.8dB，有住宿条件的学校和有住院部的医院夜间噪声等效声级为 51.5～57.3dB，其中某干休所、某中学、某小学 3 处特殊敏感点的昼间噪声等效声级不符合 GB 3093—2008《声环境质量标准》2 类区昼间 60dBA 标准要求；某干休所、某医院等 5 处特殊敏感点的夜间噪声等效声级不符合 GB 3093—2008《声环境质量标准》2 类区夜间标准要求。

4. 评价推荐方案段预测

(1) 铁路边界处

全线铁路边界处所有测点的昼夜噪声等效声级均满足 GB 12525—90《铁路边界噪声限值及其测量方法》修改方案的标准要求。

(2) 居民住宅区

正线路段 2 类区内测点近期昼间噪声等效声级较现状增加 0.4～7.2dB、夜间噪声等效声级较现状增加 0.5～7.9dB。其中有 3 处敏感点昼间超过 GB 3093—2008《声环境质量标准》相应标准要求，5 处敏感点夜间超过 GB 3093—2008《声环境质量标准》相应标准要求。

（3）学校

2 处学校昼间噪声等效声级为 56.7～61.7dB；某中学夜间等效声级为 56.9dB。

7.6.4 噪声治理措施及投资

评价推荐方案全线 30m 内 61 处敏感点 209 户居民采取拆迁措施，另外对某居民住宅楼采取功能置换措施，共计置换 214 户。

某小学采取声屏障降噪措施，某中学采取声屏障＋隔声窗措施。某医院等 6 处特殊敏感点因为位于咽喉区或距离线路较远采取隔声窗降噪措施。

60 处集中住宅区采取声屏障降噪措施，25 处分布零散或距线路较远的居民点采取隔声窗措施；7 处集中居民住宅区采用声屏障＋隔声窗降噪措施。

全线设置吸声式声屏障 69 处，计 45535m；设置通风隔声窗 39 处，计 12800m²。

评价推荐方案全线噪声污染防治费用 30488 万元，其中声屏障投资 20861 万元，隔声窗投资 640 万元，拆迁和功能置换费用 8987 万元。

7.6.5 振动环境

1. 振动环境现状评价

（1）受既有铁路干扰路段的 6 处敏感点，环境振动在 62.1～68.3dB、59.7～65.1dB 之间，可满足 GB 10070—88 中"铁路干线两侧"昼夜 80dB 的标准。

（2）无铁路振动干扰路段的 92 处敏感点，除少数受道路交通影响外，大部分区域环境振动在 51.3～68.3dB、48～64.9dB 之间，均可满足可满足 GB 10070—88 中"居民、文教区"昼间 70dB、夜间 67dB 的标准。

（3）评价推荐方案沿线敏感点振动现状在 59.8～69.3dB、53.6～65.4dB 之间，均可满足可满足 GB 10070—88 中"居民、文教区"昼间 70dB、夜间 67dB 的标准。

2. 预测评价结论

（1）新建铁路建成后，距线路外轨 30m 以内区域共计 72 处敏感点，近期各预测点的铁路振动预测值在 70.2～83.5dB 之间，8 处敏感点超过 80dB 0.4～3.5dB，其余各点振动满足 80dB 标准要求。

（2）距线路外轨 30m 外（含 30m）的区域共计 27 处敏感点，近期各预测点室外的铁路振动预测值在 65.0～81.5dB 之间，个别村庄超过 80dB，其余各点振动满足 80dB 标准要求。

（3）评价推荐方案：建成后，距线路外轨 30m 以内区域共计 4 处敏感点，近期各预测点的铁路振动预测值在 64.2～73.9dB 之间，均满足 80dB 标准要求。距线路外轨 30m 外的区域共计 3 处敏感点，近期各预测点室外的铁路振动预测值在 52.8～68.6dB 之间，均满足 80dB 标准要求。

3. 防治措施

从车辆类型、轨道条件、运营管理等直接关系到铁路振动源强的大小的各方面采取改进措施，能实现从根本上减轻铁路振动对周围环境的影响。

根据预测结果，本次评价建议地方各级政府和有关部门应该通过合理的城市规划逐步减少既有及新建铁路两侧的各类敏感建筑物。

沿线 3 处敏感点共计 5 户居民振动超标，其中结合噪声拆迁治理措施 30m 内拆迁均采取拆迁措施，投资计入噪声治理费用中。

4. 施工期振动评价

施工期通过对施工现场的合理布局、科学管理，一级文明施工，合理安排施工作业时间等措施有效地控制施工振动对环境的影响。在施工结束后，施工振动影响即消失。

7.6.6　电磁环境影响评价

1. 电磁环境现状评价

本工程沿线除城市周边区域外，其他地域有线电视普及率较低。部分村庄有闭路设施，但因经济原因，入户率较低，卫星电视也尚未普及。监测资料表明，新建工程沿线居民点收看频道平均 4 个，接近 1/3 的电视频道信号场强达不到国家规定的电视信号场强覆盖要求，但信噪比大于 35dB 的频道占监测频道总数的 70%。采用天线收看效果尚可。

2. 预测评价结论

（1）电视接收评价结论

工程完工后，电视接收信噪比达标的频道由工程前的 28 个减少到工程后的 7 个，是工程前的 25%，仍然达标的频道信噪比也有不同程度的下降。评价范围内受影响的户数为 105 户。

（2）牵引变电所影响评价结论

牵引变电所产生的工频电场和磁场在围墙处远远低于国家标准。本工程项目中新建的牵引变电所均距离居民区较远，即不会对变电所围墙以外居民产生有害影响。

（3）GSM-R 无线通信基站的影响结论

根据预测分析，以天线为中心，长 40m（沿铁路方向）、宽 20m 的矩形区域可定为天线的超标区域（控制区），即超标区外辐射功率密度可满足小于 $8\mu W/cm^0$，符合标准 GB 8702—88 和 HJ/T 10.3—1996 的要求。

3. 电磁防护措施

建议对受列车电磁辐射影响的采用普通天线收看电视的用户点每户补偿 500 元，用于有线电视建网或安装卫星电视。

牵引变电所选址应尽可能远离学校、医院、办公区和居民区等，以减轻对这些重点敏感目标的影响。

建议在 GSM-R 无线通信基站选址时尽量远离敏感区域，至少在集中居民住宅 40m 以外。

7.6.7　水环境影响评价

铁路工程的建设对水环境的影响可分为施工期和运营期两个阶段。工程施工期对沿线水环境的影响主要包括桥梁、隧道施工废水，各施工场地、营地排放的生产、生活污水等。运营期水环境影响主要来自于沿线车站生活、生产活动产生的污水。

本工程共新建 7 个车站，其中 2 个为新建给水站，5 个为新建生活供水站。

本工程建设对水环境的影响可分为施工期和运营期两个时期。施工期影响主要来自于桥梁施工产生的以悬浮物为主要污染物的污废水。施工期环境影响可以通过一些临时措施加以缓解。

工程运营后，相关动车运用所和综合维修中心的生活污水、生产废水采取化粪池、隔油池等处理措施，实行 GB 8978—1996《污水综合排放标准》三级标准，排入市政污水管网，最后汇入城市污水处理厂处理；部分站段新增生活污水经化粪池预处理后，再经过SBR 生化处理，实行 GB 8978—1996《污水综合排放标准》一级标准要求；部分站段新增生活污水经化粪池预处理后，采取厌氧滤罐处理，实行 GB 5084—2005《农田灌溉水质标准》旱作标准要求，用于站区绿化或就近排放。

根据预测，工程运营期 SS、CODcr、BOD5 的排放量分别为 73.8t/a、191.48t/a、70.07t/a。

7.6.8　大气环境影响评价

1. 大气环境现状评价

本次设计为电力机车牵引，新增的大气污染源主要是站区内新增的供暖燃煤锅炉废气，主要污染物为烟尘和 SO_2。此外，在铁路施工期，施工机械作业、运输车辆运行等活动也会对周围的大气环境产生一定污染。

2. 施工期大气污染防治措施

（1）施工期应加强运输车辆和机动车辆的管理，其尾气排放应满足便准要求，另外运输车辆和各类燃油施工机械应优先使用低硫汽油或者低硫柴油。

（2）对运输频率较高且固定的线路进行降尘处理。

（3）加强施工人员的环保意识以及环境管理。

3. 评价方法

（1）由于本线的牵引种类为电力机车，运营期大气污染物为沿线燃煤锅炉排放废气，建议使用环保型锅炉，环保型锅炉的污染物排放浓度应该满足 GB 13271—2001《锅炉大气污染物排放标准》"二类区"Ⅱ时段标准要求。

（2）施工过程中施工机械产生的废气和运输车辆产生的扬尘将对大气环境产生主要影响。但是施工期的污染是暂时的，污染会随着项目工程的结束而消失。

7.6.9　固体废物影响评价

本工程产生的固体废物主要包括以下四部分：施工期工程拆迁建筑垃圾、施工营地产生的生活垃圾；运营期站区旅客候车产生的生活垃圾、旅客列车生活垃圾及沿线各车站办公人员生活垃圾。

1. 施工期固体废物环境影响分析

本工程施工期固体废物主要为建筑垃圾和施工人员生活垃圾。

（1）建筑垃圾

（2）施工营地生活垃圾

生活垃圾及粪便不适当的堆置或处置会占用土地、招引蚊虫和苍蝇、散发臭气以及对地表水及土壤产生一定的污染。

2. 运营期固体废物环境影响分析

车站办公人员生活和旅客候车、旅行期间都会产生一定的生活垃圾。

3. 采取的措施及建议

（1）施工营地产生的生活垃圾应采取垃圾定点投放、及时回收、集中处置等措施。

（2）对旅客列车垃圾和车站内的职工生活垃圾实行定点收集，统一处理的原则，在车站和候车厅内设垃圾桶和垃圾转运设施，主要在兰州西车站新增垃圾转运设施，交由地方环卫部门统一处理。按照铁道部铁教卫 ［1995］178 号文《关于发布〈铁路综合治理沿线垃圾污染监督管理办法〉的通知》要求，所有列车垃圾均实行袋装密封，定点投放，定点投放车站站台设有垃圾收集运输装置，垃圾收集后交由环卫部门统一处理。

（3）加大管理和宣传力度，按照铁教卫防 ［1996］9 号文《关于实施铁路快餐盒换代工作的通知》要求，使用降解速度较快或回收价值较大、安全卫生指标合格的纸质快餐盒和光-生物双降解聚丙烯快餐盒。

（4）在车站对旅客进行环保宣传，增强旅客环保意识。

综上所述，通过采取垃圾定点投放、及时回收、集中处置、加强车站垃圾排放的管理力度等措施，将固体废物纳入市政垃圾处理系统或者综合利用将不会对周围环境产生影响。

第8章 轨道交通项目水土保持与管理

8.1 水土保持方案基本概念

水土保持方案编制是指根据水土保持的相关法律、法规以及标准，对水土保持项目实施过程中可能造成的水土流失进行系统分析、预测并提出预防措施，最终编制水土保持方案的行为。

8.1.1 水土保持方案编制的主要目的

主要目的如下：

（1）通过编制水土保持方案报告书，认真贯彻、落实《中华人民共和国水土保持法》等相关法律法规，合理界定工程水土流失防治责任范围，结合项目周边环境特征及水土流失现状，预测项目建设可能产生的水土流失，进而分析确定工程水土流失主要时段和部位，落实防治义务，明确防治目标，制定合理的监测计划，使设计和建设单位在确定治理措施时，充分考虑工程建设的水土流失问题和水土保持工作，制定更加合理的治理措施。

（2）落实国家可持续发展战略，认真贯彻国家"预防为主、保护优先、全面规划、综合治理、因地制宜、突出重点、科学管理、注重效益"的水土保持方针；改善项目区生态环境，为本工程建设和运营创造良好的条件。

（3）通过实地调查、踏勘，对现有工程设计中已考虑的水土保持措施进行进一步认证和效果分析，结合技术经济可行性，提出切实可行的防治措施和方案设计，落实治理工程措施及资金。

（4）依据工程建设进度安排及造成的水土流失危害程度，开展主体工程和临时工程相结合的防护措施，提出工程水土流失防治措施总体布局、实施方案计划，确保因工程实施而造成的水土流失得到有效控制和降低。

（5）为建设单位、设计单位、施工单位以及沿线水行政主管部门提供本建设项目在水土流失治理、水土保持工作管理等方面的依据和建议，从而达到防治水土流失、保护生态环境、使环境与经济协调发展的目的。

8.1.2 水土保持方案编制的意义

通过编制本水土保持方案落实项目提出的水土保持措施，使项目建设新增水土流失得到有效控制，生态环境得到改善；同时为主体工程的设计、施工新建铁路水土保持方案报告书以及相关主管部门审查提供科学依据。为系统防治水土流失提供技术依据，为项目的结构、布局、施工工艺和施工组织提供完善意见，更加明确建设单位的责任时期、责任范围及防治目标，为水土保持监督管理部门依法行政提供技术支撑。

8.1.3 水土保持方案编制指导思想

水土保持方案编制应全面贯彻《中华人民共和国水土保持法》、《开发建设项目水土保持方案管理办法》等法律、法规和文件精神，以服务工程为中心，保障工程建设安全，防治水土流失为目标，保护生态环境为出发点。结合工程特点，坚持"预防为主、保护优先、全面规划、综合治理、因地制宜、突出重点、科学管理、注重效益"地采取必要的工程措施、临时措施和植物措施，有效控制工程建设过程中的水土流失，遏制工程区域水土流失的恶化趋势，保障工程安全，保护区域水土资源，促进地区经济、社会和环境的协调发展。

8.1.4 水土保持方案编制原则

按照《开发建设项目水土保持方案编报审批管理规定》、《开发建设项目水土保持技术规范》（GB 50433—2008）的要求，为维护项目建设和运营安全，保护城市生态环境，促进城市区域的可持续发展，水土保持方案在编制过程中必须遵循生态规律和经济规律，严格遵守各项水土保持法律、法规和条例，并结合主体工程的特点合理进行。据此，编制本工程水土保持方案应按以下原则进行设计和布置：

（1）坚持"谁开发谁保护，谁造成水土流失谁治理"及实事求是的原则。根据建设工程实际情况（如地理位置、走向、工程布局和施工特点）以及铁路沿线的自然特征（地形、地貌等），结合沿线的调查、查勘，首先合理界定铁路工程水土流失防治的责任范围，是铁路建设项目水土保持工作的前提条件。

（2）贯彻"因地制宜、因害设防"和"重点治理与一般防治兼顾"的原则。通过对沿线水土流失现状的调查，基于沿线水利部门制定的水土保持规划方案，对铁路沿线的水土流失现状进行分析与评价，并从水土保持的角度对铁路选线、弃渣场的布设方案等提出优化建议。在此基础上，通过对水土流失量的科学预测，结合实际工程特点，确定铁路工程沿线水土流失防治的重点单元和重点路段。最后，根据施工沿线现有的水土保持设施，经过对主体工程中具有水土保持功能设施的分析和论证，因地制宜地有针对性地提出必要的水土保持补充措施，实现新增水土保持措施和原有之间的合理搭配，达到兼顾重点治理和一般防治的目的，相得益彰。

（3）坚持水土保持工程与铁路主体工程"同时设计、同时施工、同时投产"的三同时原则。

（4）采用永久措施与临时措施，分区治理、工程措施与植物措施相结合的原则。针对铁路建设工程中引起的水土流失现象，应根据工程沿线所处的地形、地貌及气候特点分区分别采取适当的防治措施：对于地形低缓的路段，应以植被恢复措施为主要水土流失治理办法，以临时措施和工程措施为辅；高填深挖及边坡稳定性较差的路段，则应以植物恢复措施和工程措施相结合为主要水土流失治理办法，以临时防护措施为辅。

（5）水土保持措施的时效性原则。在水保方案制定过程中，应重点考虑各种防护措施以及引发水土流失的时间以及因果联系，使各种防护措施充分发挥其效能。例如，对于铁路沿线山高坡陡，必须事先做好防护措施及临时防护工作，才能有效地防止这些工程单元以及坡陡高度以下其他单元的水土流失。

（6）生态效益优先原则。建设项目水保工作应该以严控水土流失、改善生态环境、恢复植被为首要任务以及重点。

（7）遵循经济性原则。应当因地制宜，就地取材，充分利用建设项目当地现有的工程材料，节约投资成本。

（8）防治措施技术可行和易操作性原则。在选择防护措施时，在不影响治理效果的前提下，应尽量采用施工难度较小的防护措施，提高治理技术的可行性以及易操作性；对于铁路建设过程中的土石方平衡，也应该做到合理、可行，尽量做到挖方的充分协调利用，但又要避免不切实际的土石方远距离调运，节约工程运行成本。

（9）景观协调的原则。铁路的主体工程、弃渣场等的布置及水土保持措施的配置应与周边的环境相协调；在路基、路堑边坡的防护上，在工程措施的基础上，注重植物措施的配置，各水土保持措施的施工和设计应符合当地的景观，并与铁路沿线的景观相协调。

8.2 适用法律法规及相关规定

8.2.1 法律、法规、条例

法律、法规、条例如下：

（1）《中华人民共和国水土保持法》（1991 年 6 月 29 日中华人民共和国主席令第四十九号颁布并实施；全国人大常委会，第十八次会议修订，2011 年 3 月 1 日起施行）；

（2）《中华人民共和国水法》（全国人大常委会，2002 年 10 月 1 日起施行，2016 年 7 月 2 日第十二届全国人民代表大会常务委员会第二十一次会议修订通过）；

（3）《中华人民共和国环境保护法》（全国人大常委会，1989 年 12 月 26 日起施行；2014 年 4 月 24 日，第十二届全国人民代表大会常务委员会第八次修订，2015 年 1 月 1 日起施行）；

（4）《中华人民共和国土地管理法》（全国人大常委会，2004 年 8 月 28 日起施行）；

（5）《中华人民共和国防洪法》（全国人大常委会，1998 年 1 月 1 日起施行；第十二届全国人民代表大会常务委员会第十四次会议修正，2015 年 4 月 24 日起施行）；

（6）《中华人民共和国河道管理条例》（根据 2017 年 3 月 1 日《国务院关于修改和废止部分行政法规的决定》第二次修订）；

（7）《土地复垦条例》（国务院令第 592 号，2011 年 3 月 5 日起施行）；

（8）《建设项目环境保护管理条例》（国务院令第 253 号，1998 年 11 月 18 日起施行，2017 年 7 月 16 日修订）。

8.2.2 部委规章

部委规章如下：

（1）《开发建设项目水土保持方案编报审批管理规定》（水利部第 5 号令、1995 年发布，2014 年 8 月 19 日《水利部关于废止和修改部分规章的决定》修改）；

（2）《水利工程建设监理规定》（水利部令第 28 号）；

（3）《水利工程建设监理单位资质管理办法》（水利部令第 29 号，2007 年 2 月 1 日）；

（4）《水行政许可法实施办法》（2005 年 6 月 22 日水利部令第 23 号）；

（5）《水利部关于修改部分水利行政许可规章的决定》（2005 年 7 月 8 日水利部令第 24 号）。

8.2.3 规范性文件

规范性文件如下：

（1）中华人民共和国水利部《全国水土保持规划国家级水土流失重点预防区和重点治

理区复核划分成果》（办水保〔2013〕188号）；

（2）关于印发《水土保持补偿费征收使用管理办法》的通知（财政部、国家发展改革委、水利部、中国人民银行，财综〔2014〕8号）；

（3）《关于生产建设项目水土保持监测工作检查要点（试行）的通知》（水保监便字〔2015〕72号）；

（4）《水功能区管理办法》（水资源〔2003〕233号）；

（5）《关于加强大中型开发建设项目水土保持监督执法专项行动的通知》（水利部水保〔2007〕407号）；

（6）《关于加强大中型开发建设项目水土保持监理工作的通知》（水利部水保〔2003〕89号）；

（7）《关于划分国家级水土流失重点防治区的公告》（水利部公告2号，2006年）；

（8）《关于印发〈开发建设项目水土保持方案技术审查要点〉的通知》（水利部水保监〔2008〕8号）。

8.2.4　技术规范与标准

技术规范与标准如下：

（1）《开发建设项目水土保持技术规范》（GB 50433—2008）

（2）《土壤侵蚀分类分级标准》（SL 190—2007）

（3）《开发建设项目水土流失防治标准》（GB 50434—2008）

（4）《水土保持工程设计规范》（GB 51018—2014）

（5）《水利水电工程水土保持设计规范》（SL 575—2012）

（6）《水土保持监测技术规程》（SL 277—2002）

（7）《水土保持综合治理技术规程》（GB/T 16453 2008）

（8）《水土保持工程施工监理规范》（SL 523—2011）

（9）《生态公益林建设技术规程》（GB/T 18337.3—2001）；

（10）《土地复垦技术》（1989年1月1日）；

（11）《防沙治沙技术规范》（GB/T 21141—2007，2008年5月1日实施）；

（12）《防洪标准》（GB 50201—94）；

（13）《铁路路基支挡结构设计规范》（TB 10025—2006）；

（14）《铁路工程绿色通道建设指南》（铁总建设〔2013〕94号）；

（15）《铁路工程设计防护规范》（TB 10063—2007）；

（16）《水土保持工程质量评定规程》（SL 333—2006）；

（17）水土保持方案的审批

8.2.5　一般建设项目水保方案审批

根据《开发建设项目水土保持方案编报审批管理规定》（2017年12月22日水利部令第49号第二次修改）。凡从事有可能造成水土流失的开发建设单位和个人，必须编报水土保持方案。其中，审批制项目，在报送可行性研究报告前完成水土保持方案报批手续；核准制项目，在提交项目申请报告前完成水土保持方案报批手续；备案制项目，在办理备案手续后、项目开工前完成水土保持方案报批手续。经批准的水土保持方案应当纳入下阶段设计文件中。开发建设项目的初步设计，应当依据水土保持技术标准和经批准的水土保持方案，编制水土保持篇章，落实水土流失防治措施和投资概算。初步设计审查时应当有水土保持方案审批机关参加。

水土保持方案分为水土保持方案报告书和水土保持方案报告表。凡征占地面积在一公顷以上或者挖填土石方总量在一万立方米以上的开发建设项目，应当编报水土保持方案报告书；其他开发建设项目应当编报水土保持方案报告表。

水土保持方案的编报工作由开发建设单位或者个人负责。具体编制水土保持方案的单位和人员，应当具有相应的技术能力和业务水平，并由有关行业组织实施管理，具体管理办法由该行业组织制定。水土保持方案需要经过水行政主管部门审查批准后开发建设项目方可开工建设。

水行政主管部门审批水土保持方案实行分级审批制度，县级以上地方人民政府水行政主管部门审批的水土保持方案，应报上一级人民政府水行政主管部门备案。

中央立项，且征占地面积在 50 公顷以上或者挖填土石方总量在 50 万立方米以上的开发建设项目或者限额以上技术改造项目，水土保持方案报告书由国务院水行政主管部门审批。中央立项，征占地面积不足 50 公顷且挖填土石方总量不足 50 万立方米的开发建设项目，水土保持方案报告书由省级水行政主管部门审批。

地方立项的开发建设项目和限额以下技术改造项目，水土保持方案报告书由相应级别的水行政主管部门审批。

水土保持方案报告表由开发建设项目所在地县级水行政主管部门审批。

跨地区项目的水土保持方案，报上一级水行政主管部门审批。有审批权的水行政主管部门受理申请后，应当依据有关法律、法规和技术规范组织审查，或者委托有关机构进行技术评审。水行政主管部门应当自受理水土保持方案报告书审批申请之日起 20 日内，或者应当自受理水土保持方案报告表审批申请之日起 10 日内，作出审查决定。但是，技术评审时间除外。对于特殊性质或者特大型开发建设项目的水土保持方案报告书，20 日内不能作出审查决定的，经本行政机关负责人批准，可以延长 10 日，并应当将延长期限的理由告知申请单位或者个人。

经审批的项目，如性质、规模、建设地点等发生变化时，项目单位或个人应及时修改水土保持方案，并按照本规定的程序报原批准单位审批。项目单位必须严格按照水行政主管部门批准的水土保持方案进行设计、施工。项目工程竣工验收时，必须由水行政主管部门同时验收水土保持设施。水土保持设施验收不合格的，项目工程不得投产使用。

8.2.6　铁路建设项目水保方案审批

对于铁路建设项目，中国铁路总公司（以下简称"总公司"）为了加强建设项目水土保持方案管理，预防和治理项目建设造成的水土流失，专门制定了《铁路建设项目水土保持方案工作管理办法》。规定主要针对总公司上报国家水行政主管部门审批水土保持方案的建设项目。建设项目水土保持方案的批复是项目初步设计批复和项目开工的必要条件。

铁路建设项目水土保持方案编制是指根据水土保持法律、法规、标准，对铁路建设项目可能造成的沿线水土流失进行分析、预测，提出预防措施，编制水土保持方案的行为。项目建设单位按规定开展水土保持方案招标，确定中标单位，中标单位按要求开展水土保持方案编制等工作。《铁路建设项目水土保持方案工作管理办法》明确了水土保持方案主要包括以下内容：①建设项目概况和项目所在区域概况；②主体工程水土保持评价和水土流失预测）；③水土流失防治责任范围和防治分区；④水土流失防治目标和防治措施；⑤投资估算和效益分析。

建设项目水土保持方案应由建设单位预审后与初步设计文件同步上报总公司审查，上报文件应对水土保持方案的预审情况进行必要的说明。总公司环境保护主管部门对符合要求的上报文件委托咨询单位进行技术评审。评审过程中，相关单位应及时跟踪初步设计文件审查、修改情况。初步设计审查对水土保持方案无重大影响的，建设单位应组织方案编制单位在评审后十个工作日内修改完成；有重大影响的，应在初步设计鉴修文件报总公司前修改完成。咨询单位应及时完成评审报告并报总公司环境保护主管部门。

建设项目水土保持方案应当符合有关法律、法规、标准规定；水土保持方案编制依据的工程范围、内容与初步设计及其鉴修文件一致；水土流失防治措施合理、有效，与周边环境相协调，并达到主体工程设计深度；水土保持投资估算编制依据可靠、方法合理、结果正确；水土保持监测的内容和方法得当。

总公司环境保护主管部门负责将水土保持方案报国家水行政主管部门。经评审后的水土保持方案如需补充或修改，应取得总公司环境保护主管部门的同意。水土保持方案经批准后，建设项目相关信息如建设地点、工程规模、弃土（渣）场位置等发生重大变更，补充或者修改水土保持方案在报水行政主管部门批准前，应由建设单位报总公司重新履行审查程序。建设项目水土保持方案批复后，建设单位应组织设计单位对设计落实水保批复情况进行对照梳理，完善水保设计，并将对照梳理情况报总公司环境保护主管部门。

8.3 建设项目水土保持方案工作重点

8.3.1 项目组成及布置

1. 主体工程

铁路项目主体工程通常包括路基、轨道、桥梁、隧道、站场等工程，主体设计根据工程总体布设情况确定施工便道长度、占地面积，方案编制方根据工程所处的地形情况，估算施工便道的土石方量；施工生产生活区中的铺架基地、制存梁场、双块式轨枕预制场、搅拌站由主体设计根据工程建设需要确定其位置、占地面积，方案编制方根据工程所处的地形情况，估算施工便道的土石方量。

2. 临时工程

除了主体工程外，高铁项目中还包括主体工程施工过程中产生的弃渣场、取土场、施工便道、施工生产生活区等大型临时工程。铁路项目弃渣场与取土场位置、占地面积、容量由主体设计和方案编制共同确定；主体设计估算施工营地的占地面积，方案编制方根据工程建设需要确定施工营地的位置，并估算施工营地的土石方量。

3. 附属工程

（1）给排水工程：包括各个站场的给水站、生活供水站以及为区间警务区和牵引变电所设置的供水点，给排水的占地均包括在相应的站场工程中，区间警务区、区间牵引变电所、区间线路所的占地均计入区间路基占地范围内。给排水工程施工结束后可绿化的地方均进行灌草混播。这部分措施包括在主体工程的绿化工程数量内。

（2）通信工程：铁路新设长途光缆线路沿铁路坡脚与缆槽同沟敷设，在通过河流及设置桥梁的特殊地段利用桥上通信电缆槽，通信工程占地全部在铁路路基永久征占地范围内。

4. 土石方及其平衡情况

高铁土建工程实施前需要通过主体设计确定本工程土石方总量，同时需要明确总量中挖方和填方分别的土方量。主体工程土石方调配的原则是在不受地形、交通等影响下，路基、站场、隧道相互调配利用，经主体设计土石方调配后，确定土石方总量中用于回填利用的数量，工程需外借以及产生的废弃土石方数量。最后根据弃方、挖方、利用方、填方、借方对各个工程进行划分、归类并制定土石方流向框图。

为了减少取土场和弃土弃渣场的数量，尽量减少占地面积，充分体现"预防为主"的水土保持工作方针，主体工程土石方调配时在自然节点内根据路基、站场填料要求，将满足填料要求的路基及站场本体挖方和隧道出渣作为填料加以利用；桥梁工程施工过程中尽量减少基础开挖面积和桥梁挖基弃土，对确实无法利用的桥梁挖基弃土就近丢弃入附近的取土坑或弃土弃渣场中，以满足水保要求。

8.3.2　取、弃土场选址合理性分析与评价

取、弃土场选址合理性分析应当遵循如下原则：

（1）根据项目设置的取弃土场是否相对集中的，以判断其选址是否具有环境合理性。取弃土场均应该占用荒地取土，满足水保要求。项目沿线地区多为荒地，取弃土渣场占用荒地也符合本工程的实际情况。

（2）为尽量减少扰动地表面积，填方工程遵循"集中取土"的原则，应该尽量就近利用路基站场挖方，减少取土场占地；桥梁挖基就近弃入附近取土坑，减少单独设置的弃土场，满足水保要求。

（3）不宜在滑坡、崩塌、泥石流等易发生重力侵蚀的区域、河道和影响行洪的区域，以及自然保护区的缓冲区、核心区，水源地的二级保护区和一级保护区，以及风景名胜区的内设置弃土（渣）场，以判断选址是否有环境合理性。

（4）对于沿线居民分布较多，由于取土量较大，占地较多的区域，应根据当地实际情况，进一步加大取土场的取土深度，减小取土场的占地面积。

（5）对于距民和县工业开发区、居民区较近（待开发）较近的弃渣场，建议对重新选址，远离敏感点，消除安全隐患。

（6）如果取土场处在说在省市的规划区内或者距线路过近，影响铁路沿线景观，建议对其进行优化，重新选址。

（7）如果弃渣场设置在泥石流易发生、建议取消，进行重新选址。对于设置在自然保护区实验区或者水源地保护区内的弃渣场，建议根据现场实际情况，结合保护区主管部门意见，进一步研究落实弃渣场设置，尽量将弃渣场移出保护区。但由于该段弃渣运输距离较长，需修建大量的临时道路，有加大对保护区的扰动和破坏的可能，建议根据环保部的批复并结合保护区管理部门的意见，对弃渣运输所产生的生态破坏和环境影响进行科学论证，合理选定弃渣场，妥善采取预防措施，并报批保护区主管部门批准。

（8）如果取土场位于省级文物保护范围内，建议根据现场实际情况，结合保护区主管部门意见，进一步研究落实取土场设置，尽量将取土场移出保护区。

（9）取土场应采取挖掘机配自卸汽车的施工工艺，避免了大范围扒皮取土破坏地表和植被的现象。

8.3.3 水土流失预测与防治

1. 水土流失预测的目的

为了合理布设水土流失监测点以及确定水土流失防治措施，减少对原地貌的破坏，为有效防治新的水土流失提供依据，需要对本工程建设造成的水土流失及其影响进行科学的预测，科学地确定出工程实施过程中水土流失的重点防治地段和防治工程。

2. 引起水土流失的主要因素

我国高铁建设工程通常线路长、工点多，工程内容复杂多样，线路跨越地域地貌差异较大。通常而言，铁路工程易产生水土流失的工程因素主要为：

（1）开挖边坡：对于施工线路所经地区自然条件较差，土壤表层稳定性较低，季节性雨量冲刷强度较大，工程易形成高陡以及不稳定的人工开挖边坡，改变原始坡面结构，破坏地表植被，导致土质疏松，固土能力降低，降低边坡稳定性和安全系数。在自然因素和施工影响的双重作用下，极易导致边坡失稳产生滑坡、崩塌等侵蚀现象。

（2）路堤填方：某些路基由大小混杂的岩石和土壤等混合物堆积而成，疏松多孔，稳定性差，易造成塌方事故。同时，线路两侧地表也受到不同程度的破坏，若不采取适当的防治措施，一旦遭遇大雨冲刷，将产生较严重的水土流失。

（3）桥梁工程：桥梁工程通常为重点工程，工程量较大，跨河桥梁下部基础采用钻孔灌注桩，施工过程中会产生大量泥浆，如不严格控制施工工艺、加强临时防护措施，产生的大量泥沙会堵塞河道，加剧对河道两侧的冲刷，造成水土流失。

（4）取土场：取土作业破坏原有地表，土壤抗蚀性变差，丧失水土保持功能。施工时裸露地表抗侵蚀能力极低，如不及时恢复或防护，裸露地表将持续水土流失，最终导致边坡滑塌。

（5）弃土、弃渣场：工程路堑挖方除部分用作填方外，其余不能利用的弃土及桥梁挖基土全部弃于弃土场，隧道弃渣及部分弃土弃于弃渣场，弃土、弃渣需选择合适的场所永久堆放。由于这些弃方结构松散，疏松多孔，稳定性差，如果弃土弃渣场的位置选择不当或防护措施不到位，弃方极易受雨水冲刷产生水土流失，甚至爆发泥石流，污染水体、淤积河道等。

（6）临时工程：由于施工场地及临时施工便道的修建，施工过程中重型施工机械的生产活动必定会碾压并改变了原地表结构，植被状况，增加水土流失量。

（7）临时堆土：线路所经绿洲地段植被生长情况良好，土壤腐殖质含量高，肥力、质地和土壤结构好，适宜植被生长，可以作为铁路沿线、路基两侧或取弃土（渣）场绿化的表土改造。临时堆放的熟土形成疏松裸露面，不稳定的坡面会造成新的水土流失。

3. 预测单元及时段划分

（1）预测单元划分

根据工程内容和特点可以分为路基（站场）工程区、桥涵工程区、隧道工程区、取土场区、弃土（渣）场区、施工便道区及施工场地、营地区。高铁建设工程可按照不同地貌单元下的主体工程、取土场、弃土（渣）场、施工便道及施工场地、营地范围作为本次预测单元。

（2）预测时段划分

高铁建设工程属于建设类项目，水土流失影响主要发生在工程施工准备期、施工期和自然恢复期。施工过程中伴随着填筑路基、修筑桥涵、整修便道、取土、临时堆土等一系列工程活动，破坏地表植被、扰动原地表结构，致使土地抗侵蚀能力降低，加剧工程占地范围内的水土流失。工程竣工投入运营后，随着全线路基边坡防护、取（弃）土场和弃渣场的防护措施、路基截排水工程及沿线工程和植物措施的实施和投入使用，各项水保措施的功能日益得到发挥，生态环境将进一步得到改善，由于工程建设而产生的水土流失将得到妥善且有效地治理。

预测时段通常分为施工期准备期、施工期以及植被恢复期。施工准备期不需预测主体工程、取土场、弃土（渣）场，仅需预测施工便道、施工场地的水土流失情况。施工期和植被恢复期均需要对主体工程、取土场、弃土（渣）场，施工场地、施工便道进行水土流失预测。预测原则应当根据主体工程以及各单项工程的具体施工进度安排，结合产生水土流失的主要气候条件和季节，以最不利的情况/时段进行预测，在施工时段超过风季、雨季长度的情况，预测时间段按全年计算，在未超过风季、雨季长度的情况下，按占风季、雨季长度的比例计算。另外，工程扰动结束后未采取水土保持措施的情况下，经过 2～3 年的时间，松散裸露面将逐步趋于稳定，部分地段植被能够得到初步恢复，在干旱或荒漠地区地表砾石逐渐增多或形成地表结皮，土壤侵蚀强度逐渐减弱。因此，根据项目所处的环境特点，自然恢复期按 3 年预测。

4. 预测内容及方法

结合高铁工程的具体建设内容，水土流失预测内容通常包括：工程对原生地貌，土地和植被的扰动、破坏的面积；对水土保持设施的损坏面积和数量；对潜在的水土流失面积、流失总量以及可能造成的水土流失危害进行预测。

（1）项目建设中扰动原生地表面积

工程建设扰动地表面积为项目建设区面积。在建设中扰动原地貌、破坏土地和植被的面积包括：主体工程占用的永久用地，取土场、弃土（渣）场、施工便道、施工场地和营地等占用的临时用地。工程永久占地由于永久的改变了原地貌的水土保持功能，因此加剧土壤侵蚀和水土流失；临时用地仅是暂时的改变原地貌水土保持功能，随着工程结束后对原土地功能和植被的恢复和修复，临时用地以及未永久硬化的永久占地，其水土保持功能可以逐渐得以恢复。实际工程中，最后需要计算确定项目扰动原生地总表面积，其中主体工程、工程取土场、弃土场、隧道弃渣场、施工便道、施工场地和营地等大临工程分别占用的原生地表面积。

（2）项目建设中产生的弃土（渣）量

对于项目线路长，局部地段桥隧工程集中的工程，土石方工程主要为路基和站场填挖方，以及隧道工程的大量弃渣，桥梁挖基土质不能完全满足路基填方要求，就近弃于取、弃土场内。预测过程中需要计算全线项目中各个工程如路基工程、站场工程、桥梁工程、隧道工程土石方量以及填方，挖方分别的土石方量。最后统计出全线总的土石方量。

（3）损坏水土保持设施面积和数量

由于受地形地貌、气候、土壤因素的影响，沿线降雨稀少，水力资源匮乏，沿线部分地段集中分布有农田及经济林，全线植被覆盖率相对较低。根据《中华人民共和国水土保持法》、各地方政府实施〈中华人民共和国水土保持法〉办法以及其他相关管理规定，高铁建设工程需要将占地范围内具有水土保持功能但因工程建设会暂时降低水土保持功能的荒地、水浇地、旱地、林地、果园、草地等均计入水土保持设施。通常将项目涉及的各个若干行政区域内的具备水土保持的土地（水浇地、林地、设施农用地、河流水面、道路、果园、宅地、草地、裸地、旱地、苗圃、河滩地、沼泽地等）进行分类统计，最终汇总预测出损坏的水土保持设施总面积。

对于建设区域内砍伐的数目，同样按照建设区域内各个若干行政区域为单元，统计各个单元内灌木（含小树）、成材树、果树的砍伐数量，最后汇总并预测出砍伐的树木总数。

（4）水土流失危害分析

对于潜在的或可能造成水土流失的面积及水土流失量和危害预测，通常根据工程建设中水土流失影响因子、水土流失类型和分布及水土流失背景资料，通过预测工程与实测工程通过类比，采用经验公式法进行预测，估算工程建设可能造成的水土流失强度，并计算水土流失量。对于工程造成的水土流失对本区域及周边地区的危害，通常采用实地调查、参考相似工程施工扰动后造成危害实例进行分析比对。

高铁建设工程线路长，横跨区域地貌单元差异性法，按照地貌特征分类的一级分类为黄土丘陵沟壑区、中高山区、绿洲区及荒漠戈壁区，各个区域内自然环境和工程环境情况迥异，项目建设可能产生的水土流失危害也各有不同，主要表现如下：

1）路基、站场施工产生的影响

路基、站场等主体工程施工过程中取土、填筑路基，桥梁工程施工过程中基础挖方与回填，修建施工便道等工程活动将扰动地表、破坏植被，导致表土松动，地表蓄水固土能力降低，在长期风力和水力侵蚀作用下，使表层松散土壤流失，加剧水土流失。部分线路所经地区降季节性雨量大，若对剥离表土随意堆放，不加强施工期管理，工程后采取土地整治及绿化等措施，洪水季节河流的纵向冲击作用将对跨河地段河谷两岸的开挖地段和植被稀疏地带造成冲刷侵蚀，导致河沟两岸的坍塌，淹没农田；新填筑的路基坡面和开挖的路堑裸露面一旦遭遇暴雨，将可能会发生沟蚀，增加河流泥沙量，甚至还可能堵塞河道、沟道；部分线路所经地区长年受风力侵蚀，如施工期不注意临时堆土的临时挡护，其疏松的表层土壤极易流失，为风力侵蚀提供丰富的物质来源，加剧浮尘和扬沙，对沿线工程也会造成一定程度的破坏。

2）桥梁、隧道施工产生的影响

对于桥梁工程数量多的高铁项目，桥梁基础通常以钻孔桩为主，施工中若不及时清运桥梁挖基土，钻孔泥浆废水和隧道施工涌水若不采取固液分离或其他处理措施而直接排入沟道或河流中，会增加河道泥沙量，堵塞河流，影响沿线河流水质和灌渠的使用寿命。隧道开挖虽然扰动地表较少，但隧道洞口如不做好坡面防护措施，也会造成水土流失。

3）弃土、弃渣产生的影响

对于桥隧工程较多的高铁项目，桥梁挖基土弃方通常较大，弃土、弃渣场需求数量较多。对于弃渣的堆置，若不严格按设计指定的地方堆置，乱堆乱弃或不采取临时防护和随弃随挡等措施，将产生水土流失，以致污染水体、淤积河道和水库，缩短水利工程寿命，从而增加洪涝灾害的频率和规模，加剧铁路沿线的土壤侵蚀强度，造成新增水土流失。

4）对绿洲区的影响

该区植被覆盖率相对较高，以人工林和农业植被为主，对防风固沙、涵养水源方面具有强大的功能；而且由于人类居住、活动主要在该区域，建筑物固化地面等措施对土壤抗侵蚀能力也有一定的积极作用。工程施工会扰动地表、破坏植被，导致表土松动，地表蓄水能力、固土能力降低，若在施工中不加强管理，施工后采用复垦、治理及恢复植被等防护措施，不但导致已被破坏的地表难以恢复，抗侵蚀能力急剧下降，而且会加剧荒漠化，使原本脆弱的生态环境更加恶劣。在路基、站场等主体工程施工过程中涉及的挖方、填筑路基以及修建施工便道等工程活动，在风力和季节性水力的冲刷作用下，若不加强施工期管理，可能导致绿洲荒漠化，长期形成较强的风力侵蚀。

5）对戈壁荒漠区的影响

该地区有相对稳定的砾石层和地表结皮层，对风蚀的抑制效应非常明显，由于主体工程、取土场、弃土（渣）场及临时便道、场地等工程对表土的剥离和扰动，将破坏地表物质结构，使结皮下的松散沙粒裸露，加剧风力侵蚀。如施工期不采取适当的防护措施，施工车辆随意行驶，破坏地表结皮；施工后不采取适当的治理措施，将会使沿线水土流失更为恶化。

5. 水土流失预测结果及综合分析

根据高铁建设过程中涉及的各个工程（路基工程、桥梁工程、隧道工程、站场工程、取土场、弃土（渣）场、施工便道、施工场地和营地等）的位置及规模，结合预测数据，预测施工期未采取任何防护措施情况下可能造成的水土流失量。并对工程建成后的 2～3 年为自然恢复期，工程建设和防护措施对扰动原生地表面积，扰动的原生地表的侵蚀程度进行分析，判断趋势是否会减弱。

8.3.4　水土流失防治措施

1. 防治目标

（1）定性防治目标

1）及时有效的防治铁路建设过程中的水土流失。对铁路建设过程中形成的路堤和路堑边坡，在主体工程完成的同时，同步完成坡面防护工程、挡护工程、排水工程等防护措施，确保这些防护措施能够发挥水土保持功能，避免水土流失和滑坡、坍塌等的发生。

2）对工程开挖产生的弃土弃渣，应最大化的调配利用，全面综合利用，变害为利，对不能利用的弃土弃渣，应选择合理的位置堆放，尽量做到统一、集中堆放，做好绿化、复垦工作，严禁乱堆乱弃，尽量避免在河床、河道上弃土弃渣。弃土弃渣必须采取挡护措施，先挡后弃。施工期必须控制土地开挖范围，减少植被破坏。

3）坚持生态优先和植物措施优先的原则，在有条件进行绿化和植被恢复的区域，建成多树种、多草种的水土保持立体防护体系，保护和改善铁路沿线生态环境。

（2）定量防治目标

交通项目实施过程中，需要根据项目涉及区域所在各级省市地方政府以及国家水土保持相关文件，其中《开发建设项目水土流失防治标准（GB 50434—2008）》规定国家级水土流失为重点预防保护区、重点监督区和重点治理区执行水土流失防治一级标准，省级水土流失重点治理区和重点监督区执行水土流失防治二级标准。根据水土流失一二级防治标准，在项目施工建设期、试运行期过程中对项目所涉及的各个行政区域（通常为地市级）内的扰动土地治理率（％）、水土流失总治理度（％）、土壤流失控制比、拦渣率（％）、林草植被恢复率（％）、林草覆盖率（％）等水土流失防治指标进行量化。最终量化的指标对于制定防治措施提供重要的数据参考。

2. 水土流失防治体系

(1) 水土流失防治措施布设原则

水土防治措施需要结合建设项目实际与工程区域水土流失现状，因地制宜、防治结合、系统布局、采用科学防治手段尽可能降低对原地表和植被的破坏，合理布设取弃土场、弃渣场；应注重生态环境保护，设置临时防护或处理设施，减少施工过程中造成的人为扰动及产生的污染物；注重人与自然和谐相处，学习借鉴当地成功的水保技术和经验，同时吸收国内外先进的水保技术，实现水保设施与周围景观相协调、和谐相处。构建基于工程措施、植物措施、临时措施合理配置的综合防护体系，做到技术上可靠，经济上合理；植物措施应当根据"适地适树"、"宜乔则乔、宜灌则灌、宜草则草"的原则，就地取材，尽量当地的品种，兼顾绿化美化效果。确保防护措施布设要与主体工程密切配合，相互协调，形成整体。

根据沿线的环境特征、水土流失防治分区、工程类型及布局等情况，本着因地制宜，因害设防的治理原则，依照水土流失防治分区和防治目标，统筹布设各类水土流失防治措施，最终形成完整的水土流失防治体系。

(2) 水土流失防治体系总体布局

依据水土流失防治措施布设原则，通常将各水土防治区域按照地质条件以及主辅工程分为两级。第一级分区可分为黄土丘陵沟壑区、中高山区、平原绿洲区、荒漠戈壁区等。第二级分区可分为路基工程防治区（含站场）、隧道工程防治区、桥梁工程防治区、取土场防治区、弃土（渣）场防治区、施工便道防治区、施工场地以及营地防治区等。根据一、二级分区以及对应的分区特点，制定相应的防治体系如图 8-1～图 8-4 所示。

3. 水土流失防治措施

(1) 路基工程水土流失防治措施

1) 路基本体工程防护措施

为了减少路堤填筑和路堑开挖后造成水土流失和保证路基本体的安全，路基本体工程可以采取混凝土护坡、浆砌片石骨架护坡、坡面栽植灌木、混凝土护墙等措施进行水土流失防治，防护类型根据岸坡或堤坡所处水流断面位置、河谷形态、河段类型和岸边流速综合确定。同时，为防治雨水和径流对路基坡面造成冲刷，可在路基两侧设置边沟，可在路堑坡顶设置截水沟，形成了完善顺畅的排水系统。

2) 路基两侧植物防护措施

为了改善项目区沿线生态环境质量，减轻因铁路建设带来的水土流失，保持水土，保障铁路运营安全，需对路基两侧进行植被措施防护。基于铁路沿线气候、土壤、水分等因素基础上，对全线铁路用地范围内路基两侧或单侧可绿化地段根据"宜乔则乔，宜灌则灌"的原则进行绿化，无绿化空间的路段不采取绿化防护措施。

3) 路基剥离表土临时挡护及临时排水措施

铁路填方路基施工时，由于表层土壤达不到工程设计中路基填料的要求，应先剥离表层土壤，其腐殖质含量高，土壤肥力、质地和土壤结构好，适宜植被生长，可以作为铁路沿线、路基两侧和取弃土（渣）场绿化的表土改造。对黄土丘陵沟壑区、中高山区和平原绿洲区的路基剥离表土采取临时防护措施，并设置一处临时堆土场，将剥离表土集中堆放

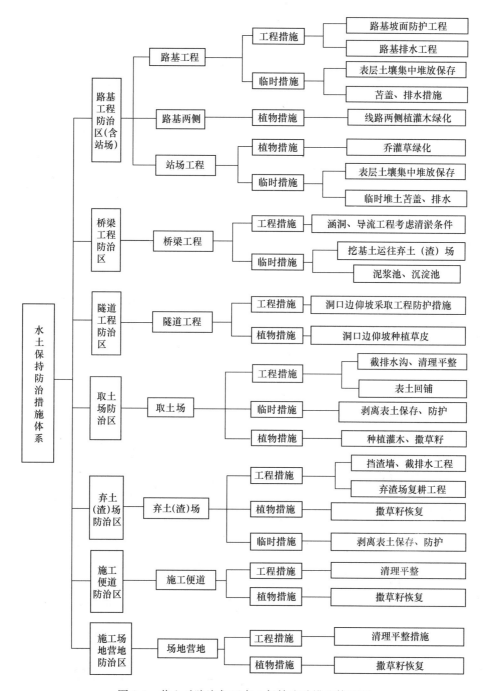

图 8-1　黄土丘陵沟壑区水土保持防治措施体系图

在临时堆土场内，人工拍实，并在堆土周边外坡脚采用草袋垒砌起挡土墙作为临时防护，对位于黄土丘陵沟壑区和中山山区的剥离表土，为防止雨季水蚀，采用篷布苫盖的措施；对位于平原绿洲区和荒漠戈壁区的剥离表土，为防止大风季节引起的风蚀，采用密目网苫盖的措施。对于降雨量相对较大的黄土丘陵沟壑区、中高山区的临时堆土，需在堆土外围开挖临时排水沟，出口处修建临时沉沙池，并与周边排水系统衔接，以使降雨径流通过出

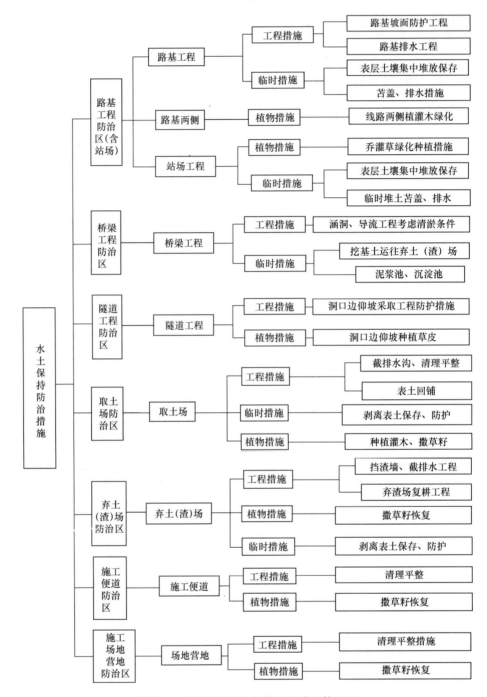

图 8-2　中高山区水土保持防治措施体系图

水口和简易沉沙池排出，防止临时堆土场的水土流失，其他平原绿洲区多年平均降雨量几十毫米的区域，堆土外围不设置临时排水沟。

（2）站场工程水土流失防治措施

1）站场区植物防护措施

为了保持水土，美化环境，达到改善高铁站区生态环境质量的目的，在满足生产运营

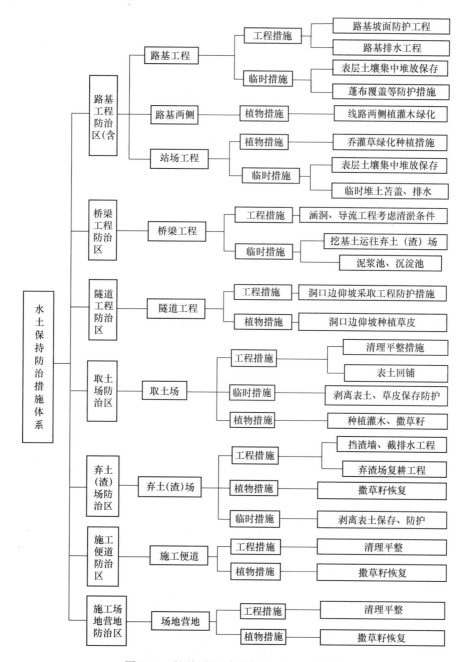

图 8-3　平原绿洲区水土保持防治措施体系

条件下，根据沿线的气候和立地条件，本着多绿化少硬化的原则，进行水土流失防治。对于供水量少的高铁战场，可以只种植灌木，可利用站区处理后的生活污水进行灌溉，保证苗木正常生长；对于其余各站区都具备水源条件，各车站按永久用地的 20% 考虑绿化面积，采取乔、灌（花灌）、草相结合的种植方式，通常配置比例可按乔木 40%，小灌木 40%，花灌木 10%，植草 10%。

整体绿化布置以美化和保持水土为主，考虑景观效果，以站区为主体，精心搭配，根

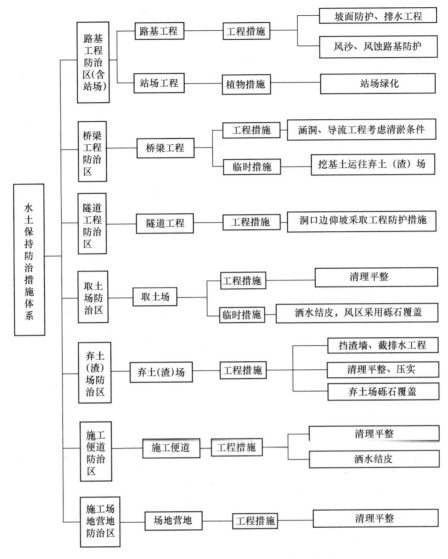

图 8-4　荒漠戈壁区水土流失防治措施体系

据当地气候、土壤、水源等条件，合理选择植物种类，适时管理，降噪抑尘，与周围环境相协调。绿化布局上，在不影响车站正常工作和通视要求的前提下，于车站四周栽植灌木和乔木，在候车室附近栽植观赏树木和花卉，在可绿化空地植草并点缀花卉和观赏树木。

　　2）站场剥离表土临时挡护及临时排水

　　对位于黄土丘陵沟壑区、中高山区和平原绿洲区的站场进行表土剥离，采取临时防护措施对剥离表土进行防护。将剥离表土集中堆放在临时堆土场内，人工拍实，并在堆体周边外坡脚采用草袋垒起挡土墙作为临时防护，其他裸露面用篷布或密目网苫盖。堆土外围开挖临时排水沟，排水沟出口处修建临时沉沙池，并与周边排水系统衔接。

　　（3）隧道工程水土流失防治措施

　　1）洞口边仰坡工程防护、排水措施

　　隧道设计、施工过程中严格执行"早进晚出"的原则，条件适宜时通常采用环保洞门，应当减少隧道洞口边、仰坡的刷方高度，尽量减少破坏地表植被；隧道洞口边仰坡刷方线外 5m 采用防护栅栏隔离措施；有条件的洞口尽量接长明洞，以减少边仰坡的开挖；洞口存在滑坡、岩堆、落石等不良地质时，配合地质、路基进行处理。对隧道洞口边坡设置天沟和排水沟，形式采用路基天沟、排水沟形式。

2）洞口边仰坡绿化防护措施

洞口边仰坡应遵循防护措施按"安全、可靠、绿化"的原则；边仰坡绿化的植物种类应适应当地的环境条件，并与所连接路基段绿化协调一致；施工完成后，隧道洞口边、仰坡骨架护坡内铺草皮、撒草籽。

（4）桥梁工程水土流失防治措施

1）桥梁钻孔桩基础泥浆临时处理措施

为尽量避免桥梁钻孔泥浆污染沿线河流水质，跨河桥梁钻孔桩基础施工时一般选择枯水季节施工，并在钢护桶内安装泥浆泵，将钻孔泥浆提升至两端陆地临时工地，在钻孔桩基础施工时，需要对产生的潜在水污染问题如泥浆进行临时处理，尽可能减少施工过程中的环境污染以及水土流失。

2）桥涵基础开挖土石方临时挡护措施设计

桥梁基础开挖土方干土、碎石等开挖后及时运至附近取土场、弃土（渣）场，不再临时堆放，以减少二次转运带来的水土流失；桥梁基础开挖土方泥浆等经过泥浆池、沉淀池沉淀后干化后运至附近取土场、弃土（渣）场，不再采取临时挡护措施。施工结束后，应当对施工场地，多余土方及时弃于附近的弃土（渣）场进行回填并清理河道，以免由于降雨径流引起新的水土流失。

3）桥梁基础围堰施工防护措施

全线跨河桥梁众多，由于工程的实际情况，需要在河中设一定的水中墩。对于水中基础根据其河道、水深、流速及场地等情况采取相应围堰措施。施工期应尽量安排在枯水季节。采用围堰在河流中筑岛后，施工均在筑成的岛上进行，基础开挖产生的废渣、泥浆通过筑岛运送到岸上，不泄入河流中，对河水水质不产生大的影响。同时在施工完成后，及时拆除围堰，围堰设施均应运到制定的就近弃土（渣）场存放，不得弃置在河道中，也不得任其随水流流入下游河道。

（5）取土场水土流失防治措施

取土场通常为铁路项目施工过程中水土流失重点防护工程。因此，取土场的水土保持工作显得尤为重要，为了最大限度地减少取土、弃土等活动对沿线水土保持带来的影响，提出如下防护措施：

1）取土场削坡及排水设置

在开挖取土时应尽量避免扩大扰动面积，对于位于风区的取土场应优化施工工艺和施工步骤，分块分段取土，避免形成大的开挖面，对先取后弃的取土场，应分块分段回填。根据不同一级分区的气候等相关资料，对于降雨量稍大的水土保持区域均需在取土场设置截排水工程，对于降雨量较小的荒漠区，取土场基本为平地取土，取土场不设置截排水工程。

2）取土场平整及覆盖

取土场边坡削坡以后，再进行人工修坡处理，对回填的弃土、弃渣进行压实，平整处理。对于位于黄土丘陵沟壑区、中高山区和位于平原绿洲区的部分取土场，弃土弃渣后需要进行复耕或植被恢复的取土场，弃土弃渣时先弃渣，再弃土。对于占用耕地（旱地）的取土场，应加深剥离表土的厚度，并采取临时防护措施对剥离表土进行防护，堆土场设置于站场已征用地范围内。将剥离表土集中堆放在临时堆土场内，人工拍实，并在堆体周边外坡脚采用草袋垒起挡土墙作为临时防护，其他裸露面用密目网覆盖，对于降雨量相对较大的区域，需在堆土外围开挖临时排水沟，出口处修建临时沉沙池，并与周边排水系统衔接，以使降雨径流通过出水口和简易沉沙池排出，防止临时堆土场的水土流失，其他平原绿洲区多年平均降雨量几十毫米的区域，且多为平地取土，堆土外围不设置临时排水沟。

堆土外围开挖临时排水沟，排水沟出口处修建临时沉沙池，并与周边排水系统衔接。由于本次设计占用的耕地（旱地）的数量很少，剥离表土的临时防护措施可参照路基相应措施。

对于中高山区占用草地、高山草甸的取土场，对表层草皮进行剥离保存、养护，取弃土完毕后进行回铺，以保护当地原生植被。草皮层（草毡层）是适应高山、高寒气候环境的特殊草皮层结构，是草地资源的重要载体和体现，应充分加以保护和利用。

对于荒漠戈壁区取土场，弃土弃渣时先弃土，再弃渣。优化取土场平整和施工工艺、施工步骤，在分块、分段取土的基础上，分块、分段平整，然后尽快在平整后的区域采取洒水结皮措施，以减少大风天气引起的风蚀。取土场取、弃土完成后，对弃土量较大，取土场表层土壤较多的区域采取洒水结皮措施。

对于可绿化区域的取土场，为有利于植物成活，取土场经平整后均须进行覆土改造，覆土土料来源为取土前剥离的表土。

3）取土场绿化设计

对于黄土丘陵沟壑区、中高山区和平原绿洲区的取土场，经过削坡、平整及覆土后，对取土坑底、边坡和平台采取绿化措施，通过采取撒草籽、植灌木的绿化方式，并进行浇水、施肥、保水保墒等养护管理措施，保证苗木成活率，使得植被防护措施在短时间内能够尽快发挥水土保持效益，防治水土流失；

4）取土场剥离表土临时挡护措施设计

对于可绿化区域的取土场，取土场取土前，将表层熟土铲起后，集中堆放在取土场范围内，不再新增占地。堆土底部用临时装土草袋挡护，平整、压实临时堆土表面。对位于黄土丘陵沟壑区和中高山区的剥离表土，为防止雨季水蚀，采用篷布苫盖措施；对位于平原绿洲区和荒漠戈壁区的剥离表土，为防止大风季节引起的风蚀，采用密目网苫盖措施。在堆土坡脚周围设置临时土质排水沟，使雨水汇集后排入周围已有排水系统，防止造成新的水土流失。

（6）弃土、弃渣场水土流失防治措施

1）弃土（渣）场剥离表土临时挡护措施

对于位于黄土丘陵沟壑区、中高山区和位于平原绿洲区的弃土（渣）场，弃土、弃渣后需要进行复耕或植被恢复的弃土（渣）场，弃土弃渣时先弃渣，再弃土。对于占用耕地（旱地）的弃土（渣）场，应加深剥离表土的厚度，并采取临时防护措施对剥离表土进行防护，堆土场设置于站场已征用地范围内。将剥离表土集中堆放在临时堆土场内，人工拍实，并在堆体周边外坡脚采用草袋垒起挡土墙作为临时防护。对位于黄土丘陵沟壑区和中高山区的剥离表土，为防止雨季水蚀，采用篷布苫盖的措施；对位于平原绿洲区和荒漠戈壁区的剥离表土，为防止大风季节引起的风蚀，采用密目网苫盖的措施。堆土外围开挖临时排水沟，排水沟出口处修建临时沉沙池，并与周边排水系统衔接。

2）弃土（渣）场排水设置

在弃土（渣）场周围及弃土和弃渣顶部均需设置排水沟或截水沟，以便及时顺畅的排走径流，防止径流冲刷弃土弃渣引起水土流失，同时，若不及时排走径流，会造成水流在挡墙附近渗漏，影响挡墙的稳定。

3）弃土（渣）场平整、复垦与绿化

弃土弃渣完成后，对弃土渣顶部进行平整。对黄土丘陵沟壑区、中高山区占用的荒坡、荒沟的弃土（渣）场和绿洲区的弃土场，为有利于植被恢复，先弃渣，后弃土，平整后土体、渣体顶部应覆盖一定厚度的熟土，覆土来源为弃土、弃渣时剥离的表土。对位于荒漠戈壁区和风区的弃土（渣）场，弃土弃渣时应先弃土，后弃渣，分区分段完成，弃土弃渣后即对渣体平整，有弃土裸露的应在其表面覆盖弃渣，以防止大风区风蚀。

弃土（渣）场平整、覆土工作完成后，结合当地实际情况，对占用耕地、旱地的弃土（渣）场采取土地复垦措施，对黄土丘陵沟壑区、中高山区占用的荒坡、荒沟的弃土（渣）场和绿洲区的弃土场采取撒草籽、种植灌木的防护措施，位于荒漠戈壁区（风区）的弃渣场，不采取植物防护措施。对于中高山区占用草地、高山草甸的弃渣场，采取回铺草皮的植被恢复措施。

（7）施工便道水土流失防护措施

由于施工车辆的碾压，施工便道地表受到扰动，植被遭受破坏，易于产生水土流失，施工便道同样需要进行水土流失防治。通常采用的具体措施有：

1）尽可能减少新修便道数量和长度，应当充分利用现有乡村道路和公路作为运输便道；对于新建施工便道，应合理规划施工便道走向、长度和宽度，尽可能减少对地表的扰动范围，防治水土流失。

2）建立项目建设区域内的环境监察机制。系统全面地降低施工过程中对周边环境产生的影响。例如，科学监督管理施工机械和车辆的行驶路线以及驾驶规范，不能随意下道行驶或随意另行开辟便道，以保证周围地表和植被不受破坏。对靠近城镇、市区的施工便道产生的扬尘进行定期采取洒水措施，并根据气候条件和路面扬尘情况确定洒水频次、强度，以路面不产生较大的扬尘、不泥泞为基本原则。

3）优选施工便道建设线路，尽可能利用现有交通条件，同时尽量设置在铁路征地范围内，尽量避免大范围穿越林地和草地。选取扰动地表影响小的线路方案，减少大挖大填。通常情况下，对施工便道路面一般不作硬化处理，易于受降雨溅击和径流冲刷作用而造成路面的土壤侵蚀，因此，施工便道线设置时应具有一定的曲率，避免出现较长的顺直路段，以降低地表径流流速，同时，在施工过程中严格规定车辆行车路线，避免破坏施工便道沿线的生态环境。

4）对在便道开挖过程中产生的土、石渣加强挡护措施，防止泄入河流和农田；对开挖产生的土质边坡及时进行植物防护措施，以防止水土流失；对施工过程产生的固体废气去进行统一处理处置。对于开辟施工便道中新产生的废弃土石方必须及时清除，运至弃土场统一处置，避免随处乱弃给水土流失提供松散土源；对施工便道产生的弃渣应尽可能移挖作填，实在不能调配的应弃置到主体工程设计的集中弃土（渣）场内同时，对部分水土流失严重的地段还应设置排水及处理设施如浆砌片石永久排水沟或临时土质排水沟及沉沙池，有效防治水土流失。

（8）施工场地、营地防护措施

由于受人为活动的影响，施工场地和营地的地表植被和土壤结构易遭受破坏，丧失原有的水土保持功能，对此，应采取以下管理及防护措施：

1）施工场地选址时，在满足就近原则的前提下，尽量利用周边的闲置场地或荒地。一切临时生产生活如施工现场生产、生活房屋的修建，料具、石料堆放和材料加工场地等设施的布置，应做到统一设计、合理分布，整齐有序，应当充分利用当地的既有场地，尽量避免因临时工程修建的随意性而多占用土地，破坏其水土保持功能。

2）明确设定施工场地、营地的位置和范围，以及用地性质，不得随意扩大范围，也不得随意更换地址，避免因施工过程的流动性或临时变动而多占土地，明确建设区域内的环境保护责任。

3）施工结束后，对临时性的施工设施必须及时予以拆除，对施工场地、营地地表垃圾进行清理、平整，并对可绿化地段进行撒草籽，种植植被，恢复其水土保持功能。

8.3.5 水土保持监测

水土保持监测是掌握原生水土流失现状，及时了解建设过程中水土流失类型、强度、数量变化情况和危害，分析水土流失发展趋势和水土保持成效的有效手段。

1. 监测目的与原则

铁路建设工程中通常工厂量均较大，引发水土流失的因素多，施工过程中不可避免地会破坏生态环境，引发新的水土流失，因此，在设置水土保持防治措施的同时，进行监测网点布设，做好水土流失的监测工作，以跟踪项目建设与运行过程中水土流失的形成及其规律，及时反馈项目水土保持情况，监督管理水土保持方案的实施效果，并作为分析评估和验收达标的重要依据，可为水行政主管部门的监督管理提供技术依据，同时，强化了施工过程控制，使监督管理由被动变为主动，对正确、科学分析、评价水土保持方案实施效果，及时补充与完善、改进相应的水保措施，达到方案的预期防治目标具有十分重要的意义。

铁路工程水土流失发生于施工期和自然恢复期，但主要集中在施工期，加强施工期的监控工作是控制铁路工程水土流失的关键环节。通过对水土保持监测应达到以下目的：

（1）通过监测，获取施工期、运营初期项目区的水土流失因子、水土流失状况及水土流失防治效果等基础数据，明确项目区水土流失重点防治地段和重点防治工程，对各项水土保持措施进行有针对性地监测，以评估水保措施实施的效果和优劣，为水土保持工程的维护提供参考。

（2）通过对路基、站场等主要水保工程的监测，掌握其稳定程度和防护效果，以确定水土保持措施的安全性和可靠性。

（3）在土石方工程施工过程中，需要进行水土保持的重点监测工作，系统地掌握施工中水土流失的具体情况，降低因措施不当而产生的不必要的人力、物力浪费。

（4）通过对水土流失的监测，为水行政主管部门的检查、监督、管理提供可靠的数据支持，为铁路水土保持管理、竣工验收及方案实施提供技术保障。

（5）对水土流失防治体系的运转提供反馈数据，检验水土流失防治目标的完成度，为水土保持方案实施过程中的动态调整或者优化建立反馈机制，为进一步优化水土保持设施提供科学依据，为同类工程的水土保持方案编制积累宝贵的经验。

（6）水土保持监测结果是工程竣工验收的重要依据和组成部分。

2. 水土保持体系的监测范围与时段

（1）监测范围

通常为水土流失所涉及的防治责任范围。

（2）监测时段

依据铁路建设项目的特点，水土流失监测包括三个时段：施工准备期、施工期和运营初期，在工程施工过程中及工程完建后 1～2 年内的每年风季、雨季，主要以施工期为主。

1）施工准备期：（开工后前 3 个月）对各定点监测点的本底值监测一次。

2）施工期：（施工准备结束后至工程完工）针对路基边坡、取（弃）土场、弃渣场等工程选择具有代表性的典型工点，对施工活动可能造成的土壤侵蚀量进行定点监测。各定点监测点施工期每月监测 1 次，如遇大风或 1 次降雨大于等于 50mm 应加测 1 次。

对各巡测点采取定期与不定期相结合的方法实地调查，以调查监测为主，保证 8 次/年。雨季主要对路基边坡、挡土墙、挡渣墙的稳定性进行监测，风季对沿线边坡、取（弃）土场、弃渣场水土流失状况进行调查。

3）自然恢复期：（工程结束后 1 年），对各定点监测点连续监测 1 年，每季度监测 1 次，如遇大风或 1 次降雨大于等于 50mm 应加测 1 次。对各巡测点保证 4 次/年。

（3）监测内容、方法、频次与点位布设

1）监测内容

根据水利部水土保持监测中心编制的《开发建设项目水土保持监测实施细则技术指南》，水土保持监测内容包括四个方面：

① 影响水土流失及其防治主要因子，包括降水、地形地貌、地面组成物质、植被类型与覆盖度、水土保持设施和质量等。

② 水土流失，包括水土流失形式、面积、强度和流失量等。

③ 水土流失危害，包括下游河道泥沙涝洪灾害、植被及生态环境变化，对项目区及周边地区经济、社会发展的影响。

④ 水土保持工程效果，包括实施的各类防治工程效果、控制水土流失、改善生态环境的作用等。

该技术指南中说明："在设计监测内容时，应根据开发建设项目类型、水土保持方案编报情况和工程建设阶段等确定，应注意监测内容与水土保持防治责任分区相对应，不同的分区具有不同的重点内容。"对于交通铁路工程：施工过程中弃土（渣）场、取土（石）场、大型开挖破坏面和土石料临时转运场，集中排水区下游和施工道路属于重点监测内容。具体而言包括水土保持生态环境状况；水土流失动态变化；水土保持措施防治效果（其中植物措施的监测重点是成活率和保存率）；施工前应对土壤侵蚀的背景值进行监测；重大水土流失事件；水土保持方案落实情况，取弃土场使用情况，扰动土地及植被占压情况，水土保持措施（含临时防护措施）实施状况，水土保持责任制度落实情况等。

《开发建设项目水土保持监测实施细则技术指南》对水土保持方案编报情况与监测内

容设计进行了详细说明：

① 对于编制并报批了水土保持方案的开发建设项目，监测内容应遵照批准的开发建设项目水土保持方案确定，同时依据 SL 204—98《开发建设项目水土保持方案技术规范》和 SL 277—2002《水土保持监测技术规程》的规定进一步深化和系统化。

② 对于没有编报水土保持方案的开发建设项目，监测内容应依据 SL 204—98《开发建设项目水土保持方案技术规范》和 SL 277—2002《水土保持监测技术规程》的规定，进行全面系统的设计。

《开发建设项目水土保持监测实施细则技术指南》也对项目实施不同分阶段水土保持监测内容进行了规范：

① 为了进行水土保持防治效益分析计算，开发建设项目水土保持监测的时段应分为三个阶段：

A. 第一时段是开发建设项目实施前或实施初期。该时段的水土流失及影响因子是项目水土流失及其防治设施（措施）的本底值，是比较分析项目实施过程和生产运行初期的水土流失及其防治措施数量、质量与效果的对比值。

B. 第二时段是水土保持工程实施期。该时段的水土流失及其影响因子的变化反映了项目施工造成水土流失的动态。

C. 第三时段是水土保持设施投入运行初期。该时段的水土保持措施及其数量、质量与防治效果直接反映了项目水土保持效果。

② 对项目实施不同阶段水土保持监测内容的规范如下：

A. 项目实施前或实施初期水土流失及其因子本底状况监测内容主要包括地形地貌、地面组成物质、植被、降水、水土保持设施和质量、水土流失等状况等。这些内容主要采用现场观测、测试和资料分析等方法进行监测，范围涉及项目的全部防治责任区。

B. 水土保持工程实施期水土流失动态监测内容主要包括土壤侵蚀形式、土壤流失量、植被措施状况、降水以及水土流失灾害等。水土保持工程实施过程中的水土流失监测，主要采用现场巡视监测、定点监测相结合的方式，目的是随时对施工组织和工艺提供建议，以保证最大限度地控制施工造成的水土流失。

C. 水土保持设施投入运行初期水土保持设施效果是为了检验水土保持工程的防治作用，以便对工程的维修、加固和养护提出建议。主要水土保持工程包括：拦渣工程、护坡工程、土地整治工程、防洪工程、防风固沙工程、泥石流防治工程和绿化工程等。

2）监测方法

在防治责任范围内，根据水土流失重点地段，布设监测样区（可利用既有设施，如弃渣场沉砂池、施工便道沉砂池、排水沟末端泥沙含量等）；水土流失影响较小的地段，采用实地调查监测。

① 定位监测

对于扰动面形成的水土流失坡面的监测、路基边坡挖填及大型临时占地区的水土流失监测结合路基排水沟采用沉砂池法进行；弃渣场观测方法也采用沉砂池法；对于项目区内分散的土状堆积物以及不便于设置小区或控制站的土状堆积物的水土流失观测，可以设置简易的水土流失观测场进行监测。

② 实地调查监测

由监测人员进入实地开展调查，通过量测记录，了解和掌握水土保持设施的稳定性、完好程度和运营情况，林草措施实施后植被的成活率、保存率、生长情况及覆盖度，以及沟道淤积等方面的情况。对生产生活区等靠水道边路基边坡施工等进行定期或不定期调查，观察可能发生的水土流失及其变化趋势，如在监测过程中发现异常，及时采取有效措施加以控制。

对水土流失主要影响因子降雨量、降雨强度、降雨时间及降雨次数等直接采用自记雨量计观测记录；拆迁安置区的水土流失量主要通过调查的手段进行类比分析；对水土流失灾害及水土保持效果的监测主要采用实地调查，拍照或摄影对比的方法进行。监测的具体方法由监测单位在实施监测时提出。

③ 遥感监测法

对于长大干线的铁路项目，受到施工当地交通条件限制，为了全面监测施工前、施工过程中及工程结束后水土流失情况，通常采用遥感影像（航片解译）结合现场踏查校核的方法监测项目区域的水土流失情况。

3）监测频次

建设项目在整个建设期（含施工准备期）内必须全程开展监测。正在使用弃土（渣）场的弃土（渣）量，正在实施的水土保持措施建设情况等至少每 10 天监测记录 1 次；在产生水土流失的季节里每月至少监测 1 次土壤流失量；扰动地表面积、水土保持工程措施拦挡效果等至少每 1 个月监测记录 1 次；主体工程建设进度、水土流失影响因子、水土保持植物措施生长情况等至少每 3 个月监测记录 1 次。当日降雨量大于 50mm 的情况下应及时加测。水土流失灾害事件发生后 1 周内完成监测。建设项目在整个建设期内必须全程开展监测。

4）监测点位的布设

水土保持监测包括定位观测和巡查两种方法，其中定位观测需根据水土流失预测和分析确定具体的点位，并遵循以下原则：

① 代表性原则。所布设的监测点位和监测内容，必须能足够代表监测范围内水土流失的状况，可集中或突出反映所处水土流失类型区和防治责任分区的特点，同时可选择类似的样点作为对比监测样点，而且又不致造成过大的经济负担。

② 全面性原则。所布设的监测点位和监测内容应充分考虑区域特征和工程特点，不仅能反映建设项目水土流失共性，还能获取不同工程项目水土流失的个性信息。

③ 充分考虑自然环境特征原则。点位和内容设计还必须考虑监测范围内的自然环境特征及各种环境条件对水土流失的作用的区别。《开发建设项目水土保持监测实施细则技术指南》也指出监测点位的布置应充分考虑项目扰动地表的面积、涉及的水土流失类型、扰动开挖和堆积形态、植被状况、水土保持设施及其布局，以及交通、通信等条件综合确定，如简易土壤侵蚀观测场应避免周边来水对观测场的影响；风蚀量监测样点应避免围墙、建筑物、大型施工机械等对监测的影响；重力侵蚀监测样点应根据开发建设项目可能造成的侵蚀部位布设。滑坡监测应针对变形迹象明显、潜在威胁大的滑坡体和滑坡群布置；泥石流监测应在泥石流的危险性评价的基础上进行布设。

④ 可行性原则。进行点位布设和内容设计时还必须对实施的可行性进行充分的考虑和论证。

　　具体监测点位布设通常依据铁路工程建设特点和水土流失预测结果确定的水土流失的重点区域如路基、站场工程、取弃土场、弃渣场等。并在此水土流失重点区域布设监测点，进行定点、定位监测。

　　开展水土保持监测的单位应当具备水土保持监测资质。《水土保持监测资质管理办法》（水利部 2003）、《生产建设项目水土保持监测资质管理办法》（水利部第 45 号令）中规定了承担水土保持监测的机构应具有开展监测工作的基本条件：一是要有独立法人资格和固定的工作场所；二是要具有健全的技术、质量和财务管理制度；三是要具有水土保持及相关专业的高中级技术人员，且须经过专门培训，取得上岗证书；四是要具有现场监测、观测、量测、分析与计算的仪器设备；五是能够严格按国家水土保持监测技术标准的规定，进行实地监测，确保监测质量。对于建设项目而言，建设单位委托有相应资质的监测单位进行该项目水土保持监测。承担监测任务的单位应依据已批复的项目水土保持方案报告书中的水土保持监测计划及《水土保持监测技术规程》制定监测细则并实施监测。

　　其次，水土保持监测公告应定期发布。对全国、七大流域、较大区域的水土保持监测公告可每 5 年、10 发布一次，以满足国家 5 年发展规划、10 年中期规划的需要；对水土流失重点预防区和重点治理区可发布年度水土保持监测公告；对特定区域、特定对象的监测，可适时发布。其中水土保持监测公告应包括三部分基本内容。（1）水土流失情况，主要包括水力侵蚀、风力侵蚀、重力侵蚀、冻融侵蚀等各类侵蚀的面积、分布情况，各级侵蚀强度（微度、轻度、中度、强烈、极强烈、剧烈侵蚀）的面积、分布情况，并分析变化情况及趋势。（2）水土流失造成的危害，如进入江河、湖泊、水库的泥沙量，发生崩塌、滑坡、泥石流的情况，严重水土流失灾害事件及造成生命财产损失情况等。（3）水土流失预防和治理的情况，如重点预防和治理工程建设情况、保存情况、成效、重大政策、重要活动等。上述内容中应包括生产建设项目的水土流失损防、治理及监测数据和成果。对建设项目而言，监测单位需建立技术监测档案，其中包括水土保持设施设计、施工文件、监测记录文件以及仪器设备校核等其他技术文件。对每年各次监测结果进行统计对比分析，做出简要的分析与评价。若发现异常情况，应立即通知建设单位与当地水土保持行政主管部门，以便及时采取补救措施，防止水土流失。其次，监测过程中还需要及时对资料进行整理，监测结束后对监测结果进行综合评价与分析，并编制水土流失监测报告，报送建设单位与当地水土保持行政主管部门，抄送水土保持方案报告书编制单位。

　　根据监测结果进行统计分析，最终编制水土流失监测报告，做出评价和结论，及时报送建设单位和当地水土保持行政主管部门，并抄报水土保持方案编制单位，作为监督检查和竣工验收的依据。监测报告主要包括以下内容：

　　① 前言：包括项目建设情况，开展水土保持监测的目的、意义，监测任务来源、监测工作实施情况。

　　② 项目以及项目区基本概况：包括建设项目概况，项目区自然和社会环境概况及水土流失情况等。

　　③ 水土保持监测：包括监测依据、原则、目的、范围、内容、时段、方法以及监测工作量及工作说明等。

　　④ 监测数据结果分析：包括防治责任范围内动态变化分析，水土保持防治措施实施情况分析，土壤侵蚀环境因子动态变化分析，水土保持防治效果分析，水土流失动态变化

情况分析等。

⑤ 防治特点与经验：包括项目水土流失防治的特点及取得的经验和教训。

⑥ 结论及建议：包括项目的综合评价结论及存在的问题和建议。

8.4　铁路建设项目水土保持方案变更管理

2016 年水利部办公厅关于印发《水利部生产建设项目水土保持方案变更管理规定（试行）》的通知，该文件对水土保持方案变更管理做了详细的规定，文件要求各流域机构，各省、自治区、直辖市水利（水务）厅（局），各计划单列市水利〈水务〉局，各有关单位均需遵守该文件，进一步加强和规范生产建设项目水土保持方案变更管理。《水利部生产建设项目水土保持方案变更管理规定（试行）》规定县级以上地方人民政府水行政主管部门审批的生产建设项目水土保持方案的变更管理可参照执行。《水利部生产建设项目水土保持方案变更管理规定（试行）》中规定：水土保持方案经批准后，生产建设项目地点、规模发生重大变化，有下列情形之一的，生产建设单位应当补充或者修改水土保持方案，报水利部审批：

（1）涉及国家级和省级水土流失重点预防区或者重点治理区

（2）水土流失防治责任范围增加 30％以上的；

（3）开挖填筑土石方总量增加 30％以上的；

（4）线型工程山区、丘陵区部分横向位移超过 300 米的长度累计达到该部分线路长度的 20％以上的。

（5）施工道路或者伴行道路等长度增加 20％以上的；

（6）桥梁改路堤或者隧道改路整累计长度 20 公里以上的。

文件还规定水土保持方案实施过程中，水土保持措施发生下列重大变更之一的，生产建设单位应当补充或者修改水土保持方案，报水利部审批：

（1）表土剥离量减少 30％以上的；

（2）植物措施总面积减少 30％以上的；

（3）水土保持重要单位工程措施体系发生变化，可能导致水土保持功能显著降低或丧失的。

《水利部生产建设项目水土保持方案变更管理规定（试行）》还指出：对于在水土保持方案确定的废弃砂、石、土、歼石、尾矿、废渣等专门存放地（以下简称"弃渣场"）外新设弃渣场的，或者需要提高弃渣场堆渣量达到 20％以上的，生产建设单位应当在弃渣前编制水土保持方案（弃渣场补充）报告书，报水利部审批。其中，新设弃渣场占地面积不足 1 公顷且最大堆渣高度不高于 10 米的，生产建设单位可先征得所在地县级人民政府水行政主管部门同意，并纳入验收管理。渣场上述变化涉及稳定安全问题的，生产建设单位应组织开展相应的技术论证工作，按规定程序审查审批。

其他变化纳入水土保持设施验收管理，并符合水土保持方案批复和水土保持标准、规范的要求。生产建设单位应当按照批准的水土保持方案，与主体工程同步开展水土保持初步设计〈后续设计〉，加强水土保持组织管理，严格控制重大变更。

县级以上人民政府水行政主管部门、流域管理机构，应当进一步加强对生产建设项目水土保持方案变更、初步设计落实情况的监督检查，发现问题及时提出处理意见。文件还强调，对于违规变化生产建设项目地点、规模以及水保措施并未申请批准的情况，县级以上人民政府水行政主管部门应当按照水土保持法第五十三条的规定处理。对于违规变化水保措施并未申请批准的情况，生产建设单位在水土保持方案确定的弃渣场以外区域弃渣的，县级以上地方人民政府水行政主管部门应当按照水土保持法第五十五条的规定处理。

8.5　典型铁路水土保持方案案例分析

8.5.1　某铁路建设项目论证

1. 项目概况

本项目所在区域属中低山丘陵区；全线水系属于长江水系和珠江水系，水系较发达；项目区属于亚热带季风气候，雨量充沛、热量充足、光照较多。年平均气温 16～25℃，最低气温－9.5～0.5℃，最高气温 34.4～44.4℃，年平均风速度 1.1～2.62m/s，最大风速 13～25m/s。年平均降雨量为 1094.2～1795.3mm，5～8 月降雨量为全年降雨量的 40%，多年平均蒸发量 776.0～1609.3mm，≥10℃有效积温 4811～6001.1℃，20 年一遇小时降雨特征值 75～105mm。项目区土壤类型主要为水稻土、黄棕壤、灰潮土、黄褐土，项目区域属中亚热带半湿性常绿落叶林、北亚热带山地湿性常绿阔叶林，沿线林草植被覆盖率 41.1%～71%。区域占地主要为水田、旱地、林地。水土流失以水力侵蚀，侵蚀强度以轻度为主，其次为中度；水力侵蚀区的西南土石山区和南方红壤丘陵区，容许土壤流失量为 500t/km²·a。项目涉及部分区县为岩溶石漠化国家级水土流失重点治理区，省级水土流失重点预防区以及省级河流水土流失重点预防区）；部分区县为重点监督区、重点治理区。

2. 水土流失防治标准及目标值

根据《开发建设项目水土流失防治标准》（GB 50434—2008）规定，本项目水土流失防治标准执行建设类项目一级标准。本方案设计水平年为 2023 年。通过修正，设计水平年防治目标值：扰动土地整治率 95%，水土流失总治理度 97%，土壤流失控制比 1.0，拦渣率 95%，林草植被恢复率 99%，林草覆盖率 27%。

3. 主体工程水土保持分析评价结论

主体工程选线（址）和总体布局兼顾了水土保持总体要求，已经避让泥石流易发区，但无法避让所有的滑坡体，影响较大的滑坡体 1 处。由于无法避让，拟采取加固措施，并且加强施工期的管护措施，避免或减少对滑坡区域的扰动，临时工程不设置在滑坡区域。不涉及全国水土保持监测网络中的水土保持监测站、重点试验区，国家确定的水土保持长期定位观测站和水土保持专项设施。工程沿线涉及省级河流二级水源保护区、饮用水源二级保护区、地下水源准保护区；沿线所涉及的水功能区为：若干河流沿线开发利用区、缓冲区、保留区。工程主要以桥隧形式通过水源保护区和水功能区，本工程不属于严重影响水体水质的项目，建议工程施工过程中加强潜在污染源的源头管理和控制，优化施工工艺，降低对水源保护区和水功能区的影响。

本工程选线过程中，充分考虑了避让各类生态敏感区，但由于敏感区的分布、地质、工程技术等原因，工程难以避让所有的生态敏感区，推荐方案涉及某国家森林公园、国家湿地公园、省级湿地公园、国家级风景名胜区、喀斯特世界自然遗产地，等若干处。工程不在生态敏感区内设置铺架基地、制存梁场、弃渣场等大型临时工程，降低对敏感区的影响，同时这些生态敏感区均完成了专题报告，并已获得主管部门批复，完善了相关的手续。

全线无挖深大于 30m 和填高大于 20m 的路段，水土保持方案同意主体设计推荐线路方案。全线综合占地指标、区间用地指标及桥梁用地指标符合《新建铁路工程项目建设用地指标》（建标〔2008〕232 号）客运专线铁路用地指标。由于桥隧比例较高，全线用地远低于规范要求的用地指标，符合现行用地标准。工程共剥离表土 422.30 万 m^3（主体工程剥离表土 245.54 万 m^3，临时工程剥离表土 176.76 万 m^3），减少了弃渣，同时保证渣场安全的前提下，适当提高堆渣高度，减少弃渣占地，经本方案核算后，核减 61.02 hm^2。本工程占地类型主要为旱地和林地，与项目区域土地利用现状相符。

本段工程土石方经主体设计与水保专业调配利用后，工程填方尽可能利用挖方，减少取土、弃渣，根据工程实际情况分析挖方利用的可行性，全线拟设置 3 处取土场，取土场选址符合相关规定，容量可满足工程建设取土需要；由于本工程隧道较多（占主体工程 50%），弃渣量大，经综合利用后，需设置 188 处弃渣场，弃渣场容量可以消纳工程建设产生的弃方，取土场、弃渣场选址基本符合水土保持要求，下阶段将根据工程地质勘探情况对取土场、弃渣场进行优化调整，并报水行政主管部门备案。

本项目各施工区的施工方法（工艺）有所不同，但水土流失主要发生在土石方施工阶段，在施工过程中加强永久措施和临时措施的结合，工程完工后及时开展植被修复措施，最大限度减少因工程建设产生的水土流失。

从本质上讲，主体设计已有水土保持功能的防护措施，是基于保障整体建设工程的稳定和运营的安全而设计的，不但具有保护项目周围生态环境和美化自然景观的作用，而且起到了水土保持的作用。本方案在主体设计的基础上有针对性地提出本方案新增水保措施，纳入本工程水土保持措施体系。

综上所述，本工程设计充分考虑了水土保持要求，在认真落实各项水土保持防护措施，加强施工期的管理，工程基本不存在影响工程建设的水土保持制约因素，工程建设可行。

4. 水土流失防治责任范围

水土流失防治责任范围为项目建设区 2577.96 hm^2。

5. 水土流失预测结果

工程建设扰动原地貌面积为 2577.96 hm^2，损坏水土保持设施面积为 2571.97 hm^2；本工程最终产生弃渣 5552.36×10^4 m^3。本工程产生水土流失总量约为 121.79×10^4 t，新增流失量约为 114.67×10^4 t，占水土流失总量的 94.16%。弃渣场防治区、路基工程和施工便道防治区为本工程主要水土流失区域，水土流失集中在项目建设期，主要流失部位为开挖填筑产生的裸露边坡，临时堆土区，弃渣场防治不当产生的流失。水土流失危害表现在影响农业生产、损坏原地貌结构、降低土壤肥力、造成土壤贫瘠、降低河道行洪能力、破坏地表景观等。

8.5.2 水土保持措施总体布局

根据工程沿线地貌特征及水土流失影响，项目区总体地貌类型为中低山丘陵区，不再按地貌进行分区。按项目建设时序、造成水土流失特点及项目主体工程布局，针对铁路建设过程中水土流失特点和强度，结合主体工程工程布局、建设内容等，按照水土流失形式和治理的一致性进行分区，把本工程水土流失防治区划分为站场工程防治区、路基工程防治区、桥梁工程防护区、隧道工程防治区、取土场防治区、弃渣场防治区、施工便道防治区、施工生产生活区 8 个分区。

1. 路基工程防治区

（1）防治措施实施时序及布置

施工前，占用耕地、林地和草地剥离表土，集中堆放，周边拦挡表面撒播草籽绿化，设临时排水沟并用彩条布铺垫。施工过程中，路基坡脚采用编织袋装土拦挡，雨季边坡采用土工膜临时防护，临时堆土编织袋装土拦挡，彩条布苫盖；路基边坡采用骨架护坡植灌草防护，路基两侧布设排水沟、侧沟、天沟、急流槽、沉砂池和排水顺接工程；改移道路两侧设置排水沟及顺接工程。施工结束后，进行土地平整，绿化区域回填表土，植乔灌草绿化。

（2）防治措施及措施量

1）工程措施：坡面 C25 混凝土人字截水骨架 206801m³；路堤坡脚、路堑两侧、路堑堑顶设置 C25 混凝土石排水沟、侧沟、天沟及其顺接工程 135211m，急流槽 324 处，沉砂池 324 座；改移道路排水沟 42200m；改移沟渠坡面 C25 混凝土防护 13817m³；路基坡面至用地界场地平整 163.45hm²，表土回填 48.98 万 m³。

2）植物措施：坡面三维土工网垫植草 155308m²，喷播植生 148432m²、喷播植草 792165m²、植灌木 1683241 株、撒草籽 278243m²；路基边坡外侧植乔木 41600 株，灌木 5286832 株，撒草籽 278243m²。

3）临时措施：路堤边坡坡脚设编织袋挡护及拆除 72497m；路堤坡脚和路堑堑顶设临时土质排水沟 162526m 并铺垫彩条布 211284m²，临时沉砂池 325 座；坡面土工膜 81.26hm²；涵洞两端设编织袋挡护及拆除 11200m，设土质排水沟 11200m 并铺垫彩条布 17472m²；临时堆土四周编织袋挡护及拆除 1110m，顶部彩条布苫盖 3700m²；表土剥离面积 485.1hm²，临时表土堆放场表面撒草籽 106907m²、四周编织袋挡护及拆除 164472m，设土质排水沟 20559m 并铺垫彩条布 534534m²。

2. 站场工程防治区

（1）防治措施实施时序及布置

施工前剥离表土、集中堆放，并采用编织袋装土拦挡、表面撒播草籽临时绿化，周边设临时排水沟并采取彩条布铺垫。施工过程中，站场挖填边坡坡脚采用编织袋装土拦挡，布设临时排水沟并铺垫彩条布，排水沟末端设临时沉砂池，并顺接至周边天然沟渠，边坡采取土工膜；临时堆土编织袋装土拦挡，彩条布苫盖。站区边坡采取浆砌片石骨架护坡和植灌草防护等措施，站区两侧布设排水沟、侧沟、天沟、沉砂池和排水顺接工程。施工后期，站场可绿化区域回覆表土，植乔灌草绿化。

（2）防治措施及措施量

1）工程措施：填方坡脚、挖方两侧和挖方堑顶设置混凝土排水沟、侧沟、天沟及其顺接工程 88921m，沉砂池 80 座；坡面 C25 混凝土石骨架 281000m³；挖填边坡及站场内场地平整 145.77hm²，表土回填 36.63 万 m³。

2）植物措施：坡面喷混植生 472892m²、植草 404481m²、植灌木 650782 株；站区植乔木 1967 株、灌木 51315 株、撒草籽 48460m²。

3）临时措施：填方边坡坡脚设编织袋挡护及拆除 16000m；填方边坡坡脚和 挖方堑顶设临时土质排水沟 24000m 并铺垫彩条布 31200m²，临时沉砂池 40 座；坡面土工膜 96000m²；临时堆土四周编织袋挡护及拆除 1000m，顶部彩条布苫盖 3000m²；表土剥离面积 337.7hm²，临时表土堆放场表面撒草籽 242320m²，四周编织袋挡护及拆除 16776m，土质排水沟 8388m，并铺垫彩条布 21809 m²。

3.桥梁工程防治区

（1）防治措施实施时序及布置

施工前，占用耕地、林地和草地剥离表土，集集中堆放，并采用编织袋装 土拦挡表面撒播草籽绿化，周边设临时排水沟并采取彩条布铺垫。施工过程中，挖填边坡坡脚采用编织袋装土拦挡，布设临时排水沟并铺垫彩条布，排水沟末端设临时沉砂池，并顺接至周边天然沟渠；回填土编织袋装土拦挡、表面撒草籽防护。施工结束后，进行土地平整，可绿化区域回覆表土，植乔灌草绿化。

（2）防治措施及措施量

1）工程措施：桥台两侧混凝土排水沟及其顺接工程 15850m；桥梁下部场地平整 224.62hm²，表土回填 60.78 万 m³。

2）植物措施：桥梁下部植灌木 892000 株，撒草籽 224.62hm²。

3）临时措施：草袋围堰 329591m³；桥台坡脚编织袋挡护及拆除 22300m³；基坑回填土编织袋挡护及拆除 4089m³，彩条布苫盖 13025430m²；基坑外侧设泥浆收集池 446 座、临时沉砂池 446 座，基坑周边设临时土质排水沟 33450m，并铺垫彩条布 43485m²；表土剥离面积 327.64hm²，临时表土堆放场表面撒草籽 317772m²，四周编织袋挡护及拆除 97776m，土质排水沟 12222m 并铺垫彩条布 63554m²。

4.隧道工程防治区

（1）防治措施实施时序及布置

施工过程中，在洞口永久施工平台下边坡设置浆砌片石挡土墙防护，辅助坑道洞口施工平台坡脚浆砌片挡土墙拦挡，临时施工平台编织袋装土拦挡，临时边坡采取土工膜临时苫盖，周边设置土质排水沟并铺垫彩条布顺接至周边自然沟渠。洞口边仰坡设混凝土石截（排）水沟和顺接措施，平台四周设置混凝土截（排）水沟和顺接措施，洞口边仰坡采取植草。施工后期，对施工平台进行土地整治，回覆表土，撒播草籽绿化。

（2）防治措施及措施量

1）工程措施：隧道洞口边仰坡及下部设混凝土土截排水沟及其顺接工程 11880m；辅助坑道洞口施工平台坡脚浆砌片挡土墙 16800m；边仰坡及洞口平台场地平整 42.98hm²，表土回填 2.30 万 m³。

2）植物措施：边仰坡植草 42.98hm²。

3）临时措施：洞口施工平台坡脚编织袋装土挡护 34800m，平台周边设临时土质排水沟 28500m，铺垫彩条布 37050m²，设临时沉砂池 228 座；洞口施工平台边坡土工膜苫盖 116760m²；表土剥离面积 93.43hm²，临时表土堆放场表面撒草籽 9967m²、四周编织袋挡护及拆除 690m，设土质排水沟 345m 并铺垫彩条布 897m²。

5. 取土场工程防治区

（1）防治措施实施时序及布置

取土前剥离表土、集中堆放，并采用编织袋装土拦挡、表面撒播草籽临时绿化，周边设临时排水沟并铺垫彩条布。施工过程中，取土场地四周设浆砌片石排水沟，排水沟末端设沉砂池。取土形成的高陡边坡采取截水骨架，骨架内植灌草防护，边坡顶设截排水沟并顺接周边自然沟渠；取土结束后，进行土地整治，回覆表土，复耕或植乔灌草绿化。

（2）防治措施及措施量

1）工程措施：坡面浆砌片石截水骨架 1317m³，边坡顶部浆砌片石排水沟及顺接 3886m；取土后场地平整 42.59hm²，表土回填 42.59 万 m³，复耕 21.30hm²。

2）植物措施：取土后边坡撒草籽 5506m²，小灌木 2208 株；取土平台植草 20.87hm²，小灌木 21295 株，抚育 21.3hm²。

3）临时措施：表土剥离面积 5.83hm²，表土临时堆放场表面撒草籽 5305m²、四周编织袋挡护及拆除 2449m，设土质排水沟 680m，铺垫彩条布 26257m²。

6. 弃渣场工程防治区

（1）防治措施实施时序及布置

堆渣前剥离表土、集中堆放，并采用编织袋装土拦挡、表面撒播草籽临时绿化，周边设临时排水沟并铺垫彩条布。堆渣坡脚设置挡渣墙，坡顶布设截水沟，周边布设排水沟和沉砂池，并顺接至周边自然沟渠。堆渣结束后，进行土地整治，回覆表土，复耕或植乔灌草绿化。

（2）防治措施及措施量

1）工程措施：坡脚浆砌石挡渣墙 40804m；弃渣场周边及下部浆砌片石截排水沟 139846m，急流槽 372 处，沉砂池 372 座；弃渣场表面平整 659.021hm²，复耕 395.41hm²，φ500 钢筋混凝土Ⅱ级管 12516m，表土回填 173.46 万 m³。

2）植物措施：乔木 32951 株，灌木 1318038 株，撒草籽 263.61hm²，抚育 263.61hm²。

3）临时措施：剥离表土面积 532.64hm²，临时表土堆放场表面撒草籽 90190m²、四周编织袋挡护及拆除 138754m，设土质排水沟 17344m，并铺垫彩条布 450950m²。

7. 施工便道工程防治区

（1）防治措施实施时序及布置

施工前剥离表土、集中堆放，并采用编织袋装土拦挡、表面撒播草籽临时绿化，周边设临时排水沟并铺垫彩条布。施工过程中，临时便道边坡坡脚设置浆砌片石挡土墙拦挡，另一侧设临时排水沟和沉砂池。永久便道两侧设浆砌片石排水沟及排水顺接措施。施工后期，进行土地整治，回覆表土，复耕或撒播草籽绿化。

（2）防治措施及措施量

1）工程措施：永久便道两侧浆砌片石土排水沟及其顺接工程 858.5km；边坡坡脚浆砌片石挡土墙 231660m，便道及边坡场地平整 115.69m²、复耕 34.71hm²，表土回填 31.45 万 m³。

2）植物措施：乔木 101229 株，灌木 404915 株，撒草籽 80.98hm²，抚育 80.98hm²。

3）临时措施：临时便道靠山侧设土质排水沟 652000m 并铺垫彩条布 735075m²、临时沉砂池 668 座；剥离表土面积 200.82hm²，临时表土堆放场表面撒草籽 34871m²、四周设编织袋挡护及拆除 53648m，设土质排水沟 6706m 并铺垫彩条布 174356m²。

8. 施工生产生活防治区

（1）防治措施实施时序及布置

施工前剥离表土、集中堆放，并采用编织袋装土拦挡、表面撒播草籽临时绿化，周边设临时排水沟并铺垫彩条布。施工过程中，施工场地周边设临时排水沟和沉砂池，排水沟铺垫彩条布；临时堆土编织袋装土拦挡，彩条布苫盖。施工后期，进行土地整治，回覆表土，迹地恢复。

（2）防治措施及措施量

1）工程措施：施工场地表面场地平整 206.90hm²、复耕 103.45hm²，表土回填 31.45 万 m³。

2）植物措施：乔木 129313 株，灌木 517250 株，撒草籽 103.45hm²，抚育 103.45hm²。

3）临时措施：挖填坡脚编织袋挡护及拆除 8755m；施工场地四周设土质排水沟 10506m 并铺垫彩条布 13657m²、临时沉砂池 210 座；临时堆土四周编织袋挡护及拆除 750m，顶部彩条布苫盖 1950m²；表土剥离面积 172.71hm²，表土临时堆放场表面撒草籽 145167m²、四周编织袋挡护及拆除 10050m，设土质排水沟 5025m 并铺垫彩条布 13065m²。

9. 水土保持监测

在项目水土流失防治责任范围内，从施工准备期至设计水平年结束，即 2016 年底至 2023 年底。采用调查监测、定位观测和遥感监测相结合的方法对项目区地形地貌、植被覆盖、降雨等影响水土流失因子，项目建设占地、扰动地表面积、挖填方数量等水土保持生态环境，建设期土壤流失量、土壤侵蚀量等水土流失动态，对水保防治措施的数量和质量等防治效果以及水土流失危害等进行全面监测。项目共设 20 个固定监测点位；其余的路基、路堑边坡、临时堆土区、桥梁工程区、隧道工程区、施工便道区、施工生产生活区等场地监测点位采用巡视调查监测。水保持监测采用遥感监测、调查与定位观测相结合方法。监测频次根据监测内容不同分别确定，水蚀监测安排在每年 5～10 月份，每逢降雨时即时观测，暴雨达到所在地 20 年一遇的暴雨量时加测一次。有水土流失灾害事件发生的，要在 1 周内完成相应的监测工作。

8.5.3 水土保持方案结论

该铁路工程的实施，不可避免会占用和扰动地表将加重项目区的水土流失，会对项目区域生态环境会产生一定的水土流失影响，但在落实本水土保持方案提出的各项水土保持措施后，项目实施产生的水土流失可以达到项目水土流失防治目标，可以有效防治因工程实施产生的水土流失；项目区无限制项目建设的水土保持问题。因此，从水土保持角度分析，本工程可行。

第9章 铁路建设项目环境保护与水土保持设施验收

建设项目竣工环境保护验收与水土保持设施验收，是建设项目环境保护与水土保持"三同时"制度的重要环节，是建设项目环境保护与水土保持"出口关"。

9.1 验收概论

建设项目环境保护与水土保持设施验收是指建设项目竣工后，依据环境影响报告书（表）及其审批文件、水土保持方案及其审批文件，对与主体工程配套建设的环境保护和水土保持的设施进行检查评价，核实预防或减轻不良环境影响的对策或措施的落实情况，编制竣工环境保护验收报告，形成验收意见。

建设项目环境保护与水土保持设施验收的基本原则为：

（1）主体责任明确。建设单位作为建设项目环境保护与水土保持责任的主体，承担建设项目环境保护与水土保持相关工作，负责落实建设项目环境保护与水土保持"三同时"制度，减少建设项目实施过程中对环境要素及其生态系统造成的不利环境影响。

（2）验收程序规范。实行建设单位法人负责的验收管理方式，严格按照环境保护主管部门、水行政保护主管部门制定的规定程序执行，验收过程完整，验收程序合法。

（3）验收标准明确。严格按照环境影响报告书（表）及其批复文件、水土保持方案及其批复文件以及验收技术规范要求，编制验收报告，形成验收意见，验收材料齐全，验收内容全面，适用标准规范，验收结论明确。

9.2 验收依据及基本程序和主要内容

9.2.1 高速铁路建设项目环境保护与水土保持设施验收的基本依据

依据为建设项目环境影响报告和水土保持方案报告（含变更报告）及批复意见，工程文件及其批复，主要指经批准的可行性研究报告、设计文件（含变更设计）；审核合格的施工图等。

这些基本依据是根据国务院行政法规和原铁道部、中国铁路总公司的技术规范和专门性文件制定的，主要有：

（1）《建设项目环境保护管理条例》（国务院第 682 号令）

2017 年 7 月 16 日，国务院以第 682 号令公布《国务院关于修改〈建设项目环境保护管理条例〉的决定》，自 2017 年 10 月 1 日起施行。规定编制环境影响报告书、环境影响报告表的建设项目竣工后，建设单位应当按照国务院环境保护行政主管部门规定的标准和程序，对配套建设的环境保护设施进行验收，编制验收报告。建设单位在环境保护设施验收过程中，应当如实查验、监测、记载建设项目环境保护设施的建设和调试情况，不得弄虚作假。除按照国家规定需要保密的情形外，建设单位应当依法向社会公开验收报告。编制环境影响报告书、环境影响报告表的建设项目，其配套建设的环境保护设施经验收合格，方可正式投入生产或者使用；未经验收或者验收不合格的，不得投入生产或者使用。

（2）《高速铁路竣工验收办法》（铁建设〔2012〕107 号）

2012 年 6 月，原铁道部发布《高速铁路竣工验收办法》（铁建设〔2012〕107 号），全面规范新建高速铁路项目和专门用于旅客运输的铁路建设项目的验收工作，规定了验收阶段、验收依据和内容、验收的组织、程序等。

（3）《高速铁路工程静态验收技术规范》（TB 10760—2013）

规范统一高速铁路工程静态验收技术要求和质量标准，明确环境保护与水土保持工程静态验收内业检查和观感质量检查内容，以及环境保护与水土保持工程静态验收报告编制要求。

（4）《高速铁路工程动态验收技术规范》（TB 10761—2013）

规范统一高速铁路工程动态验收技术要求和质量标准，明确动态验收中噪声、振动、电磁环境的检测内容，以及环境保护与水土保持工程动态验收报告编制要求。

（5）《高速铁路环境保护、水土保持设施竣工验收工作实施细则》（铁计〔2012〕264 号）

明确高速铁路竣工验收工作中环境保护、水土保持设施各阶段验收工作的具体内容和要求。

9.2.2　高速铁路建设项目环境保护与水土保持设施验收的基本程序

根据铁道部《高速铁路竣工验收办法》（铁建设〔2012〕107 号）及《高速铁路环境保护、水土保持设施竣工验收工作实施细则》（铁计〔2012〕264 号）规定，铁路建设项目环境保护与水土保持竣工验收采用先期验收、专家检查、总公司验收、建设单位验收的方式，分为 4 个阶段：静态验收、动态验收、初步验收、环保水保竣工验收。

（1）先期验收。包括静态验收和动态验收，由铁路局和建设单位组织。

（2）专家检查。包括静态验收评审和动态验收评审，由铁路总公司组织专家组对静态验收、动态验收结果进行审查，形成专家意见。

（3）总公司验收。即初步验收。由铁路总公司组织对工程建设情况，以及静态验收、动态验收情况进行确认的过程。

（4）正式验收。即环境保护竣工验收、水土保持设施竣工验收。

9.2.3　高速铁路建设项目环境保护与水土保持设施验收的主要内容

（1）检查工程变更情况；法定环境敏感目标的行政许可办理情况；

（2）检查工程设计、施工与环境影响报告（含变更环境影响报告）、水土保持方案批复的符合性。包括两个方面：一是检查环境保护、水土保持工程设计，是否落实环境影响报告、水土保持方案及其批复；二是检查环境保护、水土保持工程措施和设施是否按批准的设计文件建成，符合主体工程和环境保护、水土保持要求；

（3）检查生态保护、水土保持设施、污染防治措施的实施效果及达标情况；

（4）检查环境保护、水土保持公众投诉问题及处理情况；

（5）检查环境保护、水土保持相关费用的落实情况。

9.3 高速铁路建设项目环境保护与水土保持工程静态验收

高速铁路环境保护与水土保持工程静态验收的依据是《高速铁路工程静态验收技术规范》（TB/T10760—2013）、《高速铁路环境保护、水土保持设施竣工验收实施细则》（铁计〔2012〕264号）文件。

9.3.1 环境保护、水土保持设施静态验收程序

总公司下达开始静态验收通知，静态验收领导小组组织环水保专业验收组。环水保专业验收组按照验收实施方案，在确定的时间内，对建设项目有关环保、水保设施全面进行现场检查，形成验收纪要。对验收中发现的问题进行协调处理，制订整改方案，明确提出处理意见、整改责任单位、整改期限、复验时间。

建设单位根据专业验收组的验收纪要以及验收工作组意见，及时组织相关责任单位进行整改。整改责任单位按照整改要求进行整改，自验合格后报请复验，环水保专业验收组对整改问题进行复验。复验合格后填写环水保专业工程验收记录，报验收领导小组确认，签署验收意见。路局和建设单位组织编制环水保静态验收报告，报建设管理部。专业专家组组长单位和副组长单位组建环水保专业专家组，对环水保专业静态验收情况和验收报告进行审查。铁路局和建设单位按照审查意见进行整改。

9.3.2 环境保护、水土保持设施静态验收方法和内容

验收检查采用内业检查、现场检查和重点抽查相结合的方式进行。

1. 内业检查

内业检查是对内业资料的完整性、全面性进行检查。主要是三方面内容：

（1）环评、水保审批手续是否完备，需开展补充环评、补充水保的项目是否完成报批手续；

（2）法定环境敏感目标的行政许可手续是否齐全；

（3）取、弃土（渣）场等临时工程的手续齐全。

2. 现场检查

对照环境影响报告、水土保持方案报告及批复，环水保工程设计文件，现场检查环境保护与水土保持措施和设施的落实情况。

（1）生态保护与水土保持措施

检查沿线主要生态敏感区保护措施落实情况。主体工程主要检查桥梁、隧道、站场、路基等主体工程的环境保护与水土保持设施落实情况；临时工程主要检查取弃土（渣）场、梁场等临时用地设置位置是否符合环评水保批复要求，以及恢复措施落实情况。

（2）污染防治措施

噪声防护措施主要检查声屏障的落实情况；按照环境影响评价报告及批复，现场核查声屏障工程实际实施情况，检查隔声窗的实施情况，检查环评中要求的其他降噪措施的现场实施情况；振动防治措施主要检查环评中要求的轨道减振等措施现场实施情况；水污染治理措施主要检查各站段污水处理措施实施情况；大气污染治理措施检查是否与环评报告提出的措施是否一致；固体废物处理处置措施检查是否按照环评报告的要求建成；电磁防护措施检查环评报告及批复提出的电磁防护措施的落实情况。

3. 重点抽查

根据内业资料验收和现场验收情况，对重点工程或重要检查项点进行主要功能和质量抽查。

9.3.3　静态验收合格的基本条件

1. 合法合规性

（1）环境保护、水土保持审批手续完备。其中，需开展补充环境影响评价、补充水保的项目，完成报批手续；

（2）法定环境敏感目标的行政许可手续齐全；

（3）取、弃土（渣）场等临时工程的手续齐全。

2. 生态保护与水土保持措施达标

（1）重要环境敏感目标的保护设施全部建成；

（2）影响行车安全的主体工程水土保持设施全部建成，其他主体工程水土保持设施基本建成；

主体工程水土保持设施系指工程征地界内已批复的水土保持方案界定的、主体设计采取的水土保持设施，主要包括表土剥离、路基截排水沟、边坡防护、绿化；站场截排水沟、边坡绿化，桥头锥体护坡，隧道洞口边坡防护，土地整治等措施；

（3）占地不小于 $5hm^2$ 或土石方量不小于 5 万 m^3 的弃土（渣）场或取土场的防护设施、周边有居民点或学校且占地不小于 $1hm^2$ 的弃渣场的防护设施基本建成；

（4）影响行车安全的临时工程恢复措施全部完成。

3. 污染防治措施到位

（1）声屏障工程全部建成；

声屏障工程未按照环评报告全部建成，必须在动态验收前，整改完毕，否则，动态验收开始后，未完成的声屏障工程就很难再实施，最终成为影响环保正式验收的隐患。

（2）水源保护措施全部建成；

（3）铁路站、段、所噪声、振动、污水处理设施建成。

9.4　高速铁路环境保护与水土保持工程动态验收

高速铁路环境保护与水土保持工程动态验收的依据是《高速铁路工程动态验收技术规范》（TB 10761—2013）《高速铁路环境保护、水土保持设施竣工验收实施细则》（铁计〔2012〕264号）、文件。

9.4.1　环境保护、水土保持设施动态验收程序、方法及内容

1. 环境保护、水土保持设施动态验收方法

环水保动态验收采用施工单位现场整改汇报、工程监理监督验收、专业验收组现场检查和重点工程抽查、并与动态检测相结合的方式进行。

（1）施工单位现场整改汇报是对工程环水保静态验收需要整改的内容，施工单位根据整改实施方案，定期向建设单位汇报工程整改进度，每天记录整改施工日志，待工程完工后申请工程监理验收，验收合格后，报建设单位进行现场检查。

（2）工程监理监督验收是工程监理现场对整改情况进行监督，提供工程检查验收记录。

（3）现场检查是环保专业验收组根据静态验收报告专家审查意见，对验收整改项目中环境保护、水土保持设施进行全面检查。

（4）重点抽查是根据施工单位、工程监理申报验收情况和现场验收，对重点工程或重要检查项点进行抽查。

2. 环境保护、水土保持设施动态验收内容

根据铁道部关于印发《高速铁路环境保护、水土保持设施竣工验收工作实施细则》（铁计〔2012〕264号）和《高速铁路工程动态验收技术规范》（TB 10761—2013）的要求，环境保护、水土保持设施动态验收的主要内容如下：

静态验收报告中存在的问题整改落实情况。

静态验收报告专家审查意见整改落实情况。

9.4.2 环境保护、水土保持设施动态验收合格条件

1. 静态验收合格

指静态验收存在的问题整改完毕，验收合格。

2. 对于不影响行车安全和联调联试工作的以下内容，可结合动态验收工作一并完成，但应有明确的验收结论

（1）取土场、弃土（渣）场、制（存）梁场、铺轨基地、轨道板预制场、拌和站的恢复措施完成，其他临时工程的恢复措施基本完成，交由当地利用设施相关手续办理完毕。

（2）水环境保护措施全部完成。

（3）大气环境保护措施全部完成。

（4）固体废物处置设施全部完成。

（5）环境影响报告（含变更环评）批复的环保拆迁、功能置换基本完成。

（6）对沿线公众坏境、水保诉求进行原因分析，应有后续工作建议。

9.4.3 高速铁路建设项目环境保护与水土保持工程初步验收

1. 环境保护、水土保持设施初步验收条件

（1）环境保护、水土保持设施动态验收审查存在的问题整改完毕，验收合格；

（2）水土保持方案报告批复及经批准的设计文件提出的水土保持设施应全部完成；

（3）水土保持设施专项验收应取得水行政主管部门检查认可。

2. 初步验收程序

（1）动态验收合格并达到初步验收条件后，建设单位报送初步验收申请报告。

（2）工程质量监督机构提交《建设项目工程质量监督报告》。

（3）初步验收委员会组织检查资料和现场确认，召开初步验收会议，提出《初步验收报告》，明确验收结论。

9.5 铁路建设项目环境保护设施竣工验收

《建设项目环境保护管理条例》将建设项目环保设施竣工验收由环保部门验收改为建设单位自主验收。2017年11月，环保部发布《建设项目竣工环境保护验收暂行办法》（国环规环评〔2017〕4号），规范建设项目环境保护设施竣工验收的程序和标准，强化建设单位环境保护主体责任。规定建设单位是建设项目竣工环境保护验收的责任主体，应当

按照规定程序和标准，组织对配套建设的环境保护设施进行验收，编制验收报告，公开相关信息，接受社会监督，确保建设项目需要配套建设的环境保护设施与主体工程同时投产或者使用，并对验收内容、结论和所公开信息的真实性、准确性和完整性负责，不得在验收过程中弄虚作假。

建设单位竣工环境保护验收是贯彻落实国务院简政放权、放管结合、优化服务要求，更好地发挥建设单位环境保护主体责任，提升建设单位环境保护管理水平，推动落实建设项目环境保护"三同时"制度；通过加强过程监管，确保环境影响报告书（表）及其批复文件提出的环境保护设施和措施有效落实，环境污染、生态破坏得到有效控制，实现环境质量"不欠新账、多还旧账"的管理目标。

9.5.1　基本概念

铁路建设项目竣工环境保护设施验收调查：铁路建设项目竣工后，为开展环境保护验收而进行的技术调查工作。

验收报告：记录铁路建设项目竣工环境保护设施验收过程和结果的文件，包括验收调查报告、验收意见和其他需要说明的事项三项内容。

验收调查报告：依据相关管理规定和技术要求，对验收调查数据和检查结果进行分析，评价得出结论的技术文件，是建设项目竣工环境保护设施验收的主要技术依据。

验收意见：建设单位依据验收调查报告结论，遵照相应法律法规、标准规范以及环境影响报告（表）及其审批部门审批决定等要求，对各项环境保护设施建设情况和运行效果进行验收后作出的结论。

环境保护设施：指防治环境污染和生态破坏以及开展环境监测所需的装置、设备和工程（含生物）设施等，包括生态保护工程和设施、污染防治和处置设施和其他环境保护设施。

环境保护措施：预防或减轻铁路建设项目对生态环境产生不良影响的管理和技术要求等措施。

9.5.2　验收内容和程序

验收包括验收调查和后续工作。验收调查工作分为启动、自查、编制验收调查方案、实施调查与检查、编制调查报告五个阶段。验收启动包括资料查阅和现场踏勘，制定验收初步工作方案。后续工作包括成立验收工作组、现场核查、形成验收意见、建立档案。内容包括环境保护手续履行情况；项目建成情况；环境保护设施建设情况；重大变动情况。

（1）铁路建设项目竣工后，建设单位应当如实查验、监测、记载建设项目环境保护设施的建设和调试情况，编制验收调查报告。建设单位不具备编制验收调查报告能力的，可以委托有能力的技术机构编制。建设单位对受委托的技术机构编制的验收调查报告结论负责。建设单位与受委托的技术机构之间的权利义务关系，以及受委托的技术机构应当承担的责任，可以通过合同形式约定。

（2）验收调查报告编制完成后，建设单位应当根据验收调查报告结论，逐一检查是否存验收不合格的情形，提出验收意见。存在问题的，建设单位应当进行整改，整改完成后方可提出验收意见。

（3）为提高验收有效性，建设单位组织成立验收工作组，采取现场检查、资料查阅、召开验收会议等方式，协助开展验收工作。验收工作组由设计单位、施工单位、环境影响报告书（表）编制机构、验收监测（调查）报告编制机构等单位代表以及专业技术专家等组成。

(4) 除按照国家需要保密的情形外，建设单位应当通过其网站或其他便于公众知晓的方式，向社会公开验收信息。建设单位公开信息的同时，应当向所在地县级以上环境保护主管部门报送相关信息，并接受监督检查。

(5) 验收报告公示期满后 5 个工作日内，建设单位应当登录全国建设项目竣工环境保护验收信息平台，填报建设项目基本信息、环境保护设施验收情况等相关信息，环境保护主管部门对上述信息予以公开。

建设单位应当将验收报告以及其他档案资料存档备查。

9.5.3　验收合格条件

建设项目配套建设的环境保护设施经验收合格后，其主体工程方可投入生产或者使用；未经验收或者验收不合格的，不得投入生产或者使用。

建设项目环境保护设施存在下列情形之一的，建设单位不得提出验收合格的意见：

(1) 未按环境影响报告书（表）及其审批部门审批决定要求建成环境保护设施，或者环境保护设施不能与主体工程同时投产或者使用的；

(2) 污染物排放不符合国家和地方相关标准、环境影响报告书（表）及其审批部门审批决定或者重点污染物排放总量控制指标要求的；

(3) 环境影响报告书（表）经批准后，该建设项目的性质、规模、地点、采用的生产工艺或者防治污染、防止生态破坏的措施发生重大变动，建设单位未重新报批环境影响报告书（表）或者环境影响报告书（表）未经批准的；

(4) 建设过程中造成重大环境污染未治理完成，或者造成重大生态破坏未恢复的；

(5) 纳入排污许可管理的建设项目，无证排污或者不按证排污的；

(6) 分期建设、分期投入生产或者使用依法应当分期验收的建设项目，其分期建设、分期投入生产或者使用的环境保护设施防治环境污染和生态破坏的能力不能满足其相应主体工程需要的；

(7) 建设单位因该建设项目违反国家和地方环境保护法律法规受到处罚，被责令改正，尚未改正完成的；

(8) 验收报告的基础资料数据明显不实，内容存在重大缺项、遗漏，或者验收结论不明确、不合理的；

(9) 其他环境保护法律法规规章等规定不得通过环境保护验收的。

9.5.4　验收文件编制要求

验收报告包括验收调查报告、验收意见和其他需要说明的事项单项内容。

1. 验收调查报告

验收调查报告要如实、客观、准确地反映建设项目对环境影响报告书（表）及其批复落实情况。

主要包括内容：建设项目概况、验收依据、项目建设情况、环境保护设施建设情况、工程及环境保护设施变更情况、环境影响报告书（表）主要结论与建议及其批复意见、验收执行标准、环境保护设施效果调查、环境影响调查、建议和后续要求、验收调查结论等。

2. 验收意见

包括：工程建设基本情况、工程变动情况、环境保护设施落实情况、环境保护设施实施运行效果、工程建设对环境的影响、验收结论和后续要求等。

3. 其他需要说明事项

包括：环境保护设施设计、施工和验收过程简况，信息公开和公众意见反馈，环境影响报告书（表）及其批复提出的除环境保护设施外的其他环境保护措施的落实情况，以及整改工作情况等。

9.5.5　验收调查报告示范文本

××项目竣工环境保护设施
验收调查报告

建设单位：

编制单位：

×年×月

建设单位法人代表：　　　　（签字）

编制单位法人代表：　　　　（签字）

报告编写负责人：

报告编写人：

建设单位（盖章）编制单位（盖章）

电话：电话：

传真：传真：

邮编：邮编：

地址：地址：

1. 项目概况

简述项目名称、性质、建设单位、建设地点，环境影响报告书（表）编制单位与完成时间、审批部门、审批时间与文号，开工、竣工、验收调查工作过程、验收监测和专项生态调查情况等。

2. 验收依据

建设项目环境保护相关法律、法规和规章制度；建设项目竣工环境保护设施验收技术规范和指南；建设项目环境影响报告书（表）及其审批部门审批决定；其他相关文件。

3. 项目建设情况调查

（1）项目建设内容：简要说明项目实际建设内容。

（2）项目建设过程：调查项目审批时间和审批部门、初步设计完成及批复时间、环境影响报告书（表）完成及审批时间、工程开工建设时间、建设期大事记、完工投入运行时间等。

（3）项目变动情况：简述或列表说明项目发生的主要变动情况。

（4）项目验收工况。

4. 验收调查依据

5. 验收执行标准

6. 环境保护设施调查

（1）生态保护工程和设施

（2）环境保护设施

（3）环境保护设施投资及"三同时"落实情况

7. 环境影响调查

（1）生态影响调查

（2）环境影响监测

8. 验收调查结论

9. 建议和后续要求：提出项目运行期的管理建议和后续要求。

10. 验收调查报告所涉及的主要证明或支撑材料

9.6 铁路建设项目水土保持设施验收

《中华人民共和国水土保持法》规定：依法应当编制水土保持方案的生产建设项目中的水土保持设施，应当与主体工程同时设计、同时施工、同时投产使用；生产建设项目竣工验收，应当验收水土保持设施；水土保持设施未经验收或者验收不合格的，生产建设项目不得投产使用。

2017 年 9 月，《国务院关于取消一批行政许可事项的决定》（国发〔2017〕46 号）取消了各级水行政主管部门实施的生产建设项目水土保持设施验收审批行政许可事项，转为生产建设单位按照有关要求自主开展水土保持设施验收。水利部印发《关于加强事中事后监管规范生产建设项目水土保持设施自主验收的通知》（水保〔2017〕365 号），规范生产建设项目水土保持设施自主验收的程序和标准。

9.6.1 基本要求

1. 依法编制水土保持方案报告书的生产建设项目投产使用前，生产建设单位应当根据水土保持方案及其审批决定等，组织第三方机构编制水土保持设施验收报告。第三方机构是指具有独立承担民事责任能力且具有相应水土保持技术条件的企业法人、事业单位法人或其他组织。

2. 明确验收结论。水土保持设施验收报告编制完成后，生产建设单位应当按照水土保持法律法规、标准规范、水土保持方案及其审批决定、水土保持后续设计等，组织水土保持设施验收工作，形成水土保持设施验收鉴定书，明确水土保持设施验收合格的结论。水土保持设施验收合格后，生产建设项目方可通过竣工验收和投产使用。

3. 公开验收情况。除按照国家规定需要保密的情形外，生产建设单位应当在水土保持设施验收合格后，通过其官方网站或者其他便于公众知悉的方式向社会公开水土保持设施验收鉴定书、水土保持设施验收报告和水土保持监测总结报告。对于公众反映的主要问题和意见，生产建设单位应当及时给予处理或者回应。

4. 报备验收材料。生产建设单位应在向社会公开水土保持设施验收材料后、生产建设项目投产使用前，向水土保持方案审批机关报备水土保持设施验收材料。报备材料包括水土保持设施验收鉴定书、水土保持设施验收报告和水土保持监测总结报告。生产建设单位、第三方机构和水土保持监测机构分别对水土保持设施验收鉴定书、水土保持设施验收报告和水土保持监测总结报告等材料的真实性负责。

9.6.2　验收程序和主要内容

生产建设项目水土保持设施自主验收（以下简称自主验收）包括水土保持设施验收报告编制和竣工验收两个阶段。主要内容包括：水土保持设施建设完成情况；水土保持设施质量；水土流失防治效果；水土保持设施的运行、管理及维护情况。

1. 竣工验收应在第三方提交水土保持设施验收报告后，生产建设项目投产运行前完成。

2. 竣工验收应由项目法人组织，一般包括现场查看、资料查阅、验收会议等环节。

3. 竣工验收应成立验收组，验收组由项目法人和水土保持设施验收报告编制、水土保持监测、监理、方案编制、施工、水土保持专家等有关单位代表组成。

4. 验收会议讨论形成验收意见和结论。

9.6.3　自主验收合格条件

生产建设单位自主验收水土保持设施，严格执行水土保持标准、规范、规程确定的验收标准和条件，对存在下列情形之一的，不得通过水土保持设施验收：

1. 未依法依规履行水土保持方案及重大变更的编报审批程序的。

2. 未依法依规开展水土保持监测的。

3. 废弃土石渣未堆放在经批准的水土保持方案确定的专门存放地的。

4. 水土保持措施体系、等级和标准未按经批准的水土保持方案要求落实的。

5. 水土流失防治指标未达到经批准的水土保持方案要求的。

6. 水土保持分部工程和单位工程未经验收或验收不合格的。

7. 水土保持设施验收报告、水土保持监测总结报告等材料弄虚作假或存在重大技术问题的。

8. 未依法依规缴纳水土保持补偿费的。

9. 存在其他不符合相关法律法规规定情形的。

9.6.4　水土保持设施验收报告编制示范文本

水土保持设施验收报告由第三方技术服务机构编制，报告应符合水土保持设施验收报告师范文本的格式要求，对项目法人法定义务履行情况、水土流失防治任务完成情况、防治效果情况和组织管理情况等进行评价，做出水土保持设施是否符合验收合格条件的结论，并对结论负责。《建设项目水土保持设施验收报告示范文本》如下：

前言

介绍生产建设项目（以下简称项目）背景、立项和建设过程，简要说明水土保持方案审批、水土保持后续设计、监测、监理以及水土保持分部工程、单位工程验收情况等。

1. 项目及项目区概况

（1）项目概况

① 地理位置

说明项目在行政区划中所处的位置，说明起点、走向、途经县（市）、主要控制点和终点。

② 主要技术指标

简要说明项目建设性质、规模与等级等主要技术指标。

③ 项目投资

说明项目总投资、土建投资、投资方等。

④ 项目组成及布置

简要说明项目组成、工程布置和主要建（构）筑物，以及附属工程布设情况等。

⑤ 施工组织及工期

说明土建施工标段划分，以及弃渣场、取土场、施工道路、施工生产生活区等辅助设施实际布设情况。说明项目计划及实际工期。

⑥ 土石方情况

说明项目实际发生的挖方、填方、借方、弃方数量，并说明借方来源、弃方去向及调运情况。

⑦ 征占地情况

说明项目实际永久占地、临时占地面积及类型。

（2）项目区概况

① 自然条件

简要说明项目区的地形地貌、气象、水文、土壤、植被等情况。跨省的介绍到省，跨市（县）的介绍到市（县）。

② 水土流失及防治情况

说明项目所涉及区域的水土流失类型、强度、容许土壤流失量等，介绍到全国水土保持区划中的二级区。介绍涉及的水土流失重点预防区和重点治理区，崩塌、滑坡危险区和泥石流易发区。

2. 水土保持方案和设计情况

（1）主体工程设计

简要说明前期工作相关文件取得情况、不同阶段设计文件的审批（审核、审查）情况等。

（2）水土保持方案

说明项目水土保持方案的编制单位、编制时间，以及水土保持方案的批准机关、时间、文件名称及文号。

（3）水土保持方案变更

说明项目水土保持方案重大变更的主要内容、原因及审批情况等，简要说明其他变更情况。

（4）水土保持后续设计

说明水土保持初步设计、施工图设计及其审批（审核、审查）情况，按水土保持分部工程、单位工程说明初步设计或施工图设计情况。

3. 水土保持方案实施情况

（1）水土流失防治责任范围

说明建设期实际的水土流失防治责任范围，与水土保持方案（含变更，下同）对照，说明变化的原因以及扰动控制情况。

（2）弃渣场设置

说明实际设置的弃渣场情况；对 4 级及以上的弃渣场，通过项目建设前后遥感影像分析说明弃渣场周边环境和使用前后状况；对弃渣场周边存有敏感因素的应明确处置情况；说明弃渣场防治措施体系布设情况。

（3）取土场设置

说明实际设置的取土场情况；说明取土场防治措施体系布设情况。

（4）水土保持措施总体布局

说明水土保持措施体系及总体布局情况，与水土保持方案对照说明变化的原因，分析实施的水土保持措施体系的完整性、合理性。

（5）水土保持设施完成情况

总体说明水土保持工程措施、植物措施、临时防护工程完成情况。按照水土流失防治分区列表说明各项措施布设位置、内容、实施时间、完成的主要工程量等。对照水土保持方案，说明各项措施变化原因，分析其与原措施相比水土保持功能是否降低。

（6）水土保持投资完成情况

说明水土保持实际完成投资，与水土保持方案对照说明投资变化的主要原因。

4. 水土保持工程质量

（1）质量管理体系

说明建设单位、设计单位、监理单位、质量监督单位、施工单位质量保证体系和管理制度。

（2）各防治分区水土保持工程质量评定

① 项目划分及结果

按照水土流失防治分区，结合项目特点说明水土保持单位工程、分部工程、单元工程划分过程及划分结果。

② 各防治分区工程质量评定

按照分部工程列表说明质量评定结果，并附所有分部工程和单位工程验收签证资料。

（3）弃渣场稳定性评估

说明弃渣场稳定性评估情况及结论；涉及需要说明其稳定安全问题的，说明其安全评价情况。

（4）总体质量评价

根据各防治分区质量评定情况，说明总体质量评价结果。

5. 项目初期运行及水土保持效果

（1）初期运行情况

说明各项水土保持设施建成运行后，其安全稳定和度汛情况，工程维修、植物补植情况。

（2）水土保持效果

根据水土保持监测成果，结合项目建设前后遥感影像或航拍等资料，分析说明扰动土地整治率、水土流失总治理度、拦渣率、土壤流失控制比、林草植被恢复率和林草覆盖率计算过程及结果。对照水土保持方案，说明水土保持效果达标情况。

（3）公众满意度调查

说明公众满意度调查情况。

6. 水土保持管理

（1）组织领导

简要说明水土保持工作机构、人员、责任分工及运行情况等。

（2）规章制度

简要说明水土保持工作制度建立和施行情况。

（3）建设管理

简要说明水土保持工程招标投标和合同执行情况等。

（4）水土保持监测

说明水土保持监测工作承担单位，委托及实施时间。对照水土保持方案及监测技术标准规范，从监测点位布设、方法、频次、季报和年报的报送等方面说明监测工作开展情况。

（5）水土保持监理

说明水土保持监理工作承担单位，委托及实施时间，以及水土保持监理工作的范围、内容和职责。从质量、进度、投资控制等方面说明监理工作开展情况。

（6）水行政主管部门监督检查意见落实情况

说明水行政主管部门对项目的监督检查时间、方式和检查意见等，说明检查意见的整改落实情况。

（7）水土保持补偿费缴纳情况

说明实际缴纳水土保持补偿费情况，对照水土保持方案说明变化情况。

（8）水土保持设施管理维护

说明水土保持设施管理机构、人员、制度以及运行维护情况等。

7. 结论：作出水土保持设施验收的结论，明确是否达到经批准的水土保持方案的要求。

8. 附件及附图

（1）附件

① 项目建设及水土保持大事记；

② 项目立项（审批、核准、备案）文件；

③ 水土保持方案、重大变更及其批复文件；

④ 水土保持初步设计或施工图设计审批（审查、审核）资料；

⑤ 水行政主管部门的监督检查意见；

⑥ 分部工程和单位工程验收签证资料；

⑦ 重要水土保持单位工程验收照片；

⑧ 其他有关资料。

（2）附图

① 主体工程总平面图；

② 水土流失防治责任范围及水土保持措施布设竣工验收图；

③ 项目建设前、后遥感影像图；

④ 其他相关图件。

9. 生产建设项目水土保持设施验收鉴定书

生产建设项目
水土保持设施验收鉴定书（式样）

项目名称

项目编号

建设地点

验收单位

___年___月___日

一、生产建设项目水土保持设施验收基本情况表

项目名称		行业类别	
主管部门 （或主要投资方）		项目性质	
水土保持方案批复机关、 文号及时间			
水土保持方案变更批复机关、 文号及时间			
水土保持初步设计批复机关、 文号及时间			
项目建设起止时间			
水土保持方案编制单位			
水土保持初步设计单位			
水土保持监测单位			
水土保持施工单位			
水土保持监理单位			
水土保持设施验收 报告编制单位			

二、验收意见

验收意见提纲：
　　介绍验收会议基本情况，包括主持单位、时间、地点、参加人员和验收组等。
　　介绍验收会议工作情况。
　　（一）项目概况
　　说明项目建设地点、主要技术指标、建设内容和开完工情况。
　　（二）水土保持方案批复情况（含变更）
　　说明水土保持方案批复时间、文号和主要内容等。
　　（三）水土保持初步设计或施工图设计情况
　　说明水土保持初步设计（水土保持专章或水土保持部分）的批复时间、机关和文号等，说明水土保持施工图设计审核、审查情况。
　　（四）水土保持监测情况
　　说明水土保持监测工作开展情况和监测报告主要结论。
　　（五）验收报告编制情况和主要结论
　　说明水土保持设施验收报告编制情况和验收报告主要结论。
　　（六）验收结论
　　说明该项目实施过程中是否落实了水土保持方案及批复文件要求，是否完成了水土流失预防和治理任务，水土流失防治指标是否达到水土保持方案确定的目标值，是否符合水土保持设施验收的条件，是否同意该项目水土保持设施通过验收。
　　（七）后续管护要求
　　提出水土保持设施后续管护要求。

三、验收组成员签字表

分工	姓名	单位	职务/职称	签字	备注
组长					建设单位
成员	...	...	...	...	验收报告编制单位
					监测单位
	...	...	...	...	监理单位
	...	...	...	...	水土保持方案编制单位
	...	...	...	...	施工单位
	...	...	...	...	...
	...	...	...	...	...

9.7　典型铁路验收案例分析

9.7.1　某客运专线环境保护与水土保持工程静态验收报告

1. 概述

（1）验收范围概况

验收范围包括：项目 K1305＋110 至 K1628＋808 工程，线路长 323.698 公里，引入枢纽部分线路长 11.295km。

主要工程内容：正线线路长度 334.993km，路基长约 22.508km（含站场），路基长度占线路总长度的 6.95％。正线桥梁总长度 94.457km/82 座，占线路总长度的 28.9％。隧道 56 座共 207.583km，占线路总长的 64.15％。客专引入枢纽其中路基长约 2.749km（含站场），占线路总长度的 24.47％，桥梁长度 2.0279km/6 座，占线路长度的 17.9％。隧道共 1 座，总长 6.401km，占线路长度的 57.63%。共设 7 座车站，共设牵引变电所 6 座。

（2）建设概况

2011 年 3 月，国家发展改革委对项目可研进行批复。

2010 年 11 月 25 日，国家环境保护部批复环评报告。2010 年 10 月 14 日，水利部批复项目水土保持方案。项目于 2013 年 02 月 18 日正式开工建设。

2. 工程概况

（1）环境保护、水土保持工程概况

本段静态验收范围内的环境保护、水土保持设施主要包括生态防护与水土保持工程、噪声防治措施、振动防治措施、电磁防护措施、水污染治理措施、大气污染防治措施、固体废弃物处理处置措施等。

（2）生态防护与水土保持工程

本段验收涉及国家级森林公园 1 处生态敏感目标，3 处水源保护区，1 处国家级文物保护单位、3 处省级文物保护单位。敏感目标均已按照环评及批复要求落实各项环保措施。路基、桥梁、隧道等主体工程的生态防护与水土保持工程已全部完成。

本段静态验收范围内临时工程占地面积 745.04hm²。其中，弃土（渣）场 101 处、制梁场 8 处、拌和站 64 处、施工营地/钢筋加工场 167 处，铺轨基地 1 处，制板场 4 处。

（3）噪声防治措施

本段验收范围内环评阶段共有 92 处声环境保护目标，其中学校 7 处、医院 1 处，集中居民住宅 84 处。由于线路变更，噪声敏感点取消 3 处，保留 89 处，新增 6 处，实际噪声敏感点 95 处噪声敏感点。

（4）振动防治措施

本段验收范围内环评阶段共有 82 处振动环境保护目标，其中学校 5 处，集中居民住宅 77 处。由于线路变更，振动敏感点取消 3 处，保留 79 处，新增 6 处，实际噪声敏感点 85 处振动敏感点。

（5）水污染治理措施

本段验收范围内站场工程已经建成，相应的污水处理设施也施工完毕。

（6）大气污染防治措施

本线为电气化高速铁路，采用电力牵引，属于清洁能源，运营车辆类型为电力驱动的分布式动力列车，无任何废气排放。本项目大气污染源主要来自于沿线车站燃煤锅炉产生的废气，经调查，全线共新建车站 7 座，1 处车站采用水煤浆锅炉，其余各站采用燃气或清洁能源。

（7）固体废弃物处理处置措施

旅客列车垃圾和车站内的职工生活垃圾实行定点收集、储存，交由地方环卫部门统一处理。

（8）电磁防护

环评要求牵引变电所选址远离居民区、学校等敏感点的距离应在 50 米以上，对受影响的居民每户补偿 500 元，本段验收范围内新建的 6 座 220kV 牵引变电所 50 米范围内无居民区、学校等敏感点。

3. 工程变更

按照环境保护部办公厅文件《关于印发环评管理中部分行业建设项目重大变动清单的

通知》（环办［2015］52号），设计单位对全线工程变更与项目环评方案进行对照核查，根据梳理结果，本项目不构成重大变更，不需要上报变更环评见表9-1。

根据《水利部生产建设项目水土保持方案变更管理规定（试行）》（办水保［2016］65号）规定，结合工程变化情况对工程是否构成重大变更进行了梳理，根据梳理结果，本工程弃渣场数量发生变化，建设单位向省水土保持局进行了核备，见表9-2。

某客运专线全线工程建设方案变化情况梳理表　　　　　表9-1

项目			环评阶段	实际施工情况	变化情况对照
性质	1	客货共线改客运专线或货运专线 客运专线或货运专线改客货共线	客运专线	客运专线	无变动
规模	2	正线数目	双线	双线	无变动
	3	车站数量及性质	新建车站7处，其中始发站1处，中间站6处	新建车站8处，其中始发站1处，中间站6处，越行站1处。增加下小岔站1处，为越行站	增加1处越行站，不办理客运业务，不涉及城市规划区，不构成重大变动
	4	正线或单双线长度变化情况	400.57km	400.622km	不构成重大变动
	5	路基改桥梁或桥梁改路基长度变化情况	—	全线路基改桥梁或桥梁改路基累计长度为8.79km，占正线比例约2.2%	不构成重大变动
地点	6	线路横向位移超出200m的长度	—	①石家湾附近线路向左改线，涉及长度约17.5km；②泰安出站后王家墩滑坡体避让方案向左改线，涉及长度约17.5km；③枢纽引入方案采用原环评报告书推荐的绕避互通立交方案，涉及长度约13.5km。 全线线路横向位移超出200m的累计长度约48.5km，占正线长度的比例约12.1%	线路变化占正线长度的比例小于30%。不构成重大变动
	7	工程线路、车站变化导致敏感区变化情况	生态敏感区	1处国家森林公园、3处饮用水水源地等	工程涉及国家森林公园、饮用水水源地等没有发生变化	无变化
			城市规划区和建成区		工程未出现新的城市规划区或建成区	
	8	城市建成区内车站选址变化情况	—	—	无变动
	9	新增声环境敏感点数量变化情况	原环评推荐方案涉及沿线声环境保护目标101处，其中学校9处，医院1处，干休所1处，集中居民住宅90处	沿线涉及103处声环境保护目标，由于设计方案变动，5处已不在噪声振动评价范围内，新增7处敏感点	变化数量占原敏感目标总数的7%，少于30%。不构成重大变动

	项目		环评阶段	实际施工情况	变化情况对照
地点	10	轨道变化涉及环境敏感点数量变化情况	正线采用板式无砟轨道，铺设跨区间无缝线路	正线采用板式无砟轨道，铺设跨区间无缝线路	无变动
	11	速度、列车对数、牵引质量及车辆轴重变化情况	列车运行速度 350km/h	250km/h	降低 100km/h，噪声、振动影响程度降低，不构成重大变动
			列车对数 109 对/日	109 对/日	无变化
			车辆轴重 CRH3、CRH5	动车组	不构成重大变动
	12	城市建成区车站类型变化情况	—	—	无变动
生产工艺	13	项目在生态敏感区内的线位走向及长度变化情况	国家级森林公园 CK700＋391～CK703＋592、WCK723＋892～WCK728＋312 分两处穿越国家级森林公园。设计时尽量缩短穿越长度并全部以隧道和桥梁形式穿过，总穿越长度约 7629m，其中隧道长度约 6311m/5 座，桥涵长度约 1318m/3 座	DK701＋502～DK703＋851、DK724＋102～DK728＋502 处分别穿越森林公园总穿越长度约 6749m，较环评阶段减少 880m，其中隧道长度约 5560.8m/4 座，桥涵长度约 1188.2m/3 座	穿越长度减少，有利变化
			1 号水源地保护区 铁路线路以特大桥形式跨越的二级水源地保护区里程 WCK757＋291～CK762＋204，长度约 4913m	线路在 DK758＋500～DK763＋500 处以特大桥形式跨越二级水源地保护区，跨越长度约 5000m	不构成重大变动
			2 号水源地保护区 特大桥形式跨越二级饮用水水源地保护区和准保护区，总长度约 7944m。里程 CK816＋756～CK820＋476 跨越水源地二级保护区，长度约 3720m，在里程 CK820＋476～CK824＋700 跨越水源地准保护区，长度约 4224m	线路在 DK818＋792～DK822＋300 跨越水源地二级保护区，长度约 3508m，在 DK822＋300～DK826＋365 跨越水源地准保护区，跨越长度约 4065m，主要以桥梁和路基形式跨越	不构成重大变动
			3 号水库水源地 铁路工程线路在里程 CK879＋312～CK879＋860 以特大桥形式跨越水源地二级水源保护区，长度约 548m	线路在 DK881＋742～DK882＋280 跨越水源地二级保护区，长度约 538m，主要以隧道穿越	不构成重大变动

续表

		项目	环评阶段	实际施工情况	变化情况对照
环境保护措施	14	取消具有野生动物迁徙通道功能和水源涵养功能的桥梁	未涉及野生动物迁徙通道功能和水源涵养功能的桥梁	未涉及野生动物迁徙通道功能和水源涵养功能的桥梁	无变化
	15	水环境	动车运用所和综合维修中心生活污水、生产废水采取化粪池、隔油池等处理措施处理后可达到 GB 8978—1996《污水综合排放标准》三级标准，排入市政污水管网，最后汇入城市污水处理厂处理；车站生活污水经化粪池预处理后，再经过 SBR 生化处理后达到一级标准要求，就近排放；或化粪池预处理后，采取厌氧滤罐处理后用于站区绿化	1 个车站生活污水与生产废水，经化粪池、隔油沉淀池等处理设施处理后排入城市既有污水管道；3 个站生活污水经 SBR 二级生化处理设施处理后达到一级排放标准后排入附近水体；3 个车站各站区拟设厌氧滤池处理设施 1 座，处理后的污水用于车站及线路两侧绿化。新增加 1 处下小岔站，拟设厌氧滤池处理设施 1 座，处理后的污水用于车站及线路两侧绿化	不构成重大变动
	16	大气环境	沿线燃煤锅炉排放废气，使用环保型锅炉，污染物排放浓度满足 GB 13271—2001《锅炉大气污染物排放标准》"二类区"Ⅱ时段标准。各站新增 4 台燃煤锅炉，水煤浆锅炉 2 台，燃气热水锅炉 2 台，3 处接入当地市政集中供热管网	榆中站设置 1 台 2.8MW 水煤浆热水锅炉，锅炉废气由水浴除尘器处理后排放，东岔站、下小岔站采用二氧化碳热泵和空气源热泵；2 个车站接市政供热管网；2 个站采用 2.8MW 燃气锅炉	有利变化
	17	声环境	全线共有 101 处声环境保护目标，分别采取声屏障、隔声窗、拆迁和功能置换等措施	工程设计吸声式声屏障 81 处（含东川货运中心）共 48458 延长米，设置隔声窗 73 处，共 14380m²，对 30m 内敏感点结合工程方案，计入工程拆迁中	不构成重大变动
	18	固体废物	定点投放，垃圾收集后交由环卫部门统一处理	定点投放，垃圾收集后交由环卫部门统一处理	不构成重大变动
	19	文物古迹防护	组织对沿线文物地段进行勘探调查，对 4 处重点文物提出施工保护措施	实际施工中多次组织对沿线文物地段进行勘探调查，设计、施工过程中对环评中提出的 4 处重点文物按国家及地方文物保护相关法规落实各项文物保护措施，由于线路高边坡进行刷方，坡面设混凝土骨架护坡新增 1 处文物保护单位，建设单位及时通知了文物保护主管部门，进行了考古发掘，未对文物造成破坏。施工过程中，建设单位委托省文物考古研究所对施工范围所涉及的文物点进行考古调查、勘探和抢救性发掘工作，目前工作已结束。2016 年 3 月 21 日，省文物局发文同意项目在相关区域内施工	不构成重大变动

某客运专线水保方案变化情况梳理表　　　　　　　　表 9-2

序号	类别	内容	水保方案阶段	实际施工阶段	变化情况	是否构成重大变更	备注
1	项目地点、规模	（1）涉及国家级和省级水土流失重点预防区或者重点治理区	祖厉河、渭河上游国家级重点治理区、陕西省重点治理区、湟水河洮河中下游国家级重点治理区	祖厉河、渭河上游国家级重点治理区、陕西省重点治理区、湟水河洮河中下游国家级重点治理区	无	否	—
		（2）水土流失防治责任范围增加 30% 以上的	水土流失防治责任范围面积共 3603.4hm²，其中，项目建设区面积为 2117.8hm²（永久征地 845.46hm²，临时用地 1272.38hm²），直接影响区面积为 1485.6hm²	防治责任范围面积共 3767hm²，其中，项目建设区面积为 2263.2hm²（永久征地 832.1hm²，临时用地 1431.1hm²），直接影响区面积为 1503.8hm²	项目建设区增加 145.4hm²，增加比例 6.86%；防治责任范围增加 163.6hm²，增加比例 4.54%	否	—
		（3）开挖填筑土石方总量增加 30% 以上的	主体工程土石方填挖总量约 7068.1 万 m³，其中，填方约 833.8 万 m³，挖方约 6234.3 万 m³	主体工程土石方填挖总量约 7213.3 万 m³，其中，填方约 812.3 万 m³，挖方约 6401 万 m³	挖方增加 166.7 万 m³，增加 0.25%；填方减少 21.5 万 m³，减少 2.58%；145.2 万 m³，增加 0.205%	否	—
		（4）线型工程山区、丘陵区部分横向位移超过 300m 的长度累计达到该部分线路长度的 20% 以上的	新建正线长度 400.57km，工程另含动车运用所及走行线、改扩建等相关配套工程。	全线线路横向位移超出 300m 的累计长度约 48.5km，占正线长度的比例约 12.1%	线路变化占正线长度的比例小于 20%	否	—
		（5）施工道路或者伴行道路等长度增加 20% 以上的	新修、整修重点工程和大临工程引入便道 556.9km，其中，新建引入便道 472.8km，整修引入便道 76.9km，整修主干道 7.2km	新修、整修重点工程和大临工程引入便道 377.98km，其中，新建引入便道 265.8km，整修引入便道 112.18m	施工便道减少 178.92km，减少水土流失扰动面积	有利变化	纳入验收管理
		（6）桥梁改路堤或者隧道改路整累计长度 20 公里以上	本线新建路基总长 61.11km，新建桥梁 115462m/135，新建隧道 266542m/73 座	全线路基改桥梁或桥梁改路基改累计长度为 8.79km，占正线比例约 2.2%	全线路基改桥梁或桥梁改路基累计长度为 8.79km，占正线比例约 2.2%	否	—

续表

序号	类别	内容	水保方案阶段	实际施工阶段	变化情况	是否构成重大变更	备注
2	水土保持措施	（1）表土剥离量减少30%以上的	有表土剥离量260.2万m³	有表土剥离量185.2万m³	减少75万m³，减少28.82%	否	—
		（2）植物措施总面积减少30%以上	区间绿化长度约57127m，绿化面积共计45.7hm²。站区绿化面积共102.5hm²。取弃土（渣）场植被恢复面积336.2hm²，复垦490.9hm²；施工便道将采取恢复面积252.1hm²。共计891.2hm²	区间绿化长度约50123m，绿化面积共计40.1hm²。站区绿化面积共1121hm²。取弃土（渣）场植被恢复面积312.3hm²，复垦420.1hm²；施工便道将采取恢复面积152.1hm²，共计1036.7hm²	增加145.5hm²，增加16.3%	有利变化	纳入验收管理
		（3）水土保持重要单位工程措施体系发生变化，可能导致水土保持功能显著降低或丧失的	路基工程防治区措施：路基坡面防护工程、截排水工程、区间绿化、路基边坡临时防护、表土剥离措施。桥梁工程防治区：桥梁挖基土处理、钻孔桩泥浆处理、围堰拆除。隧道工程防治区：隧道边仰坡防护工程、隧道洞口截排水工程。站场工程防治区：站场绿化。取弃土（渣）场防治区：弃土弃渣场防护、表土剥离措施。施工便道防治区：平整、恢复措施。临时工程防治区：清理、平整、恢复措施	措施体系与批复方案一致	—	否	—
3	弃渣场	（1）新设弃渣场	共设弃土弃渣场122处，其中，路基工程8处，站场工程10处，隧道工程、桥梁工程和零星的路基工程合弃的104处	共设弃土渣场144处	—	新增渣场	已向水保局备案，纳入验收管理
		（2）提高弃渣场堆渣量达到20%以上	本线主体工程共挖方6234.3万m³，经充分的移挖作填和强化土石方调配后，需弃土弃渣5472.1万m³	—	—	否	—

4. 验收依据

（1）环境保护法律

①《中华人民共和国环境保护法》（2015 年 1 月 1 日修订实施）；

②《中华人民共和国环境影响评价法》（2016 年 9 月 1 日修订实施）；

③《中华人民共和国水土保持法》（2011 年 3 月 1 日实施）；

④《中华人民共和国环境噪声污染防治法》（1997 年 3 月 1 日实施）；

⑤《中华人民共和国大气污染防治法》（2016 年 1 月 1 日实施）；

⑥《中华人民共和国水污染防治法》（2008 年 6 月 1 日实施）；

⑦《中华人民共和国固体废物污染环境防治法》（2016 年 11 月 7 日修订实施）；

（2）环境保护法规、条例

①《中华人民共和国自然保护区条例》（2016 年 2 月 3 日修订）；

②《建设项目环境保护管理条例》（国务院令第 253 号，1998 年 11 月 29 日实施）；

③《饮用水水源保护区污染防治管理规定》（（89）环管字 201 号，2010 年 12 月 22 日修正）；

④《中华人民共和国水土保持法实施条例》（2011 年 1 月 8 日修正）；

⑤《关于印发环评管理中部分行业建设项目重大变动清单的通知》（国家环境保护部环办〔2015〕52 号，2015 年 6 月 4 日颁发）；

⑥《水利部生产建设项目水土保持方案变更管理规定（试行）》（办水保〔2016〕65 号，2016 年 3 月 24 日发布，发布日起实施）；

⑦《建设项目竣工环境保护验收技术规范生态影响类》（HJ/T394－2007，国家环境保护总局）；

⑧《关于发布高速铁路竣工验收办法的通知》（铁建设〔2012〕107 号）；

⑨《关于印发高速铁路环境保护、水土保持设施竣工验收工作实施细则的通知》（铁计〔2012〕264 号）；

⑩《高速铁路工程静态验收技术规范》（铁建设〔2013〕44 号）。

（3）工程文件及批复

① 项目环境影响评价报告及批复；

② 项目可行性研究报告及批复

③ 项目水土保持方案及批复；

④ 项目初步设计文件及批复；

⑤ 项目Ⅰ类变更设计文件及批复；

5. 静态验收组织机构、范围、方法程序及进度

（1）验收组织机构

根据原铁道部《高速铁路竣工验收办法》（铁建设〔2012〕107 号），及《高速铁路环境保护水土保持设施竣工验收工作实施细则》（铁计〔2012〕264 号）文件要求，铁路局、建设单位成立环水保专业验收组，负责项目静态验收工作。

验收主要内容：核查环水保工程内容与方案设计变更情况；环境敏感目标基本情况及变更情况；环境影响评价、水土保持制度及其他环境保护规章制度执行情况；环境保护设计文件、环境影响评价文件及环境影响评价审批文件提出的环保措施落实情况；水土保持

设计文件、水土保持批复文件及批复文件中提出的环保措施落实情况；公众反映强烈的环境问题。

（2）验收程序

验收程序分集中开会布置、工作梳理、现场自查和总结，形成书面自查报告，问题整改，组织现场复查，针对环水保自查存在的问题逐个验收，形成静态验收报告等几个阶段进行。

（3）验收方法

现场检查验收采用内业检查、现场检查和重点抽查相结合的方式进行。

内业检查：对工程建设情况包括：工程立项时间、部门、文号；工程可研、初步设计、修改初步、施工图等设计文件及批复资料；工程环保和水保文件及相关附件；施工单位、建设单位与各部门签订的协议；工程检查验收记录（包括影像资料），施工日志，环保监理报告等资料进行检查验收。

现场检查：对验收范围内所有环境保护、水土保持设施进行全面的检查。

重点抽查：根据内业资料验收和现场验收情况，对重点工程或重要检查项点进行主要功能和质量抽查。

6. 静态验收内容

（1）内业检查

根据《原铁道部关于印发〈高速铁路环境保护、水土保持设施竣工验收工作实施细则〉的通知》（铁计〔2012〕264号），从合法（规）性、生态保护与水土保持措施、污染防治措施三方面进行环境保护、水土保持设施静态验收条件符合性比较，本工程满足静态验收条件，可以组织环水保设施静态验收，具体对照情况见表9-3。

静态验收符合性对照表

表9-3

静态验收条件	具体内容	工程实际情况
（一）合法（规）性	1. 环境保护、水土保持审批手续完备（变更环境影响报告已得到批复）； 2. 法定环境敏感目标的行政许可手续齐全； 3. 取、弃土（渣）场等临时工程的行政许可手续齐全	1. 环评报告、水保方案及环保部、水利部审批手续完备（不涉及补充环评、变更水保等）； 2. 环境敏感目标的行政许可手续齐全； 3. 取、弃土（渣）场等临时工程行政许可手续齐全
（二）生态保护与水土保持措施	1. 重要环境敏感目标的保护设施全部建成； 2. 影响行车安全的主体工程水土保持设施全部建成，其他主体工程水土保持设施基本建成； 3. 占地不小于5公顷或土石方量不小于5万立方米的弃土（渣）场或取土场的防护设施、周边有居民点或学校且占地不小于1公顷的弃渣场的防护设施基本建成； 4. 影响行车安全的临时工程恢复措施全部完成	1. 重要环境敏感目标的保护设施全部建成； 2. 主体工程水土保持设施全部建成； 3. 占地不小于5公顷或土石方量不小于5万立方米的弃土（渣）场或取土场的防护设施、周边有居民点或学校且占地不小于1公顷的弃渣场的防护设施基本建成。 4. 影响行车安全的临时工程恢复措施全部完成

续表

静态验收条件	具体内容	工程实际情况
（三）污染防治措施	1. 声屏障工程全部建成； 2. 环境保护专业要求的轨道减振、道床吸声等措施全部建成； 3. 水源保护措施全部建成； 4. 铁路站、段、所噪声、振动、污水处理设施建成	1. 声屏障工程全部建成； 2. 本段工程不涉及； 3. 水源保护措施全部建成； 4. 铁路站、段、所污水处理设施建设完成

（2）生态环境

1）生态敏感目标

静态验收范围涉及国家级森林公园1处生态敏感目标，3处水源保护区，1处国家级文物保护单位、5处省级文物保护单位。上述9处敏感目标均已按照环评及批复要求落实了各项环保措施。目标环评要求具体落实情况见表9-4。

沿线生态环境重要保护目标环评要求落实情况一览表　　　　　表 9-4

环境要素	序号	保护目标名称	对应线路里程	线路形式	保护级别	静态验收环评要求落实情况
生态环境	1	国家级森林公园	DK701+502～DK703+851、DK724+102～DK728+502	桥梁、隧道	森林公园	施工中在森林公园范围内做了景观设计、绿色防护；线路全线实施了全封闭，路基两侧、隧道洞口设置了防护栅栏，隧道洞口上方设置了防护网；设计中提出了对野生动植物的保护要求，施工单位加强了施工人员野生动物保护宣传培训教育，未对森林公园内造成破坏
水环境	2	水源地保护区1	DK758+500～DK763+500	桥梁	二级水源地保护区	施工加强了穿越饮用水源保护区和地表河流路段的环保工作。未在水源保护区内布设取弃土场、施工营地及其他临时场地；跨水桥梁墩台施工选择在枯水期，水中墩基础施工采用了钢围堰防护，桥墩钻孔泥浆运至岸边处理后循环利用，未直接排入河道。施工结束后，及时清理了水下临时构筑物，恢复了河道原状。由于本线为客运专线，不涉及危险废物运输，未在跨越水源保护区设置桥面封闭，施工期对保护区内水源井的水位和水质进行了实时监测。监测结果发现，未对水源井造成影响。施工期关闭了水源地保护区距离线位34米、40米的两口地下水井，后期根据试运营期监测结果决定是否启用水源井。隧道施工中无涌水，未对水源保护区产生影响
水环境	3	水源地保护区2	ⅢDK818+792～ⅢDK822+300跨越水源地二级保护区、ⅢDK822+300～DK826+365跨越水源地准保护区	桥梁、路基	二级水源地保护区、准水源地保护区	
水环境	4	水库水源地3	DK881+742～DK882+280	桥梁、隧道	二级水源地保护区	

环境要素	序号	保护目标名称	对应线路里程	线路形式	保护级别	静态验收环评要求落实情况
文物古迹	5	国家级文物保护单位1	IDK881+650左右	隧道	文物古迹	实际施工中多次组织对沿线文物地段进行勘探调查,设计、施工过程中对环评中提出的4处重点文物按国家及地方文物保护相关法规落实各项文物保护措施,由于线路高边坡进行刷方,坡面设混凝土骨架护坡新增1处文物保护单位,建设单位及时通知了文物保护主管部门,进行了考古发掘,未对文物造成破坏。施工过程中,建设单位委托省文物考古研究所对施工范围所涉及的文物点进行考古调查、勘探和抢救性发掘工作。2016年3月21日,省文物局发文同意项目在相关区域内施工
文物古迹	6	省级文物保护单位2	IDK751+400～IDK751+700	隧道	文物古迹	
文物古迹	7	省级文物保护单位3	DK765+000～DK756+200	桥梁	文物古迹	
文物古迹	8	省级文物保护单位4	DK774+730～DK775+330	隧道	古迹边缘	

① 某国家级森林公园

环评阶段:受沿线区域经济发展条件、地质条件以及客运专线技术标准等因素限制,经过多方案比选论证,确定线路两处穿越国家级森林公园。设计时尽量缩短了穿越长度并全部以隧道和桥梁形式穿过,总穿越长度约7629m,其中隧道长度约6311m/5座,桥涵长度约1318m/3座,1处车站。省林业厅发文同意项目以隧道、桥梁的方式穿越国家级森林公园。

实际阶段:森林公园内线路微调,实际线路在DK701+502～DK703+851、DK724+102～DK728+502处分别穿越森林公园总穿越长度约7517.71m,其中隧道长度约6390.01m/4座,桥涵长度约1127.7m/2座,1处车站。2013年8月1日,省林业实验局同意工程穿越森林公园,实际保护区内车站位置未发生变化,未穿越新的景点。

环评批复要求及落实情况:穿越森林公园等生态敏感路段应加强景观设计,桥梁、路基、隧洞口和相关防护工程均应做好绿色防护,与周边生态景观协调。工程施工前发现珍稀保护植物和古树名木,应进行绕避、挂牌保护或采取移栽措施。加强施工人员野生动物保护宣传培训教育,禁止猎杀野生保护动物,隧道弃渣应避开野生动物栖息地,小陇山森林公园内隧道洞口及桥隧连接处设置防护栅栏防止野生动物跌落和闯入。

施工中在森林公园范围内做了景观设计、绿色防护;线路全线实施了全封闭,路基两侧、隧道洞口设置了防护栅栏,隧道洞口上方设置了防护网;设计中提出了对野生动植物的保护要求,施工单位加强了施工人员野生动物保护宣传培训教育,未对森林公园内造成破坏。

② 水源保护区:

A.1号水源地

环评阶段:2009年省人民政府发函同意将水源保护区调整为二级水源保护区,并同意客运专线穿越水源保护区。铁路线路以特大桥形式跨越的二级水源地保护区里程

WCK757＋291～CK762＋204，长度约 4913m。

实际阶段：线路在 DK758＋500～DK763＋500 处以特大桥形式跨越二级水源地保护区，跨越长度约 5000m，较环评基本一致。

B. 2 号饮用水水源地：

环评阶段：2009 年省人民政府发文同意新建铁路客运专线以特大桥形式跨越饮用水水源地二级保护区和准保护区。同时要求制定切实可行的施工方案，将施工场地控制到最小范围，完善防范措施，防止工程建设造成对水源地的污染。以特大桥形式跨越二级饮用水水源地保护区和准保护区，总长度约 7944m。里程 CK816＋756～CK820＋476 跨越水源地二级保护区，长度约 3720m，在里程 CK820＋476～CK824＋700 跨越水源地准保护区，长度约 4224m。

实际阶段：线路在 DK818＋792～DK822＋300 以桥梁和路基形式跨越水源地二级保护区，长度约 3508m，在 DK822＋300～DK826＋365 跨越水源地准保护区，跨越长度约 4065m。

C. 3 号水库水源地：

环评阶段：省人民政府发文同意将水库水源地保护区调整为二级水源保护区，并同意新建铁路客运专线穿越水库水源保护区。铁路工程线路在里程 CK879＋312～CK879＋860 以特大桥形式跨越水源地二级水源保护区，长度约 548m。

实际阶段：为最大限度减少项目建设对水源地的影响，施工图方案较环评方案向北偏移（远离水库），并在 DK881＋742～DK882＋280 跨越水源地二级保护区，长度约 538m，主要以隧道和特大桥穿越。

环评及批复文件要求：加强穿越饮用水源保护区和地表河流路段的环保工作。严禁在水源保护区内布设取弃土场、施工营地和各类临时场地，并远离地表水体布设，污废水应收集处理，不得排入保护区和直排河流。应在枯水期进行桥梁墩台施工，桥梁水中墩基础施工采用钢围堰防护，桥墩钻孔泥浆应运至岸边处理，泥浆废水应尽量循环利用，严禁泥浆、钻渣排入河流。施工结束后，及时清理水下临时构筑物，恢复河道原状。桥梁设计应设置护轮轨装置，跨越水源保护区的桥面封闭，制定相应的风险应急预案和监测计划，施工期应对保护区内水源井的水位和水质进行实时监测。

施工期应关闭 3 号水源地保护区距离线位 34m、40m 的两口地下水井，并进行定期监测，运营期根据水质监测情况考虑恢复使用功能。隧道出口距离水库饮用水水源保护区较近，应强化施工隧道涌水的处理。

现场落实情况如下：

施工加强了穿越饮用水源保护区和地表河流路段的环保工作。未在水源保护区内布设取弃土场、施工营地及其他临时场地；跨水桥梁墩台施工选择在枯水期，水中墩基础施工采用了钢围堰防护，桥墩钻孔泥浆运至岸边处理后循环利用，未直接排入河道。施工结束后，及时清理了水下临时构筑物，恢复了河道原状。由于本线为客运专线，不涉及危险废物运输，未在跨越水源保护区设置桥面封闭，施工期对保护区内水源井的水位和水质进行了实时监测。监测结果发现，未对水源井造成影响。施工期关闭了 3 号水源地保护区距离线位 34m、40m 的两口地下水井，后期根据试运营期监测结果决定是否启用水源井。隧道施工中无涌水，未对水源保护区产生影响。

③ 文物古迹

A. 1 号国家级文物保护单位

环评阶段：在里程为 CK879＋200 以埋深约 171m 的隧道方式穿过 1 号国家级文物保护单位保护区，2010 年 4 月 27 日，国家文物局发文同意报告方案通过文物保护区，实际阶段：实际线路向北偏移 300m，在 IDK881＋650 左右以隧道形式穿过保护区。

B. 2 号省级文物保护单位

环评阶段：以西隧道工程起讫里程为 CK750＋070～CK750＋410，通过长度约 340m，隧道埋深约 37～43m。遗址现地表为农田、果园及村庄。2010 年 8 月 25 日，省文物局发文同意线路穿越文物古迹，实际阶段：线路向南微调，实际线路在 IDK751＋400～IDK751＋700 处以隧道穿越古迹南部，穿越长度约为 300m，较环评减少 40m。

C. 3 号省级文物保护单位

环评阶段：线路以大桥工程通过穿越了文物保护单位北边缘，在保护范围内设置桥墩 6 个，动土面积约 520m²。沿线区域为马跑泉村，地面全部为当地居民住宅。2010 年 8 月 25 日，省文物局发文同意线路穿越文物古迹，实际阶段：线路与环评阶段一致，实际线路在 DK765＋000～DK765＋200 处以特大桥形式穿越古迹北部，在保护范围内设置桥墩 6 个，穿越长度约为 200m，与环评基本一致。

D. 4 号省级文物保护单位

环评阶段以隧道工程起讫里程为 CK772＋730～CK773＋330，隧道埋深约 10～16m。在已建立的文物区遗址区保护范围以南 25m 的地方经过，工程所在地临时占地约 0.37hm²。2010 年 8 月 25 日，省文物局发文同意线路穿越文物古迹，实际阶段：线路向南偏移 50m，与文物最近距离约 75m，实际线路在 DK774＋730～DK775＋330 处以隧道形式从古迹边缘（最近 75m）穿越。

环评批复要求及落实情况：工程实施前应由地方文物部门对沿线文物地段进行详细的考古勘探，对有可能埋藏文物的地段进行科学考古发掘，并对出土文物进行科学保护。在设计、施工过程中应按国家及地方文物保护相关法规落实各项文物保护措施；在施工中遇有疑似遗址或文物迹象应立即停工，并及时通知文物保护主管部门，必要时进行抢救性考古发掘。

实际施工中多次组织对沿线文物地段进行勘探调查，设计、施工过程中对环评中提出的 4 处重点文物按国家及地方文物保护相关法规落实各项文物保护措施，由于线路高边坡进行刷方，坡面设混凝土骨架护坡新增 1 处文物保护单位，建设单位及时通知了文物保护主管部门，进行了考古发掘，未对文物造成破坏。施工过程中，建设单位委托省文物考古研究所对施工范围所涉及的文物点进行考古调查、勘探和抢救性发掘工作，目前工作已结束。2016 年 3 月 9 日，省文物考古研究所向省文物局汇报了施工期间文物点进行考古调查、勘探和抢救性发掘工作开展情况。

2) 主体工程

① 桥涵工程

本段验收范围内正线桥梁总长度 94.457km/82 座，占线路总长度的 28.9%。枢纽桥梁长度 2.0279km/6 座，占线路长度的 17.9%。环水保静态验收组对跨越水桥梁桥台、岸坡防护措施及水中墩施工设置的围堰是否拆除或挤压河道进行了检查；对旱地桥梁桥台防护措施和墩台施工恢复措施进行了检查（图 9-1），检查情况如下：

A. 跨水桥梁都已按照桥涵设计要求充分考虑洪水影响，在设计、施工过程中根据地形设置涵管，确保农灌沟、渠原有功能；施工未对水利水保设施产生损害。

B. 跨水桥梁岸坡防护措施全部实施完毕，桥梁水中墩施工设置的围堰已经拆除。

C. 沿线旱桥桥下已经全部平整。

桥下平整　　　　　　　　　　　　桥下复垦

图 9-1　旱地桥梁桥台防护和墩台施工恢复现场施工图

② 路基防护工程

本段验收范围内正线路基长约 22.508km（含站场），路基长度占线路总长度的 6.95％。引入枢纽路基长约 2.749km（含站场），占线路总长度的 24.47％。路基工点类型主要有：路基边坡防护工点、深路堑工点、特殊地质路基工点、不良地质路基工点、浸水路堤、陡坡路堤。

环保静态验收组对本段验收范围内路基工程边坡防护情况进行了检查，路堤工程采用干砌片石、骨架护坡和种植灌木及草坪进行防护；坡脚设置排水防护设施；路堑采用混凝土骨架和种植灌木及草坪进行防护，坡脚设置挡墙及排水进行防护，路堑顶部设置排水天沟防护。本段验收范围内路基边坡防护工程已全部完成，种植灌木、草皮及乔木的工作已完成（图 9-2）。

图 9-2　路堤工程现场施工图

③ 隧道工程

本段验收范围内正线隧道 56 座共 207.583km，占线路总长的 64.15％。客专引入枢纽隧道共 1 座，总长 6.401km，占线路长度的 57.63%。隧道洞口边仰坡防护措施按"安全、可靠、绿化"的原则设计，对土质边仰坡采用骨架护坡、喷播植草，对岩质边坡采用喷混植生。

环保静态验收组对本段验收范围内所有的隧道进行了检查，隧道洞口及边坡防护、洞顶的排水沟工程均已完成（图 9-3）。

图 9-3　隧道洞口边仰坡防护现场图

④ 站场工程

本段静态验收范围共涉及 7 座车站，7 座车站站场已全部建设完成（图 9-4）。

图 9-4　站场工程现场图

3）临时工程

本段静态验收范围内临时工程占地面积 745.04hm²。其中，弃土（渣）场 101 处、制梁场 8 处、拌和站 64 处、施工营地/钢筋加工场 167 处，铺轨基地 1 处，制板场 4 处。

① 取土场

本段静态验收正线范围内水保方案设置取土场 1 处，取土量 $3.6 \times 10^4 m^3$，占地面积 1.2hm²，路基填筑按"移挖作填"的原则，利用隧道弃土经水泥土改良后用于路基填筑，实际正线未设置取土场，引入枢纽段未设置取土场。

② 弃土（渣）场

本工程全线水土保持方案中共设置弃土（渣）场一共 122 处，设计弃土（渣）量为 $5472.1 \times 10^4 m^3$；本段静态验收范围水保方案共设置弃土（渣）场一共 102 处，设计弃土（渣）量为 $4676.21 \times 10^4 m^3$，占地面积 726.46hm²，实际施工过程中合理调配土石方共设置弃土（渣）场一共 101 处，实际弃土（渣）量为 $3429.41 \times 10^4 m^3$（由于水保方案批复时线路设计时速为 350km/h，实际施工阶段按 250km/h，隧道断面发生变化，由此造成弃渣量减小），总占地面积 431.3hm²，其中 73 处已恢复并办理地方环保、水保行政主管部门验收手续，剩余 28 处正在恢复或正在办理移交手续。结合目前水保验收要求，建设单位根据《水利部水土保持设施验收技术评估工作要点》要求梳理了全线弃土（渣）场，全线共安排 51 处弃土（渣）场进行稳定性评估，目前已完成 7 处，剩余 44 处正在编制稳定性评估报告。在弃土弃渣的处置上，建设单位通过与地方政府的协调沟通，按照"四个结合"（将弃土（渣）的治理与国土的土地整理结合起来、与林业的植树造林结合起来、与地方建设结合起来、与水利防洪防汛结合起来）的原则，利用弃土弃渣填沟造地约 3126 亩、造林 634 亩、植草绿化 1274 亩，并利用约 180 万 m³ 弃土弃渣支持当地基础建设、堤坝加固、河道治理等（图 9-5）。

图 9-5　某弃土弃渣填沟造地现场图

③ 制梁场、铺轨基地和轨枕场

本段静态验收范围内设置铺轨基地 1 处，占地面积 6.18hm²，制梁场共 8 处，占地面积 65.61hm²，轨枕场 4 处，占地面积 6.2hm²，其中 1 处铺轨基地计划建为物流基地，目前设备正在拆除；1 处制梁场设备已拆除，地方站前广场规划利用；1 处制梁场已恢复并移交；剩余 6 处制梁场设备已拆除或正在恢复。2 处轨枕场租用地方建设用地已退租；1处轨枕场已恢复并移交；剩余 1 处轨枕场设备已拆除正在恢复。另外枢纽代建 1 处制梁场，场地已清理，属于铁路永久用地。

④ 拌合站

本段静态验收范围内涉及拌合站共计 64 处，其中正线拌合站 60 处，新建铁路枢纽代建 4 处，占地面积 109.67hm²。其中 7 处拌合站原占地类型为建设用地，设备已拆除移交原产权人；4 处拌合站地方计划综合利用，目前正在办理相关移交手续；39 处拌合站正在恢复办理相关手续；14 处拌合站已复垦恢复并办理相关移交手续（图 9-6）。

⑤ 施工营地、钢筋加工场等

图 9-6　某拌合站恢复施工图

本段静态验收范围内涉施工营地、钢筋加工场等 167 处，其中正线设置施工营地 160 处，枢纽代建 7 处，占地面积 126.08hm²；其中 1 处永临结合，已建为铁路 AT 所；11 处由于联调联试需要仍在使用；8 处租用地方民房或建设用地已按协议拆除设备并移交地方；8 处移交地方政府综合利用，正在办理相关移交手续；96 处构筑物已拆除，复耕或恢复原地貌；43 处正在恢复。

⑥ 施工便道

本段静态验收范围正线新建便道 218.5km，改建便道 87.08km；枢纽新建便道 7km，改建便道 12km。目前已恢复 54.1km，剩余施工便道正在使用中，待使用完后恢复或综合利用。

4）小结

本段静态验收环水保静态验收组现场检查生态环境保护措施落实情况如下：

① 生态敏感目标

本次静态验收范围涉及 1 处国家级森林公园生态敏感目标，3 处水源保护区，战国秦长城遗址国家级文物保护单位、5 处省级文物保护单位。上述 9 处敏感目标均已按照环评及批复要求落实了各项环保措施。

② 主体工程

跨水桥梁都已按照桥涵设计要求充分考虑洪水影响，在设计、施工过程中根据地形设置涵管，确保农灌沟、渠原有功能；施工未对水利水保设施产生损害。

跨水桥梁岸坡防护措施全部实施完毕，桥梁水中墩施工设置的围堰已经拆除。

沿线旱桥桥下已经全部平整、绿化。

路堤工程采用干砌片石、骨架护坡和种植灌木及草坪进行防护；坡脚设置排水防护设施；路堑采用混凝土骨架和种植灌木及草坪进行防护，坡脚设置挡墙及排水进行防护，路堑顶部设置排水天沟防护。

隧道洞口及边坡防护，隧道洞顶的天沟、排水沟已经完成。

本段静态验收范围 7 座车站，站场已全部建设完成。

③ 大临工程

本段静态验收范围内临时工程占地面积 745.04hm²。其中，弃土（渣）场 101 处、制梁场 8 处、拌和站 64 处、施工营地/钢筋加工场 167 处，铺轨基地 1 处，制板场 4 处。

A. 取土场

本段静态验收正线范围内水保方案设置取土场 1 处，取土量 3.6×10^4 m³，占地面积 1.2hm²，路基填筑按"移挖作填"的原则，利用隧道弃土经水泥土改良后用于路基填筑，实际正线未设置取土场，引入枢纽段未设置取土场。

B. 弃土（渣）场

本工程全线水土保持方案中共设置弃土（渣）场一共 122 处，设计弃土（渣）量为 5472.1×10^4 m³；本段静态验收范围水保方案共设置弃土（渣）场一共 102 处，设计弃土（渣）量为 4676.21×10^4 m³，占地面积 726.46hm²，实际施工过程中合理调配土石方共设置弃土（渣）场一共 101 处，实际弃土（渣）量为 3429.41×10^4 m³（由于水保方案批复时线路设计时速为 350km/h，实际施工阶段按 250km/h，隧道断面发生变化，由此造成弃渣量减小），总占地面积 431.3hm²，其中 73 处已恢复并办理地方环保、水保行政主管部门验收手续，剩余 28 处正在恢复或正在办理移交手续。结合目前水保验收要求，建设单位根据《水利部水土保持设施验收技术评估工作要点》要求梳理了全线弃土（渣）场，全线共安排 51 处弃土（渣）场进行稳定性评估，目前已完成 7 处，剩余 44 处正在编制稳定性评估报告。在弃土弃渣的处置上，建设单位通过与地方政府的协调沟通，按照"四个结合"（将弃土（渣）的治理与国土的土地整理结合起来、与林业的植树造林结合起来、与地方建设结合起来、与水利防洪防汛结合起来）的原则，利用弃土弃渣填沟造地约 3126 亩、造林 634 亩、植草绿化 1274 亩，并利用约 180 万方弃土弃渣支持当地基础建设、堤坝加固、河道治理等。

C. 制梁场和铺轨基地

本段静态验收范围内设置铺轨基地 1 处，占地面积 6.18hm²，制梁场共 8 处，占地面积 65.61hm²，轨枕场 4 处，占地面积 6.2hm²，其中 1 处铺轨基地计划建为物流基地，目前设备正在拆除；1 处制梁场设备已拆除，地方站前广场规划利用；1 处制梁场已恢复并移交；剩余 6 处制梁场设备已拆除或正在恢复。2 处轨枕场租用地方建设用地已退租；1 处轨枕场已恢复并移交；剩余 1 处轨枕场设备已拆除正在恢复。另外枢纽代建 1 处制梁场，场地已清理，属于铁路永久用地。

D. 拌合站

本段静态验收范围内涉及拌合站共计 64 处，其中正线拌合站 60 处，枢纽代建 4 处，占地面积 109.67hm²。其中 7 处拌合站原占地类型为建设用地，设备已拆除移交原产权人；4 处拌合站地方计划综合利用，目前正在办理相关移交手续；39 处拌合站正在恢复办理相关手续；14 处拌合站已复垦恢复并办理相关移交手续。

E. 施工营地

本段静态验收范围内涉施工营地、钢筋加工场等 167 处，其中正线设置施工营地 160 处，枢纽代建 7 处，占地面积 126.08hm²；其中 1 处永临结合，已建为铁路 AT 所；11 处由于联调联试需要仍在使用；8 处租用地方民房或建设用地已按协议拆除设备并移交地方；8 处移交地方政府综合利用，正在办理相关移交手续；96 处构筑物已拆除，复耕或恢复原地貌；43 处正在恢复。

F. 施工便道

本段静态验收范围正线新建便道 218.5km，改建便道 87.08km；客专引入枢纽新建便道 7km，改建便道 12km。目前已恢复 54.1km，剩余施工便道正在使用中，待使用完后恢复或综合利用。

（3）声环境

1）声环境概况

本段验收范围内环评阶段共有 92 处声环境保护目标，其中学校 7 处、医院 1 处，集中居民住宅 84 处。由于线路变更，噪声敏感点取消 3 处，保留 89 处，新增 6 处，实际噪声敏感点 95 处噪声敏感点。本工程实际线位走向与环评阶段基本相同，局部线位发生变化。

2）噪声污染防治措施

环评中要求对 92 处噪声敏感点针对项目建成后列车运行对沿线声敏感点的影响，环境影响报告书按照监测及预测结果，区别不同情况，分别提出了搬迁、功能置换、声屏障、隔声窗等措施。经调查，建设单位已经按照环评报告书要求，结合实际情况针对各敏感点采取了相应的降噪措施。

① 声屏障

本段静态验收范围环评要求设置声屏障 64 处计 42890 延米，工程实际采取声屏障措施共 69 处计 44355.9 延米，较环评报告书增加 1465.9 延米，增幅达 3.42％。因线位变更、局部线位调整等原因引起敏感点取消，相应取消声屏障措施 3 处计 2150 延米；因距离变化（远离）有 3 处敏感点声屏障措施取消计 1750 延米。同时，因线位变更、敏感点情况变化等原因，对新增点位共 4 处采取声屏障措施计 1449.5 延米；对环评未提出声屏障措施点位 7 处新增敏感点采取声屏障计 3750 延米，其余环评提出声屏障措施的 58 处点位均已落实，经现场调查，实际声屏障建设根据敏感点具体情况进行了优化调整，包括 29 处长度增加，29 处长度缩短。实际声屏障措施符合相关技术规范要求，可以满足降噪要求。目前所有声屏障措施均已完成。

② 隔声窗

环评设置隔声窗 35 处共计 12300m²。实际施工图设置隔声窗 62 处 10170m²。实际隔声窗建设根据敏感点具体情况进行了优化调整，可以满足敏感点噪声防护要求。现阶段尚未实施，待试运营后，依据达标情况进行隔声窗设计安装。

③ 功能置换

本段验收范围内环评要求对全线 30m 内 56 处敏感点 195 户居民采取拆迁措施，另外对 30m 居民住宅楼采取功能置换措施 214 户，28600m²。实际目前剩余 30m 内已拆迁 33 处 93 户，剩余 23 处 102 户未落实 30m 拆迁，建设单位正在积极与地方政府沟通、协调，开展对沿线居民功能置换（见图 9-7）。

（4）环境振动

1）环境振动概况

本段验收范围内环评阶段共有 82 处振动环境保护目标，其中学校 5 处，集中居民住宅 77 处。由于线路变更，振动敏感点取消 3 处，保留 79 处，新增 6 处，实际噪声敏感点 85 处振动敏感点。本工程实际线位走向与环评阶段基本相同，局部线位发生变化。

2）环境振动污染防治措施

图 9-7　某施工现场功能置换图

环评要求建议地方各级政府和有关部门，通过合理的城市规划，不在新建新建铁路宝兰客专不同区段达标距离范围内新建居民住宅、学校、医院等敏感建筑物，并逐步减少既有及新建铁路两侧的居民住宅、学校、医院等敏感建筑物。

对沿线 3 处敏感点共计 5 户居民振动超标，其中结合噪声拆迁治理措施 30m 内拆迁均采取拆迁措施，投资计入噪声治理费用中。

实际已对 3 处振动超标敏感点、共计 5 户居民进行了拆迁；建设单位已致函沿线地方各级政府，请求合理规划，避免在沿线超标区域内新增噪声、振动敏感点。剩余敏感点根据试运营监测结果，如监测结果超标采取功能置换措施。

（5）水环境

本项目水污染源主要来自于沿线车站生活污水、动车组列车集便污水等。经调查，本项目共新建车站 7 座，各车站站房和污水处理设施均已建设完成。

环评阶段：1 号车站生活污水经化粪池处理后，采用厌氧滤罐处理后用于站区绿化；2 号站、3 号站生活污水经化粪池处理后，采用厌氧滤罐处理后就近排放或用于站区绿化；4 号站、5 号站、6 号站生活污水经化粪池处理后，采用 SBR 一体化污水处理设备处理后达到一级排放标准后就近排放至附近河道。

实际共新建车站 7 座，各车站站房和污水处理设施均已建设完成。1 号站、新增 7 号站生活污水经化粪池处理后，采用厌氧滤罐处理后用于站区绿化；2 号站、3 号站生活污水经化粪池处理后，采用厌氧滤池处理后就近排放或用于站区绿化；4 号南站、5 号站、6 号站生活污水经化粪池处理后，采用 SBR 一体化污水处理设备处理后达到一级排放标准后就近排放至附近河道（见图 9-8）。

（6）大气环境

本线为电气化高速铁路，采用电力牵引，属于清洁能源，运营车辆类型为电力驱动的

图 9-8　某动车段污水处理现场图

分布式动力列车，无任何废气排放。本项目大气污染源主要来自于沿线车站燃煤锅炉产生的废气，经调查，全线共新建车站 7 座，3 号站采用水煤浆锅炉，其余各站采用燃气或清洁能源，3 号站锅炉房及大气处理装置均已建设完成。环评阶段 3 号站、5 号站、6 号站设置燃煤锅炉，采用多管旋风除尘器处理后由烟囱排放，实际仅 3 号站设置 1 台 2.8MW 水煤浆热水锅炉，锅炉废气由水浴除尘器处理后排放，1 号站、7 号站采用二氧化碳热泵和空气源热泵；2 号站、6 号站接市政供热管网；4 号南站、5 号站采用 2.8MW 燃气锅炉。

2016 年 6 月 2 日，建设单位向环境保护局进行了车站锅炉增容备案，经设计补强烟气排放浓度符合《锅炉大气污染物排放标准》（GB 13271—2014）的要求，烟尘排放总量较环评减少 0.02t/a，SO_2 排放总量较环评增加 1.19t/a。结合全线其他车站均采用燃气或清洁能源，污染物排放总量较环评有所减小，下一步建设单位将结合竣工环保验收工作向环保主管部门办理排污许可证。

（7）电磁环境

本段验收范围内电磁环境影响主要是：工程完工后列车运行产生的电磁辐射对沿线居民收看电视的影响。牵引变电所产生的工频电磁场，GSM－R 基站产生的电磁辐射，也会引起附近居民对电磁影响的担忧。

环评中要求列车运行后，建议对敏感点中可能受影响电视用户预留补偿经费。根据测试结果，如确有影响，再实施补偿。

本段工程预留金额有线电视补偿费，待铁路建设完工并通车后进行测试，如确有影响，再实施补偿。

（8）固体废弃物

旅客列车垃圾和车站内的职工生活垃圾实行定点收集、储存，交由当地环卫部门统一处理。

（9）环保投诉

根据调查，项目在施工过程中，未接到相关环保投诉。

（10）环评批复意见执行情况

项目环境影响报告书于 2010 年 8 月编制完成，环境保护部于 2010 年 11 月 26 日发文对环评报告做出批复，该批复意见的执行情况见表 9-5。

环评报告书批复意见执行情况　　　　　　　　　　　　表 9-5

序号	批复意见	执行情况
1	进一步优化选线和工程设计，严格控制施工辅助设施的占地面积，减少工程占用耕地和林地的数量。占用基本农田与林业用地应按国家和地方有关规定依法履行占用手续。积极配合当地政府做好土地调整、征地补偿及拆迁安置工作	施工中优化了选线和工程设计，严格控制了施工辅助设施的占地面积，减少了工程占用耕地和林地的数量。占用基本农田与林业用地均已按国家和地方有关规定依法履行了占用手续，并会同当地政府做好土地调整、征地补偿及拆迁安置工作
2	认真做好水土保持和陆生生态保护工作。严格划定施工作业范围，避开敏感区域，加强临时占地生态恢复和复垦。做好土石方平衡，隧道、站场、桥梁工程产生的弃方尽量移挖作填，减少临时占地；临时工程优先考虑永临结合，尽量利用既有场地或站区范围内的永久征地和城市用地，施工便道尽量利用已有道路，减少新增占地。合理选择弃渣场，弃渣应尽量回填利用，其余弃渣尽量纳入沿线区域市政工程建设综合利用。做好渣场防护和截排水工程。结合区域环境特点和国土整治计划，做好施工迹地恢复和垦植措施，植被恢复应采用当地适生种，避免外来物种入侵	施工过程中严格划定了施工作业范围，避开了敏感区域，加强了临时占地生态恢复和复垦。加强了隧道、站场、桥梁工程土石方调配，移挖作填，特别站场填方，增加了利用方，减少了临时占地；在工程允许的情况下，新建站优先考虑了永临结合，兰州西站充分利用既有场地，减少新征用地。弃土、渣结合临近工程需要，尽量回用，多余部分选择合适地点设置弃渣场，并和当地部门鉴定了协议，并作弃渣场防护设计，采取复垦或植被恢复；结合区域环境特点和国土整治计划，做好了施工迹地恢复和垦植措施，植被恢复本土物种，未产生外来物种入侵
3	穿越森林公园等生态敏感路段应加强景观设计，桥梁、路基、隧洞口和相关防护工程均应做好绿色防护，与周边生态景观协调。工程施工前发现珍稀保护植物和古树名木，应进行绕避、挂牌保护或采取移栽措施。加强施工人员野生动物保护宣传培训教育，禁止猎杀野生保护动物，隧道弃渣应避开野生动物栖息地，森林公园内隧道洞口及桥隧连接处设置防护栅栏防止野生动物跌落和闯入	穿越森林公园等生态敏感路段做了景观设计、绿色防护，与周边生态景观协调。工程施工前对珍稀保护植物和古树名木进行了调查，未发现珍稀野生动物和名贵树种。施工过程中加强了对野生动植物的保护要求及宣传培训教育，隧道弃渣均避开了野生动物栖息地，森林公园内路基两侧、隧道洞口设置了防护栅栏，隧道洞口上方设置防护网，防止了野生动物闯入隧道洞
4	加强穿越饮用水源保护区和地表河流路段的环保工作。严禁在水源保护区内布设弃土场、施工营地和各类临时场地，并远离地表水体布设，污废水应收集处理，不得排入保护区和直接排入河流。应在枯水期进行桥梁墩台施工，桥梁水中墩基础施工采用钢围堰防护，桥墩钻孔泥浆应运至岸边处理，泥浆废水应尽量循环利用，严禁泥浆、钻渣排入河流。施工结束后，及时清理水下临时构筑物，恢复河道原状。桥梁设计应设置护轮轨装置，跨越水源保护区的桥面封闭，制定相应的风险应急预案和监测计划，施工期应对保护区内水源井的水位和水质进行实时监测。 施工期应关闭东部水源地保护区距离线位 34m、40m 的两口地下水井，并进行定期监测，运营期根据水质监测情况考虑恢复使用功能。水库饮用水水源保护区较近的隧道，应强化施工隧道涌水的处理	施工过程中加强了穿越饮用水源保护区和地表河流路段的环保工作。未在水源保护区内布设取弃土场、施工营地及其他临时场地；隧道都设计有隧道排水处理措施。跨水桥梁在枯水期进行桥梁墩台施工，桥梁水中墩基础施工采用了钢围堰防护，桥墩钻孔泥浆应运至岸边处理，泥浆废水循环利用未排入河流。施工结束后，及时清理了水下临时构筑物，恢复河道原状。客专桥梁有护轮设计，防止脱轨事故；由于本线为客运专线，不涉及危险废物运输，结合全路其他建设项目经验，未在跨越水源保护区设置桥面封闭，施工期对保护区内水源井的水位和水质进行了实时监测。 施工期关闭了东部水源地保护区距离线位 34m、40m 的两口地下水井，并进行了定期监测。附近隧道出口设计有隔油、沉淀及预留气浮处理措施

续表

序号	批复意见	执行情况
5	切实做好隧道施工过程中的水文地质勘察和环境保护设计工作，查清各隧道隧址区的水文地质情况，强化地质超前预报，采取预注浆等堵水措施，制定应急预案。对隧道附近居民取水井的水位和水质进行实时监测，预留补偿费用，及时解决因施工带来的居民生产、生活用水困难问题，并将监测结果和应急措施及时上报地方环境保护主管部门	设计过程中加强了水文地质勘察工作，隧道施工采取"注浆堵水"措施，减少了水资源流失，并对隧道附近居民用水预留了补偿费用，施工过程中未出现居民生产、生活用水困难，在后续运营过程根据实际情况实施。制定了监测计划及应急措施及时上报地方环境保护主管部门
6	妥善安排作业时间，合理布置施工场地，减少施工期噪声影响。高噪声作业应远离敏感区，避开夜间休息及学校教学时间，必须连续作业或者有特殊需要的，要向当地环保行政主管部门申报。选用低噪声作业机械，施工噪声影响大的作业点应设置临时围护等降噪措施。合理选择运输路线，落实物料覆盖、洒水抑尘和车辆清洗措施，减少运输对道路两侧居民的影响，新修筑的施工便道应尽量远离学校和村镇等敏感建筑物。	施工过程中合理安排了施工作业时间，合理布置施工场地，减少施工期噪声影响。高噪声作业应远离敏感区，避开夜间休息及学校教学时间，必须连续作业或者有特殊需要的，要向当地环保行政主管部门申报。合理选择了运输路线，落实了物料覆盖、洒水抑尘和车辆清洗等措施，减少了运输对道路两侧居民的影响，新修筑的施工便道远离了学校和村镇等敏感建筑物
7	严格落实运营期噪声和振动防治措施。工程线路应避让3个村庄的新农村住宅小区。结合工程征地和城乡规划，拆迁或功能置换新建线路外轨中心线30m内的63处居民；对72处敏感点设置声屏障；对39处敏感点安装隔声窗。结合噪声防治，落实振动影响敏感目标防治措施，对振动超标的5户居民进行拆迁 下阶段应结合各敏感点具体情况，进一步优化噪声防治措施。运营期应加强噪声和振动敏感点的跟踪监剥，发现敏感点超标时，及时采取补救措施。商请并配合有关部门合理规划沿线土地使用，线路两侧噪声和振动超标范围内，禁止新建学校、医院、疗养院及集中居民住宅区等敏感建筑	设计采用了环评推荐的方案，绕避了3个村庄的新农村住宅小区。本段验收范围内共设计30m内56处敏感点195户居民点拆迁或功能置换，已拆迁32处91户，剩余24处104户未落实30m拆迁。已对振动超标的3处敏感点共计5户居民进行了拆迁，运营期将加强噪声和振动敏感点的跟踪监剥，发现敏感点超标时，及时采取补救措施。建设单位已致函沿线地方各级政府，请求合理规划，避免在沿线超标区域内新增噪声、振动敏感点
8	落实污废水、生活垃圾处理措施。施工期的生产废水和生活污水应处理达到相应标准后排放，并尽量回用。运营期沿线站场应设置污水处理设施，污水经处理达标后排放。施工期和运营期的生活垃圾应统一收集，送当地环卫部门集中处理	落实了污废水、生活垃圾处理措施。施工期的生产废水和生活污水经简易处理达到相应标准后达标排放。运营期沿线站场设置了污水处理设施，污水经处理达标后排放。运营期设计了垃圾转运设施一处，其他站设垃圾收集筒，生活垃圾统一收集，送当地环卫部门集中处理
9	工程实施前应由地方文物部门对沿线文物地段进行详细的考古勘探，对有可能埋藏文物的地段进行科学考古发掘，并对出土文物进行科学保护。在设计、施工过程中应按国家及地方文物保护相关法规落实各项文物保护措施；在施工中遇有疑似遗址或文物迹象应立即停工，并及时通知文物保护主管部门，必要时进行抢救性考古发掘	实际施工中多次组织对沿线文物地段进行勘探调查，设计、施工过程中对环评中提出的4处重点文物按国家及地方文物保护相关法规落实各项文物保护措施，由于线路高边坡进行刷方，坡面设混凝土骨架护坡新增1处文物保护单位，建设单位及时通知了文物保护主管部门，进行了考古发掘，未对文物造成破坏

序号	批复意见	执行情况
10	牵引变电所和 GSM—R 基站选址应远离电磁环境敏感区域，对工程运营后信噪比小于 35 分贝的电视收看用户予以补偿	设计中牵引变电所和 GSM—R 基站选址均远离了住宅、学校、医院等敏感目标；对沿线部分地段居民收看电视可能受到影响，预留了补偿费用，待铁路工程完工并在联合调试期内进行测试，如有影响，再实施补偿
11	在工程施工和运营过程中，加强与沿线公众的沟通，及时解决公众提出的环境问题，满足公众合理的环境诉求	在工程勘察、设计过程中，及时地与沿线公众进行了沟通，解答了公众提出的问题，对合理的环境诉求也反映在设计中

7. 存在的问题及整改方案

现场静态验收检查发现 B 类问题 169 个，提出了问题和整改建议，各施工单位及时对现场检查发现的问题进行整改，最终将类似问题合并归纳，仍有 3 个问题正在整改。

（1）本段验收范围内临时工程尚有 28 处弃土（渣）场、6 处制梁场、1 处轨枕场、39 处拌和站、43 处施工营地/钢筋加工厂正在恢复。

组织相关单位完成剩余临时工程的恢复工作，并办理相关移交手续，计划 2017 年 6 月底前完成。

（2）外轨中心线 30m 内 23 处 102 户居民区进行功能置换尚未实施。

建设单位正在积极与地方政府沟通、协调，开展沿线居民功能置换工作。

（3）本段验收范围内隔声窗措施尚未实施。

隔声窗措施待试运营后根据监测结果实施。

8. 验收结论

根据原铁道部《关于发布高速铁路竣工验收办法的通知》（铁建设〔2012〕107 号）、《高速铁路环境保护、水土保持设施竣工验收工作实施细则》（铁计〔2012〕264 号）要求，本工程环境影响报告书及环评批复意见、水土保持方案及批复意见和设计文件中涉及的环保水保措施已基本得到落实，防护效果比较明显。本工程建设执行了环境影响评价制度和环水保设施与主体工程同时设计、同时施工、同时建成投产使用的"三同时"制度，工程具备动态验收条件。

9.7.2 某客运专线环境保护与水土保持工程动态验收报告

1. 概述

（1）项目概况

新建某铁路客运专线工程自石家庄站石青场引出，途经河北至山东。沿途设 10 座车站，设 6 座线路所。

（2）本次验收范围概况

新建某铁路动态验收范围包括：DK351＋389（K229＋241，局管界）～DK401＋789（K279＋638，正线 50.4km）；联络线上行改右 XLDK399＋824（K0＋000）～改右 XLDK418＋608（K19＋376），下行改 XLDK399＋614（K0＋000）～改 XLDK418＋084（K18＋555），立折线 K0＋000～K2＋354；客专引入相关改造工程。以上线路范围内的环境保护与水土保持工程。

主要工程内容：正线路基长约 5km（含站场），路基长度占线路总长度的 10％。正线桥梁总长度 45.4km/4 座，占线路总长度的 90％。联络线路基长约 15.6km，路基长度占线路总长度的 41.2％。联络线桥梁总长度 22.3km/7 座（折算为单线长度），占线路总长度的 58.8％。共设 3 座车站，新建维修工区 3 座，共设牵引变电所 1 座。

（3）建设概况

2009 年国家发展改革委批复项目建议书。

2010 年中华人民共和国环境保护部批复项目环境影响报告书，中华人民共和国水利部批复项目水土保持方案。

2010 年国家发展改革委批复项目可行性研究报告。

2012 年铁道部批复项目初步设计。

2014 年 2 月中华人民共和国环境保护部批复项目变更环境影响报告书。项目开工日期为 2014 年 4 月 15 日。

截至目前，项目主体及配套、辅助工程按设计基本建成，客服设施、综合维修工区房屋、站房装修、防灾救援及消防设施等工程正在建设中。

2. 工程概况

（1）环境保护、水土保持工程概况

本段动态验收范围内的环境保护、水土保持设施主要包括生态防护与水土保持工程、噪声防治措施、振动防治措施、电磁防护措施、水污染治理措施、大气污染防治措施、固体废弃物处理处置措施等。

1）生态防护与水土保持工程

本段验收不涉及生态敏感目标。

路基、桥梁等主体工程的生态防护与水土保持工程已基本完成。

本段动态验收范围内临时工程占地面积 88.9hm²。其中，取土场 2 处，弃土场 6 处、制梁场 1 处、拌和站 5 处、钢筋加工场 6 处。

2）噪声防治措施

本段验收范围内环评阶段共有 45 处声环境保护目标，其中学校 2 处，集中居民住宅 43 处。实际噪声敏感点 44 处，其中学校 2 处，集中居民住宅 42 处。

3）振动防治措施

本段验收范围内环评阶段共有 29 处振动环境保护目标，集中居民住宅 29 处。实际振动敏感点 29 处。

4）水污染治理措施

本段验收范围内环评阶段新建车站 3 座，采用人工湿地等污水处理工艺，不设外排口。实际新建车站 3 座，污染源情况与环评一致。

5）大气污染防治措施

本段验收范围内无新增大气污染源。

6）固体废弃物处理处置措施

旅客列车垃圾和车站内的职工生活垃圾实行定点收集、储存，交由地方环卫部门统一处理。

7）电磁防护

环评要求牵引变电所选址远离居民区、学校等敏感点的距离应在 50m 以上，对受影响的居民按每户 500 元预留纳入有线电视网的资金。本段验收范围内新建的 1 座 220KV 牵引变电所 50m 范围内无居民区、学校等敏感点。

3. 工程变更

按照环境保护部办公厅文件《关于印发环评管理中部分行业建设项目重大变动清单的通知》（环办〔2015〕52 号），设计单位对全线工程变更与项目批复的环评及变更环评报告进行对照核查，根据梳理结果，本项目不构成重大变更，不需要上报变更环评。具体对比情况见表 9-6。

根据《水利部生产建设项目水土保持方案变更管理规定（试行）》（办水保〔2016〕65 号）第三条、第四条、第五条规定，设计单位对全线工程变更与项目水保方案进行对照核查见表 9-7，梳理结果为，本工程弃渣场数量发生变化，属于重大变更，其他项目不构成重大变更，鉴于本项目水保方案批复于 2010 年完成，建议变化的弃渣场做好选址合理性评估，取得地方水行政主管部门同意后，纳入水保验收。

某客运专线全线工程建设方案变化情况梳理表　　　　表 9-6

		项目	环评及变更环评阶段	实际施工情况	变化情况对照
性质	1	客货共线改客运专线或货运专线 客运专线或货运专线改客货共线	客运专线	客运专线	无变化
规模	2	正线数目	双线	双线	无变化
	3	车站数量及性质	全线共设 10 个车站	全线共设 10 个车站无变化	无变化
	4	正线或单双线长度变化情况	新建正线长度 315.82km	新建正线长度 310.208km	不构成重大变更
	5	路基改桥梁或桥梁改路基长度变化情况	桥梁长度 263.60km，占新建线路总长的 83.5%	正线桥梁长度 270.90km，占新建线路总长的 85.8%	不构成重大变更
地点	6	线路横向位移超出 200 米的长度	—	—	无变化
	7	工程线路、车站变化导致敏感区变化情况	生态敏感区	南运河、黄河二级水源保护区、引黄输水渠道一、二级水源保护区	南运河、黄河二级水源保护区、引黄输水渠道一、二级水源保护区	无变化
			城市规划区和建成区	—	—	
	8	城市建成区内车站选址变化情况		—	—	无变化
	9	新增声环境敏感点数量变化情况	200m 范围 176 处，其中学校 8 处、医院 1 处、一般居民住宅 167 处	200m 范围 176 处，其中学校 8 处、医院 1 处、一般居民住宅 167 处	无变化

续表

	项目		环评及变更环评阶段	实际施工情况	变化情况对照
生产工艺	10	轨道变化涉及环境敏感点数量变化情况	除一处 177.7m 铺设无砟轨道外，全线正线采用有砟轨道	（1）正线上跨京沪高铁特大桥与京沪高速铁路交叉处 177.7m 铺设无砟轨道。（2）下行联络线 145.6m 桥梁铺设无砟轨道。除以上两处外，全线正线采用有砟轨道	不构成重大变化
	11	速度、列车对数、牵引质量及车辆轴重变化情况 — 列车运行速度	250km/h	250km/h	无变化
		列车对数	近期 78～90 对、远期 118～168 对	近期 78～90 对、远期 118～168 对	无变化
		车辆轴重	—	—	无变化
	12	城市建成区车站类型变化情况	—	—	无变化
	13	项目在生态敏感区内的线位走向及长度变化情况	项目经过国家级文物——南运河、黄河饮用水源二级保护区、南水北调东线环境敏感区	项目经过国家级文物——南运河、黄河饮用水源二级保护区、南水北调东线工程环境敏感区	无变化
环境保护措施	14	取消具有野生动物迁徙通道功能和水源涵养功能的桥梁	—	—	无变化
	15	水环境	（1）客专各生活供水站经无动力生物滤槽＋人工湿地处理后达到《城镇污水处理厂污染物排放标准》（GB 18918—2002）一级 A 标准后，用于房屋周围绿化、附近的边坡绿化，根据季节的变化，剩余水由车站管理单位负责运至附近的市政管网，进入污水处理厂进一步处理，不设排污口。（2）各生活供水点经无动力生物滤槽＋污水贮存池处理。（3）既有站采用无动力生物滤槽＋人工湿地处理，既有工业站新增污水中粪便污水经化粪池处理后排入既有排水系统，最终纳入市政排水管网	（1）4 个车站污水经化粪池、捕油池处理，排入市政污水管网。（2）4 个车站污水经化粪池、捕油池处理。目前，上述各站市政管网已有规划，但短期内无法全部配套完善，因此车站建成初期，污水经处理后排入储存池，利用移动吸污车定期运至市政指定地点排放，待市政管网实施完成后，排入市政排水系统。（3）1 处车站污水经化粪池、格栅井、表曝池、人工湿地处理后，排入储存池，利用移动吸污车定期运至市政指定地点排放。（4）2 处既有站新增污水经化粪池处理后纳入市政排水管网	不构成重大变化

续表

	项目	环评及变更环评阶段	实际施工情况	变化情况对照
环境保护措施	16　大气环境	（1）1 处车站采用燃气锅炉、1 处车站采用市政热网和电制冷机组。（2）其他车站采用地源热泵采暖	（1）2 处车站利用市政热网。（2）6 处车站采用地源热泵采暖。其他生产生活房屋均采用电制热	不构成重大变化
	17　声环境	（1）铁路外轨中心线 30m 内的住宅房屋等实施搬迁措施。（2）全线设置声屏障 68519 延米，设置隔声窗 30725m²	（1）铁路外轨中心线 30m 内的住宅房屋等实施搬迁措施。（2）全线设置声屏障 73716 延米，设置隔声窗 27610m²	不构成重大变化
	18　电磁环境	（1）7 座 220kV 牵引变电所选址、48 个通讯基站选址均远离电磁环境敏感区域。（2）对采用天线收看且接收信噪比受本工程影响的电视用户进行有线电视接入补偿	（1）6 座 220kV 牵引变电所选址、48 个通讯基站选址均远离电磁环境敏感区域。（2）对采用天线收看且接收信噪比受本工程影响的电视用户进行有线电视接入补偿	不构成重大变化
	19　固体废物	定期交环卫部门集中处理	定期交环卫部门集中处理	无变化

某客专全线水保方案变化情况梳理表　　　　表 9-7

序号	类别	内容	水保方案阶段	实际施工阶段	变化情况	是否构成重大变更	备注
1	项目地点、规模	（1）涉及国家级和省级水土流失重点预防区或者重点治理区	项目区不属于国家水土流失重点防治区。本项目线路所经过的山东省德州市属于山东省三区划分中的重点治理区（黄泛平原风沙区）	项目区不属于国家水土流失重点防治区。本项目线路所经过的山东省德州市属于山东省三区划分中的重点治理区（黄泛平原风沙区）	无变化	否	
		（2）水土流失防治责任范围增加 30% 以上的	本项目水土流失防治责任范围为 2823.86hm²，其中项目建设区 1767.38hm²，直接影响区 1056.48hm²	本项目水土流失防治责任范围为 2772.25hm²，其中项目建设区 1735.08hm²，直接影响区 1037.17hm²	本项目水土流失防治责任范围为减少 51.61hm²	否	

序号	类别	内容	水保方案阶段	实际施工阶段	变化情况	是否构成重大变更	备注
1	项目地点、规模	（3）开挖填筑土石方总量增加30%以上的	本工程全线土石方总量为1571.25万m³，其中填方1107.42万m³，挖方463.83万立方米	本工程全线土石方总量为1651.17万m³，其中填方1070.52万立方米，挖方580.65万立方米	土石方总量增加79.92万立方米，增加5.08%	否	
		（4）线型工程山区、丘陵区部分横向位移超过300m的长度累计达到该部分线路长度的20%以上	—	—	不涉及	否	
		（5）施工道路或者伴行道路等长度增加20%以上的	全线共设施工便道366.40km	全线共设施工便道335.70km	施工便道减少30.70km	否	
		（6）桥梁改路堤或者隧道改路堑累计长度20公里以上的	正线桥梁总长263.34km，桥梁占线路总长的82.52%	正线桥梁长度270.90km，占新建线路总长的85.80%	路基改桥梁长度7.56km，占线路总长度的2.37%	否	
2	水土保持措施	（1）表土剥离量减少30.%以上的；	工程表土剥离量为295.23万立方米	工程施工表土剥离量为310.14万立方米	施工表土剥离量增加为14.91万立方米	否	
		（2）植物措施总面积减少30%以上的	本工程植物措施总面积303.11hm²	本工程植物措施总面积479.31hm²	植物措施总面积增加176.20hm²	否	
		（3）水土保持重要单位工程措施体系发生变化，可能导致水土保持功能显著降低或丧失的	本项目水土保持措施体系分为路基、站场、桥梁、取土场、弃土场、施工道路、临时设施等七个防治区，分别采取工程、植物、临时措施进行水土流失防治	本项目水土保持措施体系分为路基、站场、桥梁、取土场、弃土场、施工道路、临时设施等七个防治区，分别采取工程、植物、临时措施进行水土流失防治	无变化	否	
3	弃渣场	（1）新设弃渣场	设置7处弃土场，总占地面积38.8hm²	施工新设置24处弃土场，总占地面积50.63hm²	取消原设计7处，新增24处	—	纳入验收
		（2）提高弃渣场堆渣量达到20%以上	本工程全线弃土场的弃方量为104万立方米	本工程全线弃土场的弃方量为114.32万m³	增加弃方量10.32万m³	—	纳入验收

4. 动态验收组织机构、范围、方法程序及进度

（1）验收组织机构

根据原铁道部《高速铁路竣工验收办法》（铁建设〔2012〕107号），及《高速铁路环境保护水土保持设施竣工验收工作实施细则》（铁计〔2012〕264号）文件要求，铁路局集团有限公司、建设单位成立环境保护与水土保持专业验收组，负责该客运专线的动态验收工作，由铁路局集团有限公司计统处任组长单位。

（2）验收程序

验收程序分集中开会布置、工作梳理、现场自查和总结，形成书面自查报告，问题整改，组织现场复查，针对环境保护与水土保持自查存在的问题逐个验收，形成动态验收报告等几个阶段进行。

5. 动态验收内容

（1）静态验收存在的问题整改落实情况

1）静态验收专家评审问题整改情况

① 抓紧完成剩余的环保措施主体工程及大临工程生态环境恢复工作。整改情况：大临工程尚有4处钢筋加工厂正在恢复中。

② 补充土石方平衡情况说明，在此基础上说明弃土已全部综合利用。整改情况：已补充土石方平衡情况说明，弃土已全部综合利用。

③ 补充噪声敏感点2利用围墙作为声屏障相关说明，其设置位置和长度应大于正线声屏障缺口长度，其高度与环评要求不一致，后随声屏障设置长度与环评要求不一致，应进行预测并分析其合理性。整改情况：已补充利用围墙作为声屏障相关说明，经核实其设置位置和长度大于正线声屏障缺口长度，建设单位已安排施工单位对围墙高度进行整改，整改后高度、长度均已满足环评要求。后随声屏障设置长度与环评要求不一致，设计单位已进行噪声预测和分析，结论为现有降噪措施效果能够满足环评要求。

④ 鉴于3处车站污水处理工艺与环评不一致，应核实城市污水管网建设的时效性及临时污水转运措施的可行性，开通前应取得城市污水处理厂收纳协议。补充维修工区（车间）污水排放去向相关说明。整改情况：经核实，城市污水管网建设在开通后逐步建成，污水转运措施可行，建设单位正在与城市污水处理厂协商有关收纳事宜，确保开通前取得相关收纳协议。已补充维修工区（车间）污水排放去向相关说明。

⑤ 补充提供能够清晰反映声屏障与敏感点相对位置关系现场实际情况的最新卫片或航片等影像资料。整改情况：已补充提供能够清晰反映声屏障与敏感点相对位置关系现场实际情况的航拍影像资料。

⑥ 建设单位应密切关注沿线公众涉及环水保诉求，发现问题应及时妥善处理。整改情况：建设单位保持密切关注沿线公众涉及环水保诉求，发现问题将及时妥善处理。

2）静态验收遗留问题整改情况

① 本段验收范围内临时工程尚有1处梁场加工分区、1处拌合站、6处钢筋加工厂正在恢复中。整改情况：临时工程尚4处钢筋加工厂正在恢复中。

② 外轨中心线30m内3处3户居民区进行功能置换尚未实施。整改情况：外轨中心线30m内2处2户居民区进行功能置换尚未实施。

③ 本段验收范围内隔声窗措施尚未实施。整改情况：尚未实施。

④ 桥梁下部绿化未实施。整改情况：正在实施。

⑤ 车站污水处理措施未完成。整改情况：已完成。

（2）生态环境

1）生态敏感目标

本段验收范围内无生态敏感目标。

2）主体工程

本段验收范围内永久占地 282.66hm²。

① 桥涵工程

本段验收范围内正线桥梁总长度 45.4km/4 座，占线路总长度的 90%。联络线桥梁总长度 22.3km/7 座（折算为单线长度）（见图 9-9）。环境保护与水土保持动态验收组对跨越水桥梁桥台、岸坡防护措施及水中墩施工设置的围堰是否拆除或挤压河道进行了检查；对旱地桥梁桥台防护措施和墩台施工恢复措施进行了检查，检查情况如下：

A. 跨水桥梁都已按照桥涵设计要求充分考虑洪水影响，在设计、施工过程中根据地形设置涵管，确保农灌沟、渠原有功能；施工未对水利水保设施产生损害。

B. 跨水桥梁岸坡防护措施全部实施完毕，桥梁水中墩施工设置的围堰已经拆除。

C. 沿线旱桥桥下已经全部平整。桥下绿化正在实施中。

图 9-9　某旱地桥梁工程

② 路基防护工程

本段验收范围内正线路基长约 5km（含站场），路基长度占线路总长度的 10%。联络线路基长约 15.6km（折算为单线长度）。路基工点类型主要有：路基边坡防护工点、松软土路基。

环保动态验收组对本段验收范围内路基工程边坡防护情况进行了检查，路堤工程采用干砌片石、骨架护坡和种植灌木及草坪进行防护；坡脚设置排水防护设施。本段验收范围内路基边坡防护工程已全部完成，种植灌木、草皮及乔木的工作已完成。

③ 站场工程

本段动态验收范围共涉及 3 座车站，设置维修工区 3 座。各新建车站主体工程基本完成。

3）临时工程

本段动态验收范围内临时工程占地面积 88.9hm²。其中，取土场 2 处，弃土场 6 处、制梁场 1 处、拌和站 6 处、钢筋加工场 3 处。

① 取土场

本段动态验收范围内变更环评及水土保持方案设有取土场 2 处，占地面积 38.3hm²，取土量 $114.9×10^4 m^3$。

本段动态验收范围内路基验收阶段共有取土场 2 处，取土量 $30×10^4 m^3$，占地面积 16hm²，取土后均已恢复原地貌。另外，本段动态验收范围内外购商业土方 $70.87×10^4 m^3$，与有合法运营资质单位签订购土协议，复垦责任由售土方承担（见图 9-10）。

图 9-10　某取土场

② 弃土（渣）场

本段动态验收范围内环评阶段设置弃土场 1 处，弃土量 19.4 万 m³，占地面积 6.47hm²。

本段动态验收范围内土石方总量为 343.26 万 m³，其中填方 209.74 万 m³，挖方 133.52 万 m³。移挖作填 108.87 万 m³，产生弃土 24.65 万 m³。

本段动态验收范围内共有弃土场 6 处，环评阶段提出的 1 处弃土场因地方政府不同意征用土地，实际已取消，另外新增 6 处，占地面积 13.3hm²，原地形均为洼地，填平后根据需求进行复垦或综合利用。不存在安全隐患，选址合理，且均已取得所在地水行政主管部门批准（见图 9-11）。

③ 制梁场及铺轨基地

本段动态验收范围内设置制梁场 1 处，铺轨基地不在本次验收范围内，占地面积

图 9-11　某弃土场

13hm²，制梁场已复垦。

④ 拌合站

本段动态验收范围内涉及拌合站共计 5 处，占地类型均为建设用地，设备已拆除移交原产权人。

⑤ 钢筋加工场

本段动态验收范围内涉钢筋加工场等 6 处占地面积 4.5hm²，2 处已复垦并移交，4 处正在复垦。静态验收阶段提到的 1 处八标一分部钢筋加工厂，因工程需要继续使用，其复垦问题将纳入其对应的主体工程的验收范围内解决。

⑥ 施工便道

本段动态验收范围正线新建便道 42.1hm²。其中枢纽部分 2.6hm²移交地方继续利用，剩余 39.5hm²施工便道已全部复垦并移交地方。

⑦ 施工营地

本段动态验收范围内新建施工营地 6 处，均位于拌合站或制梁场内。

4）小结

本段动态验收环境保护与水土保持动态验收组现场检查生态环境保护措施落实情况如下：

① 生态敏感目标

无

② 主体工程

跨水桥梁都已按照桥涵设计要求充分考虑洪水影响，在设计、施工过程中根据地形设置涵管，确保农灌沟、渠原有功能；施工未对水利水保设施产生损害。

跨水桥梁岸坡防护措施全部实施完毕，桥梁水中墩施工设置的围堰已经拆除。

沿线旱桥桥下已经全部平整。桥下绿化正在实施中。

路堤工程采用干砌片石、骨架护坡和种植灌木及草坪进行防护；坡脚设置排水防护设施。

本段动态验收范围 3 座车站，维修工区 3 座，主体工程基本完成，生态防护措施正在实施。

③ 大临工程

本段动态验收范围内临时工程占地面积 88.9hm²。其中，取土场 2 处，弃土场 6 处、制梁场 1 处、拌和站 5 处、钢筋加工场 6 处。

A. 取土场

本段动态验收范围内环评阶段共有取土场 2 处，占地面积 38.3hm²，取土量 114.9×10⁴m³。

本段动态验收范围内路基验收阶段共有取土场 2 处，取土量 30×10⁴m³，占地面积 16hm²，取土后均已恢复原地貌。

另外，本段动态验收范围内外购商业土方 70.87×10⁴m³，与有合法运营资质单位签订购土协议，复垦责任由售土方承担。

B. 弃土场

本段动态验收范围内环评阶段设置弃土场 1 处，弃土量 19.4 万 m³，占地面积 6.47hm²。

本段动态验收范围内共有弃土场 6 处，环评阶段提出的 1 处弃土场因地方政府不同意征用土地，实际已取消，另外新增 6 处，占地面积 13.3hm²，原地形均为洼地，填平后根据需求进行复垦或综合利用。不存在安全隐患，选址合理，且均已取得所在地水行政主管部门批准。

C. 制梁场及铺轨基地

本段动态验收范围内设置制梁场 1 处，占地面积 13hm²，已复垦。铺轨基地不在本次验收范围内。

D. 拌合站

本段动态验收范围内涉及拌合站共计 5 处，占地类型均为建设用地，设备已拆除移交原产权人。

E. 钢筋加工场

本段动态验收范围内涉钢筋加工场等 6 处占地面积 4.5hm²，2 处已复垦并移交，4 处正在复垦。

F. 施工便道

本段动态验收范围正线新建便道 42.1hm²。其中枢纽部分 2.6hm² 移交地方，剩余 39.5hm² 施工便道已全部复垦并移交地方。

G. 施工营地

本段动态验收范围内新建施工营地 6 处，均位于拌合站或制梁场内，占地及恢复情况与拌合站及制梁场一致。

（3）声环境

1）声环境概况

本段验收范围内环评阶段共有 45 处声环境保护目标，其中学校 2 处，一般居民住宅 43 处。因拆迁取消 1 处声环境保护目标，实际共 44 处声环境保护目标，其中学校 2 处，一般居民住宅 42 处。本工程实际线位走向与变更环评阶段一致。

2）噪声污染防治措施

变更环评中，根据噪声预测结果，对 45 处噪声敏感点中的 43 处噪声预测超标的敏感点，分别提出了搬迁、功能置换、声屏障、隔声窗等措施。经调查，建设单位已经按照环评报告书要求，结合实际情况针对各敏感点采取了相应的降噪措施。

某客专降噪措施落实情况汇总　　　　　　　　　　　　　　表 9-8

序号	措施类别	环评报告要求	实际措施落实情况			
		点位（处）/数量	取消	新增	变更	合计
1	30m 功能置换	全线 30m 内 20 处敏感点 158 户居民采取拆迁措施	—	—	—	全线 30m 内 20 处敏感点 156 户居民采取拆迁措施
2	声屏障	26 处/13570m	—	环评点位 1/342.2m	长度增加点 21 处，长度减少 3 处	27 处/13955.2m

据表 9-8，本段工程实际采取的降噪措施统计如下：

① 声屏障

本段动态验收范围环评要求对 26 个噪声敏感点设置声屏障共计 13570 延米，工程实际对 27 个噪声敏感点采取声屏障措施共计 13955.2 延米，较环评报告书增加 385.2 延米。环评提出的 26 处声屏障措施均已落实，设置长度根据敏感点具体情况进行了优化调整，包括 21 处长度增加，2 处长度减少，1 处声屏障位置变化。对环评未提出声屏障措施点位 1 处敏感点采取声屏障计 342.2 延米。实际声屏障措施符合相关技术规范要求，可以满足降噪要求。目前所有声屏障措施均已完成。

噪声敏感点 1 声屏障较环评变化原因及降噪效果分析：

实际建设过程中，正线声屏障起始端 DK401＋850～DK401＋900 段 50 延米声屏障，因其设置位置影响到正线车辆运行限界未能实施建设，声屏障实际建设里程为 DK401＋900～DK402＋150，长度 250 延米。经核对，设置声屏障区域，长度已涵盖遮挡敏感点的居住房屋。

经过声学预测计算，声屏障能有效遮挡铁路噪声直线传播路径，起到降低铁路噪声影响的作用。预测在不改变目前降噪措施的条件下，达到设计近期车流量时，噪声敏感点的昼间声环境质量在 55～57dB（A），夜间声环境质量在 49～50dB（A），根据环评报告书中该处敏感点环境质量标准昼间 60dB（A）、夜间 50dB（A）的要求，现有措施能够满足环评要求。

噪声敏感点 2 声屏障较环评变化原因及整改情况：

本工程设计在正线 DK400＋920～DK401＋350 左侧设置 3m 高声屏障，长度 430 延米；在实际建设中，正线声屏障 DK401＋180～DK401＋230 段 50 延米声屏障，因其设置位置影响到维修工区走行线车辆运行限界未能实施建设，设计变更后改为利用维修工区走行线外侧设置围墙进行降噪，在静态验收阶段维修工区走行线外侧设置围墙高度为 2m，长度 50m。根据静态验收专家意见，即要求该段围墙长度及高度不得少于原设计正线声屏障的长度和高度，建设单位组织实施整改。截至本验收报告编制完成时，围墙高度已达到 3m，长度达到 54m，满足静态验收专家意见要求。

② 隔声窗

环评设置隔声窗 33 处共计 7205m²。实际未实施。

③ 功能置换

本段验收范围内环评要求对全线 30m 内 20 处敏感点 158 户居民采取拆迁措施。实际已对全线 30m 内 20 处敏感点 156 户居民采取拆迁措施；剩余 2 处 2 户未落实 30m 拆迁，建设单位正在积极与地方政府沟通、协调，推进落实剩余居民住宅的功能置换。

（4）环境振动

1）环境振动概况

本段验收范围内环评阶段共有 29 处振动环境保护目标，均为居民住宅。实际共有 29 处振动敏感点。本工程实际线位走向与环评阶段一致。

2）环境振动污染防治措施

环评要求对 3 处振动预测超标的敏感点实施功能置换，范围至线路两侧距离外轨中心线 32m。

实际已结合噪声功能置换措施对 3 处振动超标敏感点共计 3 户居民进行了拆迁；建设单位已致函沿线地方各级政府，请求合理规划，避免在沿线超标区域内新增噪声、振动敏感点。剩余敏感点根据试运营监测结果，如监测结果超标采取功能置换措施。

（5）水环境

本项目水污染源主要来自于沿线车站生活污水、动车组列车集便污水等。经调查，本项目共新建车站 3 座。

环评阶段：1 号、2 号、3 号车站生活污水采用化粪池＋无动力生物净化槽＋曝气氧化塘＋人工潜流湿地处理，不设排污口，执行《城镇污水处理厂污染物排放标准》（GB 18918—2002）一级 A 标准。

实际共新建车站 3 座。设计中，1 号、2 号、3 号车站生活污水、污水经化粪池处理后，经市政管网排入末端污水处理厂，执行《污水综合排放标准》三级标准。实际因地方管网尚未接入车站，设计了临时措施，设置污水储存池，利用污水转运车定期清运至附近的污水处理厂。另外新建维修工区 3 处，污水经化粪池处理后排入各车站污水处理系统。各站污水处理措施已完成，市政排污协议正在办理中。

（6）大气环境

本线为电气化高速铁路，采用电力牵引，属于清洁能源，运营车辆类型为电力驱动的分布式动力列车，无任何废气排放。全线共新建车站 3 座，采暖设备均按照环评要求设置地源热泵。不增加大气污染物排放。

（7）电磁环境

本段验收范围内电磁环境影响主要是：工程完工后列车运行产生的电磁辐射对沿线居民收看电视的影响。牵引变电所产生的工频电磁场，GSM－R 基站产生的电磁辐射，也会引起附近居民对电磁影响的担忧。

环评中要求列车运行后，建议对敏感点中可能受影响电视用户预留补偿经费。根据测试结果，如确有影响，再实施补偿。

本段工程对环评预测可能受影响的 747 户电视用户预留有线电视补偿费 373500 元，待铁路建设完工并通车后进行测试，如确有影响，再实施补偿。

（8）固体废弃物

旅客列车垃圾和车站内的职工生活垃圾实行定点收集、储存，交由当地环卫部门统一处理。

（9）环保投诉

根据调查，项目在施工过程中，未接到相关环保投诉。

（10）变更环评批复意见执行情况

项目变更环境影响报告书于 2013 年 10 月编制完成，环境保护部于 2014 年 2 月 11 日对项目环评报告做出批复，见表 9-9。

变更环评报告书批复意见执行情况　　　　　　　　　　表 9-9

序号	批复意见（全线）	执行情况（本段验收范围内）
1	严格落实噪声和振动防治措施，对沿线距铁路外侧轨道中心线 30 米以外预测超标的声环境敏感点分别采取相应的隔声降噪措施，并按"以新带老"原则，同步治理既有铁路的噪声污染。对 110 处声环境敏感点路段设置总长 68519 延米声屏障，对 83 处敏感点安装 30725 平方米隔声窗。结合环境特点进一步优化声屏障的设置位置、有效高度、长度和两端起止点准确位置，加强声屏障设计和施工管理，运营期加强噪声、振动敏感目标的跟踪监测，根据实际监测结果，增补完善隔声降噪措施。对铁路两侧进行绿化美化，改善环境质量。配合沿线地方政府部门合理规划铁路两侧土地利用，严禁新建学校、医院、居民住宅等噪声敏感建筑	采取声屏障措施共 27 处计 13955.2 延米，已对全线 30m 内 20 处敏感点 156 户居民采取拆迁措施；剩余 2 处 2 户未落实 30m 拆迁，建设单位正在积极与地方政府沟通、协调，推进落实剩余居民住宅的功能置换。隔声窗未实施。建设单位已致函沿线地方各级政府，请求合理规划，避免在沿线超标区域内新增噪声、振动敏感点

序号	批复意见（全线）	执行情况（本段验收范围内）
2	加强水环境保护措施。工程以桥梁形式跨越济南—引黄济青段输水渠道一、二级水源保护区，不设水中墩。跨越黄河干流饮用水源二级保护区的黄河特大桥公路桥设置桥面径流收集系统，大桥两端设事故水池。施工营地和物料堆场远离水源保护区布置，施工废水、泥浆等严禁排入水体，避开刀鲚等鱼类产卵期施工。制定运营期环境风险事故应急预案，与地方应急体系形成联动，避免污染水源	本段验收范围不涉及水源保护区
3	做好电磁辐射影响防护。牵引变电所和GSM-R基站选址应远离居民区、学校、医院等敏感目标。预留专项资金，根据运营期实际监测结果，采取相关措施，解决列车运行电磁干扰影响沿线无线电视接收用户收看电视的问题	本段工程预留373500元有线电视补偿费，待铁路建设完工并通车后进行测试，如确有影响，再实施补偿。本段验收范围内新建1座220KV牵引变电所，影响范围内无敏感建筑物
4	加强施工期环境管理。对施工人员进行环境培训，严格控制施工范围，优化施工场地布置，高噪声施工机械应远离敏感区布设，并采取隔声措施。合理安排施工时间，夜间不得安排施工，必须连续作业的，应向有关主管部门报告并获得许可。加强施工期扬尘控制，城市区域施工必须采取作业场所围挡、物料堆场遮盖、施工区域洒水等措施。禁止施工现场搅拌砂浆和混凝土。施工渣土运输必须覆盖，选择居民较少的运输路线，运输车辆应定期清洗	施工过程中合理安排了施工作业时间，合理布置施工场地，减少施工期噪声影响。高噪声作业应远离敏感区，避开夜间休息及学校教学时间，必须连续作业或者有特殊需要的，要向当地环保行政主管部门申报。合理选择了运输路线，落实了物料覆盖、洒水除尘和车辆清洗等措施，减少了运输对道路两侧居民的影响，新修筑的施工便道远离了学校和村镇等敏感建筑物
5	沿线站场应优先就近接入集中供热、供暖热网，新建锅炉应采用清洁能源	平原东、禹城东、齐河站均采用地源热泵供暖
6	在工程施工和运营过程中，加强与沿线公众的沟通，及时解决公众提出的环境问题，满足公众合理的环境诉求	在工程勘察、设计过程中，及时地与沿线公众进行了沟通，解答了公众提出的问题，对合理的环境诉求也反映在设计中

6. 存在的问题及下一步工作

（1）存在的问题

1）本段验收范围内临时工程尚有4处钢筋加工厂正在恢复中。

2）外轨中心线30m内2处2户居民区进行功能置换尚未实施。

3）本段验收范围内隔声窗措施尚未实施。

4）桥梁下部绿化未完成。

5）车站污水排放协议未完成。

（2）下一步工作

1）安排各施工单位完成剩余临时工程的恢复工作，并办理相关移交手续，计划2017年12月底前完成。

2）建设单位应积极与地方政府沟通、协调，开展沿线居民功能置换工作。

3）待开通试运营三个月依据验收监测情况，落实隔声窗安装措施。

4）根据季节、气候条件尽快完成桥梁下部绿化。

5）加紧落实各站污水排放协议，开通运营前完成实施。

6）密切关注沿线公众的环保诉求，发现问题及时处理。

7）待项目开通后，及时组织验收监测，抓紧组织本项目的竣工环保验收。

7. 验收结论

根据原铁道部《关于发布高速铁路竣工验收办法的通知》（铁建设〔2012〕107 号）、《高速铁路环境保护、水土保持设施竣工验收工作实施细则》（铁计〔2012〕264 号）要求，环水保动态验收组组织对项目（K229＋241－K279＋638 段）环水保工程进行了验收，认为该工程在设计、施工阶段已经采取了行之有效的生态保护和污染防治措施，环水保报告书及批复中提出的要求基本得到落实，防护效果比较明显。静态验收检查及专家评审提出的问题整改基本完成，环水保工程动态验收合格，可按程序开展下一步工作。

第 10 章　低碳绿色轨道交通与可持续发展

10.1　基本理论及关系

10.1.1　基本理论

1. 低碳发展

2003 年，英国提出"低碳经济"的概念，低碳经济追求的是能源的高效利用、清洁能源的开发以及绿色 GDP 的实现问题，解决的是生存发展与生态环境之间的矛盾，其核心是人类生存发展观念的根本性转变，是能源技术和减排技术的创新，是产业结构和制度的创新，是当代社会经济发展模式的革命性转型。随之，提出了低碳发展的概念。低碳发展是指一种以低能耗、低污染、低排放为特征的可持续发展模式，是"低碳"与"发展"的有机结合，通过降低二氧化碳的排放量，发展新的经济发展模式，在减碳的同时提高整体效益或竞争力，促进社会经济的可持续发展。

2. 绿色发展

20 世纪 80 年代末，英国人皮尔斯首次在《绿色经济蓝皮书》中提到绿色发展的概念。2002 年，联合国计划开发署也在《2002 年中国人类发展报告：绿色发展，必选之路》中提及了绿色发展的概念，绿色发展得到了全世界的关注，我国于 2011 年提出了绿色发展的思想，并将其确立为"十二五"规划中的主题发展思想。

当前，对绿色发展的研究虽多，但并没有统一明确的定义。主要包括三个方面的理论，一是绿色发展主要强调的是经济发展和环境保护的统一与协调，二是绿色发展指的是以环境友好的方式推动发展，其主要侧重于生态保护方面的内涵；三是绿色发展的理论前提是经济系统、自然系统和社会系统的共生性，由此决定了系统间复杂的交互作用，既有正向的交互机制也有负向的交互机制。综上所述，绿色是发展应遵循的轨道，发展是有效实现绿色的基础和保障。绿色发展主要是指保护环境和节约资源下的经济发展，实现经济活动的"绿色化"，以及经济、社会和环境的和谐发展。

3. 可持续发展

1987 年，联合国首次提出可持续发展的概念，并将其定义为"既满足当代人的需要，又不对后代人满足其需要的能力构成危害的发展"。中国科学院可持续发展战略研究组组长牛文元认为，可持续发展特别强调"整体的"、"内生的"和"综合的"内涵认知。陈晓春教授则指出可持续发展强调"公平与正义"、"均衡"和"代际平衡"。纵观各类观点，可持续发展政策依据的标准主要包括了"人口、资源、环境、发展"四个方面。可持续发展是基于人口、资源、环境与经济的协调发展，是倡导公平基础上的发展。因此，可持续发展可定义为不断满足当代和后代人的生产和生活对于物质、能量和信息的需求，既从物质或能量等硬件角度予以不断地提供，也从信息、文化等软件的角度予以不断地满足，且当代人的发展不能以牺牲后代人的发展为代价。

10.1.2　低碳发展、绿色发展与可持续发展的关系

1. 低碳发展与绿色发展

绿色发展是针对生态环境问题而形成的创新性发展理念。绿色发展要求既要促进和发展可持续消费，为人们提供较高水平的生活水准和物质保障，又要坚决反对奢侈性浪费，倡导树立环境友好的消费行为和消费模式，鼓励提供环境友好型产品和服务，鼓励崇尚自然、勤俭节约、环境友好的生活方式。

低碳发展是绿色发展的重要组成部分，为应对气候变化和社会经济危机，欧美发达国家着重推进以高能效、低排放为核心的"低碳革命"，抢占低碳经济的发展先机和产业制高点。当前，低碳发展的核心内容是发展低碳经济，低碳经济的理论内涵是节能减排，即以低能耗、低排放为中心，保护环境和资源，实现社会经济和环境保护的可持续发展，其本质是通过技术革新提升能源的使用效率，以维持全球的生态平衡。因此，要促进绿色发展，实现节能减排的目标，就必须坚决的发展低碳经济，并强调低碳发展在社会经济生活中的重要性。综上所述，发展低碳经济是实现绿色发展的一种行之有效的发展思路。

2. 低碳发展与可持续发展

低碳发展是为了应对全球气候变化，实现经济社会可持续发展而提出的，就其本质而言，低碳发展也属于可持续发展的范畴。低碳发展的实质是提高能源效率、发展清洁能源和促进低碳产品开发，其核心是低碳技术创新和相关配套制度的创新，作为一种新型发展模式，其本质上是为了更好的实现可持续发展。

可持续发展体现了低碳发展的理念和导向，追求的是人口资源、环境以及经济的协调发展。可持续发展也是一种开放的理论和概念，随着社会发展过程新的问题的出现，可持续发展卢纶也被赋予了新的内涵。在这里，气候变化引起的低碳问题则涵盖了可持续发展的各要素层面。因此，低碳发展是当前全球应对气候变化的热点问题，同样也应当被纳入可持续发展的研究体系。

低碳经济转型是实现可持续发展的目标的途径之一。发展低碳经济，一方面是积极承担环境保护责任，完成国家节能较好指标要求的需要；另一方面是调整经济结构，提高能源利用效率，发展新型产业，建设生态文明的需要。

3. 绿色发展与可持续发展

可持续反战由经济、社会、生态三个子系统复合形成。在可持续发展思想的推动下，人们越发重视经济发展同资源、环境的关系，资源和环境是经济得以发展的基础和保障。为了促进经济的发展，同时又要保护资源和环境，人们从环境经济发展的视角，对绿色经济、绿色产业、绿色管理、绿色营销、绿色贸易、绿色消费等新型概念开展了一系列理论和实践的探索研究。

4. 低碳发展、绿色发展、可持续发展三者之间的复合关系

绿色发展包含低碳发展，而低碳发展也从属与可持续发展的范畴。与此同时，绿色发展在理论上也是一种可持续发展的理论，它的内涵比低碳经济更为广泛。低碳发展是绿色经济发展的理想途径之一。低碳发展、绿色发展的具体实践是根据不同区域的实际情况来开展，但是可持续发展和绿色发展一般的实践路径或模式是通过低碳发展来实现的。所以他们的关系是：低碳发展和可持续发展之间是包含关系，可持续发展包含低碳发展；低碳

发展和绿色发展是包含关系，绿色发展包含低碳发展。在具体实践中，它们之间相互协调共同促进经济社会环境的和谐发展。综上所述，低碳发展是绿色发展的重要内容，绿色发展包含低碳发展，绿色发展和低碳发展又是可持续发展的根本途径。低碳治理和绿色治理都强调各种主体在自愿、平等的基础上通过合作和协调，构成一个复合型主体，形成一个绿色低碳的社会系统，促进生态环境保护，达到人与自然的和谐共生。

10.2　中国交通的可持续发展

10.2.1　中国交通可持续发展战略

1. 战略背景

党的十八大以来，在以习近平同志为核心的党中央坚强领导下，我国交通实现了由"总体缓解"向"基本适应"的历史性转变，基础设施规模位居世界前列，装备设备数量快速增长，运输服务保障能力显著提升，科技创新不断取得突破，安全生产形势总体平稳，绿色交通建设持续推进，开放合作程度不断提升，综合管理体制机制基本形成，我国已具备建设交通强国的基础。然而，我国交通发展规模总量虽大但结构不优，装备自主核心技术有待突破，运输服务水平仍然不高，新旧动能转换动力仍显不足，可持续发展能力有待加强，国际竞争力和话语权有待提升，政府治理、市场治理、社会治理仍需优化。新时代我国社会主要矛盾在交通领域的具体体现为，交通供给体系能力质量效率不能满足人民日益增长的美好生活需要。

当今世界处于大发展大变革大调整之中，大国博弈加深，地缘政治矛盾加剧，新一轮科技革命和产业变革方兴未艾，国际产业分工面临重大调整，世界竞争格局正在重塑。中国特色社会主义进入新时代，我国开启了全面建设社会主义现代化国家的新征程，面对新方位、新征程、新使命，必须加快推进交通强国建设，在新一轮全球竞争中赢得战略主动。

2. 战略要求

（1）基本原则

以习近平新时代中国特色社会主义思想为指导，牢固树立新发展理念，落实高质量发展要求，紧紧围绕统筹推进"五位一体"总体布局和协调推进"四个全面"战略布局，着力服务人民、服务大局、服务基层，以深化交通供给侧结构性改革为主线，以改革创新开放为动力，以交通网络化、数字化、法治化、一体化为方向，加快推动交通发展质量变革、效率变革、动力变革，构建安全、便捷、高效、绿色、经济的现代化交通体系，建成人民满意、保障有力、世界领先的交通强国，为全面建成社会主义现代化强国、实现中华民族伟大复兴的中国梦当好先行。

坚持民生优先，以维护人民群众根本利益、促进全体人民共同富裕作为建设交通强国的最根本出发点和落脚点，突出交通服务人民的基本属性，在时间、成本、品质等维度不断提升交通生产效率和服务水平，提高绿色发展水平和交通文明程度，促进人与自然和谐共生，不断增强人民幸福感、获得感、安全感。超前谋划，推动高质量发展，充分发挥交通对国土开发、区域协调、产业布局、国防建设和对外开放的先行引领作用。

坚持改革开放。不断推进交通重点领域和关键环节改革，推进交通治理体系和治理能力现代化。不断提高交通行业开放水平，坚持引进来与走出去并重，推动中国标准国际化，深度参与并积极引领交通全球治理，提升国际竞争力和话语权，拓展交通发展战略空间，打造开放合作新格局。

坚持创新驱动。立足国际竞争，瞄准世界交通科技前沿，明确创新主攻方向，积极吸纳和集聚创新要素资源，推动交通智能高效发展，紧紧围绕攀登战略制高点，通过创新转变发展方式、优化供给结构、转换增长动力，带动供应链、产业链、价值链等全面创新，推动相关领域技术与交通行业融合发展，引领交通强国建设。

（2）战略目标

从现在到 2020 年，是服务决胜全面建成小康社会的攻坚期，也是新时代交通强国建设新征程的启动期。交通可持续发展要突出抓重点、补短板、强弱项、防风险，推动持续健康发展，特别是要坚决完成"打好防范化解重大风险、精准脱贫、污染防治的攻坚战"交通相关任务，加快构建现代综合交通体系，部分地区和领域率先基本实现交通现代化，为交通强国建设奠定坚实基础。

从 2021 年到 21 世纪中叶，交通强国建设分两个阶段推进。

1）第一阶段（2021 年到 2035 年）

到 2035 年，基本实现交通现代化，跻身世界交通强国行列。按照适度超前、互联互通、安全高效、智能绿色的原则，打造一流的设施、一流的技术、一流的管理、一流的服务，我国交通综合实力大幅跃升，有力支撑社会主义现代化建设，人民满意度明显提高。

①交通供给体系能力充分，质量效率较高，基础设施网络完善，装备设备先进，运输结构合理，国际运输网络布局基本完善，全球连接度高，有力支撑经济社会发展、保障国家安全。

②交通科技在更多领域保持领先，数字化成效显著，信息化服务全覆盖，全要素生产率高，交通能源消耗、污染物排放、碳排放水平较低，资源利用集约，绿色出行比例显著提高，绿色交通体系供给能力明显增强，交通事故率、死亡率大幅降低。

③法规体系健全，标准体系先进，社会综治体系稳固，交通文明程度高，综合交通管理体制机制完善，基本实现交通治理体系和治理能力现代化。中国交通装备、技术、标准、服务被国际广泛采纳，拥有一批全球竞争力较高的世界一流企业、科研机构和高校，在国际规则和标准制定等方面话语权明显增强，交通影响力明显提升。

④物流运行效率明显提升，各种交通方式深度融合，交通与装备制造、通信信息、旅游、国防等产业融合发展，交通对国民经济的贡献率高。服务品质优良，城市交通拥堵明显缓解，居民出行便捷舒适，人民群众对交通发展的获得感、幸福感、安全感明显提高。

2）第二阶段（2036 年到 21 世纪中叶）

到本世纪中叶，全面建成安全、便捷、高效、绿色、经济的现代化交通体系，建成人民满意、保障有力、世界领先的中国特色社会主义现代化交通强国。交通综合实力和国际竞争力领先全球，实现网络化、数字化、法治化、一体化，隐患零容忍，出行零障碍，换乘零距离，车辆零排放，物流低成本。

3. 交通基础设施体系可持续发展

基础设施体系是交通强国建设的重要支撑。统筹各种交通方式深度融合发展，高水平建成布局合理、结构优化、衔接顺畅、智能高效、绿色弹性的现代化综合交通基础设施网络，积极推动城乡区域协调发展，有效支撑国家重大战略实施和国家总体安全。

（1）推进综合交通基础设施融合发展

1）以综合运输大通道建设为重点，加强铁路、公路、水运、民航、邮政、管道、信息、物流等基础设施建设，扩大优质增量供给，补齐能力短板。

2）完善城市群及城市综合交通网络，优化城市内外交通衔接，加强城市公交系统、慢行交通系统建设，完善无障碍交通设施，有效支撑职住平衡。

3）服务乡村振兴战略，推进"四好农村路"和城乡交通一体化建设，加强革命老区、民族地区、边疆地区、贫困地区交通建设，形成广覆盖、均等化的乡村基础设施网络。

4）完善原油管道通道布局，优化成品油管道结构，加强天然气管道基础网络建设。

（2）构建多层级综合交通枢纽体系

1）推进城市群交通圈建设，构建以核心城市为中心、地区性中心城市、中小城市为节点的向心布局、网状辐射、开放式城市群分级交通圈体系。

2）打造若干个世界级交通枢纽和国际航运中心，加快建设具有国际竞争力的国际航空枢纽、中心城市一体化客运枢纽和集约化货运枢纽，完善港口集疏运系统，基本实现客运"零距离"换乘和货运"无缝化"衔接。

3）推动综合交通枢纽与物流园区对接协同。

（3）推进基础设施数字化发展

1）打造与智能、绿色交通装备协同的新一代交通基础设施，提升基础设施智能化水平，提高基础设施感知性、可靠性、安全通行和保障能力。

2）加快设施网、运输网、传感网、通信网、能源网的融合，构建万物互联、人机交互、天地一体的交通控制网。

3）推动陆上、水上、天上、网上四位一体的基础设施数字化融合发展，促进互联互通和多级联动共享。

4）构建基础设施运行监测检测体系，提高基础设施建设的科学决策水平

（4）打造交通基础设施品质工程

1）加快基础设施建设理念创新、管理创新和技术创新，建立完善现代化工程建设质量安全管理体系，推进精益建造和精细管理，推进基础设施质量安全标准提档升级。

2）提升施工模块化、工厂化、装配化、机械化、自动化水平，推动基础设施建设向产业化、工业化方向发展。加快推动"互联网＋交通基础设施"建设，打造"智慧工地"。

3）优化并充分利用存量资源，加强基础设施服役性能的研究，提高基础设施耐久性和可靠性。

4）建立智能化养护平台，提升养护管理效能，建立快速检测、绿色节约、高效便捷的养护新模式。

4. 交通装备体系可持续发展

交通装备是交通强国建设的关键环节。以交通现代化发展需求为导向，提升交通关键装备设备自主创新和研发能力，大力发展高效能、高安全、智能化、综合化的交通装备与技术，强化人工智能、新材料和新能源等赋能/赋性技术与交通装备的深度融合。

（1）强化关键技术自主创新和研发

1）攻克低碳高效交通装备技术，突破汽车动力系统、列车谱系化、航空发动机等关

键装备核心技术，力争在高速轮轨和磁浮列车、自动驾驶车辆、新能源汽车、智能环保高新技术船舶、大型民用飞机等战略前沿技术领域占领制高点。

2）加强交通工程机械设备成套技术研发，完善工程设备全产业配套能力。突破交通运营管控瓶颈技术，研发城市群交通控制、先进机场运行、运输组织与应急指挥一体化、极地航运实时通讯和物流智能化等技术系统。

3）研发一体化系统安全技术，研究车路智能协同控制、轨道列车在途监测与安全预警、船舶远程自主航行、智能化空管系统等关键技术，推进交通装备控制系统模块化、集成化、智能化。

（2）提升交通装备设计制造水平

1）研制时速 600 公里级高速磁浮交通系统、时速 400 公里级跨国互联互通轮轨高速列车，发展具备高度信息化、智能化的汽车装备，推进电动汽车、多能源船舶等关键零部件和整车开发及产业化，培育战略性新兴产业增长点，逐步提高关键交通装备国产化率。

2）促进能源动力系统多样化、高效化、排放清洁化发展，推进汽车动力燃料多元化、驱动电气化，加快研发超低排放的高效船用柴油机、气体燃料和双燃料发动机。

3）运用大数据系统和云服务技术，推进交通装备设计、制造、检测、运营、维护等数字化、智能化、一体化。

4）推进高性能复合材料在交通装备制造中的应用，促进装备设计和制造轻量化。

（3）推广新型交通装备应用

1）推动自动驾驶、新能源和清洁能源车船、北斗导航等新技术、新装备规模化应用，有序推进交通装备升级换代。

2）推广应用集装化运输装备，统筹推进各种交通方式装备设备标准协同应用。推广快递无人舱、无人机、无人车、智能化的分拣技术和智能箱等智能化装备设施。

3）积极推进高密度能量块、高效储能技术在交通装备的应用。

4）推进物联网化的应急装备研发和部署，推广应用大型载运装备的智能运维技术，提高装备的健康管理水平和安全性。

5．交通运输服务体系的可持续发展

提升运输服务是交通强国建设的本质要求。要加快出行服务品质化、便捷化、多样化发展，物流服务高效化、智能化、协同化发展，加快形成市场决定要素配置的机制，释放错配的资源，促进运输市场集约化、专业化发展，培育形成以骨干龙头企业为主体、中小微企业为补充、新旧业态融合发展的市场格局，构建优质高效、多元共享的运输服务体系。

（1）完善普惠便捷的出行服务体系

1）完善国际间、城市群间、城际间、城乡间和城市内多层次客运服务体系。加快拓展"一带一路"沿线国家国际航线，提高国际运输便利化水平。打造以轨道交通为主体、道路客运为补充的城市群一体化捷运体系。发展更加普惠、便捷的城乡公共客运服务体系，加大城乡公交、农村客运、陆岛交通等公共服务供给。培育公交新优势，深入实施公交优先战略，大力发展城市轨道交通，加强交通需求管理，有效调控、合理引导个体机动化出行，加大城市交通拥堵治理力度。

2）加快构建无缝化的旅客联运体系，推进各运输方式间的联程联运和智能协同调度，构建"航空＋高铁"的大容量、高效率、现代化快速运输服务体系，大力发展公铁联运、空铁联运、空巴联运等旅客联程运输服务，培育旅客联程运输主体。

3）打造智能化的信息服务体系，推进移动互联网、云计算、物联网、大数据、北斗导航、遥感测绘等先进信息技术在出行信息服务领域的应用，推动以企业为主体的综合出行信息服务体系建设。

（2）创新发展出行服务新业态新模式

1）大力发展定制出行新模式，依托移动互联网新技术，推进定制城市公交、定制城际客运、网络预约出租汽车等新业态健康发展。

2）规范发展共享出行新模式，推动互联网租赁自行车、小汽车分时租赁、共享汽车等新模式可持续发展。

3）培育发展新业态，促进运输服务与旅游深度融合发展，推动旅游铁路、旅游专列、旅游风景道、自驾车、房车、观光旅游车、邮轮、游艇等旅游交通产品发展，完善旅游运输服务。

4）鼓励客运企业规模化、联盟化发展，引导运输企业不断创新服务模式。

（3）优化调整货运结构

充分发挥各种运输方式的比较优势和组合效率，加快形成市场决定要素配置的机制，建立适应需求的列车运行图、海运航线、航班计划联动体系，推动长距离货物运输有序向铁路、水运转移。二是大力发展多式联运，加快打造各种运输方式衔接紧密、转换顺畅的国家多式联运系统，加快建立多式联运公共信息资源平台，提高一站式综合信息服务能力。

（4）打造经济高效的现代物流系统

1）创新物流企业经营模式，推动现代物流与现代农业、先进制造业和电了商务、金融等现代服务业融合协同发展，拓展延伸物流服务功能。

2）创新货运组织模式，积极推广甩挂运输、驼背运输、滚装运输、无车承运人等现代化组织模式，大力推进平台型物流经济发展。

3）形成集约化城乡配送系统体系，综合利用物流、客运、商贸、邮政、快递、供销等多种资源，打造"物流园区、配送中心、末端网点、乡村物流服务站点"的双向物流服务网络。

4）培育专业化物流服务系统，推进冷链物流、危险品物流、电商快递等专业物流规范健康发展，鼓励发展定制化物流服务。

5）建设高质量、高效率的快递服务供给体系，加快快递物流产业发展，促进农村一二三产业融合发展，推进快递物流的仓储、收投、分拣、装载等无人化、智能化、网联化发展。

6）推进传统货运企业创新转型发展，培育和发展一批具有全球配送能力和国际竞争力的大型现代物流集团、快递集团。

（5）打造具有国际竞争力的全球物流供应链

1）打造全球物流和供应链，提升国际海运通道保障能力，依托国际航空货运枢纽，打造具有国际竞争力的高品质高时效国际航空物流系统，推进连通欧亚大陆的集装箱国际班列发展。

2）加强先进信息技术等在物流领域的推广应用，推动跨行业数据互联互通，推进全程透明、可视、可追踪、智能管理，推进智慧物流发展。

3）以"零库存"为导向，建立面向制造企业的供应链管理服务体系。

6. 交通可持续发展的创新驱动体系

创新是交通强国建设的第一动力。要瞄准世界科技前沿，面向国家重大战略需求，积极吸纳和集聚创新要素资源，加快建立以科技研发为引领、以创新能力为基础、以体制机制为保障，以智慧交通为主攻方向的创新驱动体系，强化信息化、标准化支撑保障作用，带动产业创新、市场创新、业态创新、管理创新，推动相关领域技术与交通行业深度融合，形成创新发展新动能。

（1）强化科技研发

1）强化应用基础研究，增强源头供给。瞄准人工智能、信息技术、智能制造、新材料、新能源等世界科技前沿，强化相关技术与交通的深度融合。

2）突出关键共性技术、前沿引领技术、现代工程技术、颠覆性技术创新，聚焦耐久、智能、绿色、协同的交通基础设施，聚焦智能、安全、绿色、超高速、全天候的载运工具，聚焦安全、便捷、高效的运输组织体系，加强国家重大科技项目与行业重点项目和重大工程的衔接。

3）强化先进技术推广应用，大力推广自动化码头、智能港口设备、智能网联车、智能航道、智能航海保障等技术。

（2）推进体制机制创新

1）优化资金投入机制，完善创新资源配置、引导机制，形成财政资金、金融资本、社会资本多元投入的新格局，推动交通创新市场不断壮大，形成共建、共享、共赢的创新格局。

2）完善科技评价与激励机制，构建畅通的科技成果转化机制，打通技术转移链条，激发各类创新主体活力，提升行业科技创新的整体效能。

（3）推动产业技术体系创新

1）加快构建核心技术自主可控、关键领域世界领先、总体程度经济适用、具有国际竞争力的现代交通产业技术体系，以技术的群体性突破支撑引领新兴产业集群发展，促进经济转型升级。

2）以数据为关键要素，赋能新时代信息化发展，强化以大数据为核心的信息化顶层设计，打造高度数字化的基础支撑体系，全面构建共享开放的数据平台体系，辅助行业决策和调度指挥。打造充满活力的信息化市场体系，营造新时代交通信息化良好环境。

（4）壮大创新主体

1）壮大创新主体，鼓励行业各类创新主体建立创新联盟。发挥国家科研机构、高校的基础骨干作用，加强交通科技创新基地、研发平台、研究智库及数据中心建设，打造国际一流的交通科研机构、高校和智库，加快重大科研基础设施、大型仪器设备和基础科技资源开放共享，形成面向全球、服务行业的创新平台体系。

2）强化人才支撑，造就一大批具有国际水平的战略科技人才、科技领军人才、青年科技人才、高素质技能人才和高水平创新团队，培养一支知识型、技能型、创新型的劳动者大军。

3）建立以企业为主体、市场为导向、产学研深度融合的技术创新体系，在全行业发展众创空间，形成大众创业、万众创新的生动局面。

4）创新科技合作模式，加强知识产权保护及综合运用，完善创新服务体系。

（5）建立健全标准体系

1）建立健全政策制度，优化综合交通标准化管理机制，统筹推进综合交通、安全应急、运输服务、工程建设与维护、信息化、节能减排标准化工作。

2）补齐技术标准短板，加强综合交通、安全应急、运输服务、工程建设与养护、节能环保和信息化等重点领域标准有效供给，开展智能驾驶和车路协同、智能船舶等新领域标准制定，加快完善军民通用标准体系。

3）促进行业标准国际化，提升我国交通领域标准的国际影响力和话语权，积极采用先进国际标准，提高关联采标率。

4）深化标准管理模式改革，优化标准化技术委员会专业布局，提高标准化支撑机构技术能力和服务水平，促进成果及时向标准和知识产权转化。

7. 交通安全体系的可持续发展

安全是交通强国建设的永恒主题，事关人民福祉，事关经济社会发展大局，事关总体国家安全。要准确把握国家安全形势变化新特点新趋势，树立安全发展理念，秉承对人民群众生命高度负责的态度，坚守发展决不能以牺牲安全为代价这条不可逾越的红线。

（1）完善交通安全生产体系

1）完善依法治理体系，健全安全生产法规，完善安全生产制度，制定安全生产标准，提高安全治理能力。

2）构建安全生产责任体系，加强安全监管责任，强化安全生产工作执行力。

3）健全安全防控体系，对安全隐患"零容忍"，加强预防预警，推进安全生产风险管理，构建双重预防控制机制。

4）建立宣传教育体系，加强安全文化宣传引导，强化企业从业人员教育培训，提高从业人员素质，加强安全生产诚信管理。

5）建设支撑保障体系，加强安全基础设施建设，发挥行业组织作用，提升本质安全水平。

6）建设国际化战略体系，积极参与有关国际事务和行动，提升国际影响力和国际化水平。

（2）强化交通应急救援体系

1）健全突发事件应急管理体制机制、法规制度和预案体系，强化应急属地责任，建立纵向贯通、横向协同的联动机制，建立科学有效的后评估机制。

2）完善调度与应急指挥体系，建立智能化应急指挥平台，丰富预警监测手段，增强信息获取能力和应急技术支持保障能力。

3）提升应急处置能力，增强现场处置能力，提高交通系统适应性、可靠性和应灾弹性。

4）加强应急救援力量建设，统筹优化专业应急救援力量布局，加强安全生产应急救援专业装备配备，推进专群结合的应急救援队伍建设。

5）建立交通安全智能预警及应急保障体系，加强区域性协调监管，提升应急救助联动的综合能力。

（3）强化交通对总体国家安全的支撑

1）全面打造全要素、多领域、高效益的交通军民融合深度发展格局，构建军地协调、顺畅高效的交通军民融合工作机制。

2）统筹建设适应国防和军队现代化要求的国防交通网络体系，建成保障有力的现代化战略投送支援力量，全面提升交通服务国防安全能力。

3）强化交通对国家经济安全的支撑能力，健全能源、大宗物资等战略资源的交通保障体系。

4）推进关键基础设施安全防护能力建设，有效应对自然灾害、恐怖袭击、网络攻击威胁。

5）提升交通大数据信息安全和网络安全保障能力，掌控事关国民经济命脉的核心技术，支撑交通科技安全发展。

6）加强国际海上通道安全保障、极地、深远海搜寻救助体系和海外投送能力建设，构建完善的海外利益保护体系。

8. 构建绿色交通可持续发展体系

绿色发展是交通可持续发展的必然要求。牢固树立社会主义生态文明观，践行绿水青山就是金山银山的理念，坚持节约优先、保护优先、自然恢复为主的导向，促进交通与自然环境和谐共生，满足人民对优美生态环境的需要。

（1）加强生态环境保护

1）严格落实生态保护和水土保持措施，将生态环保理念贯穿交通基础设施规划、建设、运营和养护全过程。

2）加强交通基础设施生态系统保护和修复，实施公路生态修复工程。

3）建设绿色交通廊道，推进绿色铁路、绿色公路、绿色水运、绿色机场等建设，加快建成资源节约型、环境友好型行业。

（2）推进资源集约节约利用

1）加强土地和岸线资源集约利用，统筹规划布局线路和枢纽设施，提高交通基础设施用地效率。

2）加强资源循环利用，大力开展施工材料、废旧材料再生和综合利用，提高资源再利用和循环利用水平。

3）创新资源利用模式，推进资源循环利用产业发展。

（3）大力推进交通行业节能减排和污染防治

1）推进交通行业新能源、清洁能源应用，促进节能减排。

2）加强污染排放源头管控，建立污染物排放、大气治理等方面的部门间跨部门联合监管机制，完善交通节能减排和污染防治监测体系。

3）有效防治船舶和港口、航道及重点海域污染，增强专业队伍防治污染处置能力。

4）有效防治公路、铁路沿线噪声、振动，减缓大型机场噪声影响，提升可降解的快递绿色包装材料应用比例。

5）积极应对全球气候变化的挑战，优化交通能源结构，减少交通活动对空气、水、土地等环境要素的影响。

（4）推广绿色交通发展模式

1）加快建立交通绿色生产和消费的法律制度和政策导向，完善绿色交通标准体系和技术创新体系。

2）开展绿色出行行动，培育公交优势，大力实施公交优先战略，完善城市步行和自行车等慢行服务系统。

3）积极推广绿色交通技术和产品，加快节能环保先进适用技术、产品的创新和推广应用及效果评估，强化政策创新，积极扶持清洁能源技术产业发展。

4）大力推进交通生态文明建设，开展全国绿色交通宣传教育活动，宣传绿色交通理念，培育绿色交通文化。

9. 构建交通可持续发展的开放合作体系

开放合作可为交通可持续发展的拓展新空间。践行开放发展理念，创新国际合作平台，在更大范围、更广领域、更高层次上深化交通国际合作，大力提升国际竞争力、影响力和制度性话语权，构建面向全球的运输网络和包容共赢的开放合作体系，推动形成陆海内外联动、东西双向互济的国际综合交通体系。

（1）完善全球运输网络

1）以"一带一路"六大经济走廊为主体，推进与周边国家交通基础设施互联互通，强化"一带一路"通道建设，打造跨境多式联运通道。

2）以海内外重要港口、物流枢纽为支点，完善海外重点枢纽布局，提高海运、民航的全球连接度和铁路、公路、管道的区域连通度。

3）提升口岸通关服务效率，深度参与全球供应链、价值链，促进跨境运输便利化。

（2）深度融入全球交通治理

1）积极参与全球交通治理体系建设与变革，深度参与交通国际组织事务，引导议程设置，参与政策规则、标准制定，提升我国国际制度性话语权。

2）利用好交通相关组织、协会等既有平台，贡献中国经验。

3）打造交通国际合作新平台，发挥好"一带一路"国际合作高峰论坛、世界交通大会等作用，推进平台机制化。

4）培养一批具有全球视野、通晓国际规则、精通交通业务的国际化人才队伍，发挥好专业机构、科研单位和智库的作用，全力支持深度融入全球交通治理。

（3）统筹布局国际国内两个市场

1）加强国际产能合作，推动重大工程、装备、先进交通技术和国家标准"走出去"，完善风险评估体系。

2）支持国内企业全面参与全球经济合作和竞争，提升核心竞争力，打造中国交通品牌，扩大国际市场份额，推动国际化进程。

3）深化交通对外开放，推动建立准入前国民待遇加负面清单管理制度，服务自由贸易区、自由贸易港建设，形成交通领域全方位对外开放新格局。

4）积极引进国际前沿技术、先进理念，助力国内交通行业创新发展。

10.2.2 轨道交通可持续发展

轨道交通的建设促进了沿线地区物资、信息交流，带动了地方经济的发展，改善了沿线居民生活质量，为我国经济的腾飞奠定了坚实的基础，合理建设与使用轨道交通对促进可持续发展意义重大。但是轨道交通工程在施工和营运过程中却会以不同的形式对沿线植被、土地、自然景观、空气环境、水资源等生态环境要素产生各种破坏和污染，加剧区域生态环境压力，成为轨道运输可持续发展战略实施面临的严峻问题，因此轨道交通的建设及运营应是生态环境保护前提下的低碳、循环的绿色发展。

1. 轨道交通运输领域低碳化

1) 低碳交通运输基本概念

低碳交通运输（Low Carbon Transportation）是指在交通规划、生产建设、营运与管理的各个环节全面关注碳排放问题，实质是节能减排，是交通资源的节约应用，是一种以高能效、低能耗、低污染、低排放为特征的交通运输发展方式，其核心在于使交通基础设施和公共运输系统最终减少以传统化石能源为代表的高碳能源的高强度消耗，通过合理引导运输需求，优化运输装备、运输结构与用能结构，提高营运与能源效率，并从政策导向、技术创新、社会伦理文化培育等方面，共同减少碳排放总量，最终实现交通运输全周期、全产业链的低碳发展的体系与实践。

低碳交通运输是既能满足经济社会发展正常需要，又能降低单位运输量碳强度的新型产业形态。低碳交通包括两个方面内容：宏观交通运输低碳化和个人交通出行低碳化。低碳交通（LT）＝减量交通（RT）＋绿色交通（GT），减量交通（Reducing Transportation）即减少出行的产生和出行的行程；绿色交通（Green Transportation）即以节能减排、使用清洁能源为主，同时进行需求侧管理，配合公交、慢行系统。

低碳交通具有综合性的特点，一方面，低碳化的手段是多样的，既包含技术性减碳，也包括结构性减碳，还包括制度性减碳；另一方面，低碳化的途径是双向的，既包括"供给"或"生产"方面的减碳，也包括"需求"或"消费"层面的减碳。综合交通运输体系是由公路、水运、铁路、航空和管道运输构成的，不同交通方式下 CO_2 排放量不同，通常铁路运输每人每公里的 CO_2 排放量是公路运输的 $1/2$，是航空运输的 $1/4$；公路运输和航空运输的碳排放大约占交通运输业的 85%。世界各国普遍认识到：解决城市的交通问题的根本出路在于优先发展以轨道交通为骨干的城市公共交通系统，充分发挥以高速铁路、城市地铁和轻轨为代表的新型轨道交通的优势和作用，降低交通碳排放强度，是实现城市低碳发展的有效途径。

城市交通领域的节能方式可以分为结构节能和技术节能两种。发展轨道交通本身就是交通运输领域结构型节能的措施。以人均每公里能耗为单位，高速铁路的人均能耗为 1.3，公共汽车的人均能耗为 1.5，小汽车人均能耗为 8.8，飞机人均能耗则为 9.8。轨道交通具有能源消耗低、运行效率高以及技术水平领先等特点，相较于其他交通工具明显具有节能的优势。有效优化交通结构，发展

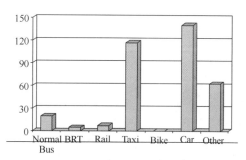

图 10-1　不同交通方式的碳排放水平

轨道交通是节能降耗的有效手段。同时，公路、航空等传统交通方式主要依靠石油作为动力能源，轨道交通以电气化技术为发展方向，在能源技术上还具有其他交通工具无法比拟、不可替代性的优势。我国电力生产过程以燃煤为主，其次是燃气，均是 CO_2 高排放

源，所以以电力为动力的轨道交通是间接排放，轨道交通运行过程中的节能减排工作非常重要。

道路交通 CO_2 排放是中国交通领域碳排放的绝对主体，占总体排放量的 86.32%，道路交通、汽车的节能减碳与使用控制，是低碳交通技术的重点内容。低碳交通的途径包括技术性减排（包括新能源利用技术、交通工具能效技术、交通工程建设养护技术、高效运输组织技术）、结构性减排（包括运输结构、装备结构、能源结构）与制度性减排（包括政策、法规、体制、机制）和消费者减排，其中技术性减排是关键。技术性减排主要是利用先进的节能环保技术，优化交通用能结构、改进交通装备与运载工具技术，积极推动交通资源的循环利用、提升单种运输方式效率等，其中最根本的是要降低交通工具的能耗与污染。结构性减碳主要是指加强网络的建设，如推动断头路的建设，将公路连接成网，来提高运输效率。鼓励使用小排量汽车，淘汰能耗与排放超标运载工具，提高燃油品质和机动车尾气排放标准，同时规范车辆排放量和燃料质量，经济有效地实现对交通的排放管理。还包括运力结构的调整，如根据国情发展轨道交通、水运。制度性减碳主要是指在市场准入和退出机制上下功夫，如制定道路运营车辆燃油消耗的限制标准。消费者减碳是指引导消费者理性选择出行方式，鼓励乘坐公共交通工具等。

2）轨道交通运输领域低碳化措施

在我国实施可持续发展的进程中构筑以轨道交通为骨干的资源节约型、环保型现代化交通体系十分必要。目前，中国已成为世界上城市轨道交通发展最迅速的国家。

现代轨道交通借助于高速和重载技术的进步，已完成自身技术演化。在新的历史条件下，全球面临能源危机和可持续发展的挑战，未来的发展趋势一是"绿色"，二是"智能"。对于城市轨道交通行业乃至所有行业来说，节能减排、绿色低碳已逐渐成为一个战略。

影响交通运输与节能减排的因素包括管理性影响因素、结构性影响因素和技术性影响因素三个方面。交通运输行业 CO_2 排放量如图 10-2 所示，可以看出对运输结构和运输效率的优化是实现最大程度地减少碳排放总量的有效措施。

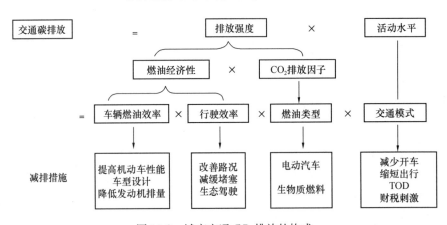

图 10-2　城市交通 CO_2 排放的构成

低碳技术是指所有能够直接和间接降低 CO_2 排放的技术，低碳技术通常包括：提高能效、低排放、二次回收与重复利用技术、绿色能源的开发利用技术和 CO_2 捕获与封存、资源化利用技术。提高能效的技术是轨道交通节能减排的首选。

在建设、运营阶段，城市轨道交通项目采用了多种节能减排措施，具体如下：

（1）部分城轨线路在车辆系统方面，车辆采用轻量化技术，减少车体质量，较老车型节能 50% 以上。

（2）部分城轨线路在全电制动停车控制系统、再生制动能量利用等方面进行了探索，建立再生电能吸收系统，有效利用地铁车辆制动能量，节约的能源占线路总能耗的 5% 以上。

（3）部分城轨线路减少非必要的机电设备数量或控制设备运行的时间，如控制变压器容量、减少非运行时段照明数量等，采用自动优化控制节能减排效果显著。

（4）站场空调通风、自动扶梯和照明所消耗的电能间接排放的二氧化碳量非常大。应用和研发新型节能通风空调系统等设备，大大降低了能耗。采用列车冷热一体化变频空调技术、列车照明应用节能型光源等，降低列车空调和照明辅助系统能耗。空调通风系统采用智能控制技术，采用车站空调水系统变流量智能控制技术，推广应用再生能源或低品位能源的空调系统等。在照明系统节能方面，推广应用节能环保型荧光灯、LED 灯等高效节能光源和灯具，并采用光控、时控、模式控等智能照明控制技术。部分城轨线路大面积采用 LED 照明等节能产品。

（5）部分城轨线路应用新能源替代电能，如以太阳能、风能为照明能源、以地热能为空调提供动力等，有效减少了碳排放，节约了电能。

（6）大部分城轨线路在车站设置节能坡，合理设计地铁营运线路和行车密度，也大大节约了能源。储能式轻轨是实现能量循环利用、高效利用双重目标的措施之一。

（7）运营车辆节能措施包括牵引系统、辅助系统、控制和照明系统几个方面。牵引供电、通风空调、电扶梯、照明、给排水等是城轨系统运行能耗的主要组成部分。其他动力系统方面，车站自动扶梯采用变频、相控节能技术，车辆基地采用太阳能热水技术等。

（8）创新低碳发展管理：建立适应中国国情的城市轨道交通的能耗评价指标体系，推动低碳技术创新和应用推广，对各种节能减排措施进行评价分析，指导工程规划、设计和施工，指导已运营和建成项目的节能减排改造，并有针对性地实施城市轨道交通的节能措施，实现有效的节能减排；建立完善的监、测、管、控体系，加强节能管理，落实管理节能措施。

（9）绿色轨道交通项目及评价：通过对项目能耗分析、环境影响分析、项目建设方案拟采取的节能及环保措施（技术和管理措施）、节能及环保措施效果评估，分析存在问题；为了将绿色设计理念贯穿于项目的全生命周期的各个阶段，工程建设时，设计单位应针对绿色建设进行设计交底。施工单位应当按照绿色建设要求进行施工。在项目验收阶段，建设单位应按绿色建设要求进行验收。

（10）轨道交通重载技术的发展使单位运量的能耗进一步降低；铁路电气化程度的提高，使铁路对环境的污染进一步减少；特别是高速列车的发展，更显示了铁路在节约能源、保护环境、可持续发展方面的巨大优势。

（11）在铁路运输方面应不断完善铁路运输网络，加快铁路电气化改造，提高电力机车承担铁路客货运输工作量比重，提升铁路运输能力，推行铁路节能调度。积极发展集装箱海铁联运，加快淘汰老旧机车，发展节能低碳机车、动车组。加强车站等设施低碳化改造和运营管理。

10.3 绿色铁路发展及评价

10.3.1 绿色铁路发展的涵义及意义

绿色铁路发展是以环境价值为尺度，运用各种绿色技术，在确保铁路运输的安全、快捷、高效的条件下，不断减小铁路及配套设施对生态环境的负面影响，具有良好的经济效果和可持续发展能力的铁路。低碳指在铁路建设全生命周期中尽可能降低能耗，减少含碳物质的燃烧，即减少二氧化碳的排放量，从而减缓温室效应，减少对大气的污染和减缓生态恶化。绿色指保护地球生态环境的行为、思想、观念等一系列可持续发展的活动。低碳就是绿色，因此低碳绿色铁路可以理解为绿色铁路。绿色铁路本质上是指安全、高效、节能降耗、节约成本。低碳绿色铁路是高新技术在铁路上的集中反映，是世界"交通革命"的一个重要标志。

绿色铁路发展是在规划、设计、施工、运营等阶段都要重视绿色技术，在环境保护、节能降耗、生态平衡、人文景观、安全舒适等问题上达到人与自然相互和谐、人与社会相互和谐、具有良好的可持续发展的铁路。绿色铁路建设，不仅是加快铁路发展、构建发达完善铁路网的重大举措，而且有利于促进区域经济社会全面协调可持续发展。

绿色铁路发展主要内容包括：（1）将铁路产业的外部不经济性内部化；（2）铁路修建、运营和管理方式环保、经济、高效，适合我国绿色 GDP 核算要求；（3）减少对生态环境的所有不利影响；（4）节约各种能源和资源；（5）铁路与自然和谐发展；（6）具备完善的安全保障体系；（7）具备更高的运输速度和更强的运输能力。绿色铁路发展的研究范畴包括铁路建设中的生态环境保护、水土保持、地质灾害防治，铁路运营、维护中的污染控制、治理，以及铁路运输的安全性、舒适性、清洁性、美观性等诸多方面。

要对低碳绿色铁路进行准确评价，评价标准必须能够较客观和真实地反映系统发展的状态及其系统之间的相互协调，使评价目标和评价指标联系成一个有机整体；必须对指标体系中的任何指标都建立起与其他指标之间的内在联系；考虑实施的可操作性，尽可能利用现有统计资料及有关规范标准；指标权重系数的确定、数据的选取、计算与合成必须以公认的科学理论为依据，能够科学、准确地反映低碳绿色铁路的实现程度。低碳绿色铁路评价是一个较长期的过程，因此要充分考虑系统的动态变化特点，能综合反映铁路建设和运营的现状特点和发展趋势。绿色铁路评价的标准并不是一个绝对概念，而是一个相对的、发展的概念，随着时间的变化、地域及实际情况不同，标准也应做相应的改变。

各项指标对铁路绿色发展的影响程度不同，尤其是定性指标具有模糊性，因此在评价体系中各指标的评价还需要考虑权重。指标的权重代表着该指标在评价体系中的重要性程度，在指标体系基本确定后，需要根据各指标对上一级指标直至总目标的重要性程度，给予不同的权重，以建立完整的系统评价指标体系。在指标的评定上也朝着更加具体、易定量评价的方向发展。例如：对铁路客站的绿色评价，可借鉴《绿色建筑评价标准》（GB/T50378－2006），从节地与室外环境、节能与能量利用、节水与水资源利用、节材与材料资源利用、室内环境质量、运营管理等 6 个方面对高速铁路客站这一公共建筑进行绿色生态评价。

10.3.2　中国绿色铁路发展

1. 指导思想

以习近平生态文明思想为指导，认真落实全国生态环境保护大会精神，紧紧围绕"五位一体"总体布局，牢固树立社会主义生态文明观，践行"绿水青山就是金山银山"的发展理念，坚持把新发展理念贯穿到铁路建设和运营的全过程，聚焦交通强国、铁路先行目标任务，以科技创新为依托，充分发挥铁路在生态文明建设中的比较优势，强化铁路运营节能减排和污染整治，加强铁路建设生态环境保护，加快建成资源节约型、环境友好型铁路运输企业，实现铁路绿色发展、循环发展和低碳发展。服务美丽中国和交通强国建设。

2. 发展目标

（1）第一阶段（从现在起到 2020 年）

强化铁路节能环保管理基础，加强建设项目环境保护和运营铁路环境治理，打好污染防治攻坚战，打赢蓝天保卫战。提升铁路节能环保管理的信息化和智能化水平，基本建成适应铁路绿色发展的标准化体系，计量、统计以及评价能力显著提高；所有用能单位的能源计量器具配备率达 100%。

能源单耗与污染物排放量进一步降低——到 2020 年，单位运输工作量综合能耗、化学需氧量（COD）、二氧化硫（SO_2）排放总量较 2015 年分别下降 5%、3%、49%；锅炉废气排放达标率和污水处理达标率均达到 100%。

铁路节能环保信息化和智能化水平显著提升——到 2020 年，充分利用信息化手段，实现建设项目环（水）保的全过程监管，全面建成"总公司—铁路局集团公司—重点用能（排污）单位"的三级能源消耗和污染物排放原点动态监控信息系统。

绿色铁路评价考核体系基本建立——到 2020 年，建立绿色铁路计量、统计以及评价相关规章制度，实现对铁路局集团公司、设计单位以及建设单位的绿色铁路指标考核工作。

（2）第二阶段（2021—2035 年）

基本建成安全高效、清洁低碳、生态和谐的铁路运输体系，绿色铁路运输供给能力明显增强；铁路建设环境管理及污染物减排达到世界先进水平，运营期能效水平明显提升，碳排放量和污染物排放量大幅降低，为绿色交通发展新格局形成提供有力支撑，在美丽中国、交通强国中争当先行。

能源消费结构持续优化——新能源、可再生能源技术应用广泛，煤炭、汽油、柴油等化石类能源比例控制在能耗总量的 20% 以内。

能源利用效率持续上升——相对于其他交通方式，铁路在能效水平的比较优势进一步扩大，在交通运输业持续处于领先地位。研制推广应用新型、低能耗机车，全面实现客车变频空调，大幅提高绿色建筑比例，铁路单位运输工作量综合能耗较 2020 年下降 10% 以上。

污染物排放进一步降低——全面完成燃煤燃油锅炉整治，基本消除黑臭水体，彻底解决旅客列车厕所直排污染问题。主要污染物化学需氧量（COD）和二氧化硫（SO_2）排放量比 2020 年分别降低 10% 和 90%，氨氮、石油类等污染治理技术水平进一步提升。

（3）第三阶段（2036年到本世纪中叶）

全面建成与自然资源承载力相匹配，与铁路沿线生态环境相协调、更加安全和高效的绿色铁路运输体系，能效水平和二氧化碳排放强度达到世界领先水平，为我国绿色现代化交通体系的全面建成作出突出贡献，为美丽的社会主义现代化强国的实现提供强有力支撑。

3. 指标体系

按照绿色铁路发展要求，根据国家绿色发展指标，以资源利用、环境治理、生态保护和增长质量为主要维度，依据定量和定性相结合的原则，从铁路全生命周期考虑，构建绿色铁路运营指标体系和建设指标体系，按照影响重要程度，指标分为约束性指标和检测评价指标。

（1）运营指标体系

如表10-1所示，绿色铁路运营指标体系包括资源利用、环境治理、生态保护和增长质量等4个一级指标。

绿色铁路运营指标体系

表10-1

一级指标	序号	二级指标	计量单位	指标类型	备注
资源利用	1	单位运输工作量综合能耗	吨标煤/百万换算吨公里	★	完成百万换算吨公里需要消耗的能源折算标煤量
	2	能源消费总量	吨标准煤	○	根据《铁路能源消耗与节约统计规则》（铁总计统〔2016〕262号），指企业报告期内实际消费各类能源数量总和
	3	用水总量	万立方米	○	新鲜用水量、重复用水量、外购再生水量之和
	4	单位客运运输工作量综合能耗	吨标煤/百万换算吨公里	○	完成百万客运换算周转量需要消耗的能源折算标煤量
	5	单位货运运输工作量综合能耗	吨标煤/百万吨公里	○	完成百万货运周转量需要消耗的能源折算标煤量
环境治理	1	废气排放达标率	％	★	包括锅炉废气排放达标率与国家要求的铁路流动污染源排放废气达标率
	2	污水处理达标率	％	★	污水处理排放达标量与污水处理排放总量的比值
	3	化学需氧量排放量	千克	★	污染物（化学需氧量、氨氮、二氧化硫、氮氧化物）排放量
	4	氨氮排放量	千克	★	
	5	二氧化硫排放量	千克	★	
	6	氮氧化物排放量	千克	★	
	7	危险废物处置率	％	★	危险废物处置总量与危险废物产生总量的比值
	8	污染治理投资	万元	○	用于治理废水、废气、固体废物、噪声、振动的资金总额，不包括基建项目"三同时"环保投资
	9	污染源监测覆盖率	％	○	监测的污染源数量与污染源数量的比值。
	10	碳排放量	吨	○	碳排放量

续表

一级 指标	序号	二级指标	计量单位	指标 类型	备注
生态 保护	1	煤炭运输抑尘措施落实率	%	★	铁路运输过程中已采取抑尘措施的车辆数与应采取抑尘措施车辆数的比值
	2	铁路沿线绿化率	%	○	铁路沿线已绿化里程占可绿化里程的百分率
增长 质量	1	铁路电气化率	%	○	电气化铁路占营业里程的比例
	2	中水回用率	%	○	本单位产生的废水经过专用设施处理后达到相关标准再回用的水量与可回用水量的比值
	3	废旧物资回收利用效益	万元	○	已经失去原有全部或部分使用价值,经过回收、加工、处理,重新获得使用价值的各种废弃物利用效益
	4	可再生能源在能源消费总量中的比重	%	○	可再生能源利用的量占能源消费总量的比值

注：指标类型中，★代表约束性指标，○代表检测评价指标

资源利用共包括 5 个二级指标，其中单位运输工作量综合能耗为约束性指标；环境治理共包括 10 个二级指标，其中设定污水处理达标率等 7 个约束性指标；生态保护共包括 2 个二级指标，其中煤炭运输抑尘措施落实率为约束性指标；增长质量共包括 4 个二级指标。

（2）建设指标体系

如表 10-2 所示，绿色铁路建设指标包括资源利用、环境治理、生态保护和增长质量等 4 个一级指标。

资源利用共包括 10 个二级指标，其中综合建设用地指标为约束性指标；环境治理共包括 2 个二级指标，其中污染治理率为约束性指标；生态保护共包括 6 个二级指标，其中生态保护红线及相关规划符合性等 3 个约束性指标；增长质量共包括 3 个二级指标。

绿色铁路建设指标体系　　　　　　　　　　　　　　　　**表 10-2**

一级 指标	序号	二级 指标	计量 单位	指标 类型	备注
资源 利用	1	综合建设用地指标		★	综合建设用地指标符合《新建铁路工程项目建设用地指标》（建标〔2008〕232 号）规定
	2	可再循环材料使用率	%	○	可再循环材料利用率＝可再循环材料总重量（t）÷建筑材料总重量（t）×100%
	3	土石方综合利用率	%	○	土石方综合利用率＝（工程利用挖方、出渣量＋弃渣再利用量）÷挖方、出渣总量×100%
	4	清洁能源使用率	%	○	清洁能源使用率＝清洁能源消耗量（折标煤）÷项目能源消耗总量（折标煤）×100%
	5	水资源智能管控		○	水资源计量器具配备满足三级计量要求，具备远程遥控和监控功能

一级指标	序号	二级指标	计量单位	指标类型	备注
资源利用	6	能源智能管控		○	能源资源计量器具配备满足不同种类能源三级计量要求，设置能源管理系统，智能监控冷热源、供暖通风和空气调节、给水排水、供配电、照明、电梯等
	7	通用设备能效达标率	%	○	通用设备能效100%达到相应设备现行能效标准节能评价值或以上能效
	8	无缝铁路铺设率	%	○	无缝铁路铺设率＝无缝线路铺设长度÷项目铺轨长度×100%
	9	水资源重复利用率	%	○	水资源重复利用率＝重复利用水量÷（重复利用水量＋新鲜水量）×100%
	10	装配式建（构）筑物比例	%	○	贯彻《国务院办公厅关于大力发展装配式建筑的指导意见》（国办发〔2016〕71号）
环境治理	1	污染治理达标率	%	★	噪声、振动、水、大气、固体废物、电磁污染治理达标率应达到100%
	2	施工现场污染控制率	%	○	不同工程类别采取对应污染控制措施落实率达100%
生态保护	1	生态保护红线及相关规划符合性	%	★	符合生态保护红线要求；符合国家相关政策及规划；与区域相关规划的相容性及环境协调性；与环境保护规划及环境功能区划的协调性
	2	生态敏感区保护措施合规性	%	★	工程穿越生态敏感区路段应进行方案比选；设置相应环境保护措施并符合生态敏感区行政主管单位要求
	3	弃土（渣）场设置合规性	%	★	取、弃土场设置合规性应达到100%
	4	重点保护野生动植物保护措施落实率	%	○	对列入国家、地方保护名录的野生保护动植物采取相应的保护措施，落实率应达到100%
	5	绿色通道设计率	%	○	满足《铁路工程绿色通道建设指南》（铁总建设〔2013〕94号）相关规定
	6	水土流失防治率	%	○	水土流失治理度＝水土保持措施防治面积÷造成水土流失面积×100%
增长质量	1	基础设施设备易维护性		○	提高可维护性，减少维护工作量，降低维护成本
	2	绿色建筑达标率	%	○	满足国加城镇绿色建筑相关要求
	3	环（水）保投资比例	%	○	环（水）保投资比例＝环（水）保投资÷项目总投资×100%

注：指标类型中，★代表约束性指标，○代表检测评价指标

（3）实现途径

铁路绿色发展是一项系统工程，首先需要从国家层面制定相应的政策，并且对铁路经营体制实施改革；其次铁路管理部门需要在节能减排政策及法规的制定、节能减排专项机构设置及环保投资等方面加大管理力度，同时铁路运输管理和研究部门需要强化管理模式

的创新、节能减排技术的研究和应用、环保科研投入的加大、低碳绿色意识的宣传，将节能减排纳入企业绩效考核体系，并形成奖罚制度，建立专项管理机构强化执行力度，充分重视铁路全过程节能环保工作。为实现绿色铁路发展的发展目标、保证绿色铁路指标的落实到位，从节能环保管理体系优化、节能环保技术创新方向以及保障措施三个方面，实现绿色铁路发展。

1）优化节能环保管理体系。

对节能环保管理措施进行优化是构建铁路绿色的一项重要举措。需要从加强铁路建设项目环保监管、创新节能环保管理机制方面制定相应的管理优化措施。

① 加强铁路建设项目环保监管

铁路建设要从源头防治环境污染和生态破坏的作用，"环保选线"保证在将工程项目对环境的影响降到最低，实现铁路与地方经济的协调可持续发展。铁路建设过程中，科学规划施工工序，合理利用土地资源，做好生物多样性的保护；遵循治理与防护相结合，治理水土流失与恢复和重建土地生产力、绿化美化环境结合的原则，统筹布局水土保持措施，形成完整的水土流失防治体系。引进先进的绿色施工工艺，严格控制施工过程中噪声、振动、扬尘和场地污水污染，提高能源利用率，提高材料循环利用率。

② 创新节能环保管理体制

一是按照国家发展改革委和国家能源局于 2016 年发布的《能源生产和消费革命战略（2016—2030）》（发改基础〔2016〕2795 号），建立能源消费总量与综合单耗指标双控制度。二是加强对环境污染风险的防控，从污染物排放量向环境污染风险防控方向转移。三是搭建大数据信息共享平台。

2）铁路节能环保技术创新

依靠科技进步是实现铁路低碳绿色发展的关键。遵从"源头减排、过程控制、终端监督"原则，以减少铁路环境排放费用和增强绿色元素为出发点，从铁路规划、设计、施工和运营维护等全生命周期的视角，基于实现生态保护、节约资源、建设高效、低碳环保的绿色铁路，针对噪音、水、气、固等环境问题，加快节能环保关键技术研究开发，推动节能减排新技术开发和成果应用。

节能技术创新主要集中在机车牵引节能、铁路建筑能源综合管控、新能源发电、空调节能及运输组织等方面。环保技术创新包括了轨道交通减震降噪创新技术、固废处置创新技术、粪便和污水处理创新技术、气体净化创新技术和环境监测创新技术。

提高可再生能源比重是在电力机车自身能耗基础上的绿色措施。例如：为了提高可再生能源比重，德国铁路公司与风电和水电供应商合作，铁路公司在勃兰登堡运营了两座风力发电站；每年还从 14 座水电站购买 9 亿 kW·h 电量；汉堡和萨尔州的当地两条已经100%使用可再生能源。同时铁路公司还尝试在五千余个火车站屋顶安装太阳能电池板，利用太阳能发电，柏林主车站玻璃屋顶的光伏电池每年可以产生 16 万 kW·h 的电量，可以满足哈普特班霍夫车站 2%的用电需求。

3）推进铁路绿色发展的保障措施

① 政策支持。一要强化政策指引。坚持绿色发展理念，从国家层面争取政策支持。引导交通投资，加快绿色交通发展。进一步释放铁路在低碳减排中的外部效益，充分发挥铁路在综合交通低碳化发展中的引领作用。

② 加强组织保障工作。建立健全绿色发展管理体制机制，统筹绿色铁路协调发展各项工作，纳入铁路发展总体和分项规划中，加强环保工作机构和队伍建设，培育生态环保道德和行为准则，构建有利于推进绿色铁路发展的工作格局，按期实现各阶段绿色铁路发展目标。

③ 推进节能减排机制创新。从发展的角度来看，引入新的节能减排机制，包括清洁发展机制、能源审计机制和后评估机制等。从国家层面，建议将铁路节能减排纳入 CDM 项目合作，利用铁路节能项目的核证减排额（CERS）为保护全球环境作出积极贡献。

④ 保证污染治理投入。按照全面治理达标要求，加大生态环境保护投入力度，强化污染防治，减少能源资源消耗，全面落实生态环境保护和污染防治主体责任。

⑤ 大力开展绿色理念宣传推广。开展绿色铁路系列宣传活动，加大绿色铁路发展宣传力度，利用各种传媒途径开辟绿色铁路专栏，组织开展绿色铁路设计、建设、运营技术研讨和交流，推广经验，宣传成果，统一思想，达成共识，促进绿色铁路发展深入人心。

参 考 文 献

[1] 段娟. 中国环保产业发展的历史回顾与经验启示[J]. 中州学刊, 2017, (4): 29-36.

[2] 中共中央国务院关于全面加强生态环境保护坚决打好污染防治攻坚战的意见[J]. 江苏建材, 2018, (4): 1-8.

[3] 日本噪声控制学会. 地域的环境振动[M]. 东京: 技报堂出版株式会社, 2001.

[4] 日本通商产业省环境立地局. 公害防止の技术と法规・振动篇[M]. 东京: 产业环境管理协会, 2002.

[5] 夏禾, 曹艳梅. 轨道交通引起的环境振动问题[J]. 铁道科学与工程学报, 2004, 1(1): 44-51.

[6] 王另的. 地铁近场建筑物周期性排桩隔振性能研究[D]. 中国铁道科学研究院, 2016.

[7] 袁俊. 城市轨道交通隔振减振机理及措施研究[D]. 西安建筑科技大学, 2010.

[8] 马龙, 辜小安. 高速铁路列车运行振动对邻近精密仪器设备的影响分析综述[C]. 全国环境声学学术讨论会, 中国浙江宁波, 2007.

[9] 刘卫丰, 刘维宁, 马蒙, 等. 地铁列车运行引起的振动对精密仪器的影响研究[J]. 振动工程学报, 2012, 2(2): 130-137.

[10] 文娟. 弹性车轮动力学性能及纵向振动研究[D]. 西南交通大学, 2016.

[11] 王忆佳. 车轮踏面伤损对高速列车动力学行为的影响[D]. 西南交通大学, 2014.

[12] 韩艳. 弹性支承块式轨道桥梁结构地震响应分析[J]. 铁道标准设计, 2016, 60(8): 73-78.

[13] 刘婷林. 基于弹性颗粒体材料的埋入式轨道结构减振降噪性能研究[D]. 西南交通大学, 2015.

[14] 姚京川, 杨宜谦, 王澜. 浮置板式轨道结构隔振效果分析[J]. 振动与冲击, 2005, 6: 108-110.

[15] 邓玉姝. 采用梯式轨枕轨道的城市轨道交通车桥动力响应分析及减振研究[D]. 北京交通大学, 2011.

[16] 夏禾. 交通环境振动工程[M]. 北京, 科学出版社, 2010.

[17] 周华龙. 深圳地铁 2 号线轨道减振降噪技术的应用[J]. 地下工程与隧道, 2011, (04): 7-11.

[18] 康佐, 董霄, 郑建国, 等. 钢弹簧浮置板道床在西安地铁中减振效果分析[J]. 地震工程学报, 2015, (2): 372-376.

[19] 许克亮, 肖明清, 李秋义. 广深港高速铁路狮子洋隧道减振无砟轨道对周边软土地层影响分析[J]. 铁道标准设计, 2016, (11): 1-4.

[20] 李志毅, 高广运, 邱畅, 等. 多排桩屏障远场被动隔振分析[J]. 岩石力学与工程学

报，2005，(21)：192-197.

[21] BS 7385，Evaluation and measurement for vibration in buildings，Part 2：Guide to damage levels from ground borne vibrations［S］. 1993.

[22] BS6472，Guide to evaluation of human exposure to vibration in buildings (1 Hz to 80 Hz)［S］. 1992.

[23] DIN4150-1，Structural vibration-Part-1：prediction of vibration parameters［S］. Berlin，Deutsches Institut fur Normung，2001.

[24] DIN4150-2，Structural vibration-Part-2：human exposure to vibration in buildings ［S］. Berlin，Deutsches Institut fur Normung，1999.

[25] DIN4150-3，Structural vibration-Part-3：effect of vibration on structures ［S］. Berlin，Deutsches Institut fur Normung，1999.

[26] Griffin M J. Handbook of Human Vibration［M］. U. K. ：Academic Press，1990.

[27] ISO2631/1，Mechanical vibration and shock-evaluation of human exposure to whole body vibration-Part 1：General requirement［S］. 1997.

[28] ISO2631/2，Mechanical vibration and shock-evaluation of human exposure to whole body vibration-Part 2：Continuous and shock induced vibration in buildings (1-80Hz).［S］. 1989.

[29] ISO4866，Mechanical vibration and shock-vibration of building-guideline for the measurement of vibration and evaluation of their effects on buildings［S］. 1990/Amd. 2：1996.

[30] 中华人民共和国国家标准. 城市区域环境振动标准(GB 10071—88)［S］. 北京：中国标准出版社，1988，12.

[31] 中华人民共和国国家标准. 隔振设计规范(GB 50463—2008)［S］. 北京：中国计划出版社，2009.

[32] 中华人民共和国国家标准. 古建筑工业防振技术规范(GB 50452—2008)［S］. 北京：中国建筑工业出版社，2008.

[33] 中华人民共和国国家标准. 城市轨道交通引起的建筑物振动与二次辐射噪声限值及其测量方法标准(JGJ/T 170—2009)［S］. 北京：中国建筑工业出版社，2009.

[34] 徐建. 建筑振动工程手册［M］. 北京：中国建筑工业出版社，2002.

[35] 邢世录，包俊江. 环境噪声控制工程［M］. 北京：北京大学出版社，2013.

[36] 张恩惠，殷金英，刑书仁. 噪声与振动控制［M］. 北京：冶金工业出版社，2012.

[37] 文娟. 弹性车轮动力学性能及纵向振动研究［D］. 西南交通大学，2016.

[38] 王忆佳. 车轮踏面伤损对高速列车动力学行为的影响［D］. 西南交通大学，2014.

[39] 韩艳. 弹性支承块式轨道桥梁结构地震响应分析［J］. 铁道标准设计，2016，(08)：73-78.

[40] 王文斌，吴宗臻. 城市轨道交通路径隔振研究现状及思考［Z］. 中国江苏苏州：2016.

[41] Marioni，陈列，胡京涛. 橡胶减振支座在台湾高速铁路上的应用［J］. 工程抗震与加固改造，2011，(02)：63-66.

[42] 章明，陈绩明. 上海音乐厅整体平移和修缮工程[J]. 建筑学报，2005，(11)：37-39.

[43] 王振广. 我国铁路运输业低碳绿色发展研究[D]. 大连海事大学，2012.

[44] 熊风，杨立中，罗洁，等."绿色铁路"基础理论研究及其评价指标体系的建立[J]. 生态经济，2007，(06)：57-60.

[45] 中国建筑科学研究院. GB/T 50378—2014，绿色建筑评价标准[S]. 北京：中国建筑工业出版社，2014.

[46] 杨庆. 铁路绿色施工评价指标体系及评价方法研究[D]. 石家庄铁道大学，2017.

[47] 刘鹏举，鲍学英，赵延龙，等. 施工阶段绿色铁路的一种评价方法[J]. 铁道科学与工程学报，2017，(10)：2261-2266.

[48] 李进，于海琴. 低碳技术与政策管理导论[M]. 北京：北京交通大学出版社，2015.

[49] 王勇. 城市轨道交通项目绿色施工评价研究[D]. 湖北工业大学，2017.

[50] 李昕欣. 我国铁路客运站绿色评价体系研究[D]. 北京交通大学，2010.

[51] 刘强. 铁路建设中生态环境保护的技术研究[D]. 西南交通大学，2007.

[52] 中华人民共和国国家标准，GB/T 50378—2014 绿色建筑评价标准.

[53] 丁浩. 铁路建设项目对地下水环境的影响评价——以新建铁路和顺至邢台为例[D]. 兰州交通大学，2015.

[54] 李德良. 铁路水环境影响后评价体系研究与实例分析[D]. 中国铁道科学研究院，2013.

[55] 周铁军，马龙. 铁路桥梁深水基础施工对水环境的影响分析[J]. 铁路节能环保与安全卫生，2011，01(3)：133-136.

[56] 李德生，邓时海，卢阳阳，等. 铁路站段生产污水处理及污水资源化利用的经济效益分析[J]. 铁路节能环保与安全卫生，2013，3(3)：131-135.

[57] 韩彦来，付正军，赵鑫. 成都地铁4号线施工期环境影响分析及对策[J]. 环境科学与技术，2011，(S1)：383-386.

[58] 潘海泽. 隧道工程地下水水害防治与评价体系研究[D]. 西南交通大学，2009.

[59] 何建国. 青藏铁路格拉段环境保护措施现状监测评价[D]. 兰州交通大学，2011.

[60] 杨晓婷，张徽，王文科，等. 地下工程建设对城市地下水环境的影响分析[J]. 铁道工程学报，2008，(11)：6-10.

[61] 孙意. 天津站后广场交通枢纽工程环境影响分析[D]. 天津大学，2007.

[62] 陈新，程莆. 铁路中小车站采用无动力污水处理设施的探讨[J]. 铁路工程造价管理，2014，29(1)：34-37.

[63] 陈重军，王建芳，张海芹，等. 厌氧氨氧化污水处理工艺及其实际应用研究进展[J]. 生态环境学报，2014，(3)：521-527.

[64] 郝慧明. 铁路主要污染物控制管理体系研究[D]. 北京交通大学，2015.

[65] 何财松. 青藏铁路格拉段运营初期植被恢复效果评价研究[D]. 中国铁道科学研究院，2013.

[66] 邱钰棋，付永胜，朱杰. 铁路中小站段污水处理匹配技术浅析[J]. 四川环境，2007，26(2)：58-62.

[67] 曾培炎. 全面贯彻落实科学发展观开创环境保护工作新局面[J]. 环境经济, 2006, (3): 14-17.

[68] 张革新, 高伟. 大胆创新体制机制 积极探索环保新路[J]. 环境保护, 2011, (20): 54-56.

[69] 黄健. 电磁环境污染的特点与管理对策[J]. 中国资源综合利用, 2017, 35(4): 76-77.

[70] 李军. 影响城市电磁辐射环境质量的主要污染源[J]. 城市管理与科技, 2004, 6(1): 22-24.

[71] 刘宝华, 孔令丰, 郭兴明. 国内外现行电磁辐射防护标准介绍与比较[J]. 辐射防护, 2008, 28(1): 51-56.

[72] 李群岭. 基于数字示波器的环境电磁波测试方法研究[D]. 中国工程物理研究院, 2011.

[73] 周流平. 电气化铁路对通信线路的干扰与防护[J]. 铁道通信信号, 2007, 43(6): 41-42.

[74] 李祥瑞. 电力机车电磁辐射的机理及对周边环境的影响[J]. 中国新技术新产品, 2013, (20): 118-119.

[75] 刘俊刚, 张黎. 电力机车对外电磁辐射测试标准与方法的研究[J]. 铁道技术监督, 2005, (5): 1-4.

[76] 刘莉, 苏小丽, 段金华. 循环经济下固体废弃物管理和防治的探析[J]. 广州化工, 2010, 38(9): 249-251.

[77] 张葆华. 以无机固体废弃物为原料制备沸石的资源化技术研究[D]. 上海交通大学, 2007.

[78] 周末. 城镇垃圾多级减量化初步研究[D]. 华中科技大学, 2004.

[79] 公德华. 浅谈固体废物最终处置的方法[J]. 环境科学与管理, 2006, 31(6): 106-109.

[80] 潘新潮. 直流热等离子体技术应用于熔融固化处理垃圾焚烧飞灰的试验研究[D]. 浙江大学; 浙江大学机械与能源工程学院, 2007.

[81] 任福民, 汝宜红, 许兆义, 等. 旅客列车垃圾理化及污染特性的研究[J]. 铁道学报, 2002, 24(4): 17-20.

[82] 刘超. 铁路辖区危险废物管理现状的调查与分析[J]. 铁路节能环保与安全卫生, 2018, 8(2): 74-76, 103.

[83] 张珩. 对铁路运输生产危险废物污染防治的调查与思考[J]. 铁路节能环保与安全卫生, 2017, 7(5): 236-238.

[84] 郭红梅, 王新云, 汝宜红, 等. 铁路车站垃圾污染现状调查与分析[J]. 铁道劳动安全卫生与环保, 1999, (3): 171-173.

[85] 万玉玲. 城市固体废物管理系统及其数学规划[D]. 湖南大学, 2005.

[86] 王爱娟, 孙丽丽, 张璟尧. 《锅炉大气污染物排放标准》(GB13271-2014)浅析[J]. 环境研究与监测, 2017, (3).

[87] 冯旭杰. 基于生命周期的高速铁路能源消耗和碳排放建模方法[D]. 北京交通大

学，2014.

[88] 郑启浦. 铁路运输污染的途径、现状与对策[J]. 上海环境科学，1985，(5)：25-27，8.

[89] 高玉明，王术尧. 北京铁路局运输碳排放清单及碳排放基准线浅析[J]. 铁路节能环保与安全卫生，2016，6(3)：112-116.

[90] 邱晓燕，欧国立. 铁路次生环境影响及评价研究[J]. 中国铁路，2006，(2)：41-44.

[91] 付延冰，刘恒斌，张素芬. 高速铁路生命周期碳排放计算方法[J]. 中国铁道科学，2013，34(5)：140-144.

[92] 任福民，郭鑫楠，梁锐，等. 铁路建设生命周期二氧化碳排放评价[J]. 北京交通大学学报，2013，37(1)：115-119.

[93] 张晓梅，田薇，谭文迪，等. 铁路项目竣工环保验收调查几个问题浅析[J]. 中国林业产业，2016，(11).

[94] 朱谦. 建设项目重大事项变动重新报批环评文件制度研究[J]. 法治研究，2016，(5)：84-94.

[95] 张波. 城市轨道交通项目主要环境问题简要分析——以哈尔滨市轨道交通一期工程为例[J]. 环境科学与管理，2007，32(1)：41-44.

[96] 辜小安. 铁路及轨道交通声环评技术导则修订探讨[J]. 环境影响评价，2016，38(4)：5-8.

[97] 何玉荟，支国强，晏司，等. 建设项目环境影响补充评价、重新报批及后评价的差异分析[J]. 环境科学导刊，2018，37(z1)：108-112.

[98] 苏浩，侯克锁，田莹，等. 轨道交通振动特性和振动源强取值的试验研究[J]. 交通节能与环保，2018，14(3)：108-112.

[99] 韩彦来，付正军，赵鑫. 成都地铁4号线施工期环境影响分析及对策[J]. 环境科学与技术，2011，(S1)：383-386.

[100] 田丰. 高速铁路噪声烦恼评估与对策研究—以京沪高铁安徽段为例[D]. 南京大学，2014.

[101] 校峰，高明强，马源，等. 铁路电化改造项目环境影响评价研究——以神木北至大保当铁路扩能改造建设项目为例[J]. 环境科学与管理，2015，40(10)：177-180.

[102] 靳秋颖. 铁路建设项目环境监理模式及技术方法研究[D]. 西北大学，2013.

[103] 王泽元. 高铁项目水土流失特点及其防治措施体系研究[D]. 华北水利水电大学，2017.

[104] 章健华，宋珺. 铁路工程建设项目弃渣管理探索与实践[J]. 铁路节能环保与安全卫生，2018，8(4)：173-176.

[105] 张磊. 铁路建设项目环保竣工验收方法浅析[J]. 铁路节能环保与安全卫生，2016，6(2)：72-75，94.

[106] 徐亮. 高速铁路工程施工期环境监理方案探析[D]. 西南交通大学，2013.

[107] 田贺. 绿色高铁运营环境成本估算方法研究[D]. 石家庄铁道大学，2015.

[108] 刘强. 铁路建设中生态环境保护的技术研究[D]. 西南交通大学，2007.

[109] 王振广. 我国铁路运输业低碳绿色发展研究[D]. 大连海事大学，2012.

[110] 戴华明，李照星，孙宁. 城市轨道交通的节能低碳发展[J]. 设备监理，2014，(2)：8-12.

[111] 颜克高，田钦元. 低碳发展、绿色发展与可持续发展的关系研究[J]. 中国高校人文社会科学信息网.